Metallfachkunde 1

Grundlagen

Von Oberstudienrat Helmut Engel, Hameln,
und Dipl.-Ing. Carl A. Kestner, Hannover

2., neubearbeitete Auflage
mit 348 Bildern, 61 Tabellen, 104 Beispielen
und Versuchen sowie 516 Aufgaben

 Springer Fachmedien Wiesbaden GmbH

Hinweise auf DIN-Normen in diesem Werk entsprechen dem Stand der Normung bei Abschluß des Manuskriptes. Maßgebend sind die jeweils neuesten Ausgaben der Normblätter des DIN Deutsches Institut für Normung e.V., die durch den Beuth-Verlag, 1000 Berlin 30, zu beziehen sind. – Sinngemäß gilt das gleiche für alle in diesem Buch angezogenen amtlichen Richtlinien, Bestimmungen, Verordnungen usw.

CIP-Titelaufnahme der Deutschen Bibliothek

Metallfachkunde. – Stuttgart : Teubner.
1. Grundlagen / von Helmut Engel u. Carl A. Kestner. –
   2., neubearb. Aufl. – 1990
   ISBN 978-3-519-16705-1   ISBN 978-3-322-83004-3 (eBook)
   DOI 10.1007/978-3-322-83004-3
NE: Engel, Helmut [Mitverf.]

Das Werk einschließlich aller seiner Teile ist urheberrechtlich geschützt. Jede Verwertung in anderen als den gesetzlich zugelassenen Fällen bedarf deshalb der vorherigen schriftlichen Einwilligung des Verlages.
© Springer Fachmedien Wiesbaden 1990
Ursprünglich erschienen bei B.G. Teubner Stuttgart 1990
Umschlaggestaltung: Peter Pfitz, Stuttgart

Liebe Schülerinnen und Schüler,

dieser Band der Metallfachkunde vermittelt Ihnen das nötige Grundwissen z. B. im Berufsgrundbildungsjahr, in der Berufs- oder Berufsfachschule, der Fachoberschule Technik oder in der betrieblichen Unterweisung. Maßgebend für die Stoffauswahl sind die Rahmenlehrpläne der Bundesländer nach Neuordnung der industriellen und handwerklichen Metallberufe.

Unsere Absicht ist es,
- den Stoff praxisnah und verständlich, dabei jedoch fachlich einwandfrei und zuverlässig zu behandeln;
- den Text durch viele Bilder und Tabellen zu veranschaulichen, wobei die Farbe Rot jeweils das Wesentliche hervorhebt, „auf einen Blick" zeigt;
- Ihnen das Verständnis des Lehrstoffs durch Versuche und Erläuterungen der naturwissenschaftlichen Vorgänge zu erleichtern und an Beispielen zu zeigen;
- wichtige Erkenntnisse, Arbeitsregeln und Formeln unter Verwendung der roten Farbe in „Merkkästen" zusammenzufassen;
- zusammengehörige Themen in geschlossenen Abschnitten zu behandeln, was sowohl Ihnen die Verwendung als Nachschlagewerk (auch zum Selbststudium) erleichtert, als auch Ihrem Lehrer die freie Wahl in der Reihenfolge der Stoffbehandlung ermöglicht;
- Ihnen mit beispielhaften Aufgaben bei der Wiederholung und Lernkontrolle zu helfen.

Nach der Durcharbeitung dieses Grundlagenbandes schließen – je nach Ihrer Berufsrichtung – Aufbaubände der Fachstufe an.

Wenn Sie Anregungen haben, die zur Verbesserung und Weiterentwicklung dieses Buches beitragen, schreiben Sie bitte an uns oder den Verlag.

Januar 1990   H. Engel und C. A. Kestner

Inhaltsverzeichnis

				Seite
1	Die Metall- und Maschinentechnik – Ihre Berufswelt	1.1	Grundsätze der Fertigung	9
		1.2	Fertigungsverfahren	11
		1.3	Unfallverhütung im Betrieb	11
		1.4	Überblick über Werk- und Hilfsstoffe	12
			Aufgaben zu Abschnitt 1	14
2	Naturwissenschaftliche Grundlagen der Werkstoffkunde	2.1	Aufbau der Metalle	15
			Aufgaben zu Abschnitt 2.1	18
		2.2	Physikalische Grundlagen	18
		2.2.1	Temperatur und Wärmemenge	18
		2.2.2	Zustandsformen und Schmelzpunkt	20
		2.2.3	Wärmedehnung	23
		2.2.4	Wärmeübertragung	26
		2.2.5	Masse, Gewichtskraft, Dichte	27
		2.2.6	Kohäsion und Adhäsion	29
			Aufgaben zu Abschnitt 2.2	29
3	Eigenschaften der Werkstoffe	3.1	Mechanische Eigenschaften	30
		3.1.1	Beanspruchung durch Kräfte	30
		3.1.2	Elastizität – Plastizität	32
		3.1.3	Zähigkeit – Sprödigkeit	33
		3.1.4	Spannung – Dehnung	34
		3.1.5	Festigkeit	36
		3.1.6	Härte	37
			Aufgaben zu Abschnitt 3.1	38
		3.2	Chemische Eigenschaften	39
			Aufgaben zu Abschnitt 3.2	40
		3.3	Technologische Eigenschaften	40
		3.3.1	Gießbarkeit	40
		3.3.2	Härtbarkeit	41
		3.3.3	Schweißeignung	42
		3.3.4	Zerspanbarkeit	42
		3.3.5	Umformbarkeit	43
			Aufgaben zu Abschnitt 3.3	44
4	Eisen und Stahl	4.1	Einfluß von Kohlenstoff, Eisenbegleitern und Legierungszusätzen	46
		4.2	Gewinnung und Veredelung	49
		4.2.1	Roheisengewinnung	49
		4.2.2	Stahlgewinnung	51
		4.2.3	Stahlveredelung	52
		4.2.4	Weiterverarbeitung des Stahls zu Halbzeugen	53
		4.3	Eisenwerkstoffe	55
		4.3.1	Eisen-Kohlenstoff-Gußwerkstoffe	55
		4.3.2	Stähle	57
		4.4	Normung von Eisen und Stahl	59
		4.4.1	Benennung nach DIN 17006	59

			Seite
4 Eisen und Stahl, Fortsetzung	4.4.1.1	Zusammensetzung	60
	4.4.1.2	Herstellung und Behandlung	61
	4.4.2	Werkstoffnummern nach DIN 17007	62
	4.4.3	Formnormung	65
		Aufgaben zu Abschnitt 4	66
5 Nichteisenmetalle (NE-Metalle)	5.1	Kupfer und Kupferlegierungen	68
	5.2	Zink und Zinklegierungen	69
	5.3	Zinn	70
	5.4	Blei	70
	5.5	Aluminium und Aluminiumlegierungen	70
	5.6	Magnesium und Magnesiumlegierungen	72
		Aufgaben zu Abschnitt 5	72
6 Kunststoffe (Plaste)	6.1	Aufbau und Einteilung	73
	6.2	Eigenschaften	75
	6.3	Herstellung und Arten	76
	6.3.1	Halbsynthetische Kunststoffe	76
	6.3.2	Vollsynthetische Kunststoffe	76
		Aufgaben zu Abschnitt 6	78
7 Wärmebehandlung von Stahl (Stoffeigenschaftändern)	7.1	Zweck und Verfahren	79
	7.2	Glühen	81
	7.3	Abschreckhärten	82
	7.4	Oberflächenhärten	83
	7.5	Anlassen	84
	7.6	Vergüten	85
		Aufgaben zu Abschnitt 7	85
8 Werkstoffprüfung	8.1	Technologische Prüfungen	86
	8.2	Werkstoffprüfungen im Labor	88
	8.2.1	Zugversuch nach DIN 50145	88
	8.2.2	Härteprüfung	90
		Aufgaben zu Abschnitt 8	91
9 Prüfen und Anreißen	9.1	Grundlagen	92
	9.1.1	Aufgaben des Prüfens	92
	9.1.2	Prüftätigkeiten	92
	9.1.3	Einheiten der Längen- und Winkelprüfung	93
	9.1.4	Maße und Toleranz	94
	9.1.5	Meßfehler	95
	9.2	Prüfen von Längen	96
	9.2.1	Maßverkörperungen	96
	9.2.2	Anzeigende Meßgeräte	98
	9.2.3	Lehren	103
	9.3	Prüfen von Winkeln	104
	9.3.1	Feste Winkel	104
	9.3.2	Anzeigende Winkelmeßgeräte	104
	9.4	Prüfen von Oberflächen	105
	9.5	Neigungsprüfung	106
	9.6	Passungen	107
	9.7	Anreißen	111
		Aufgaben zu Abschnitt 9	113

				Seite
10	Naturwissenschaftliche Grundlagen der Fertigungstechnik	10.1	Mechanische Grundlagen	114
		10.1.1	Wirkung und Darstellung von Kräften	114
		10.1.2	Zusammensetzen und Zerlegen von Kräften	115
		10.1.3	Reibungskraft	117
		10.1.4	Kraftmoment (Drehmoment) und Hebel	119
		10.1.5	Geschwindigkeit – Schnittgeschwindigkeit	121
		10.1.6	Mechanische Arbeit, Energie und Leistung	122
		10.1.7	Hebel und schiefe Ebene als kraftsparende Maschinen	124
		10.1.8	Druck und Volumen von Gasen	125
			Aufgaben zu Abschnitt 10.1	127
		10.2	Elektrotechnische Grundlagen	128
		10.2.1	Wesen und Wirkungen der Elektrizität	128
		10.2.2	Stromkreis und elektrische Grundgrößen	132
		10.2.3	Ohmsches Gesetz – Schaltung von Widerständen	135
		10.2.4	Elektrische Arbeit und Leistung	137
		10.2.5	Sicherheitsmaßnahmen gegen elektrische Unfälle	138
			Aufgaben zu Abschnitt 10.2	140
11	Trennen	11.1	Naturwissenschaftliche und technologische Grundlagen	141
		11.1.1	Keilkräfte und ihre Wirkung	143
		11.1.2	Werkstoffestigkeit, Kraftaufwand und Keilwinkel	144
		11.1.3	Zerteilen und Spanen	145
			Aufgaben zu Abschnitt 11.1	145
		11.2	Zerteilen	146
		11.2.1	Keilschneiden	146
		11.2.2	Scherschneiden	148
		11.2.3	Formschneiden	148
			Aufgaben zu Abschnitt 11.2	149
		11.3	Spanen I – vorwiegend von Hand	149
		11.3.1	Spanbildung, Spanarten und Winkel an der Schneide	149
		11.3.2	Spanendes Meißeln	152
		11.3.3	Sägen	153
		11.3.4	Feilen	157
		11.3.5	Schaben	161
		11.3.6	Gewindeschneiden	164
			Aufgaben zu Abschnitt 11.3	169
		11.4	Kraft- und Arbeitsmaschinen	170
		11.4.1	Kraftmaschinen	170
		11.4.1.1	Wasserkraftmaschinen	170
		11.4.1.2	Wärmekraftmaschinen	171
		11.4.2	Arbeitsmaschinen	173
		11.5	Spanen II – vorwiegend maschinell	175
		11.5.1	Spanen mit Werkzeugmaschinen	175
		11.5.2	Bohren	182
		11.5.3	Senken und Reiben	187
			Aufgaben zu Abschnitt 11.5.1 bis 11.5.3	192
		11.5.4	Drehen	193
		11.5.4.1	Drehmeißel	193

			Seite
11 Trennen, Fortsetzung	11.5.4.2	Bauteile der Drehmaschine	196
	11.5.4.3	Einflußgrößen auf die Zerspanung	198
	11.5.4.4	Planung einer Fertigungsaufgabe – Arbeitsplanung	200
		Aufgaben zu Abschnitt 11.5.4	202
	11.5.5	Hobeln und Stoßen	202
	11.5.6	Fräsen	204
		Aufgaben zu Abschnitt 11.5.5 und 11.5.6	208
12 Umformen	12.1	Naturwissenschaftliche und technologische Grundlagen	209
	12.2	Biegen	213
	12.2.1	Biegen von Blechen	215
	12.2.2	Biegen von Formstahl	217
	12.2.3	Biegen von Rohren	218
	12.2.4	Biegen und Richten	220
		Aufgaben zu Abschnitt 12.1 und 12.2	222
	12.3	Schmieden	222
		Aufgaben zu Abschnitt 12.3	228
13 Fügen	13.1	Merkmale und Einteilung der Verfahren	229
	13.2	Schraubenverbindungen	231
	13.2.1	Aufbau und Anwendungsbereich	231
	13.2.2	Gewindearten	231
	13.2.3	Wirkungsweise einer Schraubenverbindung	233
	13.2.4	Schrauben- und Mutterarten	235
	13.2.5	Schraubensicherungen und Schraubwerkzeuge	237
		Aufgaben zu Abschnitt 13.1 und 13.2	239
	13.3	Keilverbindungen	239
	13.4	Federverbindungen	241
		Aufgaben zu Abschnitt 13.3 und 13.4	243
	13.5	Stiftverbindungen	244
	13.6	Nietverbindungen	247
	13.6.1	Aufgaben und Beanspruchung	247
	13.6.2	Nietformen	248
	13.6.3	Herstellen einer Nietverbindung	249
		Aufgaben zu Abschnitt 13.5 und 13.6	249
	13.7	Lötverbindungen	250
	13.7.1	Merkmale und Anwendung	250
	13.7.2	Herstellen einer Lötverbindung	250
	13.7.3	Lötverfahren und Lötgeräte	253
		Aufgaben zu Abschnitt 13.7	253
	13.8	Schweißverbindungen	254
	13.8.1	Bedeutung und Verfahren	254
	13.8.2	Gasschmelzschweißen	255
	13.8.2.1	Brenngas und Sauerstoff	255
	13.8.2.2	Geräte und Zubehör	256
	13.8.2.3	Schweißausführung	258
		Aufgaben zu Abschnitt 13.8.1 und 13.8.2	260
	13.8.3	Lichtbogenschmelzschweißen	260
	13.8.3.1	Merkmale	260

				Seite
13	**Fügen,**	13.8.3.2	Schweißelektroden, Nahtformen	262
	Fortsetzung	13.8.3.3	Schweißstromquellen	263
			Aufgaben zu Abschnitt 13.8.3	264
		13.9	Klebeverbindungen	265
			Aufgaben zu Abschnitt 13.9	267

14	**Grundlagen der**	14.1	Grundbegriffe der Steuerungs- und	
	Steuerungs- und		Regelungstechnik	268
	Informationstechnik	14.1.1	Fluidische Steuerungen	271
		14.1.1.1	Pneumatische Steuerungen	271
		14.1.1.2	Hydraulische Steuerungen	271
		14.1.1.3	Pneumatische und hydraulische Bauelemente	272
		14.1.1.4	Besonderheiten pneumatischer und hydraulischer Steuerungen	274
		14.1.1.5	Schaltpläne fluidischer Steuerungen	275
		14.1.2	Elektrische Steuerungen	275
		14.2	Steuerungsarten und Signalsysteme	276
		14.2.1	Begriffe	276
		14.2.2	Logische Schaltungen	277
		14.2.3	Beispiele für Steuerungsarten: VPS und SPS	278
		14.3	Arbeiten mit Computersystemen	280
		14.3.1	Aufbau eines Computersystems – Prinzip der Informationsverarbeitung	280
		14.3.2	Einführung in die Computerbedienung	283
		14.3.3	Programmieren eines Mikrocomputers	289
		14.3.3.1	Vom Codieren: Binär- und ASCII-Code	289
		14.3.3.2	Programmiersprachen – Programmentwicklung	293
		14.3.4	Einführung in das Programmieren mit BASIC	295
		14.3.5	Einführung in das Programmieren mit PASCAL	298
		14.3.5.1	Aufbau von PASCAL-Programmen	299
		14.3.5.2	Reservierte Wörter und Standardbezeichner	301
		14.4	Aufbereitung einfacher Steuerungsbeispiele für den Computereinsatz: Beispiel einer SPS	303
		14.5	Computersteuerungen – Bedeutung für die Zukunft	307
			Aufgaben zu Abschnitt 14	307

Bildquellenverzeichnis 309

Sachwortverzeichnis 310

1 Die Metall- und Maschinentechnik – Ihre Berufswelt

Die metallverarbeitende Industrie, besonders der Maschinen- und Fahrzeugbau, nimmt in allen Industriestaaten eine führende Stellung in der Wirtschaft ein. Sie ist der wichtigste Hersteller von Produktions- und Konsumgütern.

Im Metallhandwerk geht es nicht um Großproduktion wie in der Industrie, sondern um Montage- und Reparaturarbeiten, um Dienstleistungen also, allenfalls noch um Kleinproduktion.

Beide Zweige der Metalltechnik sind in unserem modernen Wirtschaftsgefüge unentbehrlich. Ihre Bedeutung erkennen wir schon daraus, daß in der Bundesrepublik Deutschland etwa 5 Millionen Menschen in der Metalltechnik beschäftigt sind. Das sind rund 20% aller Berufstätigen.

1.1 Grundsätze der Fertigung

Wirtschaftlichkeit. Jeder Betrieb steht unter dem Zwang des Wettbewerbs mit anderen Betrieben. Er muß daher seine Erzeugnisse bei guter Qualität so billig wie möglich herstellen, damit er sie dem Käufer zu einem günstigen Preis anbieten kann. Oberster Grundsatz der technischen Fertigung ist es also, die Erzeugnisse kostengünstig, d. h. mit geringen Herstellkosten, zu fertigen.

> Grundsatz der Wirtschaftlichkeit: Mit dem geringsten (Kosten-)Aufwand die (qualitativ und preislich) beste Wirkung erzielen.

Arbeitsteilung. Unter dem Zwang zur Wirtschaftlichkeit hat sich in der Fertigung nach und nach eine starke Arbeitsteilung herausgebildet. Die Betriebe haben sich auf bestimmte Bereiche spezialisiert (z. B. Autos, Werkzeugmaschinen, Förderanlagen, Motoren) oder stellen sogar nur bestimmte Einzelerzeugnisse her (z. B. Schrauben, Schleifscheiben, Kugellager). Auch innerhalb eines Betriebs wird die Arbeitsteilung deutlich durch die verschiedenen Abteilungen (**1.1**). Selbst einzelne Arbeitsvorgänge wie etwa die Montage einer Maschine sind oft noch in Einzeltätigkeiten oder sogar nur Handgriffe zerlegt.

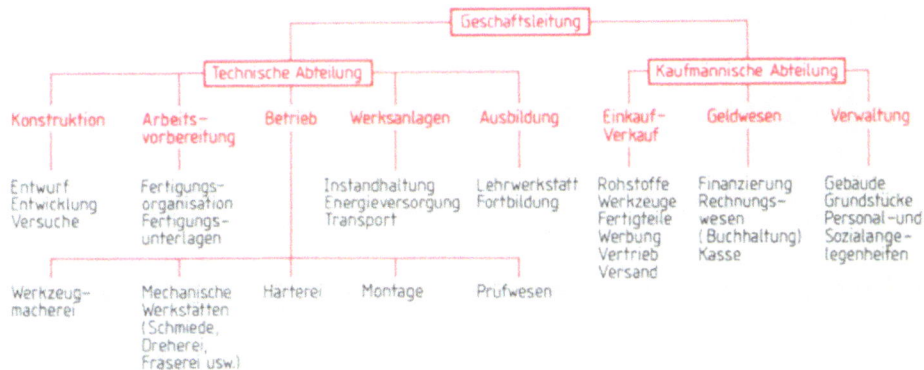

1.1 Gliederung eines Betriebs der metallverarbeitenden Industrie (Beispiel)

Austauschbau. Die Spezialisierung der Betriebe auf wenige Erzeugnisse setzt voraus, daß die von anderen Abteilungen oder Betrieben hergestellten und gelieferten Bauteile bei der Montage oder Reparatur von Maschinen ohne Nacharbeit zusammenpassen. Erst die Möglichkeit, gleiche Bauteile auszutauschen (Austauschbau), erlaubt eine wirtschaftliche Fertigung von Erzeugnissen in großen Stückzahlen (Serien- und Massenfertigung).

Normung. Die Austauschbarkeit einzelner Teile ist nicht mehr möglich oder Vereinheitlichung der Form, Größe und Ausführung aller Erzeugnisse und Verfahren. Die Regeln und Richtlinien (Normen) dazu werden vom **D**eutschen **I**nstitut für **N**ormung e. V. in Zusammenarbeit mit der Wissenschaft und Praxis geschaffen. Die unter dem Kurzzeichen DIN erscheinenden vereinheitlichenden Normen sind keine Gesetze, sondern Empfehlungen. Wer sich nach Normen richtet, liefert oder erhält passende Austauschteile von stets gleichbleibender Qualität.

In Zeiten der weltweiten Verflechtung von Wirtschaft und Industrie genügen nationale Normen nicht mehr. Daher haben sich die Normeninstitute der Länder zur **I**nternational **O**rganization for **S**tandardization zusammengeschlossen. Die von dieser Organisation erarbeiteten ISO-Normen gelten international.

> Genormte Teile
> - verbilligen die Herstellung,
> - ermöglichen raschen Zusammenbau und Austausch,
> - verringern die Lagerhaltung (Beschränkung auf bestimmte Größen).

Rationalisierung. Um die Wirtschaftlichkeit zu verbessern, sucht man in den Betrieben nach immer neuen Wegen, Kosten einzusparen (z. B. durch neue Fertigungsverfahren). Diese Maßnahmen zur Kostensenkung und Produktivitätssteigerung nennt man Rationalisierung (ratio, lat. = Vernunft, Verstand). Dabei wird menschliche Arbeit von Maschinen übernommen. Übernehmen die Maschinen nur bestimmte menschliche Tätigkeiten, sprechen wir von Mechanisierung. Verrichten sie die gesamte Arbeit, nennt man es Automatisierung (**1.2**).

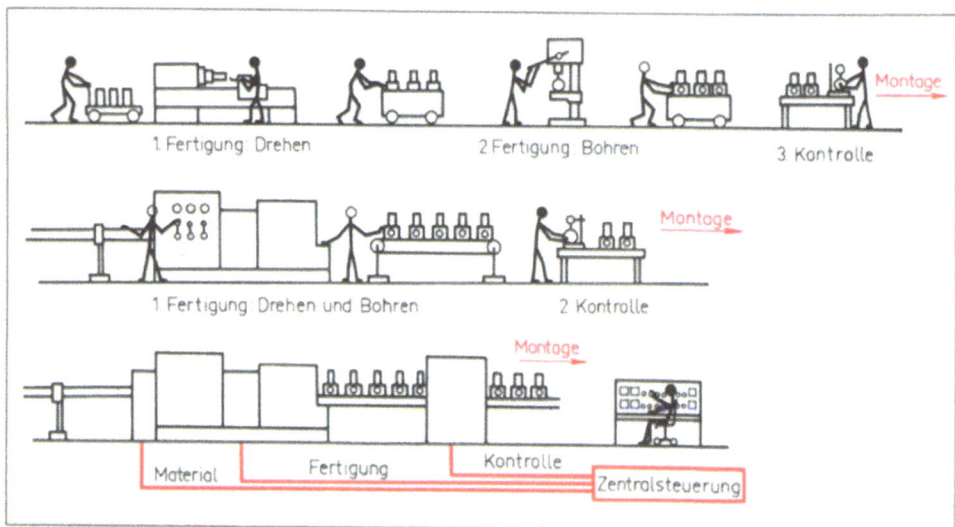

1.2 Entwicklung der Mechanisierung und Automatisierung

1.2 Fertigungsverfahren

Fertigung. Bei der Produktion gibt es viele einzelne Prozesse. Das Erzeugnis muß geplant werden. Material muß beschafft, gelagert und transportiert werden. Schließlich muß die Produktion organisiert und gesteuert werden. Alle technologischen Vorgänge, bei denen das Werkstück vom R o h z u s t a n d bis zu seinem geplanten E n d z u s t a n d bearbeitet wird, bezeichnet man als Fertigung.

Fertigungsverfahren. Um Rohteile über Halbfertigteile zu Fertigteilen zu verändern und Fertigteile zu Baugruppen und Fertigerzeugnissen zu fügen, sind meist mehrere Fertigungsverfahren erforderlich.

Die dabei verwendeten Werkzeuge, Maschinen und Einrichtungen sind die F e r t i g u n g s m i t t e l. Die vielen möglichen Fertigungsverfahren ordnet DIN 8580 in 6 Hauptgruppen (**1.3**).

Tabelle **1.3** Fertigungsverfahren nach DIN 8580

Hauptgruppe	Verfahren	Beispiele
Urformen Zusammenhalt schaffen	Aus formlosem Stoff (flüssig, breiig, pulvrig oder körnig) einen festen Körper von bestimmter Form schaffen	Gießen von Metallen, Sintern von Metallpulvern, Pressen von Kunststoffen
Umformen Zusammenhalt beibehalten	Die Form eines festen Körpers plastisch ändern, wobei Masse und Stoffzusammenhalt beibehalten werden	Biegen Schmieden Walzen
Trennen Zusammenhalt aufheben	Die Form eines festen Körpers ändern durch Aufheben des Stoffzusammenhalts an der Trennstelle	Drehen, Bohren, Fräsen Hobeln, Schleifen
Fügen Zusammenhalt vermehren	Zwei oder mehr Werkstücke in bestimmter Weise verbinden	Verschrauben, Nieten, Löten, Schweißen
Beschichten Zusammenhalt vermehren	Festhaftende Schichten auf die Oberfläche von Werkstücken aufbringen	Anstreichen, Einfetten, Plattieren, Aufdampfen, Aufspritzen
Stoffeigenschaftändern	Umlagern, Aussondern, Einbringen von Stoffteilchen zum Ändern der Werkstoffeigenschaften	Glühen, Härten Vergüten

1.3 Unfallverhütung im Betrieb

Beim Arbeiten mit Werkzeugen, Maschinen, Werk- und Betriebsstoffen treten vielfältige Gefahren auf, die zu Unfällen führen können.

Unfallfolgen. Ein Arbeitsunfall hat nicht nur für den Betroffenen schwerwiegende Folgen, sondern auch für den Betrieb und die Allgemeinheit. Für den Verunglückten bringt der Unfall Schmerzen, zeitweilig oder auch dauernd Arbeitsunfähigkeit, in schweren Fällen sogar den Tod. Mitleiden muß seine Familie. Der Betrieb verliert mindestens zeitweise eine Arbeitskraft; es gibt Betriebsstörungen und -schäden. Für die Berufsgenossenschaft als Trägerin der Unfallversicherung entstehen hohe Kosten durch Krankengelder, Heilfürsorge und Unfallrenten – Kosten, die wir alle tragen müssen.

Unfallursachen. Um sich und andere vor gesundheitlichen Schäden zu bewahren, muß man die Gefahrenquellen kennen. Die häufigsten Ursachen der Betriebsunfälle sind:

- **technische Mängel der Betriebseinrichtungen,** z. B. veraltete und nicht mehr unfallsichere Maschinen, fehlende Schutzvorrichtungen, beschädigte Werkzeuge, unvorschriftsmäßige Geräte und elektrische Anlagen;
- **Unordnung,** z. B. unordentliche Aufbewahrung des Werkzeuges, unübersichtliche Ablage von Werkzeugen, Werkstücken, Geräten und Betriebsstoffen, gefährliche Transportanlagen;
- **grober persönlicher Leichtsinn oder Unvorsichtigkeit,** z. B. Aufenthalt unter schwebenden Lasten oder in Maschinenbereichen, Reinigen oder Reparieren laufender Maschinen, Beseitigen der Schutzeinrichtungen, Tragen von Schmuck und ungeeigneter Arbeitskleidung, Rauchen beim Umgang mit feuer- oder explosionsgefährlichen Flüssigkeiten und Gasen.

Unfallverhütung. Verantwortlich ist nicht allein die Berufsgenossenschaft oder der Betrieb, sondern vor allem der Arbeitende selbst. Er muß die Unfallverhütungsvorschriften kennen und einhalten, Mißstände abstellen oder melden, um auch andere vor Schaden zu bewahren. Besonders gefährdet sind Beschäftigte, die erst kurze Zeit im Betrieb arbeiten und keine Berufserfahrung haben – also die Auszubildenden. Sie haben noch keinen Überblick und setzen sich leichter Unfallgefahren aus.

Die Unfallverhütungsvorschriften (UVV) werden von der zuständigen Berufsgenossenschaft herausgegeben. Diese Anweisungen und Regeln müssen gut sichtbar und (durch Klarsichtfolie) geschützt im Betrieb ausgehängt sein. Die Einhaltung der Vorschriften wird von der Berufsgenossenschaft überwacht. In jedem Betrieb mit mehr als 20 Beschäftigten wird außerdem ein Sicherheitsbeauftragter bestellt und ausgebildet. Er berät und hilft in Fragen der Unfallverhütung und arbeitet eng mit dem Betriebsrat zusammen.

> **Bewahren Sie sich und andere vor Unfällen!**
> - Befolgen Sie die Unfallverhutungsvorschriften!
> - Arbeiten Sie nicht mit Werkzeugen oder an Maschinen, die Ihnen nicht vertraut sind!
> - Benutzen Sie keine unvorschriftsmäßigen oder beschädigten Werkzeuge, Geräte und elektrische Anlagen!
> - Halten Sie Ordnung!
> - Tragen Sie die richtige Arbeitskleidung und vorgeschriebene Schutzkleidung, Schutzbrillen oder Handschuhe!
> - Greifen Sie nie in laufende Maschinen!
> - Tragen Sie keinen Schmuck (Ringe, Ketten), offenes langes Haar oder lose Ärmel!

1.4 Überblick über Werk- und Hilfsstoffe

Werkstoffe. Die Technik verfügt über eine große Anzahl von Werkstoffen, aus denen die Bauteile für Maschinen, Werkzeuge und Vorrichtungen hergestellt werden. Man unterscheidet Metalle und Nichtmetalle.

Metalle. Von den in der Natur vorkommenden Stoffen braucht man im Maschinenbau vor allem Metalle. Metalle zeichnen sich gegenüber allen anderen Stoffen (den Nichtmetallen) durch besonders günstige Eigenschaften aus: Sie haben in der Regel eine hohe Festigkeit und eine gute Leitfähigkeit für Elektrizität und Wärme. Viele lassen sich aufgrund ihrer Zähigkeit kalt oder warm verformen.

Der Begriff Metall wird auch auf Legierungen angewendet, die durch Mischen von mindestens einem Metall mit einem anderen Metall oder Nichtmetall im flüssigen Zustand entstehen. So ergeben sich z. B. durch Zusammenschmelzen von Kupfer und Zink die Kupfer-Zink-Legierungen Messing.

Zu den am meisten in der Technik verwendeten metallischen Werkstoffen gehören Stahl und Eisen (Eisenmetalle). Das sind Eisen-Kohlenstoff-Legierungen. Bei besonderen Anforderungen legiert man Stahl und Eisen auch mit anderen Metallen.

Für besondere Aufgaben stehen die Nichteisenmetalle (NE-Metalle) und ihre Legierungen zur Verfügung. Man unterteilt sie nach ihrer Dichte in Schwer- und Leichtmetalle. Zu den Schwermetallen gehören z. B. Kupfer, Zink, Zinn, Blei und ihre Legierungen, aber auch Nickel, Chrom, Wolfram, die als Legierungsbestandteile für Stahl oder als Überzugsmetalle dienen. Die meistverwendeten Leichtmetalle sind Aluminium, Magnesium und ihre Legierungen.

Nichtmetalle können Naturstoffe (z. B. Leder, Holz, Glas) sein oder Kunststoffe. Kunststoffe haben einen weiten Anwendungsbereich gefunden. Sie entstehen durch Umwandlung von Naturprodukten (z. B. aus Zellulose = Holzstoff) oder werden aus Ausgangsstoffen wie Erdöl, Kohle und Kalk künstlich hergestellt (synthetische Kunststoffe).

Bei Verbundwerkstoffen wird ein Werkstoff mit anderen Werkstoffen kombiniert (z. B. Metall mit Metall, Kunststoff mit Metall, mineralischen oder pflanzlichen Stoffen). Man erreicht damit für das Teil bestimmte günstige, sonst fehlende Verwendungseigenschaften, Verbilligung oder Rohstoffeinsparung. Die Werkstoffe werden z. B. durch Walzplattieren (Sandwichsystem), Sintern, Vulkanisieren, Galvanisieren verbunden.

Hilfsstoffe werden zur Herstellung von Werkstücken gebraucht und sind im Enderzeugnis enthalten (z. B. Schweißzusatzwerkstoffe, Lote, Klebstoffe, Schmierstoffe).

Betriebsstoffe sind zur Herstellung von Werkstücken erforderlich, aber nicht in ihnen enthalten (z. B. Brennstoffe, Lötfett, Reinigungsmittel, Kühlmittel).

Diese Einteilung erleichtert die Ordnung und damit die Übersicht über die vielen Werk- und Hilfsstoffe (**1.4**).

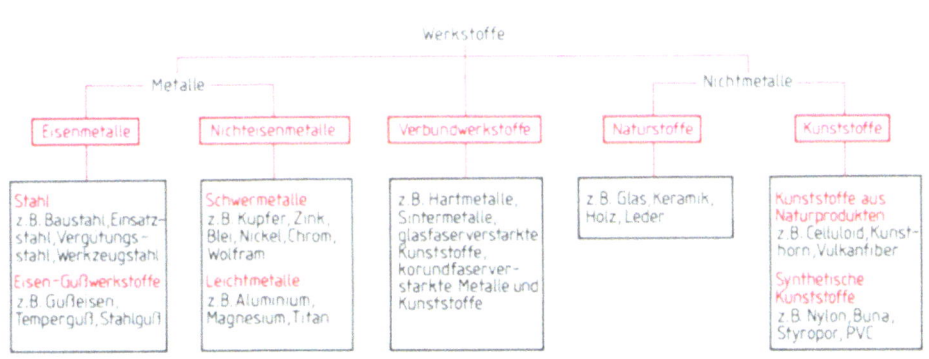

1.4 Übersicht über technische Werkstoffe

Aufgaben zu Abschnitt 1

1. Nach welchen Einteilungsgesichtspunkten werden die technischen Werkstoffe unterschieden?
2. Welche günstigen Eigenschaften haben Metalle gegenüber anderen Stoffen?
3. Wie werden Nichteisenmetalle unterteilt?
4. Was sind Legierungen?
5. Aus welchen Ausgangsstoffen werden synthetische Kunststoffe hergestellt?
6. Was versteht man unter Verbundwerkstoffe?
7. Nennen Sie a) Hilfsstoffe und b) Betriebsstoffe.

2 Naturwissenschaftliche Grundlagen der Werkstoffkunde

2.1 Aufbau der Metalle

Kristalle und Kristallite. Bild 2.1 zeigt in der Natur gewachsene Quarzkristalle. Auch sie haben die besondere Eigenschaft aller Kristalle – die regelmäßige Anordnung ihrer ebenen Flächen.

Das tägliche Wachsen von Salzkristallen können Sie beobachten, wenn Sie eine konzentrierte Kochsalzlösung (in Wasser) in einer flachen Schale verdunsten lassen.

2.1 Quarzkristalle

> Kristalle – von Natur aus durch ebene Flächen gesetzmäßig abgegrenzte feste Körper

Die reine Kristallform ergibt sich aber nur bei ungestörtem Aufbau. Dies ist beim Erstarren einer Metallschmelze nicht der Fall. Dabei entstehen zuerst an vielen Stellen winzige Kristalle, die weiterwachsen und mit benachbarten, ebenfalls wachsenden Kristallen zusammenstoßen. So können sie keine regelmäßigen Flächen ausbilden (**2.2**). Man nennt diese Form Kristallite oder Körner und ihre Begrenzungsflächen Korngrenzen. Die meisten Metalle bestehen aus einer solchen Anhäufung kleiner, wirr durcheinanderliegender, aneinanderstoßender Kristallite. Ihr Aufbau ist **kristallin**.

  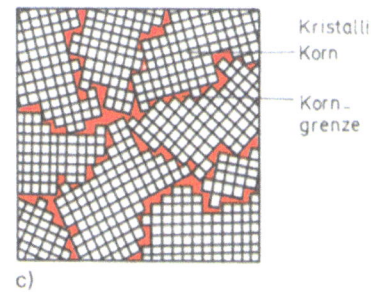

a) b) c)

2.2 Erstarren einer Metallschmelze (schematisch)
   a) Beginn des Erstarrens, b) Wachsen der Kristalle, c) kristalliner Aufbau

> Metalle haben im festen Zustand einen kristallinen Aufbau.

Der körnige Aufbau von Metallen läßt sich an frischen Bruchflächen gut erkennen.

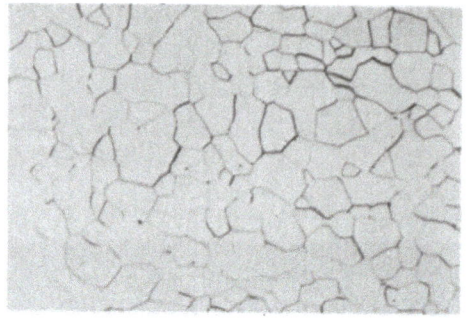

2.3 Gefüge technisch reinen Eisens ($V = 200 \times$)

Metallgefüge. Die Körner der gebräuchlichen Metalle haben 0,01 bis 10 mm Durchmesser. Sie lassen sich jedoch nur unter dem Mikroskop erkennen, nachdem man eine Metallprobe poliert und die Körner oder die Korngrenzen durch Ätzen mit Chemikalien (z. B. Säuren) sichtbar gemacht hat (**2.**3). Das Gesamtbild der Körner heißt Gefüge. Jedes Metall hat sein Gefüge, das wiederum davon abhängt, ob das Metall gegossen, geglüht oder warm bzw. kalt verformt worden ist.

Einfluß des Gefüges auf die Werkstoffeigenschaften. Der kristalline Aufbau ist die Ursache für die günstigen Eigenschaften der Metalle, wie Härte, Festigkeit und Zähigkeit. Ein feinkörniges Gefüge ist für Festigkeit und Verformung günstiger als ein grobkörniges. Grobes Korn ist schlag-, stoß- und bruchempfindlich, dafür meist widerstandsfähiger gegen chemische Angriffe als ein feines Korn oder verschieden große Körner innerhalb eines Gefüges. Durch besondere Verfahren (z. B. Wärmebehandlung, Verformung oder Legierungsbildung) kann man das Gefüge eines Metalls und damit seine Eigenschaften ändern, verbessern.

Amorphe Stoffe bilden im festen Zustand keine Kristalle aus. Sie sind amorph, d. h. gestaltlos. Dazu gehören Glas, Harz, Paraffin, Graphit.

Die Atome eines Metalls ordnen sich unter dem Einfluß ihrer Bindungskräfte zu einem geometrischen Muster.

Kristallgitter. Die geometrische Anordnung der Atome bei der Kristallbildung ist stoffabhängig. Bei den metallischen Werkstoffen gibt es vor allem drei Arten der Atomanordnung:

- **Beim kubisch-raumzentrierten Typ** (Kubus, lat. = Würfel) bilden die Atome würfelförmige „Kleinstkristalle", bei denen an den Ecken und in der Würfelmitte je ein Atom steht (**2.**4a).
- **Beim kubisch-flächenzentrierten Typ** liegen die Atome an den Ecken und in der Mitte der Seitenflächen (**2.**4b).
- **Beim hexagonalen Typ** (griech.: Sechseck) ordnen sich die Atome in Sechskantform (**2.**4c).

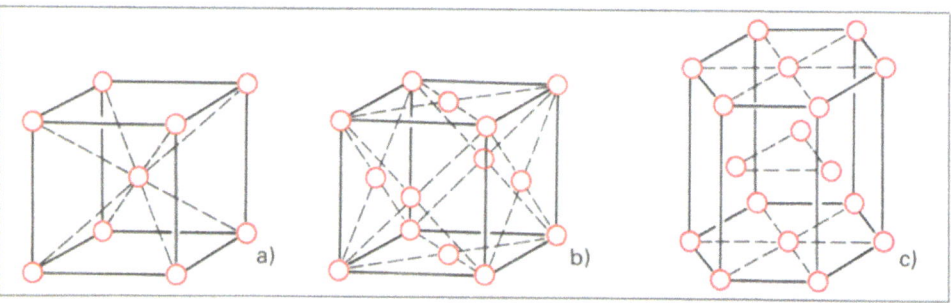

2.4 Anordnung der Atome im Metall
    a) kubisch-raumzentriert (z. B. Eisen bis 906 °C, Chrom, Wolfram)
    b) kubisch-flächenzentriert (z. B. Eisen von 906 bis 1400 °C, Kupfer, Aluminium)
    c) hexagonal (z. B. Magnesium, Zink)

Wie bei einem aus Backsteinen regelmäßig geschichteten Mauerwerk sind im Korn des Metalls unvorstellbar viele dieser „Kleinstkristalle" zu einem räumlichen Kristallgitter vereinigt (**2.**5a).

In unseren Bildern sind die Atommittelpunkte angegeben und durch Geraden verbunden. Tatsächlich berühren sich die Wirkungsbereiche der Atome ähnlich Kugeln (**2.5** b).

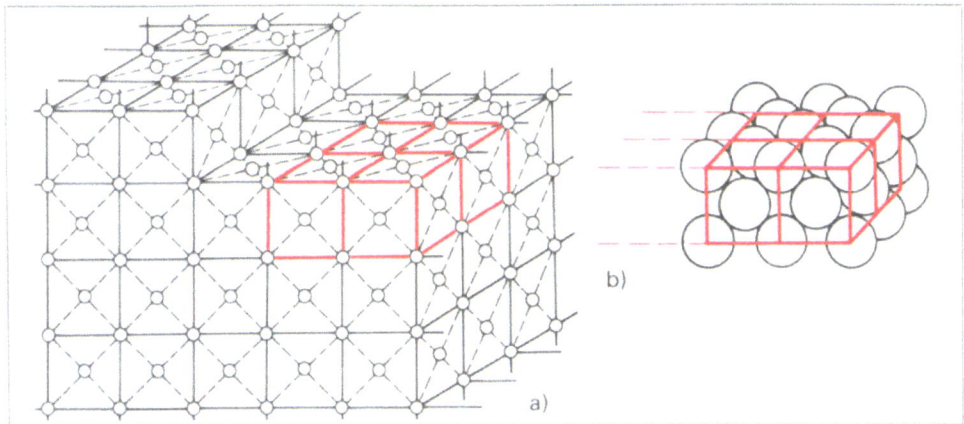

2.5   Kristallgitter kubisch-flächenzentriert a) Gitter, b) Wirkungsbereich der Atome

Die Atome eines Metalls sind in einem Kristallgitter angeordnet.

Einfluß des Kristallgitters auf die Werkstoffeigenschaften. Zwei Metalle lassen sich um so besser miteinander legieren, je ähnlicher ihr Gitteraufbau ist. Auch die Verformbarkeit hängt vom Gittertyp ab. Metalle mit hexagonalem Gitter (z. B. Zink oder Magnesium) sind schlechter verformbar als solche mit kubischem Gitter (z. B. Aluminium, Kupfer, Stahl; s. a. Abschn. 12.1).

Die Gitter der Körner sind jedoch nur selten vollkommen aufgebaut. Meist enthalten sie Lücken, Fremdatome, Baufehler (Versetzungen). Dadurch wird das Verhalten der Metalle bei der Verformung, Wärmebehandlung oder Beanspruchung durch Kräfte wesentlich beeinflußt.

Metallbindung, Ionen. Die Elektronen bewegen sich auf Kugelschalen um den Atomkern. Wenn eine Kugelschale durch eine bestimmte Anzahl von Elektronen „gesättigt" ist, besetzen die restlichen Elektronen die nächste Schale. Auf der äußeren Schale finden höchstens acht Elektronen Platz. Die meisten Metalle haben hier jedoch weniger Elektronen.

Wenn sich die Metallatome zu einem Raumgitter ordnen, sind sie bestrebt, die wenigen Elektronen der äußeren Schale abzustoßen, um zu einer vollbesetzten und damit stabilen Außenschale zu kommen. Die wenigen „Außenelektronen" sind deshalb im Metallgitter nur locker mit ihren Atomen verbunden und als „freie" Elektronen im Gitter beweglich (**2.6**). Das Kristallgitter eines Metalls ist also aus Atomen aufgebaut, denen einige Elektronen fehlen und die deshalb eine positive Ladung haben. Diese geladenen „Restatome" nennt man Ionen.

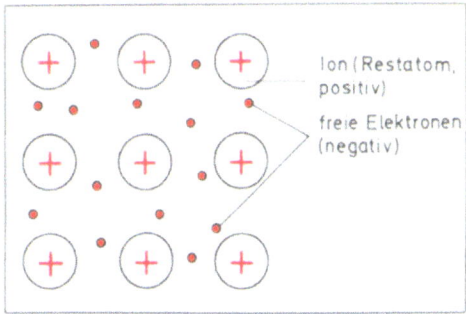

2.6   Metallbindung (Schema)

Ionen sind elektrisch geladene Atome oder Moleküle.

Einfluß des Atomaufbaus auf die Werkstoffeigenschaften. Für die chemischen Eigenschaften der Metalle ist entscheidend, wieviel Elektronen die äußere Schale besetzen. Je geringer ihre Zahl, desto chemisch aktiver ist der Stoff, desto leichter verbindet er sich mit anderen Elementen. Warum? Weil das Metall nach einer möglichst vollbesetzten Außenschale strebt.

Da die meisten Metalle nur wenige Elektronen auf ihrer äußeren Schale haben, kommen sie in der Natur nur selten in reiner Form vor. In der Regel sind sie chemisch gebunden (z. B. als Metall-Sauerstoff-Verbindung in Erzen).

Die freien Elektronen im Metallgitter können durch eine angelegte Spannung in Bewegung gesetzt werden (Elektronenstrom). Wegen dieser Beweglichkeit der Elektronen haben Metalle eine gute elektrische Leitfähigkeit. Dagegen sind bei nichtleitenden Stoffen (Nichtleiter, Isolatoren) keine oder nur sehr wenige freie Elektronen vorhanden. Hier sind alle oder fast alle Elektronen fest an den Atomkern gebunden.

Aufgaben zu Abschnitt 2.1

1. Durch welche günstigen Eigenschaften unterscheiden sich Metalle von Nichtmetallen?
2. Was versteht man unter einer Legierung?
3. Warum legiert man Metalle?
4. Beschreiben Sie den Unterschied zwischen Kristallen und Kristalliten (Körnern).
5. Was bedeutet der Begriff Metallgefüge?
6. Warum haben Metalle eine gute elektrische Leitfähigkeit?

2.2 Physikalische Grundlagen

2.2.1 Temperatur und Wärmemenge

Wärme braucht man in der Technik zum Gewinnen und zur weiteren Be- und Verarbeitung von Werkstoffen (z. B. im Hochofen oder beim Gießen, Schmieden, Schweißen und Härten) sowie zum Betrieb von Kraftmaschinen (Motoren, Turbinen).

Temperatur ϑ (theta = griechischer Buchstabe th). Unsere Wärmeempfindung ist für das Bestimmen von Temperaturen in der Technik nicht geeignet. Um den Wärmezustand eines Körpers (seine Temperatur) objektiv zu messen, braucht man Thermometer (**2.7**).

Die Einheit der Temperatur ist das Kelvin K (engl. Physiker, 1824–1907). In der Technik wird meist der Einheitenname Grad Celsius (schwedischer Physiker 1701–1744) benutzt (1 °C = 1 K). Temperaturdifferenzen werden nach DIN in Kelvin angegeben. Auf der Celsius-Skala sind 0 °C die Schmelztemperatur des Eises, 100 °C die Siedetemperatur des Wassers bei Normalluftdruck. Die Thermometerskala von Kelvin gibt die absolute Temperatur T an. Sie beginnt beim absoluten Nullpunkt $T_0 = 0$ K $= -273,15$ °C (**2.8**). Tiefere Temperaturen sind nicht möglich.

Beispiele 2.1 20 °C = 273,15 K + 20 K = 293,15 K
80 °C − 20 °C = 60 K

Tabelle 2.7 Thermometer

Art	Meßprinzip	Meßbereich	
Flüssigkeitsthermometer	Ausdehnung bzw. Zusammenziehung von Flüssigkeiten bei Erwärmung bzw. Abkühlung	Quecksilber Quecksilber mit Gasfüllung Alkohol	-35 bis $+200\,°C$ -35 bis $+750\,°C$ -100 bis $+70\,°C$
Bimetallthermometer	Krümmung von zwei miteinander fest verbundenen Metallstreifen unterschiedlicher Wärmedehnung		-20 bis $+400\,°C$
Widerstandsthermometer	Änderung des elektrischen Widerstands bei Erwärmung		-200 bis $+1000\,°C$
Thermoelemente	Elektrische (Thermo-) Spannung, die bei Erwärmung der Löt- oder Schweißstelle von zwei verschiedenartigen Metalldrähten entsteht	Fe-CuNi PtRh-Pt	-200 bis $+900\,°C$ 0 bis $+1700\,°C$

2.8 Celsius- und Kelvinskale

Temperatur ϑ
- Wärmezustand eines Körpers
- Einheit Kelvin K oder Grad Celsius °C (1 K = 1 °C)
- Temperaturdifferenzen werden in Kelvin angegeben

Die Wärmemenge Q ist ein Maß für die Wärmeenergie, die in einem Körper enthalten ist oder ihm zugeführt wird. Wärme ist eine Energieform genauso wie mechanische, elektrische oder magnetische Energie. Deshalb wird die Wärmemenge in der gleichen Einheit Joule (sprich: dschul) gemessen. 1 Joule = 1 Wattsekunde (1 J = 1 Ws; 1000 J = 1 kJ).

Spezifische Wärmekapazität c. Die Stoffe erwärmen sich also unterschiedlich hoch bei Zuführen der gleichen Wärmemenge. Die nötige Wärmeenergie, um 1 kg eines Stoffes um 1 K zu erwärmen, nennt man spezifische Wärmekapazität c (**2.9**).

Tabelle 2.9 Spezifische Wärmekapazität c einiger Stoffe in kJ/kg · K

Wasser	4,187	Stahl	0,503
Luft	1,010	Kupfer	0,383
Ton	0,920	Zinn	0,222
Aluminium	0,890	Blei	0,125
Beton	0,880		

Spezifische Wärmekapazität c
- Wärmemenge, um 1 kg eines Stoffes um 1 K zu erwärmen
- stoffabhängige Konstante
- Formel $\quad\dfrac{\text{Wärmemenge}}{\text{Masse} \cdot \text{Temperaturerhöhung}} \quad c = \dfrac{Q}{m \cdot (\vartheta_2 - \vartheta_1)}$
- Einheit $\dfrac{kJ}{kg \cdot K}$

Beispiel 2.2 Welche Wärmemenge braucht man, um eine Schnittplatte aus Stahl von 2,4 kg in einem Glühofen von 20°C Raumtemperatur auf die Glühtemperatur von 1080°C zu erwärmen?

Lösung Stahl hat eine spezifische Wärmekapazität von $0{,}503 \dfrac{\text{kJ}}{\text{kg} \cdot \text{K}}$.

Die erforderliche Wärmemenge ist

$$Q = c \cdot m \cdot (\vartheta_2 - \vartheta_1) = 0{,}503 \frac{\text{kJ}}{\text{kg} \cdot \text{K}} \cdot 2{,}4 \text{ kg} \cdot 1060 \text{ K} = 1279{,}6 \text{ kJ} = \mathbf{1280 \text{ kJ}}$$

2.2.2 Zustandsformen und Schmelzpunkt

Drei Zustandsformen (Aggregatzustände) unterscheidet man bei den Körpern (2.10):

- **feste Körper** haben eine bestimmte Gestalt und damit auch einen bestimmten Rauminhalt;
- **flüssige Körper** haben keine bestimmte Gestalt (sie „zerfließen"), haben aber einen bestimmten Rauminhalt;
- **gasförmige Körper** haben weder eine bestimmte Gestalt noch einen bestimmten Rauminhalt. Sie nehmen den ganzen zur Verfügung stehenden Raum ein.

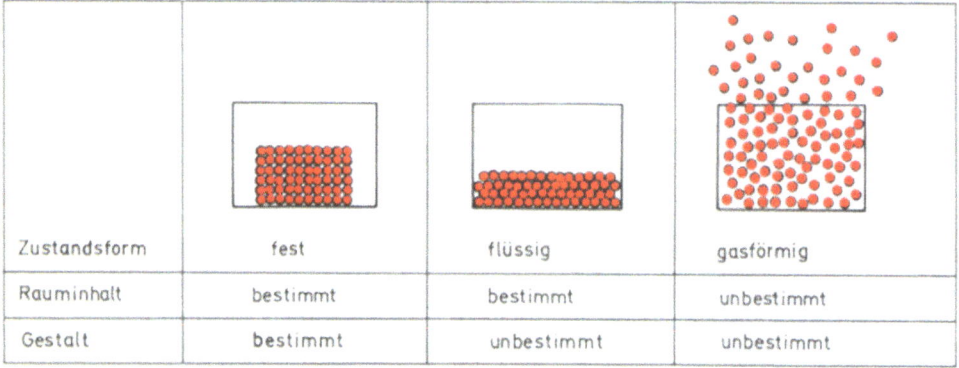

Zustandsform	fest	flüssig	gasförmig
Rauminhalt	bestimmt	bestimmt	unbestimmt
Gestalt	bestimmt	unbestimmt	unbestimmt

2.10 Zustandsformen

Ändern der Zustandsformen. Eis schmilzt bei Erwärmung zu Wasser, Wasser verdampft zu Wasserdampf, Dampf wiederum kondensiert bei Abkühlung zu Wasser, das bei weiterer Abkühlung zu Eis erstarrt. Der Aggregatzustand eines Körpers ist also durch Wärmezufuhr oder -entzug veränderlich.

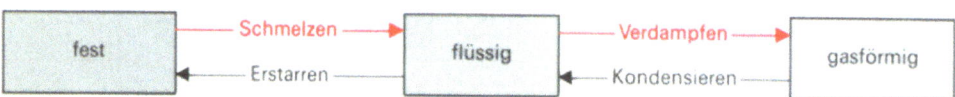

Abhängig ist der Aggregatzustand von der Kohäsion. Bei einem festen Körper ist die Lage der einzelnen Moleküle bzw. Atome genau bestimmt, wie bei Sandkörnern in einem massiven Sandstein. Die Teilchen schwingen nur unerheblich um ihre Ruhelage. Durch Zufuhr von Wärme (Energie) vergrößern sich die Schwingungen und der Abstand der Teilchen, die Zusammenhangskraft wird geringer. Ist die Kohäsion so gering, daß die Teilchen zwar noch zusammenhängen, aber gegeneinander verschiebbar sind (wie Sandkörner in einem Sandhaufen), ist der Körper flüssig geworden. Bei weiterer Wärmezufuhr wird die Kohäsion zwischen den Teilchen so gering, daß kein Zusammenhang mehr festzustellen ist – der Körper ist gasförmig geworden und zerstreut sich im Raum. Bei Abkühlung (Wärmeentzug) verläuft dieser Vorgang in umgekehrter Richtung.

Schmelzpunkt. Bei einem reinen Stoff erfolgt das Schmelzen und Erstarren stets bei derselben Temperatur – dem Schmelzpunkt bzw. Erstarrungspunkt (2.12a). Ist bei Erwärmung die Schmelztemperatur erreicht, erhöht sich trotz Wärmezufuhr die Temperatur nicht, bis der gesamte Stoff flüssig ist (Haltepunkt). Nach der Schmelztemperatur unterscheiden wir höchst-, hoch- und niedrigschmelzende Metalle (2.11).

Tabelle 2.11 **Schmelztemperatur reiner Metalle in °C**

Höchstschmelzende Schwermetalle	Wolfram	3380
Hochschmelzende Schwermetalle	Chrom	1875
	Eisen	1534
	Kupfer	1083
	Molybdän	2620
	Nickel	1455
Niedrigschmelzende Schwermetalle	Zink	420
	Blei	327
	Zinn	232
Leichtmetalle	Aluminium	660
	Magnesium	649
	Titan	1670

Schmelzbereich von Legierungen. Die in der Technik verwendeten metallischen Werkstoffe sind meist Legierungen, die sich beim Schmelzen etwas anders verhalten als reine Metalle.

Versuch 2.1 In einem Tiegel werden nacheinander Stücke aus Blei, Zinn und Blei-Zinn-Legierungen mit 40% und 63% Zinngehalt bis zum Schmelzen erhitzt. Die Temperatur wird jeweils mit einem aufs Metall gesetzten Thermometer gemessen.

Ergebnis Bei 327°C schmilzt das Blei, bei 232°C das Zinn. Beide gehen bei der Schmelztemperatur direkt vom festen in den flüssigen Zustand über.
Die Blei-Zinn-Legierung mit 63% Zinn wird bei 183°C ebenfalls sofort flüssig. Die Blei-Zinn-Legierung mit 40% Zinn beginnt zwar bei 183°C zu schmelzen, geht aber zunächst in einen breiigen Zustand über und ist erst etwa bei 250°C ganz flüssig.

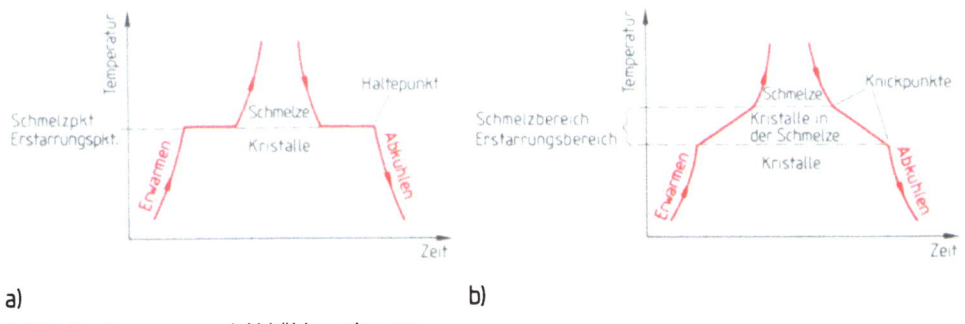

a)   b)

2.12 Erwärmungs- und Abkühlungskurven
a) von reinen Metallen, b) von Legierungen

Der Versuch zeigt, daß reine Metalle und einige Legierungen mit einer bestimmten Zusammensetzung einen genauen Schmelzpunkt haben, während die meisten Legierungen in einem Temperaturbereich (Schmelzbereich) schmelzen, in dem flüssige Schmelze und feste Kristalle noch nebeneinander bestehen und so ein breiiger Zustand herrscht (2.12b).
Aus Zustandsschaubildern lassen sich für eine Legierung mit unterschiedlicher Zusammensetzung die Schmelzpunkte bzw. Schmelzbereiche und Zustandformen ablesen (2.13).

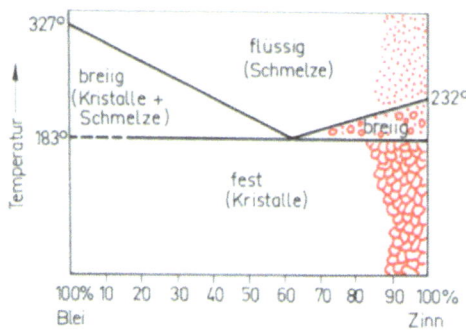

Grundsätzlich liegt der Schmelzpunkt von Legierungen tiefer als der Schmelzpunkt ihrer Grundbestandteile. So wird der Schmelzpunkt z. B. bei Stahl und Gußeisen (Legierungen aus Eisen und Kohlenstoff) mit zunehmendem Kohlenstoffgehalt herabgesetzt: Stahl mit 1% C-Gehalt = 1460°C, Gußeisen mit 3% C-Gehalt = 1290°C.

Technische Bedeutung. In der Metalltechnik haben der Übergang vom festen in den flüssigen Zustand und umgekehrt Bedeutung für die Gewinnung der Werkstoffe und für einige Fertigungsverfahren (z. B. Gießen, Löten, Schweißen). In der

2.13 Zustandsschaubild der Blei-Zinn-Legierungen

Elektrotechnik verwendet man leichtschmelzende Legierungen in den Schmelzsicherungen. Der in der Sicherung eingebettete Schmelzdraht schmilzt bei Überlastung sofort durch und unterbricht dadurch den Stromkreis. Zur Herstellung von Weichloten zum Löten nimmt man Blei-Zinn-Legierungen, weil sie einen niedrigeren Schmelzpunkt haben als die reinen Metalle und weil der breiige Zustand den Lötvorgang in manchen Fällen erleichtert (2.14).

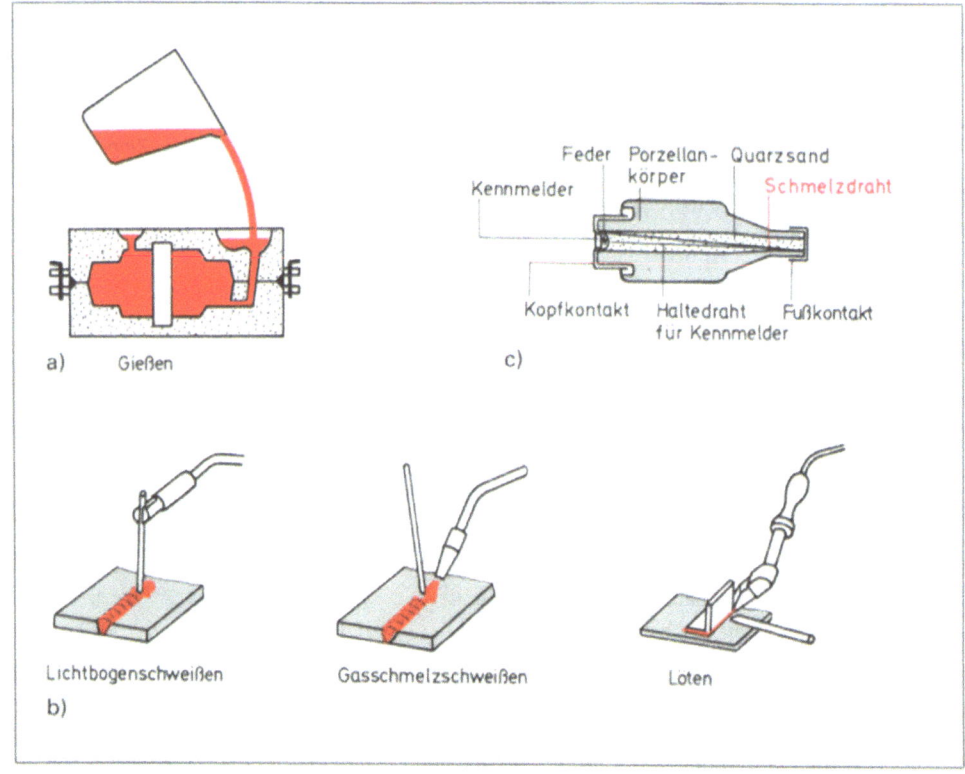

2.14 Technische Anwendung der Änderung von Zustandsformen
    a) Urformen (Formschaffen), b) Fügen (Stoffverbinden), c) elektrische Schmelzsicherung

2.2.3 Wärmedehnung

Wärmedehnung. Fast alle Stoffe dehnen sich bei Erwärmung nach allen Seiten aus – Flüssigkeiten mehr als feste Körper, Gase wiederum mehr als Flüssigkeiten. Den Techniker interessiert vor allem die Ausdehnung in der Länge (z. B. der Durchmesser eines Kolbens, die Länge eines Ventils, der Abstand der Meßflächen einer Meßschraube). Von welchen Einflüssen die Längenänderung durch Wärme abhängt, zeigt unser Versuch.

Versuch 2.2 Ein Aluminiumrohr mit der Anfangslänge $l_1 = 1000$ mm = 1 m wird mit einem eingekerbten Ende auf einer Schneide und mit dem anderen Ende beweglich auf einer Walze gelagert. Das Rohrende stößt gegen den Taststift einer Meßuhr (**2.15**). Leitet man Wasserdampf durch das Rohr, steigt seine Temperatur von der Raumtemperatur $\vartheta_1 = 20\,°C$ auf die Wasserdampftemperatur $\vartheta_2 = 100\,°C$. Die Rohrtemperatur ist also um $\Delta\vartheta = \vartheta_2 - \vartheta_1 = 80$ K erhöht worden (Δ = delta, griechischer Buchstabe D).

Ergebnis Das Rohr dehnt sich auf die Länge l_2 aus. Die Meßuhr zeigt eine Längenänderung von $\Delta l = l_2 - l_1 = 1{,}92$ mm an.

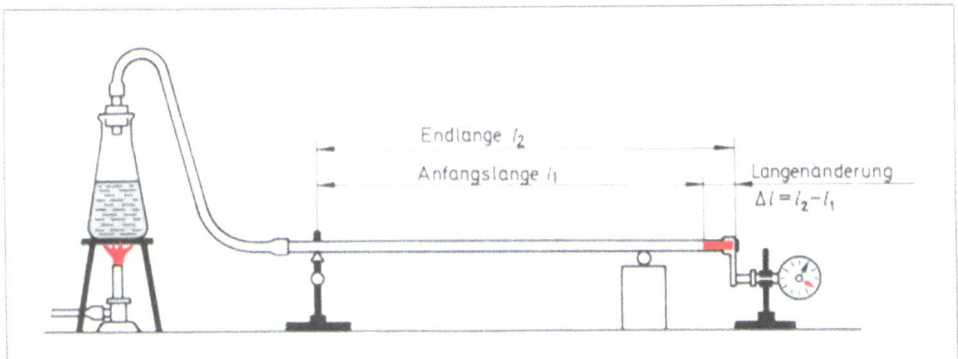

2.15 Längenausdehnung durch Wärme

Die meisten Stoffe dehnen sich zwischen 0°C und 100°C gleichmäßig aus: Bei einer Erwärmung um 40 K im Versuch wäre die Längenänderung also nur halb so groß gewesen.

Längenausdehnungszahl α (alpha = griechischer Buchstabe a). Beim Erwärmen um nur 1 K wäre die Längenänderung des Rohrs 80mal geringer gewesen, nämlich 1,92 mm : 80 = 0,024 mm = 0,000024 m. Die Längenausdehnung von Aluminium beträgt also bei 1 K Temperaturerhöhung 0,000024 m je Meter Länge des Werkstücks. Diese Angabe bezeichnet man als Längenausdehnungszahl α (Längenausdehnungskoeffizient). Die Längenausdehnungszahl von Aluminium ist $\alpha_{Al} = 0{,}000024\,\dfrac{m}{m \cdot K} = 0{,}000024\,\dfrac{1}{K}$.

> Die Längenausdehnungszahl α gibt an, um wieviel m sich ein Werkstoff von 1 m Länge bei Erwärmung um 1 K ausdehnt. Sie ist eine Stoffkonstante (d. h. unveränderlich).

Für alle wichtigen Werkstoffe hat man den Längenausdehnungskoeffizienten ermittelt und in Tabellen zusammengefaßt. Eine Auswahl gibt die Tabelle **2.16**.

Mit Hilfe der Längenausdehnungszahl läßt sich die Ausdehnung jedes Bauteils bei einer bestimmten Temperaturerhöhung berechnen.

Tabelle 2.16   Längenausdehnungszahl α in $\frac{1}{K}$

Material	α	Material	α
Kunststoff PVC	0,000078	Kupfer	0,000016
Zink	0,000030	Beton	0,000012
Blei	0,000029	Stahl	0,000012
Aluminium	0,000024	Gußeisen	0,000010
Zinn	0,000023	Invar (Eisen-Nickel-Legierung)	0,000002
Messing	≈ 0,000018		

Beispiel 2.3   Die Steigleitung einer Warmwasserheizung aus Stahlrohr ist 8 m lang. Nach der Montage bei 20°C Raumtemperatur wird die Heizung in Betrieb genommen und das Rohr durch das Warmwasser auf 80°C erwärmt. Um wieviel mm dehnt sich die Steigleitung aus?

Lösung $\alpha_{St} = 0,000012 \frac{1}{K}$

1 m Stahlrohr dehnt sich bei 1 K um 0,000012 m aus;

1 m Stahlrohr dehnt sich bei 80°C − 20°C = 60 K um 0,000012 m · 60 = 0,000072 m aus;

8 m Stahlrohr dehnen sich bei 60 K um 8 · 0,00072 m = 0,00576 m = 5,76 mm aus.

Die Gesamtlänge (Endlänge) der Steigleitung beträgt nun 8000 mm + 5,76 mm = **8005,76 mm.**

Die Längenänderung Δl und die Endlänge l_2 kann man berechnen, wenn die Anfangslänge l_1, die Längenausdehnungszahl α und die Temperaturdifferenz zwischen Endtemperatur ϑ_2 und Anfangstemperatur ϑ_1 bekannt sind.

Längenänderung = Anfangslänge · Längenausdehnungszahl · Temperaturdifferenz

$\Delta l = l_1 \cdot \alpha \cdot (\vartheta_2 - \vartheta_1)$

Endlänge = Anfangslänge + Längenänderung

$l_2 = l_1 + \Delta l$

Beispiel 2.4   Auf einer Drehmaschine wird ein Werkstück aus einer Aluminiumlegierung ($\alpha_{Al} = 0,000024 \frac{1}{K}$) mit einem Durchmesser von 135 mm hergestellt. Welcher Meßfehler ergibt sich, wenn der Durchmesser nicht bei Zimmertemperatur 20°C gemessen wird, sondern im erwärmten Zustand sofort nach der Bearbeitung bei 70°C?

Lösung   Der Werkstückdurchmesser von $l_1 = 135$ mm bei der Temperatur $\vartheta_1 = 20$°C dehnt sich bei Erwärmung auf 70°C aus um $\Delta l = l_1 \cdot \alpha \cdot (\vartheta_2 - \vartheta_1)$

$= 0,135 \text{ m} \cdot 0,000024 \frac{1}{K} \cdot 50 \text{ K} = 0,000162 \text{ m}$

= **0,162 mm** Meßfehler

Gemessen wurden also 135,162 mm Durchmesser.

Technische Bedeutung. Die Wärmedehnung der Werkstoffe muß bei der Herstellung, Montage und Verwendung der Maschinenteile berücksichtigt werden, um Ausschuß und Reparaturen zu vermeiden. Andererseits beruht die Wirkungsweise einiger technischer Geräte und Einrichtungen vorwiegend auf der Wärmeausdehnung.

Beim Messen können durch Erwärmung des Werkstücks oder der Meßgeräte Meßfehler auftreten (**2.**17). Deshalb ist für das Messen nach DIN 102 die Bezugstemperatur von 20°C festgelegt. Meßgeräte und Lehren sind vor Sonneneinstrahlung und Handwärme zu schützen.

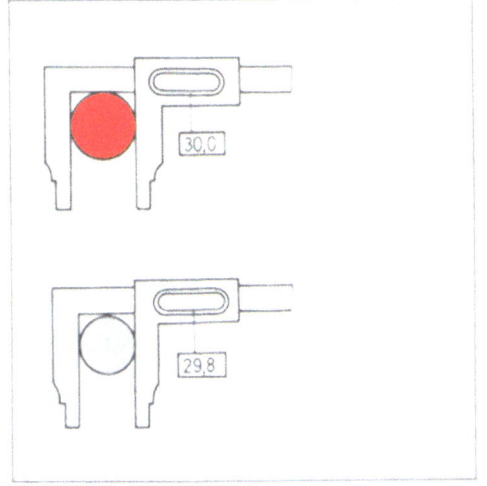

2.17 Meßfehler durch erwärmtes Werkstück

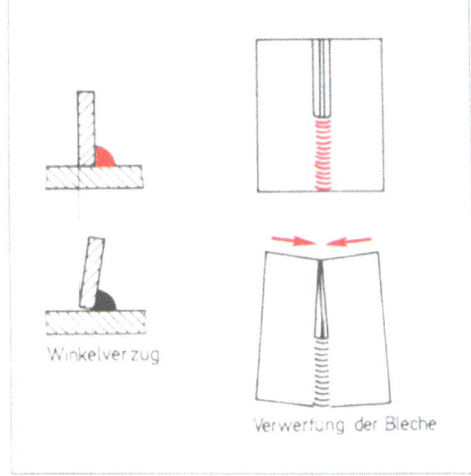

2.18 Winkelverzug und Blechverwerfung durch Wärme beim Schweißen

Beim Schmieden und Härten muß das Werkstück langsam erwärmt werden. Sonst entstehen durch unterschiedliche Wärmeausdehnung Spannungen, die das Werkstück verziehen oder sogar zerstören. Die gleiche Gefahr besteht beim Abschrecken des Stahls zum Härten.

Beim Schweißen entstehen durch Wärmedehnung und -schrumpfung Spannungen im Werkstück sowie ein Verzug der Teile (**2.**18). Deshalb muß man auf die richtige Schweißfolge, Nahtanordnung und -verteilung sowie auf Schrumpfvorgabe achten.

Durch Aufschrumpfen lassen sich Bauteile fest verbinden. Niete werden warm eingezogen und pressen beim Abkühlen die Teile fest zusammen. Kugellager können auf Wellenzapfen warm aufgezogen werden (**2.**19).

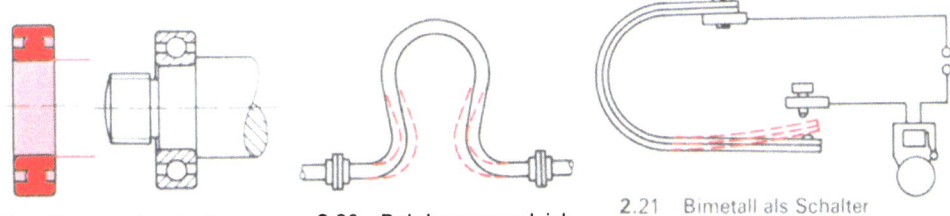

2.19 Schrumpfverbindung von Wälzlager und Zapfen

2.20 Rohrbogenausgleich

2.21 Bimetall als Schalter

Bei längeren Rohrleitungen baut man Ausgleichsbögen ein (**2.**20). Bei Längenänderung der Rohre werden sie auf Biegung beansprucht und verhindern ein Ausknicken der Rohre.

Kolben in Verbrennungsmotoren werden zum Kolbenende hin (wo die heißen Verbrennungsgase einwirken) der zunehmenden Erwärmung entsprechend verjüngt, d. h. konisch abgedreht.

Bimetallstreifen bestehen aus zwei vernieteten oder verschweißten Metallstreifen mit unterschiedlicher Längenausdehnungszahl. Beim Erwärmen biegt sich der Streifen nach der Seite, deren Metall sich am geringsten ausdehnt. Bimetalle werden als Schalter, Regler (Thermostat) und Thermometer verwendet (**2.**21).

Anomalie des Wassers. Aus der Wärmedehnung der Körper läßt sich schließen, daß sich die Körper bei Abkühlung zusammenziehen. Eine Ausnahme macht dabei das Wasser. Es zieht sich bei Abkühlung bis 4°C zusammen, dehnt sich aber bei weiterer Abkühlung auf 0°C wieder aus. Wasser hat also bei +4°C seine größte Dichte. Deshalb schwimmt Eis, platzen gefrierende Wasserleitungen und sprengt eingesickertes Wasser bei Frost Steine auseinander.

2.2.4 Wärmeübertragung

Wärmeübertragung hat in der Technik große Bedeutung, z. B. für Kesselanlagen, Heizungsanlagen, Kühlaggregate, Verbrennungsmotoren. Die Übertragung der Wärmeenergie erfolgt grundsätzlich von wärmeren Körpern auf kältere und geschieht durch Wärmeleitung, Wärmeströmung und Wärmestrahlung.

Wärmeleitung. Wärme wird von den Stoffen verschieden gut weitergeleitet. Es gibt gute und schlechte Wärmeleiter. Stoffe, die den elektrischen Strom gut leiten, sind auch gute Wärmeleiter.

Bei der Wärmeleitung wird die Wärme (Wärmeenergie) von Teilchen zu Teilchen des Stoffs weitergegeben. Durch die Erwärmung schwingen die Moleküle bzw. Atome höherer Temperatur stärker um ihre Ruhelage als die benachbarten, die sie zu noch größeren Schwingungen anstoßen (s. Abschn. 2.2.2). Diese Bewegungsenergie der Moleküle bzw. Atome macht sich nach außen als höhere Temperatur bemerkbar. Deshalb wird Wärme immer vom wärmeren zum kälteren Stoffteil transportiert, wobei sich die Moleküle selbst nicht fortbewegen – sie schwingen.

> Gute Wärmeleiter – Metalle
>
> Schlechte Wärmeleiter – ruhende Gase und Flüssigkeiten (Luft, Wasser), Glas, Porzellan, Holz, Kunststoffe

Die Wärmeleitzahl λ (lambda = griechischer Buchstabe l) ist eine stoffabhängige Konstante, die aussagt, wie gut sich Wärme in einem Stoff ausbreitet. Ihre Einheit ist $\frac{W}{m \cdot K}$ (Watt durch Meter mal Kelvin). Je höher der Wert liegt, desto besser leitet dieser Stoff die Wärme. Tabelle 2.22 gibt die Zahlen für einige Stoffe.

Tabelle 2.22 Wärmeleitzahl λ in $\frac{W}{m \cdot K}$ bei 20°C

Silber	421	Wasser	0,58
Kupfer	384	Ziegelstein	0,35 bis 0,9
Aluminium	209	Kunststoff PVC	0,15 bis 0,18
Messing	110	Holz	0,06 bis 0,35
Stahl	35 bis 45	Glaswolle	0,04
Beton	0,8 bis 1,3	Styropor	0,035
		Luft (trocken)	0,025

> Wärmeleitzahl λ
> - Angabe, wie gut sich Wärme in einem Stoff ausbreitet
> - stoffabhängig
> - Einheit $\frac{W}{m \cdot K}$

Technische Bedeutung. Die unterschiedliche Wärmeleitfähigkeit der Stoffe wird in der Technik vielfältig genutzt. Für Bauteile, die die Wärme gut weiter- oder ableiten sollen, verwendet man Metalle mit hoher Wärmeleitfähigkeit. Lötkolben, Heiz- und Kühlschlangen werden aus Kupfer oder Legierungen mit hohem Kupferanteil hergestellt, Motorkolben, Kühlrippen an Motorzylindern aus Aluminiumlegierungen. Stoffe mit geringer Wärmeleitfähigkeit dienen zur Wärmeisolierung (Wärmedämmung). Warmwasser- und Dampfleitungen schützt man gegen Wärmeverluste durch Umhüllen mit Glaswolle oder Schaumstoffe. Für Handgriffe an heißen Geräten oder Maschinen (z. B. Lötkolben, Ofentüren, Tiegel) werden Holz oder Kunststoffe verwendet. Die Wärmeschutzwirkung von Doppelfenstern und von porösen Stoffen beruht auf der schlechten Wärmeleitung der eingeschlossenen Luftschicht bzw. der in den Poren enthaltenen Luft.

Wärmeströmung (Konvektion) entsteht bei ungleichmäßiger Erwärmung von Gasen und Flüssigkeiten. Die erwärmten Teile dehnen sich aus, werden darum leichter als ihre Umgebung. Die kälteren, schwereren Teile sinken dagegen nach unten und verdrängen die erwärmten Teile nach oben. Durch strömende Gase und Flüssigkeiten wird Wärmeenergie transportiert.

Wärmestrahlung. Die Sonne spendet uns durch den luftleeren (kalten) Weltraum hindurch Wärme, selbst wenn die uns umgebende Luft noch kalt ist. Ebenso wie das Licht brauchen die Wärmestrahlen keinen „Übertragungsstoff". Sie sind elektromagnetische Wellen (Ultrarot-Strahlung). Reine Luft ist für Wärmestrahlen durchlässig. Die meisten undurchsichtigen Stoffe dagegen halten die Wärmestrahlen auf und erwärmen sich. Körper mit dunkler Oberfläche absorbieren (lat. verschlucken) mehr Wärmestrahlen als Körper mit heller Oberfläche, die Licht- und Wärmestrahlen zurückwerfen.

Wärmeleitung – Übertragung von Warmeenergie von Molekul zu Molekul

Warmestromung – Ubertragung von Warmeenergie durch bewegte Flussigkeiten oder Gase

Warmestrahlung – Übertragung von Wärmeenergie durch Strahlen ohne Mitwirkung eines Stoffes

---

2.2.5 Masse, Gewichtskraft, Dichte

Masse m. Ein Körper verharrt im Zustand der Ruhe oder der gleichförmigen Bewegung, solange keine Kraft auf ihn wirkt. Den Widerstand eines Körpers gegen Bewegungsänderung bezeichnet man als Masse (Formelzeichen m). Die Masse eines Körpers bleibt stets gleich, auch wenn sich seine Form ändert (z. B. durch Schmieden, Walzen). Masse ist auch unabhängig vom Ort. Ob sich ein Körper auf der Erde, im Wasser oder im Weltraum befindet – seine Masse verändert sich nicht. Sie hängt ab von der Stoffmenge und -art des Körpers. Bestimmt wird die Masse durch Vergleich mit Körpern bekannter Masse – mit Gewichtsstücken auf einer Balkenwaage. Die Einheit der Masse ist das Kilogramm kg. Sie wird durch ein internationales „Urkilogramm" (Prototyp) dargestellt.

Masse m
- Eigenschaft eines Körpers, sich Bewegungsänderungen zu widersetzen
- unabhängig vom Ort, abhängig von Volumen und Dichte des Stoffes
- Einheit kg (1 kg = 1000 g, 1 t = 1000 kg = Masse von 1 l Wasser bei 4 °C)

Gewichtskraft G. Auf jeden Körper wirkt eine Gewichtskraft. Sie beruht darauf, daß ein Körper von der Masse der Erde in Richtung auf den Erdmittelpunkt angezogen wird (**2**.23). Durch diese Schwerkraft (Gravitation) fällt ein frei fallender Körper immer schneller – er wird beschleunigt, und seine Fallgeschwindigkeit wird vergrößert. Die Fallbeschleunigung g ist aber nicht an allen Orten gleich groß. Sie nimmt mit der Entfernung vom Erdmittelpunkt ab (**2**.24). Je größer die Entfernung vom Erdmittelpunkt ist, desto kleiner ist die Gewichtskraft des Körpers. Deshalb „schweben" die Astronauten in ihrer Weltraumkapsel.

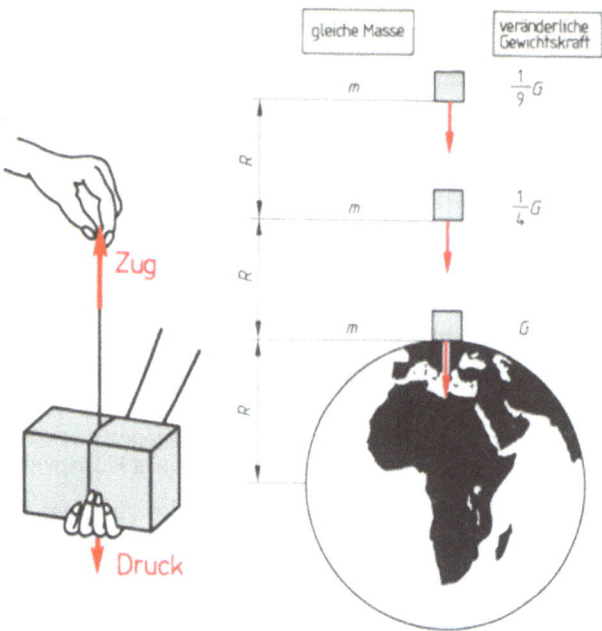

2.23 Wirkung der Gewichtskraft

2.24 Abhängigkeit der Gewichtskraft von der Entfernung vom Erdmittelpunkt

Gewichtskraft G
- die Kraft, mit der ein Körper von der Masse der Erde angezogen wird (Schwerkraft, Gravitation). Sie ist auf den Erdmittelpunkt gerichtet.
- abhängig vom Ort
- Einheit Newton N (sprich: njutn)

Dichte ϱ (rho = griechischer Buchstabe r). Die in 1 dm³ enthaltene Masse eines Körpers nennt man seine Dichte ϱ. Jeder Stoff hat seine bestimmte Dichte, die auch bei Änderung der Masse gleich bleibt (**2**.25).

Tabelle 2.25 Dichte ϱ einiger Stoffe bei 18 °C in kg/dm³

Gold	19,3	Messing	8,4 bis 8,7	Zink	7,1
Blei	11,3	Stahl	7,8	Aluminium	2,7 bis 2,8
Silber	10,5	Zinn	7,3	Kunststoffe	1,0 bis 1,8
Kupfer	8,9	Gußeisen	7,2		

Dichte ϱ
- Masse eines Körpers in 1 dm³ (1 m³, 1 cm³)
- abhängig vom Stoff
- Einheit kg/dm³, kg/m³, t/m³, g/cm³
- Berechnungsformel $\varrho = \dfrac{m}{V}$ (Masse durch Volumen)

Leichtmetalle – Dichte unter 5 kg/dm³   Schwermetalle – Dichte über 5 kg/dm³

2.2.6 Kohäsion und Adhäsion

Kohäsion (Zusammenhangskraft). Ursache für diesen Widerstand der Körper ist der Zusammenhalt ihrer Moleküle bzw. Atome durch die Kohäsion oder Zusammenhangskraft. Die Größe dieser Kraft bestimmt (wie der Versuch sehr deutlich zeigt) wesentlich die mechanischen Eigenschaften eines Stoffes (Festigkeit, Härte), also sein Verhalten gegenüber äußeren Kräften. Die Kohäsion ist sehr stark abhängig von der Zustandsform eines Stoffes – bei festen Stoffen ist die Kohäsion groß, bei flüssigen gering und bei gasförmigen sehr gering.

Adhäsion (Anhangskraft). Der Versuch zeigt: Wie zwischen den Molekülen e i n e s Stoffes wirken auch zwischen den Molekülen v e r s c h i e d e n e r Stoffe Kräfte. Es sind Anhangskräfte, durch die die verschiedenen Stoffe zusammenhaften. (Ein praktisches Beispiel bietet Klebstoff.)

Kohäsion – Zusammenhangskraft zwischen Molekülen/Atomen eines Stoffes
Adhäsion – Anhangskraft zwischen Molekülen/Atomen verschiedener Stoffe

---

Aufgaben zu Abschnitt 2.2

1. Was versteht man unter Temperatur?
2. Welcher Unterschied besteht zwischen Temperatur und Wärmemenge?
3. Was bedeutet die spezifische Wärmekapazität?
4. Warum verwendet man Wasser als Kühlflüssigkeit?
5. Welche Aggregatzustände haben Körper?
6. Wodurch ändern sich die Zustandsformen?
7. Erläutern Sie die Begriffe Schmelzpunkt und Erstarrungspunkt.
8. Welche Unterschiede gibt es beim Schmelzen reiner Metalle und Metallegierungen?
9. Was bedeuten Schmelzpunkt und Schmelzbereich?
10. Beschreiben Sie Fertigungsverfahren, die auf Zustandsänderungen beruhen.
11. Was sagt die Längenausdehnungszahl aus?
12. Zwei Blechstreifen aus Stahl und Messing werden miteinander vernietet und erwärmt. Nach welcher Seite biegt sich der Bimetallstreifen?
13. Um wieviel mm dehnt sich ein Stahlstab von 100 mm Länge bei Erwärmung um 100 K?
14. Mit welcher Formel berechnet man Längenänderungen und Endlängen?
15. Wie vermeiden Sie Meßfehler durch Temperatureinflüsse?
16. Worauf müssen Sie beim Schweißen achten, um Spannungen und Verzug der Teile zu vermeiden?
17. Was versteht man unter der Anomalie des Wassers?
18. Erläutern Sie Möglichkeiten zur Übertragung von Wärmeenergie.
19. Nennen Sie gute und schlechte Wärmeleiter.
20. Warum verwendet man für Lötkolben Kupfer?
21. Was bedeutet Wärmeleitfähigkeit? Welche Einheit hat sie?
22. Nennen Sie Beispiele für Wärmeströmung.
23. Erläutern Sie den Begriff Masse.
24. Nennen Sie die Einheit der Masse.
25. Was ist die Ursache der Gewichtskraft?
26. Wie heißt die Einheit der Gewichtskraft?
27. Was besagt die Angabe: Die Dichte des Kupfers ist 8,9 kg/dm^3?
28. Berechnen Sie die Masse einer rechteckigen Entlüftungsklappe aus Aluminium mit 780 mm Länge, 420 mm Breite und 3 mm Dicke.
29. Wie unterscheidet man Leicht- und Schwermetalle?
30. Beschreiben Sie die Wirkung von Kohäsion und Adhäsion.
31. Worauf beruhen Kohäsion und Adhäsion?

3 Eigenschaften der Werkstoffe

3.1 Mechanische Eigenschaften

Jeder Werkstoff hat eine Vielzahl von Merkmalen und Eigenschaften. Seine Verwendung als Baustoff für Maschinenteile hängt davon ab, ob er die betreffenden Aufgaben erfüllen kann und den Beanspruchungen unter Betriebsbedingungen gewachsen ist. Schon bei der Herstellung der Bauteile ist es von Bedeutung, wie sich der Werkstoff beim Bearbeiten durch Werkzeuge verhält; denn die zweckmäßige Form der Maschinenteile, das Fertigungsverfahren und die Fertigungskosten werden wesentlich von den Werkstoffeigenschaften bestimmt. Bei der Beanspruchung durch Kräfte sind die mechanischen Eigenschaften maßgebend.

3.1.1 Beanspruchung durch Kräfte

Der Werkstoff eines Maschinenteils wird bei seiner Formgebung (z. B. durch Schmieden, Biegen, Drehen) und Verwendung unter Betriebsbedingungen auf verschiedene Arten durch Kräfte beansprucht (3.1).

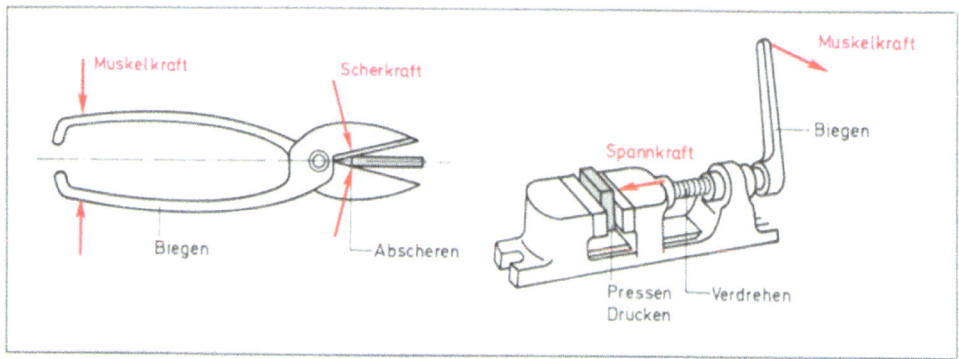

3.1 Beispiele zur Beanspruchung durch Kräfte

Nach Art und Richtung der angreifenden (äußeren) Kräfte unterscheidet man die sechs Beanspruchungsarten Zug, Druck, Biegung, Schub, Verdrehung und Knickung (3.2).
Die Beanspruchungsarten Zug und Druck sind eng miteinander verwandt: Sie unterscheiden sich nur durch die Kraftrichtung.

Bei der Schubbeanspruchung unterscheidet man die beiden Begriffe Schub und Abscheren: Schub heißt die Beanspruchungsart allgemein, Abscheren ist der Sonderfall der höchstmöglichen Schubbelastung, die zum Bruch eines Bauteils (z. B. eines Abscherstifts) führt.

In der Praxis treten oft mehrere dieser Beanspruchungsarten gleichzeitig auf (zusammengesetzte Beanspruchung). So werden z. B. Wellen mit Riemenscheiben oder Zahnräder auf Biegung und Verdrehung beansprucht. Hinzu kommt bei Maschinenteilen die dynamische Beanspruchung durch schwellende oder schwingende Kräfte (z. B. bei Kurbelwellen, Kupplungen, Kolben- und Pleuelstangen, Federn, Ventilhebel).

Tabelle 3.2 **Beanspruchungsarten**

Beanspruchung auf	Angreifende Kraft F wirkt	Beispiele
Zug	in Richtung der Stabachse und versucht, den Stab zu verlängern	Drahtseile, Flach- und Keilriemen, Kettenglieder, Schrauben
Druck	in Richtung der Stabachse und versucht, den Stab zu verkürzen	Maschinenständer, Pfeiler, Umformen durch Walzen, Pressen, Schmieden
Biegung	senkrecht zur Stabachse und versucht, den Stab durchzubiegen	Blattfedern, Wellen, Schalthebel, Träger, Biegen von Hand oder mit Maschinen
Schub (Abscherung)	senkrecht zur Stabachse und versucht, Werkstoffteilchen in der Querschnittsebene gegeneinander zu verschieben	Gelenkbolzen, Nietschaft, Paßfeder, Trennen mit Scheren oder Schnittwerkzeugen
Verdrehung (Torsion)	zusammen mit einer gleichgroßen entgegengesetzten Kraft in einer Ebene senkrecht zur Stabachse und versucht, die einzelnen Querschnitte gegeneinander zu verdrehen	Wendelbohrer (Spiralbohrer), Gewindebohrer, Schraubenzieher, Getriebewellen
Knickung	in Richtung der Stabachse (wie Druck) und versucht, den Stab abzuknicken	Kolbenstange, schlanke Stützen und Pfeiler

3.1.2 Elastizität – Plastizität

Bei Krafteinwirkung wird ein Werkstoff je nach Beanspruchungsart verlängert, verkürzt, gebogen oder verdreht. In vielen Fällen ist die Formänderung jedoch so gering, daß man sie nicht ohne weiteres erkennt. Andererseits merkt man am Schwanken der Brücke oder Vibrieren einer Maschine, daß selbst starr erscheinende Bauwerke unter Krafteinwirkung ihre Form verändern – völlig starre Körper gibt es nicht.

Versuch 3.1 Ein Blechstreifen aus Stahl wird senkrecht in den Schraubstock gespannt und von Hand stufenweise jeweils um 5° weitergebogen.

Ergebnis Bis zu einer bestimmten Belastung bzw. Abbiegung „federt" der Blechstreifen in seine ursprüngliche Form zurück. Bei stärkerer Belastung federt das Blech nach der Entlastung nur noch etwas zurück – es bleibt eine sichtbare Verformung (**3.3**).

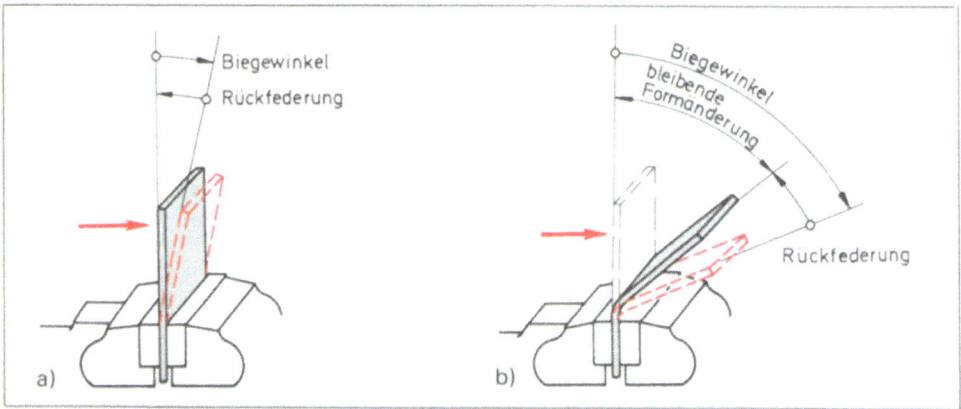

3.3 Biegeversuch
a) elastische Verformung, b) plastische Verformung

Elastisch ist ein Körper, wenn er wie das Stahlblech bei geringem Biegewinkel nach Entlastung wieder vollständig seine ursprüngliche Gestalt annimmt. Beispiele dafür bieten Gummi-, Auto- und Ventilfedern. Überschreitet die Belastung eine bestimmte Grenze (Elastizitätsgrenze), wird der Körper plastisch.

Plastisch ist ein Körper, wenn er unter Krafteinwirkung seine Form bleibend verändert, also die neue Form auch nach der Entlastung beibehält. Stoffe wir Harz, Ton und Paraffin haben diese Eigenschaft.

Häufig treten elastisches und plastisches Verhalten beim gleichen Werkstoff auf, z. B. bei den meisten Metallen. Sie sind zu Beginn einer Belastung noch elastisch, bei höherer Belastung dagegen plastisch verformbar. Wie die Rückfederung des Stahlblechs im Versuch zeigte, gibt es selbst bei plastischer Verformung noch einen Rest Elastizität.

> Elastizität – Eigenschaft eines Werkstoffs, nach Einwirken einer äußeren, formändernden Kraft wieder die ursprüngliche Gestalt anzunehmen
>
> Plastizität – Eigenschaft eines Werkstoffs, nach Einwirken einer äußeren, formändernden Kraft die Formänderung beizubehalten, ohne daß der Stoffzusammenhalt verlorengeht

Technische Bedeutung. Die Elastizität ist wesentliche Voraussetzung für alle Maschinenteile, die bei einer bleibenden Verformung unter Betriebsbedingungen ihre Aufgabe nicht mehr erfüllen könnten. Bei Federn nutzt man die elastische Eigenschaft unmittelbar aus. Federnde Bauteile können Kräfte dämpfen oder speichern und wieder abgeben. Besonders Metalle haben gute elastische Eigenschaften (**3**.4).

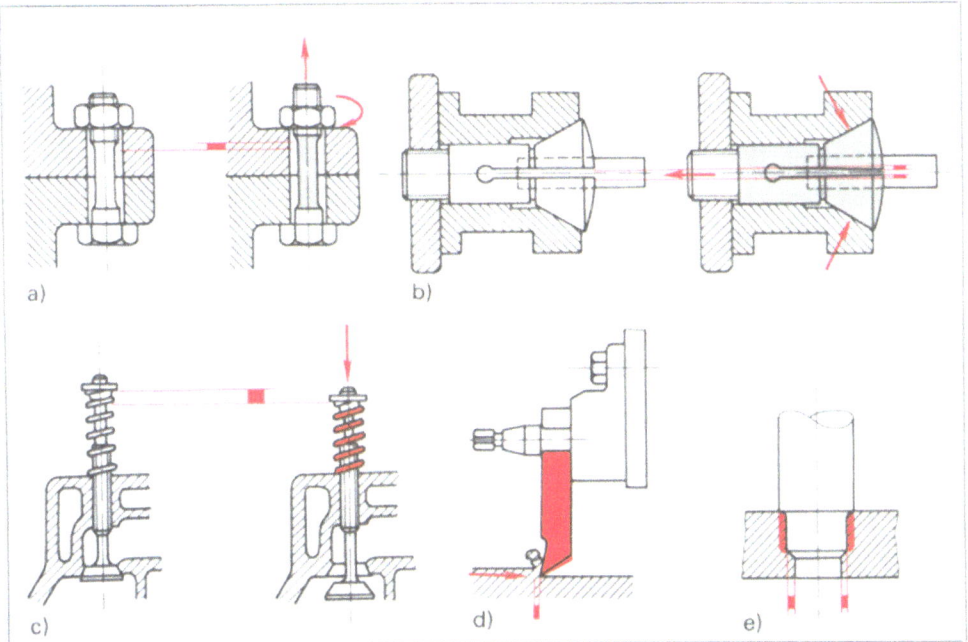

3.4 Elastische Verformung von Bauteilen
a) Dehnschraube, b) Spannzange, c) Ventilfeder, d) Stoßmeißel, e) Übermaßpassung

Für die Formgebung durch Schmieden, Pressen, Ziehen und Biegen ist dagegen ein plastischer Werkstoff erforderlich. Viele Metalle lassen sich bei Raumtemperatur bleibend verformen (Kaltumformen). Durch Erwärmen (z. B. beim Schmieden oder Biegen) werden die plastischen Eigenschaften jedoch erheblich verbessert (Warmumformen).

3.1.3 Zähigkeit – Sprödigkeit

Spröde sind alle Werkstoffe, die ohne merkliche plastische Formänderung unter einer Belastung brechen. Dazu gehören Gußeisen, Glas, Keramik und gehärteter Stahl.

Zäh ist ein Werkstoff, dessen Bruch eine erhebliche plastische Formänderung vorausgeht. Stahl im ungehärteten Zustand, NE-Metalle, Leichtmetalle, Leder und Gummi sind zähe Werkstoffe.

> Zähigkeit – Eigenschaft eines Werkstoffs, sich vor dem Bruch plastisch zu verformen
>
> Sprödigkeit – Eigenschaft eines Werkstoffs, bei Belastung ohne merkliche Verformung zu brechen

3.1.4 Spannung – Dehnung

Spannung. Wird ein Bauteil durch äußere Kräfte beansprucht, werden im Werkstoff gleichgroße „innere" Kräfte hervorgerufen, die sich als Widerstand gegen die Verformung bemerkbar machen. Ihre Ursache ist die Kohäsion. Sie bewirkt im Werkstoff einen Spannungszustand. Ein Maß für die im Werkstoff herrschende Spannung erhält man, indem man den Kraftanteil ermittelt, der auf die Flächeneinheit des Querschnitts (1 mm² oder 1 cm²) entfällt: Spannung = Kraft : Querschnitt.

Normalspannung. Zug- und Druckspannungen wirken immer senkrecht (normal) zur Querschnittsfläche. Diese „Normalspannung" hat das Formelzeichen σ (sigma = griechischer Buchstabe s), der Querschnitt das Zeichen S_0. So ergibt sich:

$$\text{Normalspannung} = \frac{\text{Kraft}}{\text{Querschnitt}} \qquad \sigma = \frac{F}{S_0} \qquad \begin{array}{l} \sigma \text{ in N/mm}^2 \\ F \text{ in N} \\ S_0 \text{ in mm}^2 \end{array}$$

Beispiel 3.1 Ein Flachstahl mit einer Dicke $a = 10$ mm und Breite $b = 50$ mm wird mit einer Kraft $F = 40$ kN auf Zug beansprucht (**3.5**). Der belastete Querschnitt S_0 ist $a \cdot b = 10$ mm · 50 mm = 500 mm². Auf jeden mm² des Querschnitts entfallen dann 40 000 N : 500 mm² = **80 N/mm²**.

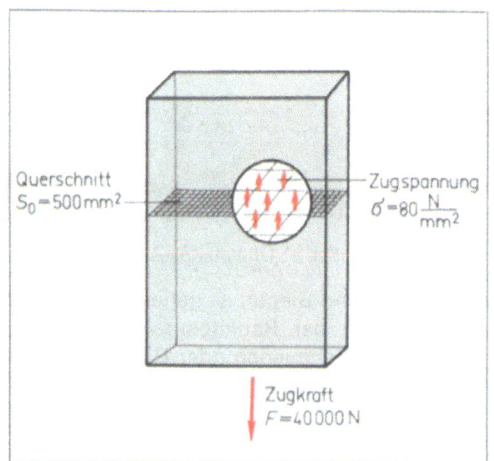

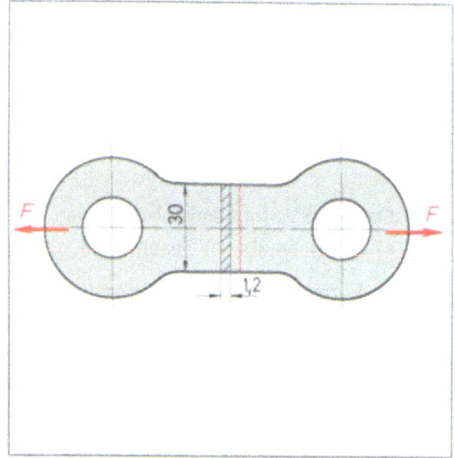

3.5 Zugspannung in einem Flachstahl   **3.6** Augenblech

Beispiel 3.2 Ein Augenblech aus Aluminiumlegierung (**3.6**) wird mit der Kraft $F = 7{,}5$ kN auf Zug belastet. Wie groß ist die im Querschnitt auftretende Spannung σ?

Lösung Belasteter Querschnitt $S_0 = a \cdot b = 1{,}2$ mm · 30 mm = 36 mm²

Spannung $\sigma = \dfrac{F}{S_0} = \dfrac{7500\,\text{N}}{36\,\text{mm}^2} = \mathbf{208\ N/mm^2}$

Schub- und Scherspannung. Bei Beanspruchung auf Schub wirken die Kräfte in Richtung des Querschnitts und verursachen Schubspannung. Führen sie zur Trennung des Werkstoffes, nennt man sie Scherspannungen (**3.7**). Das Formelzeichen für Schub-/Scherspannung ist τ (tau = griechischer Buchstabe t). Die Formel lautet also:

$$\text{Schub-/Scherspannung} = \frac{\text{Kraft}}{\text{Querschnitt}} \qquad \tau = \frac{F}{S_0} \qquad \begin{array}{l} \tau \text{ in N/mm}^2 \\ F \text{ in N} \\ S_0 \text{ in mm}^2 \end{array}$$

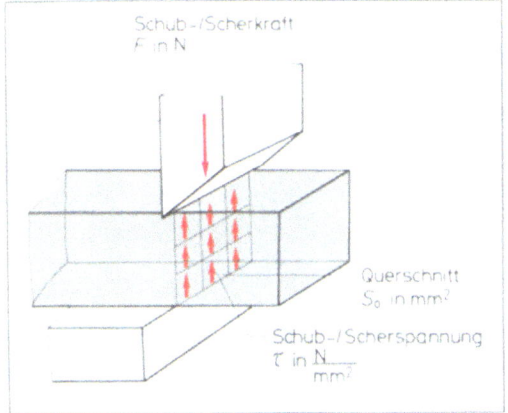

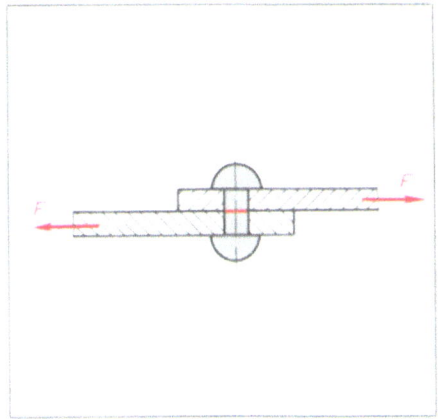

3.7 Schub- und Scherspannung   3.8 Nietverbindung

Beispiel 3.3 Zwei durch einen Niet verbundene Laschen werden mit einer Kraft $F = 6$ kN belastet (3.8). Der Nietdurchmesser beträgt $d_1 = 6$ mm. Welche Schubspannung tritt im Nietquerschnitt auf?

Lösung $\quad S_0 = \dfrac{d_1^2 \cdot \pi}{4} = \dfrac{(6\,\text{mm})^2 \cdot 3{,}14}{4} = 28{,}3\,\text{mm}^2 \qquad \tau = \dfrac{F}{S_0} = \dfrac{6000\,\text{N}}{28{,}3\,\text{mm}^2} = \mathbf{212\,N/mm^2}$

Dehnung. Die durch Kraftbeanspruchung bewirkte Dehnung eines Werkstoffs läßt sich berechnen. Weil die Dehnung das Verhältnis der Verlängerung zur Anfangsmeßlänge ist, ergibt sich eine einfache Formel. ε (epsilon = griechischer Buchstabe e) ist darin das Zeichen für die Dehnung, ΔL (delta = griechischer Buchstabe D) für die Verlängerung, die sich aus Meßlänge L minus Anfangsmeßlänge L_0 ergibt.

$$\text{Dehnung} = \frac{\text{Verlängerung}}{\text{Anfangsmeßlänge}} \qquad \varepsilon = \frac{\Delta L}{L_0} = \frac{L - L_0}{L_0}$$

Meist gibt man die Dehnung in Prozenten der Anfangsmeßlänge an. Die Formel lautet dann entsprechend $\varepsilon = \dfrac{L - L_0}{L_0} \cdot 100$ in %.

Beispiel 3.4 Ein Metalldraht mit der Anfangsmeßlänge $L_0 = 2000$ mm wird auf Zug beansprucht und dehnt sich auf die Meßlänge $L = 2040$ mm. Wie groß ist die Dehnung in Prozent? (3.9)

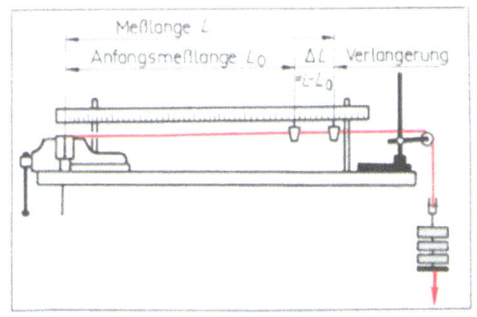

3.9 Dehnung eines Metalldrahts

Lösung $\quad \varepsilon = \dfrac{L - L_0}{L_0} \cdot 100 = \dfrac{2040\,\text{mm} - 2000\,\text{mm}}{2000\,\text{mm}} \cdot 100 = \mathbf{2\%}$

Handelt es sich bei der Dehnung um eine elastische Formänderung, bezeichnet man sie als elastische Dehnung ε_e. Entsprechend heißt die plastische Dehnung ε_r. Die Bruchdehnung (Dehnung nach dem Bruch) ist ein Maß für die Zähigkeit des Werkstoffs (s. Abschn. 3.3.5).

Hookesches Gesetz. Den gesetzmäßigen Zusammenhang zwischen der Verlängerung eines elastischen Körpers und der Belastung, Anfangsmeßlänge, dem Querschnitt und der Werkstoffart nennt man das Hookesche Gesetz (nach dem englischen Physiker Robert Hooke, 1635–1703). Es gilt für alle elastischen Verformungen – auf Zug, Druck, Biegung, Verdrehung und Knickung, jedoch nur für kleine Formänderungen bis zu einer bestimmten Grenze.

> Hookesches Gesetz: Die elastische Formänderung eines Körpers ist bis zu einer bestimmten Grenze proportional der Belastung.
> $\Delta L \sim F$

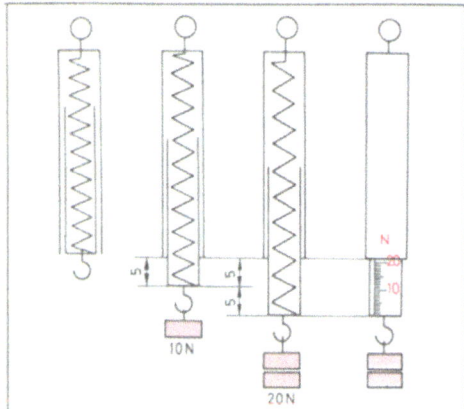

Technische Bedeutung. Mit Hilfe des Hookeschen Gesetzes kann man vorausberechnen, um wieviel sich Bauteile bei Belastung durch Betriebskräfte verformen. Das ist wichtig für die Konstruktion von Maschinenteilen, die sich im Betrieb ja nur elastisch verformen dürfen. Andererseits lassen sich aufgrund des Hookeschen Gesetzes Kräfte mit Hilfe der Körperverformung messen. Dabei muß bekannt sein, um wieviel sich ein Körper bei einer bestimmten Belastung verformt. Auf diesem Grundsatz beruht die Wirkungsweise von Kraftmeßgeräten, z. B. dem Federkraftmesser (**3.10**).

3.10 Federkraftmesser

3.1.5 Festigkeit

Damit ein Maschinenteil unter Betriebsbedingungen nicht bleibend verformt oder sogar zerstört wird, muß sein Werkstoff den angreifenden Kräften genügend „inneren Widerstand" entgegensetzen. Der Werkstoff muß eine ausreichende Festigkeit haben.

> Festigkeit – Widerstandskraft eines Werkstoffs gegen die Trennung durch Einwirken äußerer Kräfte

Nach der Beanspruchung unterscheidet man Zug-, Druck-, Biege-, Scher-, Torsions- (Verdrehungs-) und Knickfestigkeit. Im folgenden wird die Zugfestigkeit beschrieben. Die anderen Festigkeitsarten werden im Zusammenhang der Fertigungsverfahren besprochen.

Die Zugfestigkeit ist ein wichtiges Gütemerkmal.

> Zugfestigkeit – die auf den Anfangsquerschnitt bezogene Höchstkraft (Spannung), die zum Bruch führt.
>
> $$\text{Zugfestigkeit} = \frac{\text{Höchstkraft}}{\text{Anfangsquerschnitt}} \qquad R_m = \frac{F_m}{S_0} \qquad \begin{array}{l} R_m \text{ in N/mm}^2 \\ F_m \text{ in N} \\ S_0 \text{ in mm}^2 \end{array}$$

In Tabelle **3**.11 sind die Zugfestigkeitswerte einiger metallischer Werkstoffe zusammengestellt. Je nach Zusammensetzung (Legierung) und vorausgegangener Behandlung durch Wärme (z. B. Glühen, Härten) oder Verformung (z. B. Walzen, Schmieden) ergeben sich unterschiedliche Werte. Damit man die Zugfestigkeit der Werkstoffe vergleichen kann, verwendet man in der Werkstoffprüfung genormte Prüfverfahren (s. Abschn. 8.2.1).

Tabelle **3**.11 Zugfestigkeit R_m einiger Werkstoffe in N/mm²

Werkstoff	R_m
Aluminium, weich geglüht bis hart	80 bis 140
Aluminium-Legierungen	90 bis 440
Magnesium-Legierungen	200 bis 320
Kupfer, weich geglüht bis hart	200 bis 360
Kupfer-Zink-Legierungen (Messing)	250 bis 600
Baustahl	340 bis 850
Federstahl	1200 bis 2300

Zulässige Beanspruchung. Alle Maschinenteile müssen der Belastung **dauernd** widerstehen. Zu berücksichtigen ist auch die Art der Krafteinwirkung. Bei ruhender Belastung wird ein Werkstoff weniger beansprucht als bei wechselnder Belastung, weil er bei stoßartigen, an- und abschwellenden oder wechselnden Kräften schneller „ermüdet" und bricht. Auch Nuten, Kerben, Riefen verringern die Belastbarkeit. Deshalb muß die Belastung weit unter der Bruchbelastung bleiben. Die zulässige Spannung beträgt z. B. für einen Baustahl mit der Zugfestigkeit $R_m = 370$ N/mm² bei ruhender Belastung etwa $\frac{1}{3}$, bei schwellender Belastung $\frac{1}{6}$, bei hin und her schwingender Belastung sogar nur $\frac{1}{9}$ der Zugfestigkeit.

Soll bei der Fertigung von Werkstücken die Form bleibend verändert werden (z. B. beim Biegen, Schmieden, Walzen), muß die Kraft der Werkzeuge über der zulässigen Beanspruchung liegen, darf aber nicht die Bruchbelastung erreichen. Beim Trennen von Werkstoff (z. B. auf Scheren, Dreh-, Hobel- oder Fräsmaschinen) muß die einwirkende Kraft die Festigkeit des Werkstoffs überwinden.

3.1.6 Härte

Werkstoffe für schneidende Werkzeuge (z. B. Meißel, Sägen, Bohrer) oder auf Verschleiß beanspruchte Bauteile (z. B. Lagerzapfen, Kugellager, Meßgeräte, Lehren) müssen nicht nur eine genügende Festigkeit, sondern auch Härte haben.

> Härte – Widerstand eines Werkstoffs gegen das Eindringen eines anderen Körpers

Ursache für die Härte ist wie bei der Festigkeit die Kohäsion. Eine Vorstellung von der Härte verschiedener Metalle gibt Bild **3**.12. Hier sind die reinen Metalle im weichen Zustand in der

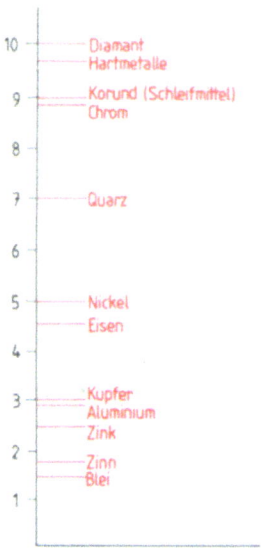

3.12 Mohssche Härteskala

Rangfolge der Härte so geordnet, daß jeder vorangehende Stoff durch den folgenden geritzt wird. Nach dieser Mohsschen Härteskala hat der Diamant als härtester Stoff die Nr. 10.

Technische Bedeutung. Von Natur aus harte Stoffe werden in der Technik als Schneidstoffe oder Schleifmittel verwendet (z. B. Diamant und Korund). Bei vielen metallischen Werkstoffen läßt sich die Härte durch bestimmte Verfahren steigern.

Legierungen haben meist ein härteres Metallgefüge als reine Metalle. Messing ist z. B. härter als die Ausgangsmetalle Kupfer und Zink.

Hartmetalle entstehen in besonderen Verfahren (Sintern) durch chemische Verbindungen hochschmelzender Metalle wie Wolfram und Titan mit Kohlenstoff (Carbide). Ihre Härte ist kaum geringer als die des Diamants.

Das Härten von Stahl hat große Bedeutung für die Herstellung von Werkzeugen und verschleißfesten Teilen. Bei der Wärmebehandlung erhält Stahl durch Erwärmen und schnelles Abkühlen eine große Härte. Andererseits lassen sich Metalle durch Erwärmen und langsames Abkühlen weichglühen (s. Abschn. 7.2).

Durch Kaltverfestigung, d.h. Verformung bei Raumtemperatur (z. B. Hämmern, Walzen, Ziehen) wird die Härte metallischer Werkstoffe gesteigert.

Der gleiche Werkstoff kann deshalb je nach Zusammensetzung und vorausgegangener Behandlung sehr unterschiedliche Härtegrade aufweisen. Die Härte metallischer Werkstoffe hängt ab von ihrem Reinheitsgrad, von der Legierungsbildung und der vorangegangenen Verformung bzw. Wärmebehandlung. Die Härteprüfung geschieht in der Technik nach genormten Prüfverfahren (s. Abschn. 8.2.2).

Aufgaben zu Abschnitt 3.1

1. Nennen und erläutern Sie die sechs Beanspruchungsarten durch Kräfte.
2. Wie werden Schlüssel, Spindel und Backen eines Parallelschraubstocks beim Spannen eines Werkstücks beansprucht?
3. Erklären Sie das elastische Verhalten von Metallen.
4. Bei welchen Fertigungsverfahren nutzt man die plastische Eigenschaft der Metalle aus?
5. Wie kommt die Elastizität zustande?
6. Woran erkennt man, ob ein Werkstoff zäh oder spröde ist?
7. Was versteht man unter Spannung?
8. Wie berechnet man die Normalspannung und die Schub-/Scherspannung?
9. Wie lautet das Hookesche Gesetz?
10. Was versteht man unter Festigkeit?
11. Warum muß die Beanspruchung von Maschinenteilen auf bestimmte (zulässige) Werte beschränkt werden?
12. Warum müssen Gewindebohrer, Drehmeißel, Meßzeuge und Zahnräder gehärtet werden?
13. Wie kann man die Härte metallischer Werkstoffe verbessern?
14. Wovon hängen Festigkeit und Härte metallischer Werkstoffe ab?

3.2 Chemische Eigenschaften

Korrosion (lat.: Zernagung). Metallische Werkstoffe in technischen Geräten, Maschinen und Anlagen sind häufig der Witterung und Feuchtigkeit, vielfach auch anderen äußeren Einflüssen (Gasen, Dämpfen, Flüssigkeiten) ausgesetzt. Die meisten Metalle werden unter diesen chemischen Einflüssen angegriffen und im Lauf der Zeit zersetzt bzw. zerstört. Die bekannteste Korrosionserscheinung ist das Rosten von Eisen und Stahl, das jährlich Millionenschäden verursacht (**3**.13). Besonders gefährdet sind Bauteile, die mit feuchter Luft, mit Wasser, Säuren und Laugen in Berührung kommen – also Rohrleitungen, Pumpen- und Turbinenteile, Armaturen und Leitungen der Versorgungstechnik.

Verursacht wird die Korrosion durch den verbindungsfreudigen Sauerstoff sowie durch Wasser, zersetzende Säuren und ätzende Basen. Metalle sind unterschiedlich korrosionsbeständig.

Auch die Erze (z. B. Eisenerze) enthalten Verbindungen der Metalle mit Sauerstoff. Nur dieser Zustand ist „chemisch stabil".

3.13 Eine inchromierte Stahlschraube und eine geschwärzte Stahlschraube nach einem dreijährigen Korrosionsversuch in Industrieluft

> Korrosionsbeständigkeit – Eigenschaft der Werkstoffe, chemischen und elektrochemischen Reaktionen mit der Umgebung zu widerstehen.

Die Korrosionsbeständigkeit hängt von vielen Faktoren ab. Entscheidend sind die chemischen Eigenschaften der Werkstoffe. Schon kleine Schwankungen im Reinheitsgrad und in der Gefügeausbildung, in der Stärke (Konzentration) der angreifenden Mittel und in der Einwirktemperatur sind von wesentlichen Einfluß.

Beständigkeit gegen Sauerstoff. Alle Werkstoffe sind dem Luftsauerstoff ausgesetzt und in Gefahr, mit ihm zu oxidieren.

Die meisten Metalle verbinden sich mit dem Luftsauerstoff und bilden auf der Oberfläche eine zusammenhängende Metalloxidschicht. Sie hemmt die weitere Oxidation und schützt den darunterliegenden Werkstoff, weil der Luftsauerstoff ihn nicht mehr erreicht. Ist die Oxidschicht jedoch rissig und porös, schützt sie den Werkstoff nicht vor weiterem Angriff (**3**.14).

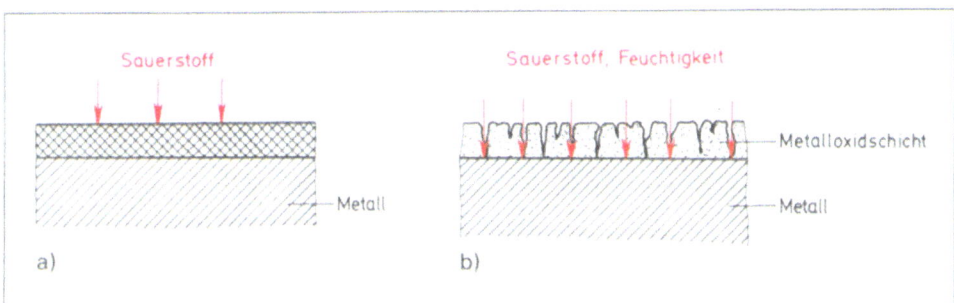

3.14 Metalloxidschicht a) dicht, b) porös

Besonders Aluminium überzieht sich sofort mit einer sehr dichten, festen und dünnen Schutzschicht von schmutziggrauer Farbe. Auch Kupfer, Zink, Blei und Zinn bilden schützende Oxidschichten. Auf unlegierten oder ungeeignet legierten Stählen entstehen dagegen durchlässige Oxidschichten, die das Rosten begünstigen (weil der Sauerstoff immer an das Metall gelangen kann). Die Edelmetalle Gold, Platin und Silber verbinden sich bei Raumtemperatur nicht mit dem Luftsauerstoff; sie behalten ihren Metallglanz.

Beständigkeit gegen Luft und Wasser. Bei trockener Luft reagiert nur der Sauerstoff mit dem Metall. Feuchte Luft enthält dagegen außer Stickstoff, Sauerstoff und Wasserdampf, meist noch Kohlenoxide und Schwefeloxide aus Rauch- und Verbrennungsgasen sowie Säuren. Wasser enthält gelöste Gase, Salze oder Säurebestandteile. Feuchte Luft und Wasser gefährden daher Metalle besonders.

Beständigkeit gegen Säuren, Basen, Salze. Bei vielen Verwendungszwecken kommen die Werkstoffe auch mit Säuren, Basen und Salzen in Berührung, z. B. im Behälter- und Leitungsbau der chemischen Industrie, in der Bautechnik und im Haushalt. Die Beständigkeit eines Werkstoffs gegen diese Einflüsse hängt sehr stark von seiner Art und Zusammensetzung, von der Stärke des Angreifers und von der Einwirktemperatur ab.

Aufgaben zu Abschnitt 3.2

1. Was ist Korrosion, und wie entsteht sie?
2. Wovon hängt die Korrosionsbeständigkeit metallischer Werkstoffe ab?
3. Durch welche Bestandteile der Luft sind Metalle gefährdet?
4. Wie verhalten sich die meisten Metalle gegen die Einwirkung des Luftsauerstoffs?
5. Erklären Sie den Rostvorgang bei Stahl.

3.3 Technologische Eigenschaften

Die Kenntnis der mechanischen Eigenschaften genügt nicht, um das Werkstoffverhalten bei der Formgebung zu beurteilen. Dieses Verhalten hängt nämlich auch stark von den Fertigungsverfahren und den Betriebsbedingungen ab. So läßt sich z. B. das Werkstoffverhalten beim Walzen, Schmieden, Tiefziehen oder Biegen nicht unmittelbar miteinander vergleichen, obwohl alle Verfahren die plastische Eigenschaft des Werkstoffs ausnutzen.

Das Verhalten der Werkstoffe bei der Formgebung von Werkstücken wird durch ihre technologischen Eigenschaften bestimmt. Technologie ist die Lehre von der Werkstoffverarbeitung.

3.3.1 Gießbarkeit

Beim Herstellen von Gußstücken wird die Zustandsänderung der Werkstoffe vom flüssigen in den festen Zustand nutzbar gemacht. Die schmelzflüssigen oder breiigen Stoffe werden in den Hohlraum einer Form eingefüllt oder gepreßt und erstarren zu Gußstücken. Voraussetzung für fehlerfreie, maßgenaue Gußstücke ist eine gute Gießbarkeit.

Die nötige Schmelztemperatur ergibt sich aus dem Schmelzpunkt der Metalle (s. Abschn. 2.2.2). Bei Stahl und Eisen und den NE-Metallen bereitet das Erreichen der Schmelztemperatur keine Schwierigkeiten.

Dünnflüssigkeit. Für das Gießen strebt man dünnflüssige Schmelzen an, weil sie selbst feinste Formen und dünne Wandstärken ausfüllen und dadurch scharfe Abgüsse ergeben. Dazu erwärmt man die Schmelzen möglichst weit über den Schmelzpunkt hinaus (Überhitzungstemperatur). Eine zu starke Temperaturerhöhung führt allerdings zu erhöhten Kosten und größeren Verdampfungsverlusten.

Gaslöslichkeit. Je höher die Schmelze überhitzt wird, um so stärker nimmt sie Gase aus der Umgebung auf (Wasserstoff, Stickstoff, Kohlendioxid, Sauerstoff). Beim Erstarren können gelöste Gase einen blasenhaltigen, fehlerhaften Guß bewirken.

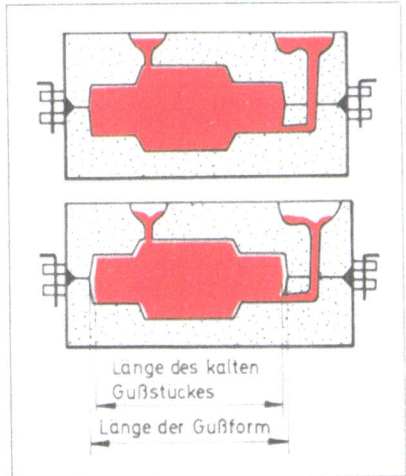

Schwindung. Beim Erstarren der Schmelze „schwinden" die Gießmetalle mehr oder weniger stark – die Schmelze und das Gußstück ziehen sich zusammen (s. Abschn. 2.2.3). Je größer die Schwindung, um so leichter treten Lunker und Spannungen im Gußstück auf. Damit das Gußstück maßgenau wird, muß die Schwindung durch eine entsprechend größere Gußform berücksichtigt werden. Das Schwindmaß gibt die Längenabnahme in Prozenten der Gußformlänge an (**3.15**).

3.15 Schwindung beim Gießen

3.3.2 Härtbarkeit

Der Werkstoff von schneidenden Werkzeugen (z. B. Drehmeißel, Bohrer, Feile) muß härter sein als der Werkstoff des zu bearbeitenden Werkstücks, damit das Werkzeug ins Werkstück eindringen, es zerteilen oder Späne abtrennen kann. Auch der Werkstoff gleitender Maschinenteile muß verschleißfest, also hart sein (s. Abschn. 3.1.6). Die Härtbarkeit eines Werkstoffs ist daher besonders wichtig.

Stahl ist mit steigendem Kohlenstoffgehalt zunehmend härtbar.

Einige Aluminium-Legierungen sind ebenfalls härtbar. Sie werden auf eine bestimmte Temperatur erwärmt und schnell abgekühlt. Im Gegensatz zum Stahl nimmt bei Aluminiumlegierungen die Härte erst nach einigen Tagen beim „Auslagern" bei Raumtemperatur zu (Aushärten). Die Steigerung der Härte ist jedoch bedeutend geringer als beim Stahl.

Technische Bedeutung. Die Härtbarkeit des Stahls hat den großen Vorteil, daß der Stahl für Werkzeuge und verschleißfeste Maschinenteile in weichem, zähem Zustand wirtschaftlich bearbeitet werden kann und anschließend durch Wärmebehandlung die erforderliche Härte erhält. Man kann auch nur die Oberfläche härten, so daß der Kern des Bauteils zäh und elastisch bleibt. Zahnräder und Lagerzapfen widerstehen so besser den Kraftbeanspruchungen. Zum Härten bei einfachen Beanspruchungen verwendet man Stähle mit einem Kohlenstoffgehalt von etwa 0,5 bis 1,5%, bei höheren Beanspruchungen legierte Stähle (s. Abschn. 7.3 und 7.4).

3.3.3 Schweißeignung

Beim Schweißen werden gewöhnlich Bauteile aus gleichen Werkstoffen unlösbar miteinander verbunden. Dazu erhitzt man die Verbindungsstellen so weit, daß sie teigig oder flüssig werden und – meist mit Zusatz von Schweißdraht – mit oder ohne Druck miteinander verbinden. Damit die Schweißverbindung genügend Festigkeit und Verformungsfähigkeit hat, soll die Schweißnaht dem Grundwerkstoff in der chemischen Zusammensetzung und im Gefügeaufbau möglichst gleichartig und damit in den Eigenschaften gleichwertig sein.

Die Schweißeignung hängt vor allem ab

- von der chemischen Zusammensetzung des Werkstoffs,
- von der Vor- und Nachbehandlung des Werkstoffs,
- vom Schweißverfahren (z. B. Gasschmelz- oder Lichtbogenschweißen),
- vom Schweißzusatzwerkstoff.

Ein Werkstoff ist zum Schweißen gut geeignet, wenn die Schweißnaht und die von der Schweißwärme beeinflußte Zone die gleiche Festigkeit und Härte aufweisen wie der Grundwerkstoff. Größere Härte und Sprödigkeit an der Schweißstelle entstehen z. B. beim „Aufkohlen" des Stahls durch kohlenstoffhaltige Brenngase und zu schnelle Abkühlung (Härteeffekt). Sie können, ebenso wie Wärme- und Schrumpfspannungen, zu Rissen in der Schweißnaht führen. Werkstoffe, die sich nicht rißfrei schweißen lassen, sind nicht schweißbar. Auch unterschiedliche chemische Zusammensetzung an der Schweißstelle (Seigerungen) verringern die Schweißeignung.

Stahl und Stahlguß. Hier wird die Schweißbarkeit besonders vom Kohlenstoffgehalt beeinflußt. Stähle mit geringem Kohlenstoffgehalt (bis etwa 0,25%) lassen sich gut schweißen. Dabei darf jedoch der Gehalt an Schwefel und Phosphor nicht zu hoch sein, denn Schwefel bewirkt Warmbrüchigkeit und Phosphor Kaltbrüchigkeit des Stahls. Je höher der Kohlenstoffgehalt ist, desto schlechter läßt sich der Stahl schweißen. Bei hohem Kohlenstoffgehalt ergibt sich eine spröde, wenig dehnbare Schweißnaht, die durch Wärme- und Schrumpfspannungen leicht reißt.

Gußeisen wird fast nur bei Ausbesserungen und Reparaturen geschweißt. Wegen des hohen Kohlenstoffgehalts (2,5 bis 3,5%) ist es sehr spröde. Wärmespannungen müssen durch besondere Maßnahmen vermieden werden (z. B. Vorwärmen, langsames Abkühlen), um Risse zu verhindern. Zu beachten ist vor allem, daß Gußeisen beim Erwärmen unmittelbar aus dem festen in den flüssigen Zustand übergeht.

NE-Metalle. Kupfer und Kupfer-Zink-Legierungen (Messing) mit Kupfergehalt über 50% lassen sich gut schweißen, besonders durch Gasschmelzschweißen. Auch Aluminium und seine Legierungen bereiten keine Schwierigkeiten. Weil Aluminium aber ein starkes Verbindungsstreben mit Sauerstoff hat, werden beim Schweißen zur Verhinderung der Oxidation Schutzgase verwendet.

3.3.4 Zerspanbarkeit

Spanen ist ein Trennverfahren (spanabhebende Bearbeitung), z. B. durch Sägen, Hobeln und Stoßen, Drehen, Bohren, Fräsen. Keilförmige Werkzeugschneiden trennen Späne vom Werkstück, bis die gewünschte Form gegeben ist.

Die Zerspanbarkeit hängt vor allem ab

- von der Art und chemischen Zusammensetzung des Werkstoffs,
- vom Gefüge des Werkstoffs (bestimmt durch Vorbehandlung),
- von den Betriebsbedingungen des Fertigungsverfahrens, z. B. Winkel an der Werkzeugschneide, Schnittgeschwindigkeit.

Schon geringe Änderungen können sich erheblich auswirken. Wesentlich ist, ob der Werkstoff gegossen, weichgeglüht oder gehärtet ist, weil davon der Gefügebau weitgehend bestimmt wird (grob- oder feinkörnig, dicht, fein- oder grobporig).

Beurteilung. Die Zerspanbarkeit eines Werkstoffs läßt sich nicht unmittelbar von seiner Festigkeit oder Härte ableiten, sondern nur durch Untersuchungen und Vergleich mit anderen Werkstoffen feststellen und beurteilen. Vergleichspunkkte sind Standzeit, Spanbildung, Oberflächengüte und Maßhaltigkeit sowie spezifische Schnittkraft.

Standzeit. Je länger die Standzeit des Schneidwerkzeugs ist – je seltener also seine Werkzeugschneide neu angeschliffen werden muß –, desto besser ist die Zerspanbarkeit.

Spanbildung. Eine gute Zerspanbarkeit haben in der Regel Werkstoffe mit längeren, zusammenhängenden Spänen (Fließspäne) gegenüber kurzen, bröckeligen Spänen (Reiß-, Scherspäne).

Oberflächengüte und Maßhaltigkeit sind unter gleichen Schnittbedingungen bei zähen, gut zerspanbaren Werkstoffen besser als bei spröden, weniger gut zerspanbaren (**3.16**).

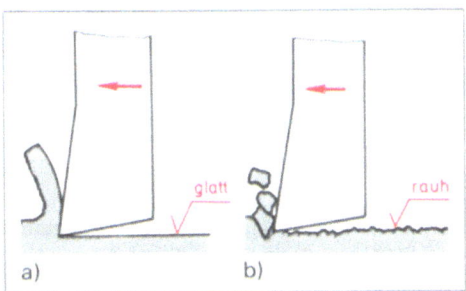

3.16 Oberflächengüte beim Spanen
a) zäher, b) spröder Werkstoff

Tabelle 3.17 Spezifische Schnittkraft k_S metallischer Werkstoffe in N/mm²

Stahl $R_m = 700$ N/mm²	3600
$R_m = 500$ N/mm²	2500
$R_m = 370$ N/mm²	1700
Stahlguß	1750
Gußeisen	850
Messing	700
Aluminium-Legierungen	600
Aluminium	540
Magnesium-Legierungen	250

Spezifische Schnittkraft k_S nennt man die beim Zerspanen aufgewendete Kraft, um einen Span von 1 mm² Querschnitt abzutragen. Sie wird in N/mm² angegeben. k_S ist eine veränderliche Größe, die von Form und Größe des Spanungsquerschnitts abhängt. Je geringer die spezifische Schnittkraft ist, desto besser läßt sich der Werkstoff zerspanen. Einige Anhaltspunkte gibt Tab. **3.17** an.

3.3.5 Umformbarkeit

Beim Umformen wird durch Schlag oder Druck die Form von Werkstücken (z. B. Halbzeugen, Gußrohlingen) so geändert, daß Stoffmenge und Stoffzusammenhalt erhalten bleiben. Umformverfahren sind Biegen, Walzen, Schmieden und Pressen (s. Abschn. 12).

Voraussetzung für die Umformung ist eine ausreichende Fähigkeit des Werkstoffs zur plastischen Formänderung (s. Abschn. 3.1.1). Die meisten Metalle und ihre „Knetlegierungen" (im Unterschied zu Gußlegierungen zum Umformen geeignet) haben diese Eigenschaft.

Die Bruchdehnung A ist der Gütemaßstab für die Umformbarkeit eines Werkstoffs. Sie gibt, wie aus Abschn. 3.1.4 bekannt ist, die bleibende Verlängerung in Prozent der Anfangsmeßlänge im Augenblick des Bruchs an. Tabelle **3.18** enthält die Werte (s. Abschn. 8.2.1).

Tabelle 3.18 **Bruchdehnung A metallischer Werkstoffe in %**

Eisen, Kupfer, Blei, Aluminium	40	Magnesium	15
Zink	30	Stahl 0,5% C	10
Messing weich	25 bis 50	Magnesium-Legierung	8 bis 18
Stahl 0,1% C	25	Messing hart	5 bis 18
Alu-Legierungen	15 bis 20	Stahl 0,8% C	3 bis 8
		Gußeisen	1

> Je höher die Bruchdehnung eines Werkstoffs, desto besser seine Umformbarkeit.

Auf die Umformbarkeit wirken sich besonders die chemische Zusammensetzung und das Gefüge des Werkstoffs sowie die Umformtemperatur aus.

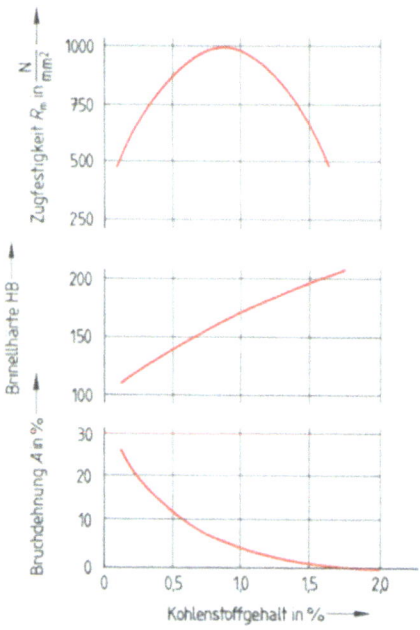

3.19 Einfluß des Kohlenstoffgehalts auf die Stahleigenschaften

Werkstoffzusammensetzung und -gefügeaufbau. Mit dem Kohlenstoffgehalt steigen Festigkeit, Härte und Sprödigkeit des Stahls. Zugleich nimmt die Zähigkeit und damit die Umformbarkeit ab. Bei 1,7% C verschwindet die Umformbarkeit vollkommen (3.19). Ebenso verringern Schwefel, Phosphor und Silicium die Umformbarkeit des Stahls. Phosphorgehalt von 0,25% führt zum Kaltbruch. Schwefelgehalt über 0,2% macht den Stahl rotbrüchig. Metallegierungen sind meist härter und spröder als die reinen Metalle und lassen sich daher nicht so gut umformen wie diese. Entscheidend ist auch der Gitteraufbau (s. Abschn. 2.1 und 12.1).

Umformtemperatur. Durch Erwärmen eines Werkstoffs verringert man im allgemeinen die Kohäsion seiner Teilchen. Der Werkstoff wird weicher und dadurch besser umformbar. So ist z.B. die Dehnbarkeit des Stahls bei Rotglut (750°C) etwa dreimal so groß wie bei Raumtemperatur. Es gibt aber auch Temperaturbereiche, in denen manche Metalle spröder und schlechter umformbar werden.

Aufgaben zu Abschnitt 3.3

1. Nennen Sie die technologischen Eigenschaften eines Werkstoffs.
2. Welche Eigenschaften muß ein gut gießbarer Werkstoff haben?
3. Warum müssen zu hohe Temperaturen beim Gießen vermieden werden?
4. Welche Auswirkungen hat das Schwinden beim Gießen?
5. Warum werden Werkzeuge und Maschinenteile gehärtet?
6. Unter welchen Voraussetzungen läßt sich Stahl härten?

7. Wie läßt sich die Härtbarkeit von Stahl steigern?
8. Welche technologischen Vorteile bietet die Härtbarkeit des Stahls?
9. Welche Eigenschaften soll eine Schweißnaht aufweisen?
10. Wovon hängt die Schweißeignung eines Werkstoffs ab?
11. Unter welcher Voraussetzung läßt sich Aluminium schweißen?
12. Von welchen Einflüssen hängt die Zerspanbarkeit eines Werkstoffs ab?
13. Welche Kennzeichen gibt es zur Beurteilung der Zerspanbarkeit?
14. Warum sind zähe Werkstoffe besser zu zerspanen als spröde?
15. Was versteht man unter der spezifischen Schnittkraft?
16. Wovon hängt die Umformbarkeit eines Werkstoffs ab?
17. Welche Werkstoffeigenschaft ist für das Umformen erforderlich?
18. Was bedeutet Bruchdehnung?
19. Wie wirkt sich die Temperatur auf die Umformbarkeit von Stahl und Zink aus?

4 Eisen und Stahl

4.1 Einfluß von Kohlenstoff, Eisenbegleitern und Legierungszusätzen

Eisen und Stahl sind die am meisten verwendeten Maschinenbauwerkstoffe. Ihr Hauptbestandteil ist der chemische Grundstoff Eisen (Fe), der jedoch in reiner Form sehr weich ist und nur geringe Festigkeit hat. Stahl enthält bis zu 2,06% Kohlenstoff, wovon z. B. auch seine Härte und Sprödigkeit abhängen.

> Je höher der Kohlenstoffgehalt, desto härter und spröder ist der Stahl.

Ursache dafür ist, daß der Kohlenstoff im Stahl nicht in reiner Form vorliegt, sondern mit einem Teil des Eisens chemisch verbunden ist (**4.1 a**). Diese chemische Verbindung heißt Eisencarbid (Fe_3C, Zementit genannt). Es verleiht dem Stahl größere Härte, Festigkeit, aber auch Sprödigkeit.

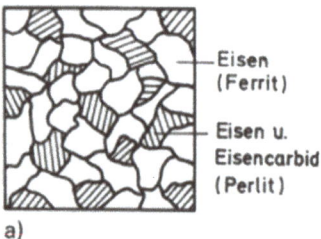
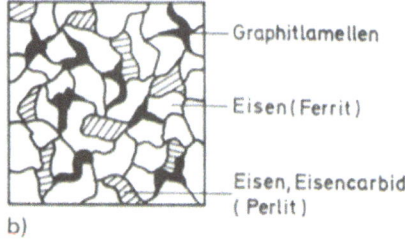

a) Eisen (Ferrit) / Eisen u. Eisencarbid (Perlit)
b) Graphitlamellen / Eisen (Ferrit) / Eisen, Eisencarbid (Perlit)

4.1 Gefüge von Stahl (a) und Gußeisen (b)

Im Stahlgefüge ist das Eisencarbid als ein lamellenförmiges Kristallgemisch mit Eisen zwischen reinen Eisenkristallen (Ferrit) eingelagert. Dieses Kristallgemisch nennt man Perlit. Mit steigendem Kohlenstoffgehalt nimmt der Perlitanteil zu. Bei 0,8% C besteht das ganze Gefüge aus Perlit. Bei Stählen über 0,8% C lagert sich zwischen den Perlitkörnern reines Eisencarbid ab (s. Abschn. 7.1). Perlit ist härter als Ferrit, Zementit härter als Perlit. Mit zunehmendem Kohlenstoffgehalt, größerem Perlit- bzw. Zementitanteil, erhöhen sich deshalb die Härte und Festigkeit; der Stahl läßt sich jedoch schwieriger umformen, zerspanen oder schweißen.

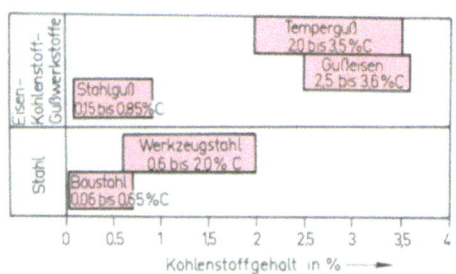

4.2 Einteilung der Eisenwerkstoffe

Das Gußeisen nimmt eine Sonderstellung ein. Eigentlich müßte es mit 2,5 bis 3,5% Kohlenstoffgehalt am härtesten sein. Doch ist sein Kohlenstoff nicht chemisch gebunden, sondern als Graphit zwischen den Metallkörnern ausgeschieden (**4.1 b**).

Die vielfältige Verwendung von Stahl und Eisen in der Technik beruht auf dem Einfluß des Kohlenstoffgehalts und der Möglichkeit einer Wärmebehandlung dieser Werkstoffe. Der Kohlenstoff bestimmt also weitgehend die technologischen und mechanischen Eigenschaften von Stahl und Eisen (**3.19**). Er ist zugleich ein wichtiges Unterscheidungsmerkmal, denn Stahl ist ein Eisenwerkstoff mit weniger als 2,06% Kohlenstoff und daher formbar, während alle anderen Eisenwerkstoffe über 2,06% C nur gießbar sind (**4.2**).

Stahl und Gußeisen sind Eisen-Kohlenstoff-Legierungen.
- Stahl enthält weniger als 2,06% C und ist umformbar.
- Gußeisen enthält über 2,06% C und ist nur gießbar.

Mit zunehmendem Kohlenstoffgehalt
- erhöhen sich Zugfestigkeit, Streckgrenze, Sprödigkeit, Härte und Hartbarkeit
- verringern sich Bruchdehnung, Zähigkeit, Umformbarkeit, Schmiedbarkeit, Zerspanbarkeit, Schweißbarkeit, Schmelztemperatur

---

Eisenbegleiter. Wie eine chemische Analyse zeigt, enthalten Stahl und Eisen außer dem wichtigen Kohlenstoff noch andere Bestandteile (**4.3**). Sie heißen Eisenbegleiter, weil sie bei der Gewinnung von Eisen und Stahl zusammen mit dem Eisen auftreten. Sie beeinflussen die Eigenschaften sehr unterschiedlich und sind deshalb teils erwünscht, teils unerwünscht.

Tabelle **4.3** **Chemische Analyse von Baustahl und Gußeisen in %**

	Kohlenstoff C	Silicium Si	Mangan Mn	Phosphor P	Schwefel S
Stahl, $R_m = 520$ N/mm²	0,2	0,55	1,5	0,05	0,05
Gußeisen	3,2	2,0	0,6	0,4	0,09

Mangan und Silicium. Silicium begünstigt das Ausscheiden des Kohlenstoffs in Form von Graphit (**4.1 b**). Mangan bewirkt, daß sich der Kohlenstoff mit dem Eisen zu Eisencarbid verbindet, wodurch der Werkstoff die erforderliche Härte und Festigkeit erhält. Durch Abstimmen des Silicium- und Mangangehalts erzielt man verschiedene Roheisensorten für die Herstellung von Stahl oder Gußeisen, kann also die Eigenschaften dieser Werkstoffe dadurch beeinflussen. Deshalb sind Silicium und Mangan erwünschte Eisenbegleiter.

Phosphor und Schwefel sind in der Regel unerwünscht, weil sie sich ungünstig auf die Verarbeitbarkeit auswirken. Zu hohe Phosphorgehalte verursachen Kaltbrüchigkeit, zu hohe Schwefelgehalte dagegen Rotbrüchigkeit des Stahls. Phosphor und Schwefel sollten daher im Stahl zusammen 0,1% nicht überschreiten.

Durch den Gewinnungsprozeß gelangen außerdem geringfügig Stickstoff und Oxidschlacken in den Werkstoff.

Eisenbegleiter
- Mangan erhöht Härte und Festigkeit
- Silicium begünstigt Kohlenstoffausscheidung (Graphit)
- Phosphor verursacht Kaltbrüchigkeit
- Schwefel verursacht Rotbrüchigkeit

Legierungszusätze. Eine Anpassung der Werkstoffeigenschaften an den Verwendungszweck erreicht man durch Legieren. Legierte Stähle entstehen durch Beimischen von einem oder mehreren Metallen oder Nichtmetallen meist in schmelzflüssigem Zustand (z. B. im Siemens-Martin-Ofen oder im Elektroofen, s. Abschn. 4.2.2 und 4.2.3). Die beigefügten Legierungselemente wirken auf den Gefügeaufbau und bei Wärmebehandlung auf die Gefügeumwandlung des Stahls. Die wichtigsten Legierungselemente und ihre Wirkung zeigt Tabelle 4.4. Dabei ist zu beachten, daß die Wirkungen von verschiedenen Einflüssen abhängen und daher nur grob angegeben werden können.

Tabelle 4.4 Die wichtigsten Legierungszusätze für Stahl

Zusatz	Wirkung erhöht	Wirkung verringert	Verwendungsbeispiele
Silicium Si 0,5 bis 4%	Elastizität Zähigkeit Härtebeständigkeit bei höheren Temperaturen	Schmiedbarkeit Schweißbarkeit elektrische Leitfähigkeit	Federstahl, Ventilfedern
Mangan Mn bis 10%	Festigkeit Zähigkeit Verschleißfestigkeit Härtbarkeit	Zerspanbarkeit Umformbarkeit Schweißbarkeit Warmfestigkeit	Manganhartstahl für Bagger-, Gleisteile, Radreifen
Nickel Ni 1 bis 10%	Festigkeit Zähigkeit (bes. bei Wärmebehandlung) elektrischer Widerstand Korrosionsbeständigkeit	Warmfestigkeit	Ersatz- und Vergütungsstähle, elektrische Widerstände
Chrom Cr 0,5 bis 18%	Festigkeit Durchhärtbarkeit Warmfestigkeit Korrosionsbeständigkeit mechanische Härte magnetische Härte	Zähigkeit	Kugellager, Werkzeugstähle, rostfreie Stähle
Wolfram W bis 25%	Härte Anlaßbeständigkeit Schneidhaltigkeit Warmfestigkeit Verschleißfestigkeit	Zähigkeit Schmiedbarkeit	Schnellarbeitsstähle für die Zerspanung (SS-, HSS-Stähle)
Molybdän Mo 0,5 bis 2%	Härte Zähigkeit Warmhärte Dauerfestigkeit bei höheren Temperaturen	Warmfestigkeit	Werkzeugstahl hochwertiger Baustahl
Vanadium V 0,5 bis 2%	Härte Zähigkeit Anlaßbeständigkeit Schneidhaltigkeit		Werkzeugstahl Schraubenschlüssel
Kobalt Co 2 bis 10%	Härte Schneidhaltigkeit		Schnellarbeitsstähle, Magnetstähle

4.2 Gewinnung und Veredelung

4.2.1 Roheisengewinnung

Ausgangsstoff für die Eisen- und Stahlerzeugung ist das Roheisen. Man gewinnt es durch Verhütten von Eisenerzen im Hochofen. Dazu sind Koks, Zuschläge (Quarz oder Kalk = Möller) und Luft nötig.

Eisenerze. Eisen kommt in der Natur selten in reiner Form, meist nur mit Sauerstoff, Kohlensäure oder Schwefel gebunden in Gesteinen vor. Diese Eisenerze enthalten außerdem Schwefel, Phosphor, Silicium und Mangan.

Verhüttung. Aus aufbereiteten Eisenerzen wird im Hochofen das Roheisen erschmolzen (**4**.5). Den Hochofen beschickt man von der Gicht aus schichtweise mit Koks, Erz und Zuschlägen (meist Kalk). Die von unten eingeblasene Luft (Wind genannt) trifft auf den glühenden Koks und verbrennt ihn. Um die Verbrennungstemperatur zu erhöhen, wird die Luft in Winderhitzern auf 800 bis 1 250 °C vorgewärmt. Die heißen Verbrennungsgase strömen nach oben und reagieren chemisch mit der Beschickung des Hochofens, die langsam nach unten sinkt. Das dabei entstehende Roheisen nimmt Kohlenstoff auf und sammelt sich im Gestell des Hochofens. Gleichzeitig bildet sich aus den Nichteisenteilen der Erze und den Zuschlägen eine leichtflüssige Schlacke, die sich über dem Roheisen sammelt. Alle 2 bis 4 Stunden wird ein Teil der Schlacke und des Roheisens durch Abstich abgelassen.

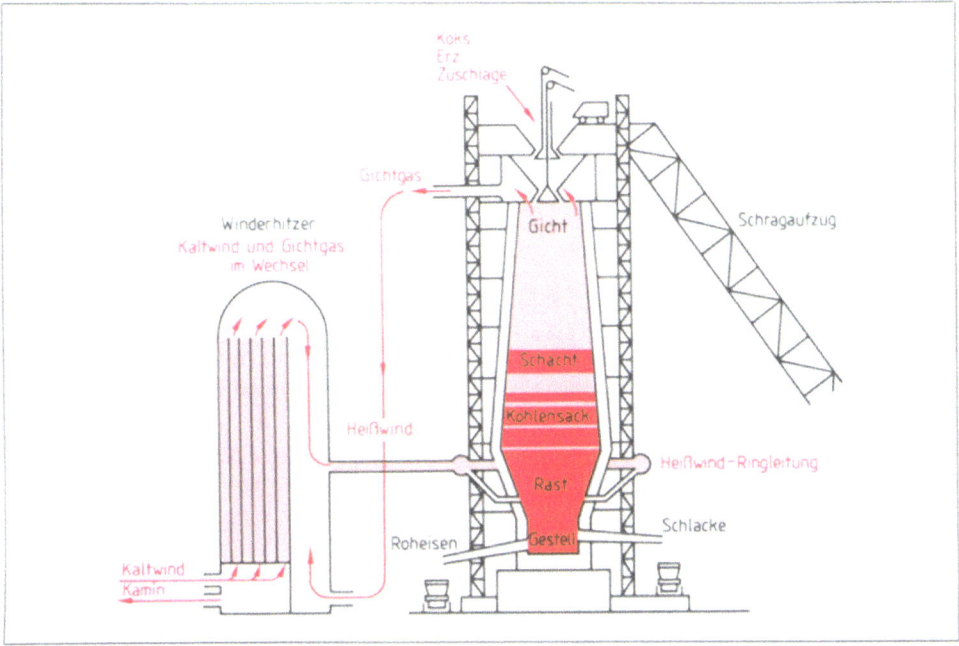

4.5 Hochofen und Winderhitzer (Schnitt)

Vorgänge im Hochofen. Beim Verhütten der Eisenerze spielen sich im Hochofen verschiedene physikalische und chemische Vorgänge ab (**4**.6). Im oberen Teil (Vorwärmezone) verdampfen das im Eisenerz vorhandene Wasser und der Schwefel. Durch unvollkommene Verbrennung des glühenden Kokses mit der eingeblasenen Luft enthalten die hochströmenden Verbrennungsgase sehr viel Kohlenmonoxid (CO). In der Reduktionszone entziehen das Kohlenmonoxid und der Kohlenstoff des Kokses dem Eisenerz den Sauerstoff (Reduktion) – es entsteht Eisen, z. B.

$Fe_2O_3 + 3\ CO \rightarrow 2\ Fe + 3\ CO_2$
$FeO\ \ +\ \ CO\ \rightarrow\ \ Fe +\ \ CO_2$
$FeO\ \ +\ \ C\ \ \rightarrow\ \ Fe +\ \ CO$.

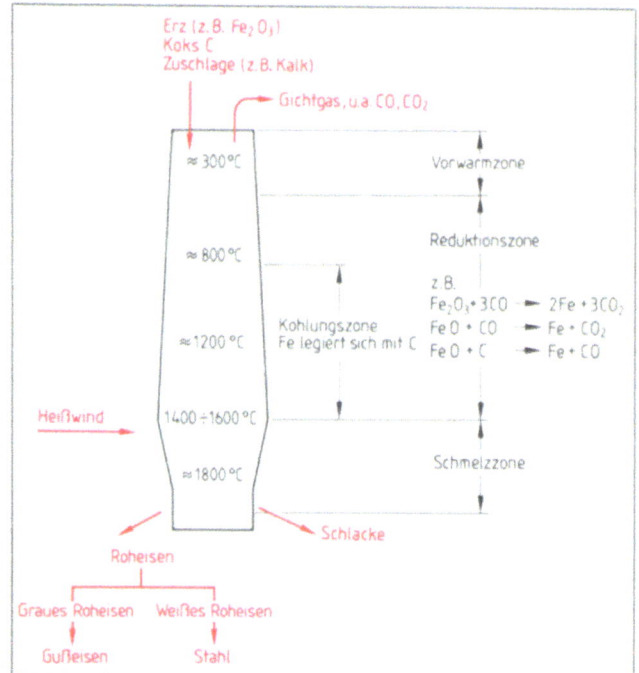

4.6 Vorgänge im Hochofen

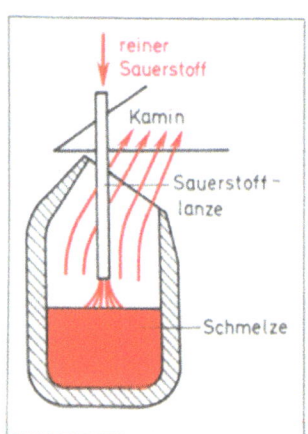

4.7 Sauerstoff-Aufblasverfahren

In der Kohlungszone legiert sich dieses Eisen sofort mit dem Kohlenstoff des Kokses. Dadurch sinkt der Schmelzpunkt des reinen Eisens von etwa 1600°C auf 1300°C des kohlenstoffreichen Roheisens. Das schmelzende Eisen sammelt sich in der Schmelzzone, im Gestell. Die übrigen steinigen Bestandteile und Verunreinigungen des Erzes verbinden sich mit den Zuschlägen zur flüssigen Schlacke, die wegen ihrer geringeren Dichte auf dem geschmolzenen Roheisen schwimmt.

Hochofenerzeugnisse. Das so entstandene Roheisen hat zu hohe Gewalt an Kohlenstoff (3 bis 4%) und an Eisenbegleitern (Mangan, Silicium, Phosphor, Schwefel). In dieser Zusammensetzung ist es hart, sehr spröde und weder schmiedbar noch schweißbar. Roheisen ist daher als Werkstoff nicht brauchbar. Man unterscheidet zwei Roheisensorten: graues und weißes Roheisen.

Graues Roheisen hat höhere Siliciumgehalte, wodurch das Ausscheiden des Kohlenstoffs in Form von Graphit begünstigt und damit das graue Aussehen der Bruchflächen verursacht werden. Nach dem Erstarren in Masseln (in einem Sandbett erstarrte Gußbarren) wird dieses Eisen in Gießereien zu Gußeisen weiterverarbeitet.

Weißes Roheisen hat dagegen höhere Gehalte an Mangan, das den Kohlenstoff chemisch an das Eisen bindet und daher die silbrigweiße Bruchfläche verursacht. Es wird in Roheisenmischern gesammelt und zu Stahl weiterverarbeitet.

4.2.2 Stahlgewinnung

Vorgang. Ausgangsstoff für die Stahlgewinnung ist das weiße Roheisen. Es hat zu hohe Gehalte an Kohlenstoff und Eisenbegleitern. Beim Umwandeln in Stahl werden diese störenden Bestandteile und Verunreinigungen durch Oxidation verringert. Dieses reinigende Schmelzen nennt man Frischen. Je nachdem, wie man dem Roheisen den zum Verbrennen der Bestandteile nötigen Sauerstoff zuführt, unterscheidet man heute das LD- und das Siemens-Martin-Verfahren.

Beim Sauerstoff-Aufblasverfahren (**LD**-Verfahren nach den Stahlwerken **L**inz-**D**onawitz) wird reiner Sauerstoff unter Druck durch ein wassergekühltes Rohr (Lanze) auf die Schmelze geblasen. Die Schmelze befindet sich in einem kippbaren Konverter (**4.7**; lat. = Umwandler) oder in einer rotierenden Trommel. Der Sauerstoff oxidiert einen großen Teil des Kohlenstoffs und der Eisenbegleiter und entfernt sie dabei mit den Verbrennungsgasen. Die dabei entstehende Verbrennungswärme dient dazu, die Temperatur des flüssigen Roheisens (etwa 1200°C) auf die höhere Schmelztemperatur des Stahls von etwa 1400°C zu bringen. Bei der vorhandenen Wärmeenergie läßt sich auch Schrott mit einschmelzen. Bei phosphorreichem Roheisen setzt man außerdem (bis zu 35%) Kalkstaub zu, damit sich eine leichtflüssige Schlacke ergibt, die als phosphorhaltiges Düngemittel weiterverwendet wird. Nach dem Frischprozeß wird die Schlacke abgelassen, der aus dem Roheisen entstandene Stahl wird abgegossen und zu Massen- oder Qualitätsstahl weiterverarbeitet.

Das Siemens-Martin-Verfahren (nach dem deutschen Ingenieur Wilhelm Siemens, 1823–1883, und dem französischen Ingenieur P. E. Martin, 1824–1915, benannt) kann mit festem Einsatz, flüssigem Einsatz oder auch gemischtem Einsatz (Roheisen-Schrott) betrieben werden.

Der Siemens-Martin-Ofen ist ein mit Gas- oder Ölfeuerung beheizter, meist kippbarer Herdofen (daher auch der Name Herdfrischverfahren, **4.8**). Die hohe Temperatur erreicht man durch Vorwärmen der Verbrennungsluft und evtl. auch des Heizgases auf mehr als 1000°C. Dazu leitet man die heißen Ofenabgase durch gittersteinausgemauerte Kammern auf der einen Seite des Ofens. Nach dem Aufheizen des Gitterwerks strömt Kaltluft durch die vorgeheizten Kammern, die so vorgewärmt über das Schmelzbad geführt wird. Während dieser Zeit heizen

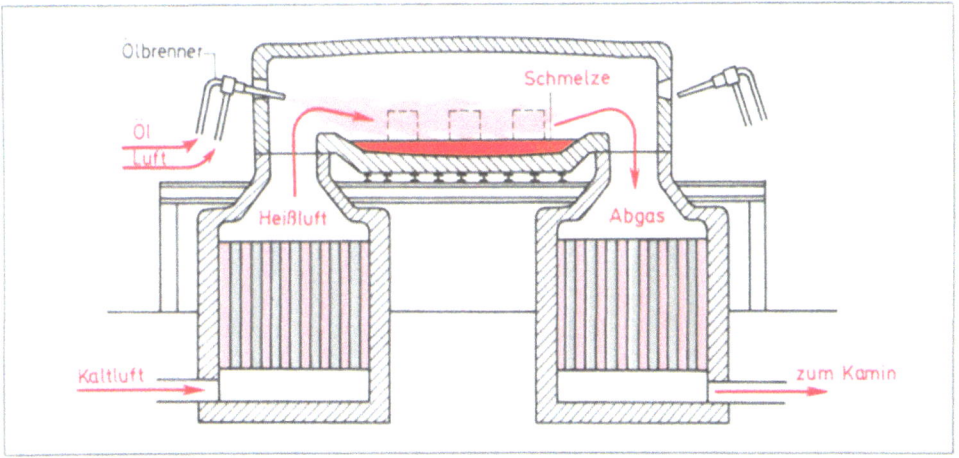

4.8 Siemens-Martin-Ofen

die Abgase die Kammern der anderen Ofenseite auf. Durch diesen Wechsel zwischen Aufheizen der Kammern und Vorwärmen der Kaltluft nutzt man die Abgaswärme optimal und erreicht einen hohen Wirkungsgrad der „Regenerativfeuerung". Beim Verbrennen des Öls oder Gases über dem Schmelzbad arbeitet man mit Sauerstoffüberschuß. Die oxidierende Flamme setzt den Kohlenstoffgehalt des Einsatzes herab und verbrennt die unerwünschten Eisenbegleiter. Das bei dieser Verbrennung entstehende Kohlenmonoxid (CO) läßt die Schmelze „kochen", so daß sie gleichmäßig durchwärmt. Der Schmelzvorgang dauert 4 bis 8 Stunden.

Durch Zugabe von Legierungsmetallen (z. B. Chrom, Vanadium, Nickel, Molybdän) vor Ende des Frischprozesses lassen sich auch legierte Stähle erzeugen. Die Weiterverarbeitung der im SM-Verfahren gewonnenen Qualitäts- und Edelstähle geschieht wie beim LD-Verfahren.

4.2.3 Stahlveredelung

Beruhigt und unberuhigt vergossener Stahl. Den flüssigen Stahl gießt man in gußeisernen Formen (Kokillen) zu Blöcken oder in Stranggußanlagen zu Strängen. Die Stahlschmelzen haben aus dem Gewinnungsprozeß Gase aufgenommen (Sauerstoff, Stickstoff, Wasserstoff, Kohlenmonoxid). Beim Vergießen verursacht das aufsteigende Kohlenmonoxid eine Kochbewegung der Schmelze, die sich auch beim Erstarren noch fortsetzt. Ein solcher unberuhigt vergossener Stahl enthält noch Gase, die im Gußblock Blasen bilden und die Eigenschaften des Stahls ungünstig beeinflussen. Um dies zu verhindern, wird der Sauerstoff durch Zugabe von Aluminium-, Mangan- und Siliciumlegierungen (Desoxidationsmittel) chemisch gebunden und damit die Entwicklung von Kohlenmonoxid verringert. Die Kochbewegung der Schmelze unterbleibt – der Stahl ist beruhigt vergossen. Unberuhigt vergossener Stahl weist außerdem örtliche Anreicherungen von Phosphor (und Schwefel) auf, besonders in der Randschicht des Blockes (Blockseigerungen). Beruhigt vergossener Stahl hat ein gleichmäßigeres Gefüge. Alle Qualitätsstähle werden beruhigt vergossen.

Hochwertige Stähle entstehen durch nochmaliges Einschmelzen. Dabei wird der Stahl weiter gereinigt und mit gewünschten Zusätzen versehen. Zu unterscheiden sind das Elektrostahl- und das Vakuumstahlverfahren.

Im Elektrostahlverfahren stellen Edelstahlwerke hochwertige legierte Bau- und Werkzeugstähle her. Der Schmelzprozeß läuft in Elektroöfen ab, in denen die Schmelztemperatur durch Lichtbogenheizung oder durch Induktionsströme erzeugt wird.

Im Lichtbogenofen fließt der elektrische Strom durch eine herausragende Elektrode ins Schmelzbad und verläßt es durch den zweiten Lichtbogen der anderen Elektrode (4.9). Die elektrische Energie wird dabei in Wärme umgewandelt. Die Temperatur der Lichtbögen ist sehr hoch (bis 4000 °C). Sie ermöglichen eine bessere Verbrennung der Eisenbegleiter und das Legieren mit hochschmelzenden Metallen.

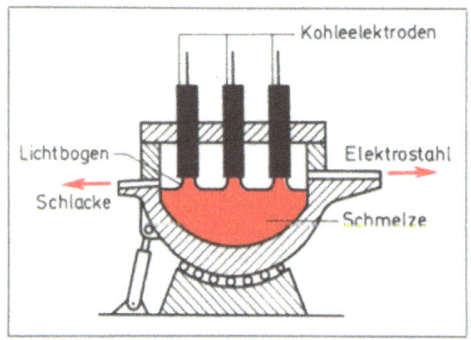

4.9   Elektro-Lichtbogenofen

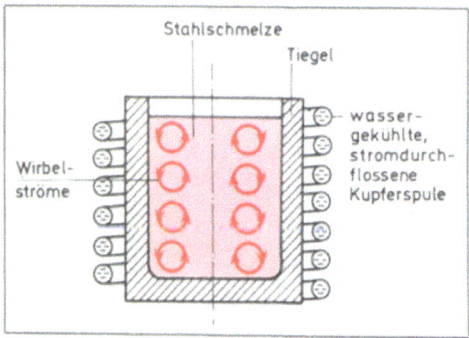

4.10   Induktionsofen (Schema)

Induktionsöfen bestehen aus einem Tiegel, den eine wechselstromführende Kupferspule umgibt (**4**.10). Der Wechselstrom erzeugt im Schmelzgut Wirbelströme, die das Schmelzbad erwärmen und durchmischen. Die Temperatur läßt sich leicht regeln, so daß der Stahl sorgfältig und ohne Verunreinigung durch Heizgase legiert.

Vakuumstahlverfahren. Flüssige Metalle haben eine hohe Löslichkeit für Gase. Um einen hochwertigen gasarmen Maschinenbaustahl zu erhalten, werden Stahlschmelzen einem Vakuum (luftleerer Raum) ausgesetzt oder Stahlblöcke im Vakuum noch einmal umgeschmolzen. Dabei entweichen die unerwünschten Gase und werden von einer Vakuumpumpe abgesaugt (Entgasung). Durch besondere Maßnahmen kann man dabei den Reinheitsgrad des Stahls verbessern (z. B. durch Binden von Verunreinigungen an Schlacken).

Stahlvergießen
- unberuhigt – Gasblasen und Seigerungen mindern Qualität
- beruhigt – gasfrei, Qualitätsstahl

Stahlveredelung
- nochmaliges Reinigen und Legieren der Schmelze
- im Elektrostahlverfahren oder Vakuumstahlverfahren

4.2.4 Weiterverarbeitung des Stahls zu Halbzeugen

Der zu Blöcken oder Strängen vergossene Stahl wird durch Walzen, Ziehen und Strangpressen zu Halbzeugen oder durch Schmieden zu Fertigteilen weiterverarbeitet.

Walzen von Blech, Stab- und Formstählen. Im Walzwerk werden Blöcke im erwärmten Zustand zu Blechen, Stab- und Formstählen ausgewalzt (Warmwalzen). Dazu führt man das Walzgut durch Walzenpaare, die sich in verschiedenartiger Anordnung drehen (**4**.11). Für

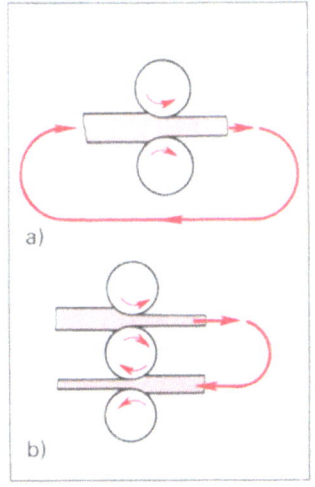

4.11 Walzwerke
  a) Duowalzwerk
  b) Triowalzwerk

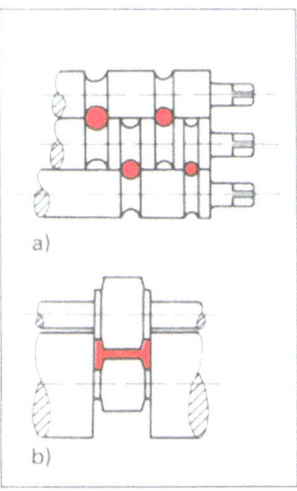

4.12 Walzen von Stahl
  a) Offenes Kaliber
  b) Geschlossenes Kaliber

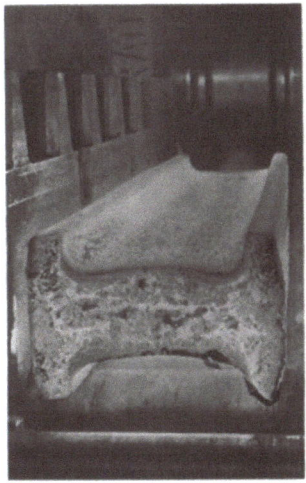

4.13 Walzen eines Breitflanschträgers

Formstähle sind die Walzen profiliert (Kaliber). Durch immer kleinere Öffnungen zwischen den Walzen erreicht man in mehreren Durchgängen (Stichen) die gewünschte Form und das erforderliche Maß (**4.12** und **4.13**).

Beim Walzen wird der Werkstoff wie beim Schmieden durchgeknetet. Dabei erzielt man eine Materialverdichtung und einen durchgehenden Faserverlauf, die sich günstig auf die Festigkeit auswirken. Warmgewalzter Stahl ohne Nachbehandlung hat eine Zunderschicht (Oxidhaut). Die Walzerzeugnisse kommen in den verschiedensten, genormten Formen und Abmessungen in den Handel.

Rohre. Bei den Rohren unterscheidet man geschweißte und nahtlose Rohre.

Geschweißte Rohre eignen sich für geringe Druckbeanspruchung, z. B. für Wasserleitungen. Zur Herstellung werden auf Weißglut erwärmte Blechstreifen durch einen Ziehtrichter gezogen und dadurch gerollt. Nach nochmaligem Erwärmen auf Schweißglut zieht man die Rohre durch ein engeres Zieheisen, so daß die Naht stumpfgeschweißt wird (**4.14**). Die Naht läßt sich aber auch elektrisch stumpfschweißen.

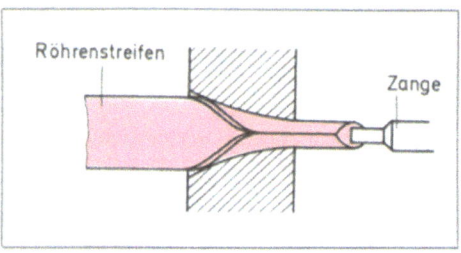

4.14   Rohrziehen

Nahtlose Rohre sind nötig für hochbeanspruchte Bauteile (z. B. im Fahrzeugbau, Flugzeugbau, in der chemischen Verfahrenstechnik, für Gasleitungen). Gefertigt werden sie im Mannesmann- und Pilgerschritt-Verfahren.

Beim Mannesmann-Verfahren werden glühende Rundblöcke durch zwei schräg zueinander stehende, konische Walzen zu einem Rohr ausgewalzt (Schrägwalzwerk). Die Walzen haben gleiche Drehrichtung. Dadurch wird der Werkstoff in eine Drehung um seine Längsachse versetzt und gleichzeitig durch die Schrägstellung gegen einen Dorn zwischen den Walzen geschoben. Die kegeligen Walzenflächen strecken die äußeren Fasern des Werkstoffs, so daß der Block im Kern aufreißt. Diesen Hohlraum glättet der Dorn zu einer gleichmäßigen Wandung (**4.15**). Im Pilgerschritt-Verfahren wird der so entstandene hohle Stahlblock zum eigentlichen Rohr ausgewalzt.

Das Pilgerschritt-Verfahren arbeitet mit zwei Walzen, durch deren Form bei einer Umdrehung Öffnungen (Kaliber) von verschiedener Weite entstehen. Der Hohlblock wird gegen die Walzen vorgeschoben. Die Walzen greifen einen Teil der dicken Blockwandung und walzen den Werkstoff bei einer halben

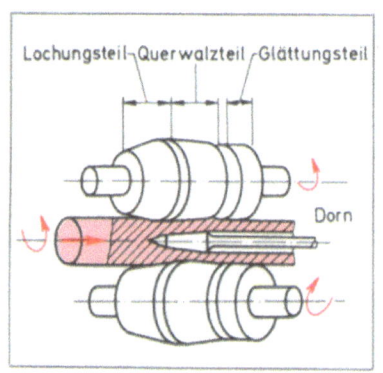

4.15   Mannesmann-Verfahren
       (Schrägwalzen)

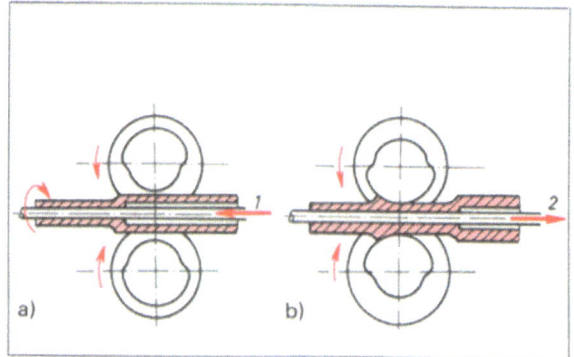

4.16   Pilgerschritt-Verfahren
       a) Vorstoßen der Rohrluppe, b) Auswalzen und Rücklauf

Umdrehung auf einem Dorn aus, während der Hohlblock wieder etwas zurückgestoßen wird. Das Vorschieben und Zurückstoßen des Hohlblocks wiederholt sich so oft, bis der Block vollständig zu einem Rohr ausgewalzt ist (**4.16**).

Ziehen von Stäben und Drähten. Durch Ziehen stellt man Stäbe und Drähte mit glatter, blanker Oberfläche und wesentlich größerer Maßgenauigkeit her als beim Warmwalzen. Die vorgewalzten Halbzeuge werden durch Säuren oder Laugen vom Walzzunder befreit (Beizen), in kaltem Zustand mit einem zugespitzten Ende durch die verjüngte Öffnung einer gehärteten Stahlplatte (Zieheisen) geführt, von einer Zange gefaßt und hindurchgezogen (**4.17**). Dabei verringert sich der Stab im Querschnitt auf das Öffnungsmaß. Bei stärkerer Querschnittänderung sind mehrere Züge durch eine Folge immer kleinerer Öffnungen erforderlich. Die beim Ziehen auftretende Versprödung des Werkstoffs (Kaltverfestigung) wird durch Zwischenglühen beseitigt (s. Abschn. 7.2). Bei feinen Drähten verwendet man Ziehsteine bzw. Ziehringe aus Hartmetall oder Diamant.

Durch entsprechende Gestaltung der Öffnungen lassen sich auch Profile auf das gewünschte Maß blankziehen.

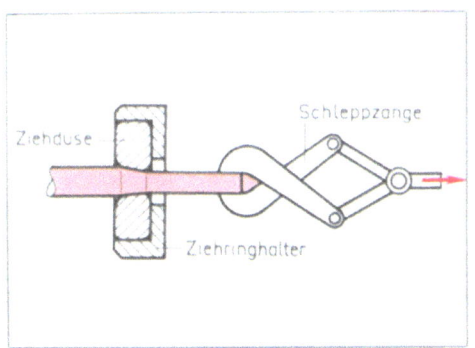
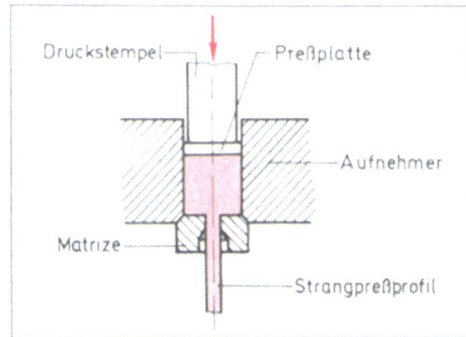

4.17   Drahtziehen   4.18   Strangpressen

Strangpressen ermöglicht es, Voll-, Hohlstangen und schwierige Profile herzustellen. Das Preßgut (Gußblock) wird dazu auf Weichheit erwärmt und von einem Preßstempel aus dem beheizten Aufnehmer der Strangpresse durch die Öffnung einer Matrize gepreßt (**4.18**).

4.3   Eisenwerkstoffe

4.3.1   Eisen-Kohlenstoff-Gußwerkstoffe

Aus Eisen-Kohlenstoff-Gußwerkstoffen lassen sich durch Gießen sowohl kleine komplizierte als auch große Gußwerkstücke mit weitgehender Annäherung an die Fertigform wirtschaftlich herstellen. Ein großer Anteil der Maschinen- und Geräteteile sowie anderer Erzeugnisse wird aus diesem Werkstoff gefertigt. Bei den Eisengußwerkstoffen unterscheidet man Gußeisen, Temperguß und Stahlguß.

Gußeisen wird aus grauem Roheisen zusammen mit Gußbruch, Stahlschrott und Koks im Schachtofen (Kupolofen) erschmolzen, z. T. auch im Elektroofen verfeinert. Es gibt Gußeisen mit Lamellen- und mit Kugelgraphit.

Gußeisen mit Lamellengraphit (GG, GGL), graues Gußeisen oder Grauguß genannt, ist eine Eisen-Kohlenstoff-Legierung mit etwa 2,5 bis 3,5% Kohlenstoff und 0,8 bis 3% Silicium. Der hohe Kohlenstoffgehalt zusammen mit dem Silicium bewirken, daß sich bei langsamer Abkühlung ein Teil des Kohlenstoffs in Form von Graphitblättchen (Lamellen) ausscheidet und die Bruchfläche grau erscheinen läßt (**4.19**).

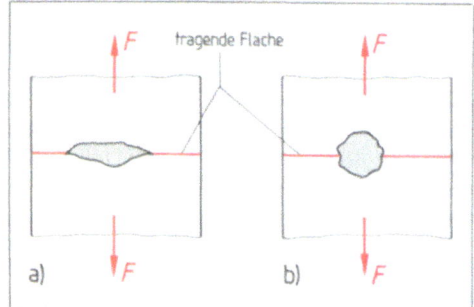

4.19 Gußeisen mit Lamellengraphit GG 22 ($V = 600x$)

4.20 Tragender Querschnitt bei Gußeisen
a) mit Lamellengraphit
b) mit Kugelgraphit

Grauguß hat eine hohe Druckfestigkeit, jedoch im Vergleich zu Stahl nur eine geringe Zugfestigkeit. Ursache der geringen Zugfestigkeit sind die Graphitlamellen, die nur geringe Zugkräfte übertragen und durch ihre Kerbwirkung im Gefüge die Zugfestigkeit herabsetzen (**4.20a**). Wegen des hohen C-Gehalts ist Grauguß sehr spröde und wenig dehnbar, so daß man ihn weder schmieden noch biegen kann. Er läßt sich nur unter Schwierigkeiten schweißen. Aufgrund der Graphitlamellen zeigt Grauguß gute Dämpfungsfähigkeit und Laufeigenschaften. Er ist außerdem korrosionsbeständig. Seine gute Gießbarkeit beruht auf der niedrigen Schmelztemperatur (1150 bis 1250°C) und der dünnflüssigen Schmelze (evtl. mit P-Zusatz). Sie füllt auch die Gießformen komplizierter Teile sehr gut aus.

Grauguß ist der am meisten verwendete Eisengußwerkstoff. Man stellt Gußstücke der verschiedensten Größen und Formen her (z.B. Maschinenbetten, -ständer, -rahmen, Fundamentplatten, Riemenscheiben, Zylinderblöcke, Laufbuchsen, Kolbenringe, Lager- und Getriebegehäuse). Die Gußstücke erfordern nur noch eine geringe spanabhebende Bearbeitung an den Sitz- und Paßflächen (z.B. durch Drehen oder Fräsen). Sie sind sehr gut zerspanbar, haben aber eine harte Gußhaut. Durch die schnelle Abkühlung der Oberfläche gegenüber dem Kern scheidet sich beim Erstarren der Kohlenstoff dort nicht als Graphit aus, sondern bleibt mit dem Eisen als Eisencarbid chemisch verbunden und verursacht die hohe Oberflächenhärte.

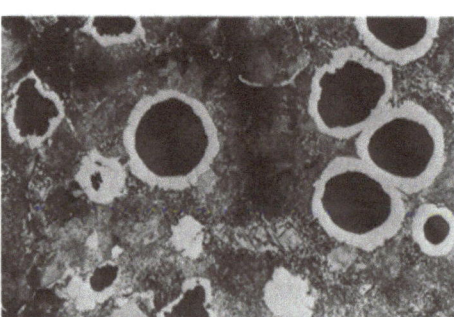

4.21 Gußeisen mit Kugelgraphit

Gußeisen mit Kugelgraphit (GGG), globularer Grauguß oder Sphäroguß genannt, ist eine Eisen-Kohlenstoff-Legierung, in der sich der Kohlenstoff durch Zugabe von kleinen Mengen Magnesium oder Cer in der Schmelze kugelförmig ausscheidet (**4.21**). Die Kugelform mindert die Kerbwirkung und macht die tragende Fläche bei Belastung größer als bei GG/GGL (**4.20b**).

Sphäroguß zeigt deshalb hohe Zugfestigkeit und große Bruchdehnung, so daß er warm- und begrenzt kaltumformbar sowie wenig stoßempfindlich ist. Er läßt sich gut zerspanen und ist verschleißfest. Durch Wärmebehandlung lassen sich seine menchanischen Eigenschaften noch verbessern.

Temperguß. Im Temperrohguß sind C- und Si-Gehalt so abgestimmt, daß der Kohlenstoff beim Erstarren des Gußstücks mit dem Eisen als Eisencarbid chemisch verbunden bleibt (weißes Gußeisen). Durch Glühbehandlung (Tempern) erzielt man die verschiedenen Arten des Tempergusses – den schwarzen oder weißen Temperguß.

Schwarzer Temperguß (GTS) entsteht durch mehrtägiges Glühen des Gußstücks bei etwa 1100°C in neutraler Atmosphäre (z. B. unter Schutzgas wie Stickstoff). Das Eisencarbid zerfällt, das Gefüge besteht aus Eisenkristalliten (Ferrit) mit „eingelagerter Temperkohle" (Graphit) und zeigt deshalb im Bruch ein schwarzgraues Aussehen. Das Verfahren kann bei beliebiger Werkstückdicke angewendet werden.

Weißer Temperguß (GTW) bildet sich bei mehrtägiger Glühbehandlung des Gußstücks bei etwa 1000°C in oxidierender Atmosphäre (z. B. in sauerstoffabgebenden Mitteln wie Eisenerz, Fe_2O_3). Unter Einwirkung des Sauerstoffs werden die Randschichten der dünnwandigen Gußstücke (bis 8 mm) entkohlt, während sich im Kern ein Teil des Kohlenstoffs als Temperkohle ablagert. Der Bruch sieht daher weißlich aus.

Temperguß ist nicht spröde wie Gußeisen, sondern zäher, hämmerbar und begrenzt verformbar. Er hat eine gute Festigkeit. Der weiße Temperguß wird meist für dünnwandige Teile verwendet (z. B. Rohrformlinge = Fittings, Schlüssel, Tür- und Fensterbeschläge, Nähmaschinenteile), der schwarze für dickwandige Teile (z. B. Kolben, Zahnräder).

Stahlguß (GS) ist in Formen vergossener unlegierter oder legierter Stahl mit Kohlenstoffgehalten von 0,15 bis 1,2%. Durch Normalglühen (s. Abschn. 7.2) verfeinert man das ungünstige Gußgefüge, so daß der Stahlguß die Zähigkeit und Festigkeit eines gewalzten Stahls erhält.

Man verwendet Stahlguß für hochbeanspruchte Bauteile, wenn die Festigkeit von Gußeisen oder Temperguß nicht ausreicht und eine komplizierte Bauteilform nur durch Gießen wirtschaftlich hergestellt werden kann. Beispiele dafür sind Zahnräder, Maschinenrahmen, Kurbelwellen, Gehäuse, Baggerteile und Gasflaschen.

4.3.2 Stähle

Stahl wird in der Technik vielseitig für Bauteile und Werkzeuge verwendet. Die dem Verwendungszweck angepaßten Eigenschaften erhält man durch eine entsprechende chemische Zusammensetzung, durch Wärmebehandlung und Bearbeitung. Die Vielzahl der Stahlsorten, ihre Benennungen und Eigenschaften. Maße und Lieferformen sind in DIN-Normen festgelegt. Die Normen bilden die Grundlage für die Herstellung, Lieferung und Verwendung (s. Abschn. 4.4).

Die Einteilung der Stähle ist nach verschiedenen Gesichtspunkten möglich: nach den Legierungsbestandteilen, der Reinheit und der Verwendung.

Unlegierte Stähle enthalten außer Kohlenstoff nur die üblichen Eisenbegleiter Mn, Si, P, S und werden deshalb als Kohlenstoffstähle bezeichnet.
Niedriglegierte Stähle haben neben Kohlenstoff und geringen Mengen an Eisenbegleitern bis zu 5% Legierungsbestandteile.
Hochlegierte Stähle enthalten neben C und Eisenbegleitern über 5% Legierungsbestandteile.

Baustähle sind alle Stähle, die als Werkstoff für Bauteile in Maschinen, Geräten, Apparaten und Anlagen dienen (z. B. in Form von Stab- und Formstählen, Stahlblechen, Stahlrohren). Unterschieden werden allgemeine Baustähle, Einsatzstähle und Vergütungsstähle.

Allgemeine Baustähle nach DIN 17100 mit einem Kohlenstoffgehalt von 0,15 bis 0,6% sind meist unlegiert und nicht für eine Wärmebehandlung vorgesehen. Wegen ihrer Festigkeit, Zähigkeit und Streckgrenze verwendet man sie im Hoch- und Brückenbau wowie im Maschinen- und Fahrzeugbau. Für die Herstellung von Maschinenteilen ist ihre Umformbarkeit und Schweißbarkeit wichtig.

Einsatzstähle nach DIN 17210 sind Qualitäts- oder Edelstähle mit verhältnismäßig niedrigem C-Gehalt von 0,07 bis 0,3%. Sie werden an der Oberfläche aufgekohlt und durch Wärmebehandlung anschließend gehärtet (Einsatzhärten). Die Oberfläche weist deshalb hohe Härte und guten Verschleißwiderstand auf, während der Kern sehr zäh ist (s. Abschn. 7.4). Diese Eigenschaften fordert man z. B. für Zahnräder, Nockenwellen, Lagerzapfen, Antriebsritzel und Meßwerkzeuge.

Vergütungsstähle nach DIN 17200 sind unlegierte oder legierte Qualitäts- oder Edelstähle mit einem Kohlenstoffgehalt von etwa 0,25 bis 0,60%. Durch Vergüten (Wärmebehandlung mit Härten und anschließendes Anlassen auf höhere Temperaturen) erhalten die Werkstücke eine hohe Zähigkeit bei zugleich erhöhter Festigkeit (s. Abschn. 7.6). Vergütungsstähle dienen deshalb als Werkstoff für hochbeanspruchte Maschinenteile hoher Festigkeit (z. B. Kurbelwellen, Gesenke, Getriebeteile, Federn, Zahnräder, Achsen, Wellen, Pleuelstangen).

Werkzeugstähle sind Edelstähle für Werkzeuge zum Be- und Verarbeiten technischer Werkstoffe. Je nach Art des zu verarbeitenden Werkstoffs und des Fertigungsverfahrens sowie der Arbeitstemperatur müssen die Werkzeugstähle verschiedenartige Eigenschaften aufweisen, z. B. Härte und Verschleißfestigkeit (auch bei höheren Temperaturen) für Schneidwerkzeuge, hohe Härte und hinreichende Zähigkeit bei schlagartig beanspruchten Werkzeugen (Druckluft- oder Prägewerkzeuge), Warm- und Verschleißfestigkeit für Gesenke und Druckgußformen, die ständig höheren Temperaturen ausgesetzt sind. Die Vielzahl der Werkzeugstähle läßt sich ordnen

- **nach dem Legierungsgehalt** in unlegierte, niedriglegierte und hochlegierte Werkzeugstähle,
- **nach der erforderlichen Wärmebehandlung** in Wasserhärter, Ölhärter und Lufthärter,
- **nach der Arbeitstemperatur** in Kalt- und Warmarbeitsstähle,
- **nach dem Verwendungszweck** in Schnellarbeitsstähle für Zerspanungswerkzeuge (Fräserstähle, Schnittstähle, Meißelstähle), Lehrenstähle für Meßwerkzeuge, Gesenkstähle, Kaltmatrizenstähle usw.

Bei unlegierten Werkzeugstählen, auch Kohlenstoff-Werkzeugstähle genannt, bestimmt die Höhe des C-Gehalts von 0,65 bis 1,7% vorwiegend die Eigenschaften. Unlegierte Werkzeugstähle sind Wasserhärter. Die Arbeitshärte steigt mit dem Kohlenstoffgehalt von zäh über zähhart und mittelhart bis sehr hart. Sie bleibt nur bis höchstens 200 °C erhalten. Unlegierte Werkzeugstähle eignen sich deshalb nur für Werkzeuge, die niedrigen Arbeitstemperaturen ausgesetzt sind (z. B. Handhämmer, Holzbearbeitungswerkzeuge, Feilen, Spaten).

Kaltarbeitsstähle haben meist einen Kohlenstoffgehalt von 0,9 bis 2%. Durch Legieren (z. B. mit Chrom, Molybdän, Nickel, Mangan) erreicht man eine größere Einhärtungstiefe als bei unlegierten Stählen. Chrom, Molybdän, Wolfram und Vanadium bilden als Legierungsbestandteile mit dem Kohlenstoff harte, verschleißfeste Verbindungen (Carbide). Sie sind im Gefüge eingelagert und vergrößern den Verschleißwiderstand des Kaltarbeitsstahls. Die Arbeitstemperatur für Kaltarbeitsstähle liegt meist unter 200 °C. Man verwendet diese Stähle für Schnitte, Stanzen, Prägewerkzeuge, Räumnadeln, Scherenmesser, Reibahlen, Gewindebohrer.

Warmarbeitsstähle dienen für Werkzeuge über 200 °C Arbeitstemperatur. Sie haben C-Gehalte von 0,3 bis 0,65%. Die Warmfestigkeit bewirken die Legierungsbestandteile Wolfram, Molybdän oder Vanadium, während das Chrom die nötige Anlaßbeständigkeit erzielt. Aus Warmarbeitsstählen stellt man z. B. Formteil- und Preßgesenke, Druckgußformen, Schneidbacken, Schrauben- und Nietmatrizen her.

Schnellarbeitsstähle sind hochlegierte Stähle mit hervorragender Schneidfähigkeit, hoher Anlaßbeständigkeit und Warmhärte. Sie werden hauptsächlich für Werkzeuge zum Zerspanen bei hohen Schnittgeschwindigkeiten und großen Spanleistungen eingesetzt. Selbst bei schwacher Rotglut (etwa 600 °C)

haben sie lange Standzeiten. Ihr Kohlenstoffgehalt beträgt 0,9 bis 1,7%. Ursache für die hohe Härte und Anlaßbeständigkeit sind Sondercarbide – Verbindungen von C mit Wolfram (8 bis 13%), Chrom, Molybdän oder Vanadium. Diese Sondercarbide sind bis ca. 1 300 °C beständig. Die Warmfestigkeit des Grundgefüges ergibt sich durch Kobalt. Aus Schnellarbeitsstählen fertigt man Hochleistungswerkzeuge für die Zerspanung (z. B. Fräser, Bohrer, Drehmeißel, Reibahlen). Ihre Kennzeichnung:
- SS = Schnellschnittstahl
- HSS = Hochleistungs-Schnellschnittstahl

Sonderstähle gibt es für bestimmte Verwendungszwecke. Die entsprechenden Eigenschaften erzielt man durch geeignete Legierungen. Diese Stähle sind nur zum Teil genormt. Nichtrostende Stähle, Federstähle und Automatenstähle gehören zu den Sonderstählen.

Nichtrostende Stähle nach DIN 17 440 sind besonders beständig gegen chemische Angriffe (z. B. durch feuchte Luft, Seewasser, Säuren oder Laugen). Ihr Kohlenstoffgehalt liegt zwischen 0,02 und 0,4%. Wesentlicher Legierungsbestandteil ist Chrom. Bei einem gleichmäßig im Gefüge verteilten Chromgehalt von mindestens 12% bildet sich auf der Stahloberfläche eine feste, dichte Oxidhaut, die den Stahl vor weiterer Korrosion schützt. Von besonderem Einfluß sind außerdem eine gleichmäßige Gefügeausbildung, hohe Oberflächengüte und eine fachgerechte Wärmebehandlung.

Federstähle nach DIN 17 221 bis 17 225 sind meist Qualitäts- oder Edelstähle mit 0,4 bis 0,65% C, in der Regel über 1% Si und weiteren Zusätzen von Chrom, Mangan und Vanadium. Diese chemische Zusammensetzung und die Wärmebehandlung geben den Federstählen eine hohe Elastizität und Festigkeit, wie sie z. B. für Federringe, Blatt-, Schrauben-, Teller- und Drehstabfedern erforderlich sind.

Automatenstähle nach DIN 1651 weisen gute Zerspanbarkeit und Spanbrüchigkeit auf. Diese Eigenschaften erreicht man mit einem Kohlenstoffgehalt von etwa 0,09 bis 0,6%, erhöhtem Schwefelgehalt (0,15 bis 0,4%) und meist weiteren Zusätzen (z. B. 0,06 bis 0,1% Blei). Der Schwefel ist in Form von Schwefelverbindungen (Mangansulfid), das Blei ungelöst im Gefüge eingelagert. Die Späne werden durch diese Einschlüsse im Gefüge kurzbrechend, so daß sich auf selbsttätigen Drehmaschinen (Automaten) keine behindernden Spanknäuel bilden.

4.4 Normung von Eisen und Stahl

4.4.1 Benennung nach DIN 17 006

Werkstoffnormung. Für die vielfältigen Aufgaben der Technik werden Werkstoffe sehr unterschiedlicher Art und Zusammensetzung mit verschiedenen Eigenschaften gebraucht. Es wäre höchst unwirtschaftlich, für jeden Verwendungszweck eigens einen Werkstoff herzustellen und ausführlich zu beschreiben. Nur bei sinnvoller Vereinheitlichung und Beschränkung durch Normen lassen sich die Kosten für die Herstellung und Lagerhaltung im Handel und Betrieb senken, Auswahl und Verkauf erleichtern. In zahlreichen DIN-Normen sind die Benennungen, Arten, Zusammensetzungen, Formen, Lieferbedingungen und gewährleisteten Eigenschaften der Werkstoffe festgelegt (s. Abschn. 1.1). DIN 17 006 regelt die Bezeichnungen von Eisen und Stahl.

Zur Benennung legt DIN 17 006 Kennbuchstaben und Kennzeichen fest. Die vollständige Kurzbezeichnung besteht aus drei Teilen:

Herstellung   Zusammensetzung   Behandlung

Der wichtigste Teil ist die Zusammensetzung. Herstellung und Behandlung werden nur verwendet, wenn sie zur Kennzeichnung eines Stahl- oder Eisenwerkstoffs in bezug auf besondere Qualitätsmerkmale erforderlich sind.

4.4.1.1 Zusammensetzung

Dieser Teil gibt entweder die Zugfestigkeit oder die chemische Zusammensetzung des Eisens oder Stahls an – je nachdem, welches Merkmal wichtiger für die Verwendung und Verarbeitung ist.

Benennung nach der Festigkeit

Allgemeine Baustähle sind unlegierte Stähle ohne Wärmebehandlung. Bewertet werden sie nach ihrer Zugfestigkeit und Streckgrenze. Kennbuchstabe ist St, dem die Kennzahl für die Mindestzugfestigkeit (1/10 der Mindestzugfestigkeit in N/mm^2) folgt.

Beispiel 4.1 **St 37**
St = Allgemeiner Baustahl
37 = Mindestzugfestigkeit 370 N/mm^2

Durch einen Bindestrich wird oft noch die Kennzahl der Gütegruppe angehängt. Die Gütegruppe gibt einen Anhaltspunkt für die Schweißeignung und Sprödbruchempfindlichkeit. Diese Eigenschaften hängen vom Kohlenstoffgehalt und von der Verunreinigung durch Phosphor und Schwefel ab. Es gibt drei Gütegruppen:

Gütegruppe 1 für einfache Anforderungen
Gütegruppe 2 für gehobene Anforderungen (z. B. Siemens-Martin-Stähle oder Oxygen-Stähle mit geringen Verunreinigungen an Phosphor und Schwefel)
Gütegruppe 3 für höhere Anforderungen (z. B. Stahl mit niedrigen Phosphor- und Schwefelgehalten durch beruhigtes Vergießen)

Beispiel 4.2 **St 37–2**
St = Allgemeiner Baustahl
37 = Mindestzugfestigkeit 370 N/mm^2
2 = Gütegruppe 2

Eisengußwerkstoffe, unlegiert und ohne Wärmebehandlung, werden durch ein Gußzeichen gekennzeichnet, dem mit Bindestrich die Kennzahl der Mindestzugfestigkeit folgt. Die Gußzeichen lauten:

GS   = Stahlguß   GTS = Temperguß, schwarz
GG, GGL = Gußeisen mit Lamellengraphit GTW = Temperguß, weiß
GGG   = Gußeisen mit Kugelgraphit

Beispiel 4.3 **GG–20**
GG = Gußeisen mit Lamellengraphit
20 = Mindestzugfestigkeit 200 N/mm^2

Benennung nach der chemischen Zusammensetzung

Unlegierte Qualitäts- und Edelstähle (z. B. für Wärmebehandlung bestimmte Einsatz- bzw. Vergütungsstähle) bewertet man nach dem Kohlenstoffgehalt. Die Kurzbezeichnung enthält daher den Kennbuchstaben C mit Kennzahl für den C-Gehalt ($100 \cdot \%C$). Bei Edelstahl mit besonders geringen Phosphor- und Schwefelgehalten hängt man hinter das C den Buchstaben k.

Beispiele 4.4

C 45
C = unlegierter Vergütungsstahl, Qualitätsstahl
45 = 0,45% Kohlenstoffgehalt

Ck 15
C = unlegierter Einsatzstahl
k = Edelstahl mit niedrigem S- und P-Gehalt
15 = 0,15% C-Gehalt

Niedriglegierte Stähle sind Qualitäts- und Edelstähle mit weniger als 5% Legierungsbestandteilen. Die Kurzbezeichnung setzt sich zusammen aus der Kennzahl für den C-Gehalt, den Kennbuchstaben für die Legierungsbestandteile und den Kennzahlen für die Legierungsgehalte (geordnet nach der Höhe). Um diese Höhe in % zu erhalten, teilt man die Kennzahlen je nach Legierungselement durch 4, 10 oder 100 (**4.22**).

Tabelle 4.22 Teiler der Legierungsbestandteil-Kennzahlen

4	für Chrom, Kobalt, Nickel, Silicium, Wolfram
10	für Aluminium, Kupfer, Molybdän, Vanadium
100	für Kohlenstoff, Phosphor, Schwefel, Stickstoff

Beispiel 4.5
34 Cr 4
34 = legierter Vergütungsstahl mit 0,34% C-Gehalt
Cr = Legierungsbestandteil Chrom
4 = 4/4 = 1% Chromgehalt

Niedriglegierte Eisengußwerkstoffe werden wie legierte Stähle unter Vorsatz des Gußzeichens gekennzeichnet.

Beispiel 4.6
GS–25 Cr Mo 56
GS = Stahlguß
25 = 0,25% C-Gehalt
Cr = Legierungsbestandteil Chrom
Mo = Legierungsbestandteil Molybdän
5 = 5/4 = 1,25% Chromgehalt
6 = 6/10 = 0,6% Molybdängehalt

Hochlegierte Stähle sind Qualitäts- oder Edelstähle mit mehr als 5% Legierungsbestandteilen. Ihrer Kurzbezeichnung stellt man ein X voran. Den Gehalt der Legierungsbestandteile gibt man in % an.

Beispiel 4.7
X 5 Cr Ni 18 9
X = hochlegierter Stahl (nichtrostender Stahl)
5 = 0,05% Kohlenstoffgehalt
Cr = Legierungsbestandteil Chrom
Ni = Legierungsbestandteil Nickel
18 = 18% Chromgehalt
9 = 9% Nickelgehalt

4.4.1.2 Herstellung und Behandlung

Der Herstellungsteil wird bei Bedarf vor der Zusammensetzung angegeben. Er besteht aus Kennbuchstaben für die Erschmelzungsart und für besondere Eigenschaften. Eine Auswahl gibt Tabelle 4.23.

Tabelle 4.23 **Kennbuchstaben der Herstellung** (Auswahl)

Erschmelzungsart		Besondere Eigenschaften	
E	Elektrostahl (allgemein)	A	alterungsbeständig
J	Elektrostahl (Induktion)	H	halberuhigt vergossen
LE	Edelstahl (Lichtbogen)	L	laugenrißbeständig
M	Siemens-Martin-Stahl	P	preßschweißbar
W	Windfrischstahl	Q	kalttauchbar
Y	Sauerstoffblasstahl	R	beruhigt vergossen
		RR	besonders beruhigt vergossen
		S	schmelzschweißbar
		U	unberuhigt vergossen
		Z	ziehbar

Der Behandlungsteil wird bei Bedarf der Zusammensetzung angehängt. Er gibt gewährleistete Eigenschaften (garantierte) durch Kennziffern und den Behandlungszustand infolge Verformung oder Wärmebehandlung mit Kennbuchstaben an (4.24).

Tabelle 4.24 **Kurzzeichen für Gewährleistung und Behandlung**

Gewährleistungskennziffer		Behandlungszustand (Auswahl)			
Streckgrenze	1 4 6 7	A	angelassen	H	gehärtet
Falt-/Streckversuch	2 4 5 7	B	behandelt auf beste spangebende Bearbeitung	K	kaltverformt
Kerbschlagzähigkeit	3 5 6 7			N	normalgeglüht
Warm-/Dauerstandfestigkeit	8	E	einsatzgehärtet	U	unbehandelt
		G	weichgeglüht	V	vergütet

Beispiele 4.8 **MU St 37.6**

Allgemeiner Baustahl (Siemens-Martin-Stahl), unberuhigt vergossen, mit etwa 370 N/mm² Mindestzugfestigkeit, gewährleistete Streckgrenze und Kerbschlagzähigkeit.

A St 42.6 N

Allgemeiner Baustahl, alterungsbeständig, mit ca. 420 N/mm² Mindestzugfestigkeit, gewährleisteter Streckgrenze und Kerbschlagfestigkeit, normalgeglüht

E 13 CrV 53.8 V

Niedriglegierter Stahl (Elektrostahl) mit 0,13% Kohlenstoff, 1,25% Chrom, 0,3% Vanadium, gewährleisteter Warm- und Dauerstandfestigkeit, vergütet

4.4.2 Werkstoffnummern nach DIN 17007

An Stelle der Benennung der Werkstoffe durch Kennbuchstaben und Kennzahlen, wie in Abschn. 4.4.1 dargestellt, können auch Werkstoffnummern (Kurzzeichen WNr) nach DIN 17007 benutzt werden. Sie eignen sich besonders für die elektronische Datenverarbeitung.

Die Werkstoffnummern sind siebenstellig und bestehen aus drei Zahlengruppen, die durch Punkte getrennt sind. (Weil die Punkte wesentliche Bestandteile der Werkstoffnummern sind, sollen sie mitgelesen werden.)

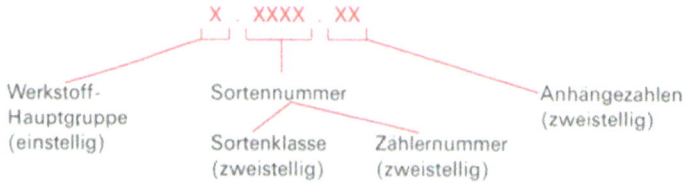

Die Werkstoff-Hauptgruppe gibt eine Kennzahl von 0 bis 9 nach Tab. 4.25 an.

Bei Sortennummern geben die ersten beiden Stellen die Sortenklasse an. Die beiden folgenden Stellen sind Zählnummern, die für jeden einzelnen Werkstoff vom Normenausschuß festgesetzt werden. Die Sortenklassen der Hauptgruppen sind in Tab. 4.25 aufgeführt.

Anhängezahlen setzt man nur dann ein, wenn sie zum eindeutigen Kennzeichnen des Werkstoffs erforderlich sind.

Für die Hauptgruppe 1 (Stahl) kennzeichnet	
die 1. Anhängezahl das Stahlgewinnungsverfahren (Erschmelzungs- und Vergießungsart)	**die 2. Anhängezahl** den Behandlungszustand
0 unbestimmt oder ohne Bedeutung 1 Thomasstahl, unberuhigt 2 Thomasstahl, beruhigt 3 Stahl sonstiger Erschmelzungsart, unberuhigt (z. B. Windfrisch-Sonderstahl) 4 Stahl sonstiger Erschmelzungsart, beruhigt (z. B. Windfrisch-Sonderstahl) 5 Siemens-Martin-Stahl, unberuhigt 6 Siemens-Martin-Stahl, beruhigt 7 Sauerstoffaufblas-Stahl, unberuhigt 8 Sauerstoffaufblas-Stahl, beruhigt 9 Elektrostahl	0 keine bestimmte Wärmebehandlung nach der Formgebung gewünscht oder gewährleistet (z. B. warmgewalzte Halbzeuge) 1 normalgeglüht 2 weichgeglüht 3 wärmebehandelt auf gute Zerspanbarkeit 4 zähvergütet 5 vergütet 6 hartvergütet 7 kaltverformt 8 federhart kaltverformt 9 behandelt nach besonderen Angaben

Tabelle 4.25 **Werkstoff-Hauptgruppen und Sortenklassen**

Werkstoff-Hauptgruppe	Sortenklassen der Hauptgruppe	
0 Roheisen, Ferrolegierungen, Gußeisen	00 bis 09	Roheisen für Stahlerzeugung
	10 bis 19	Roheisen für Gußerzeugung
	20 bis 29	Sonderroheisen
	30 bis 49	Vorlegierungen (z. B. Ferrolegierungen)
	50 bis 59	Reserve
	60 bis 61	Gußeisen mit Lamellengraphit, unlegiert
	62 bis 69	Gußeisen mit Lamellengraphit, legiert
	70 bis 71	Gußeisen mit Kugelgraphit, unlegiert
	72 bis 79	Gußeisen mit Kugelgraphit, legiert
	80 bis 81	Temperguß, unlegiert
	82	Temperguß, legiert
	83 bis 89	Temperguß, Reserve
	90 bis 91	Sondergußeisen, unlegiert
	92 bis 99	Sondergußeisen, legiert
1 Stahl, Stahlguß	*Grund- und Qualitätsstähle*	
	00 bis 01	Handels- und Grundgüten
	01 bis 02	allgemeine Baustähle
	03 bis 07	unlegierte Qualitätsstähle
	08 bis 09	legierte Qualitätsstähle
	90 bis 99	Sondersorten
	Unlegierte Edelstähle	
	10	Stähle mit besonderen physikalischen Eigenschaften
	11 bis 12	Baustähle
	15 bis 18	Werkzeugstähle, gestuft nach Güte (W_1, W_2, W_3) und für Sonderzwecke (WS)

Fortsetzung s. nächste Seite

Tabelle 4.25, Fortsetzung

Werkstoff-Hauptgruppe	Sortenklassen der Hauptgruppe	
	Legierte Edelstähle	
	20 bis 28	Werkzeugstähle
	32 bis 33	Schnellarbeitsstähle
	34	verschleißfeste Stähle
	35	Wälzlagerstähle
	36 bis 39	Eisenwerkstoffe mit besonderen physikalischen Eigenschaften
	40 bis 45	nichtrostende Stähle
	46 bis 48	hitzebeständige Stähle
	49	Hochtemperaturwerkstoffe
	50 bis 84	Baustähle, legiert
	85	Nitrierstähle
	88	Hartlegierungen
2 NE-Schwermetalle	0000 bis 1799	Kupfer, Kupferlegierungen
	1800 bis 1999	Reserve
	2000 bis 2499	Zink, Cadmium und ihre Legierungen
	2500 bis 2999	Reserve
	3000 bis 3499	Blei, Bleilegierungen
	3500 bis 3999	Zinn, Zinnlegierungen
	4000 bis 4999	Nickel, Kobalt und ihre Legierungen
	5000 bis 5999	Edelmetalle
	6000 bis 6999	Hochschmelzende Metalle
	7000 bis 9999	Reserve
3 Leichtmetalle	0000 bis 4999	Aluminium, Aluminiumlegierungen
	5000 bis 5999	Magnesium, Magnesiumlegierungen
	6000 bis 6999	Reserve
	7000 bis 7999	Titan, Titanlegierungen
	8000 bis 9999	Reserve
4 bis 8 Nichtmetallische Werkstoffe		
9 frei für werksinterne Benutzung		

Beispiele 4.9

Werkstoff-Nr. 0.7040
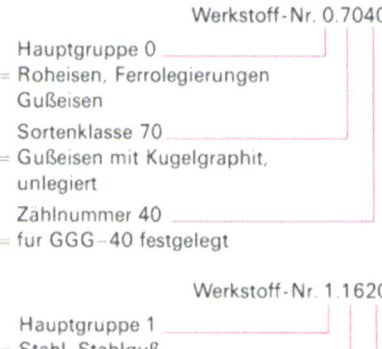
Hauptgruppe 0
= Roheisen, Ferrolegierungen Gußeisen
Sortenklasse 70
= Gußeisen mit Kugelgraphit, unlegiert
Zählnummer 40
= für GGG-40 festgelegt

Werkstoff-Nr. 1.1620

Hauptgruppe 1
= Stahl, Stahlguß
Sortenklasse 16
= Werkzeugstahl II. Güte
Zählnummer 20
= für C 70 W2 festgelegt

Werkstoff-Nr. 1.0543.87
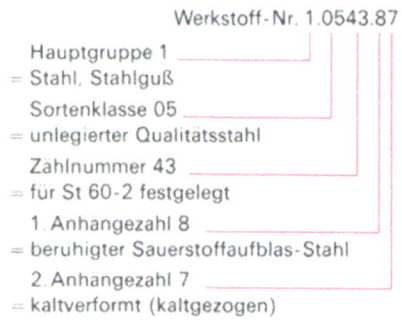
Hauptgruppe 1
= Stahl, Stahlguß
Sortenklasse 05
= unlegierter Qualitätsstahl
Zählnummer 43
= für St 60-2 festgelegt
1. Anhangzahl 8
= beruhigter Sauerstoffaufblas-Stahl
2. Anhangzahl 7
= kaltverformt (kaltgezogen)

4.4.3 Formnormung

Die technischen Werkstoffe kommen als Halbzeuge in den verschiedensten Formen (Stäbe, Profile, Bleche, Rohre) zur Verarbeitung in den Fertigungsbetrieb. Zur vollständigen Kennzeichnung der Werkstofform reiht man folgende Angaben aneinander:

Profilbenennung oder -kurzzeichen	Profilmaße	Profilnorm (DIN)	Werkstoff- kurzzeichen

Beispiel 4.10 □ **40 DIN 1014– MR St 42-2**

Vierkantstahl von 40 mm Seitenlänge, DIN 1014 (für warmgewalzten Vierkantstahl), Siemens-Martin-Stahl, beruhigt vergossen, Baustahl mit 420 N/mm² Mindestzugfestigkeit, Gütegruppe 2

Angaben über Kurzzeichen, Maßnormen, Gewichte und Querschnittsflächen der genormten Halbzeuge entnimmt man den Tabellenbüchern. Wichtige Beispiele zeigt Tabelle **4.26**.

Tabelle 4.26 **Kurzzeichen der wichtigsten genormten Halbzeuge**

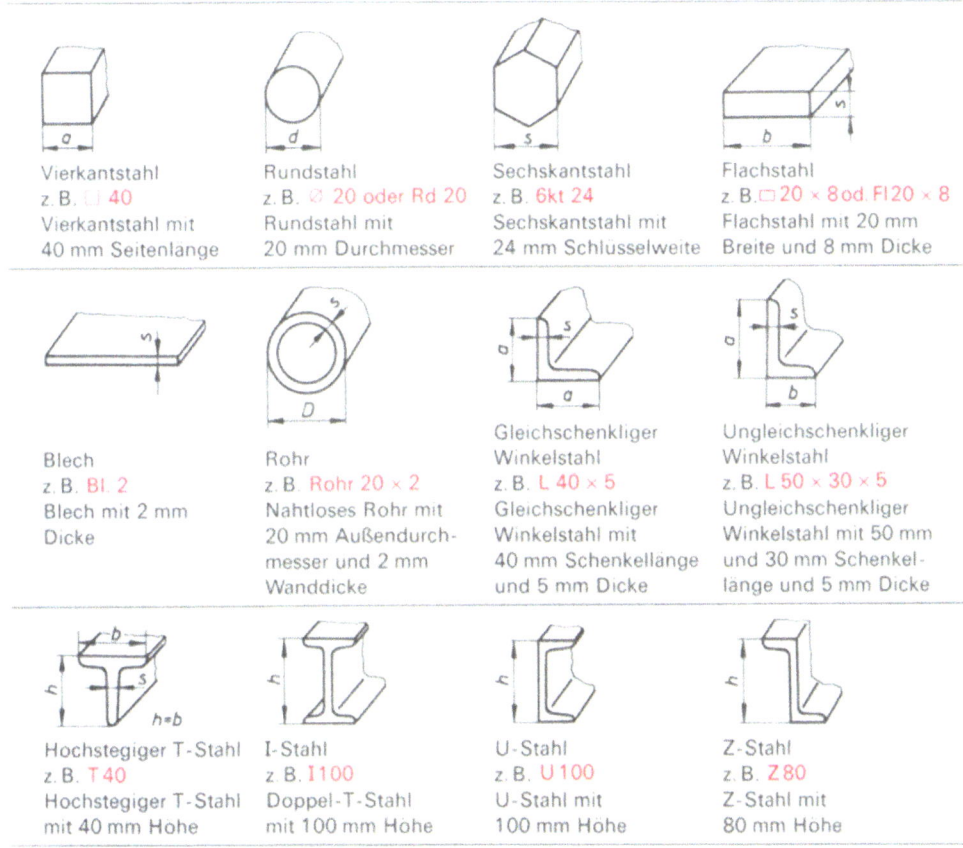

Der zur Herstellung eines Bauteils erforderliche Werkstoff, seine Form und Größe gehen aus dem Schriftfeld oder der Stückliste der Zeichnung hervor.

Aufgaben zu Abschnitt 4

1. Welche Merkmale haben Eisen und Stahl gemeinsam? Welche unterscheiden Sie?
2. Welche Stahleigenschaften werden durch den Kohlenstoff beeinflußt?
3. Wie erklären sich Härte und Festigkeit eines Stahls mit höherem Kohlenstoffgehalt?
4. Welche Eisenbegleiter kennen Sie?
5. Wie wirken sich die Eisenbegleiter auf die Stahleigenschaften aus?
6. Wozu legiert man Stahl?
7. Nennen Sie die Einflüsse der Legierungsteile Silicium, Chrom, Mangan, Nickel und Wolfram auf den Stahl.
8. Erklären Sie das LD-Verfahren und das Siemens-Martin-Verfahren.
9. Worauf beruhen beide Verfahren?
10. Was versteht man unter Stahlveredelung?
11. Welcher Unterschied besteht zwischen beruhigt und unberuhigt vergossenem Stahl?
12. Durch welche Eigenschaften unterscheiden sich gewalzte Stabstähle von gezogenen?
13. Nennen Sie die wichtigsten Halbzeuge und ihre Unterscheidungsmerkmale.
14. Welche Rohre verwendet man für Gasleitungen, Wasserleitungen und chemische Anlagen?
15. Beschreiben Sie das Mannesmann- und das Pilgerschritt-Verfahren zur Rohrherstellung.
16. Welche Eigenschaften hat Gußeisen mit Lamellengraphit?
17. Was versteht man unter Sphäroguß? Welche Eigenschaften hat er?
18. Wozu verwendet man Temperguß?
19. Wodurch entsteht das schwarze bzw. weiße Bruchaussehen beim Temperguß?
20. Wofür verwendet man Stahlguß?
21. Nach welchen Gesichtspunkten teilt man die Stähle ein?
22. Wodurch unterscheiden sich unlegierte, niedriglegierte und hochlegierte Stähle?
23. Erläutern Sie die Verwendungszwecke von allgemeinem Baustahl, Einsatzdstahl und Vergütungsstahl.
24. Nach welchen Gesichtspunkten ordnet man Werkzeugstähle?
25. Welche Vorteile bietet der Einsatz von Schnellarbeitsstählen?
26. Warum ist chromlegierter Stahl (etwa 12% Cr) rostfrei?
27. Nennen Sie wichtige Sonderstähle.
28. Durch welche Eigenschaften zeichnen sich Automatenstähle aus?
29. Aus welchen Teilen besteht die vollständige Kurzbezeichnung von Eisen und Stahl?
30. Unterscheiden Sie die drei Gütegruppen für Eisen und Stahl.
31. Erläutern Sie diese Werkstoffbezeichnungen:
   a) St 42−3
   b) GGG−70
   c) C 55
   d) 16 MnCr 5
   e) Ck 10
   f) 50 CrMo 4 4
   g) X 12 CrNi 17 7
32. Welche Angaben macht der Behandlungsteil der Kurzbezeichnung?
33. Erklären Sie diese Werkstoffbezeichnungen:
   a) T 60 × 450 DIN 1024−St 33−1
   b) L 50 × 30 × 5 × 500 DIN 1029−U St 37−2
   c) Bl 3 × 1000 × 2000 DIN 1542 Q St 52−3

5 Nichteisenmetalle (NE-Metalle)

Nichteisenmetalle heißen alle Metalle mit Ausnahme des Eisens und alle Metallegierungen, in denen Eisen nicht Hauptbestandteil ist.

Einteilung. NE-Metalle teilt man nach der Dichte ein: Über 5 kg/dm^3 sind es **Schwermetalle** (z.B. Blei, Kupfer, Zink, Zinn), bis 5 kg/dm^3 Dichte sind es **Leichtmetalle** (z.B. Aluminium, Magnesium). Ihre Legierungen sind Knet- und Gußlegierungen. **Knetlegierungen** werden durch Umformen zu Blechen, Profilen, Rohren und Schmiedeteilen verarbeitet. Bei **Gußlegierungen** erhält das Werkstück seine Form durch Sand-, Kokillen- oder Druckguß.

Verwendung. In der Technik werden NE-Metalle wegen ihrer besonderen Eigenschaften verwendet, die Eisen und Stahl nicht aufweisen (z.B. Korrosionsbeständigkeit, gute Gieß- und Gleiteigenschaften, geringe Gewichtskraft, gute Strom- und Wärmeleitfähigkeit). NE-Metalle sind auch meist gut legierbar, so daß es eine Vielzahl von Metallegierungen für spezielle Verwendungszwecke gibt.

Benennung. Hierfür legt DIN 1700 Kurzzeichen fest, die Herstellung und Verwendung, chemische Zusammensetzung und besondere Eigenschaften kennzeichnen.

Herstellung und Verwendung gibt ein vorangestellter Kennbuchstabe an.

Beispiele 5.1
- G– = (unbehandelter Sand-)Guß
- GD = Druckguß
- GK– = Kokillenguß
- Gl– = Gleit(Lager-)metall
- L– = Lot
- S– = Schweißzusatzwerkstoff
- E– = durch Elektrolyse hergestellt oder für elektrisches Leitermaterial

Für die chemische Zusammensetzung stehen als Kennbuchstaben das chemische Symbol des Legierungs-Hauptbestandteils und die Symbole der weiteren Bestandteile. Kennzahlen dahinter geben jeweils die Gehalte in % an. Diese Kennzahlen entfallen, wenn die Legierung durch die Symbole ausreichend gekennzeichnet ist. Kennzahlen bei unlegierten Metallen geben den Mindestreinheitsgrad in % an.

Beispiele 5.2
- CuZn37 = Kupfer-Zink-Legierung mit 37% Zn
- AlMg3Si = Aluminium-Magnesium-Legierung mit 3% Mg und Siliciumzusatz
- CuNi25Zn15 = Kupfer-Nickel-Zink-Legierung mit 25% Ni und 15% Zn
- Pb 99,99 = Feinblei mit 99,99% Pb
- L-Sn60 = Zinnlot mit 60% Sn, Rest Blei
- GD-AlMg9 = Aluminium-Magnesium-Druckgußlegierung mit 9% Mg
- G-CuSn14 = Kupfer-Zinn-Gußlegierung mit 14% Sn

Kurzzeichen für besondere Eigenschaften (z.B. für den Werkstoffzustand oder die Festigkeit) werden mit Zwischenraum an den Schluß der Werkstoffbezeichnung gesetzt.

Beispiele 5.3
- E-Cu58 = Kupfer für elektr. Leitermaterial mit 58 m/Ωmm^2 Mindestleitfähigkeit
- CuZn40 F35 = Kupfer-Zink-Legierung mit 40% Zn und Mindestfestigkeit von 345 N/mm^2
- G-AlSi10Mg wa = Aluminium-Silicium-Gußlegierung mit 10% Si, Rest Mg, warmausgehärtet
- GK-AlSi12 g = Aluminium-Silicium-Gußlegierung (Kokillenguß) mit 12% Si, geglüht und abgeschreckt

5.1 Kupfer und Kupferlegierungen

Kupfer ist ein hellrotes Metall, das sich an der Luft mit einer braunroten Oxidschicht überzieht. Es läßt sich sehr gut mit anderen Metallen legieren. Seine Schmelztemperatur beträgt 1083°C, seine Dichte 8,96 kg/dm^3.

Gewinnung. Die Kupfererze, meist Kupfer-Schwefel-Verbindungen, werden durch Rösten aufbereitet und im Schachtofen zu einem als Kupferstein bezeichneten Zwischenprodukt aufgeschmolzen. Diese Schmelze verarbeitet man in einem Konverter, in den Heißluft eingeblasen wird, zu Rohkupfer (Schwarzkupfer). Durch Reinigen des Rohkupfers (Raffination) gewinnt man technisch verwertbares Kupfer.

Kupfer mit hohem Reinheitsgrad, wie es für elektrotechnische Zwecke erforderlich ist, wird durch nochmaliges Reinigen mit Hilfe der Elektrolyse gewonnen. Dieses Elektrolytkupfer hat höchstens 0,01% Verunreinigungen.

Gebrauchseigenschaften. Die technisch wichtigste Eigenschaft ist die sehr gute elektrische Leitfähigkeit und Wärmeleitfähigkeit des Kupfers (s. Abschn. 2.2.4). Deshalb verwendet man Kupfer in der Elektrotechnik als Leiterwerkstoff u. a. für Drähte, Schienen, Kabel sowie als Werkstoff im Apparate- und Gerätebau für Wärmetauscher, Heiz- und Kühlschlangen und Lötkolben. Aufgrund seiner Feuerbeständigkeit eignet sich Kupfer für Flammrohre, Feuerbüchsen, feuerfeste Rohre und Metallwaren. Es ist sehr witterungs- und korrosionsbeständig und wird deshalb für Dachabdeckungen und Leitungsrohre verwendet. Mit der Kohlensäure der Luft bildet Kupfer eine dichte, hellgrüne Schutzschicht, die Patina (Kupfercarbonat). Sie schützt das Metall vor weiterer Oxidation. Mit Essigsäure bildet Kupfer giftigen Grünspan (Kupferacetat). Die Festigkeit des Kupfers ist mit 200 bis 250 N/mm^2 bedeutend niedriger als die von Stahl. Durch Kaltumformen (z. B. durch Walzen, Ziehen) läßt sie sich jedoch auf 250 bis 380 N/mm^2 steigern. Dabei nimmt die Bruchdehnung allerdings von 40% bis auf 5% ab.

Technologische Eigenschaften. Kupfer ist weich, zäh und gut umformbar. Die durch Kaltumformung zunehmende Härte und Sprödigkeit (Kaltverfestigung) läßt sich durch Glühen beseitigen. Aufgrund der Weichheit ist Kupfer schlecht zerspanbar, es „schmiert". Wirtschaftliches Zerspanen erfordert Sonderschnittwerkzeuge mit großen Spanräumen und kleinen Schnittwinkeln, wie sie z. B. für Aluminium verwendet werden. Kupfer läßt sich leicht löten und durch Gasschmelzschweißen verbinden. Wegen der guten Wärmeleitfähigkeit und der Oxidationsneigung sind dabei starke Wärmezufuhr und Flußmittel nötig.

Kupfer-Zink-Legierungen (alte Bezeichnung Messing) haben mindestens 50% Kupfer. Ihre Farbe ist hell- bis goldgelb und wird mit zunehmendem Kupfergehalt rötlichgelb bis goldrot. Die Knetlegierungen eignen sich für Kalt- und Warmumformung, Gußlegierungen für Sand-, Kokillen- oder Druckguß. Sondermessinge sind zur Verbesserung besonderer Eigenschaften noch mit weiteren Metallen legiert, z. B. Aluminium, Nickel und Zinn für gute Korrosionsbeständigkeit, vor allem gegenüber Seewasser. Lötmessinge enthalten 40 bis 43% Zink und Zusätze (z. B. Zinn oder Mangan). Sie werden zum Löten bzw. Schweißen von Kupferlegierungen und zum Hartlöten von Stahl verwendet.

Gebrauchseigenschaften. Messinge haben im weichen, geglühten Zustand gegenüber Kupfer erhöhte Festigkeit von etwa 300 N/mm^2, die sich durch Kaltverformung bis auf 580 N/mm^2 im federharten Zustand steigern läßt. Aufgrund dieser Werte benutzt man Messing als Werkstoff für Bauteile wie Schrauben, Formdrehteile, Schlauchrohre, Hülsen und Beschläge. Messing ist außerdem witterungs- und korrosionsbeständig und eignet sich daher für Ventile, Hähne, Armaturen und Leitungen in der Versorgungstechnik und im Apparatebau.

Technologische Eigenschaften. Knetlegierungen mit einem Zinkgehalt bis 37% lassen sich sehr gut kalt umformen. Ursache dafür ist der kubisch-flächenzentrierte Gitteraufbau (s. Abschn. 12.1). Sobald der Zinkgehalt höher liegt, bilden sich Kristallformen mit kubisch-raumzentriertem Gitter aus. Dadurch nimmt die Härte des Messings zu und seine Zähigkeit ab. Diese Messinge sind sehr gut zerspanbar, besonders bei einem zusätzlichen Bleigehalt von 1 bis 3%. Messing ist außerdem gut lötbar und auch schweißbar durch Gasschmelzschweißen.

Kupfer-Zinn-Legierungen (Bronzen) haben mindestens 60% Kupfer und bis 20% Zinn. Sie haben eine goldgelbe bis goldrote Farbe und sind Knet- oder Gußlegierungen.

Gebrauchseigenschaften. Bronzen haben mit 300 N/mm^2 ebenfalls eine höhere Festigkeit als Kupfer. Durch Kaltverformen (z. B. Ziehen) erreicht man Festigkeiten bis 900 N/mm^2. Bronzen sind zäh, elastisch und verschleißfest. Sie weisen auch gute Gleiteigenschaften auf und werden deshalb als Werkstoff für Schnecken- und Schraubenräder, Spindelmuttern, Gleitlagerschalen, hochbeanspruchte Kuppel- und Gleitstücke, im federharten Zustand auch für stromführende Federn (z. B. in Relais) verwendet. Wegen ihrer guten Korrosionsbeständigkeit eignen sich Bronzen für Armaturen, Pumpengehäuse, Leit- und Schaufelräder in Pumpen und Wasserturbinen, für Schlauch- und Federrohre sowie für Teile der chemischen Industrie.

Technologische Eigenschaften. Bronzen lassen sich gut zerspanen und hartlöten. Mit einem Zinngehalt bis 9% sind sie Knetlegierungen und damit umformbar. Bei höherem Zinngehalt bilden sich spröde Gefügebestandteile. Diese Bronzen sind daher spröde und zähhart, aber gut gießbar und zerspanbar.

Durch Legieren von Kupfer mit anderen Metallen (z. B. Nickel, Aluminium oder Blei) erhält man weitere Kupferlegierungen, die sich durch besondere Eigenschaften auszeichnen (z. B. durch Verschleißfestigkeit, gute Gleiteigenschaften, Warmfestigkeit und Korrosionsbeständigkeit).

5.2 Zink und Zinklegierungen

Zink ist ein bläulich-weißes, niedrigschmelzendes Metall (Schmelztemperatur 419 °C).

Gebrauchseigenschaften. Wegen seiner guten Witterungsbeständigkeit verwendet man Zink für Dachabdeckungen, Regenrohre, Fensterbleche und Überzugsmetall für Stahlteile (Verzinken). An feuchter Luft bildet Zink eine dichte, feste Schutzschicht. Gegenüber starken Säuren, Laugen, Kalk und Zement ist Zink jedoch nicht beständig. Die Festigkeit ist mit 150 N/mm^2 gering, läßt sich aber durch Legieren mit Aluminium oder Kupfer bis auf etwa 330 N/mm^2 verbessern (Zink-Druckgußlegierungen). Zink-Druckguß verwendet man für kleine und kompliziert gestaltete Bauteile (z. B. Vergaser, Schreib- und Nähmaschinenteile, Fotoapparate und Armaturen). Als Legierungsmetall für Kupferlegierungen hat Zink besondere Bedeutung.

Technologische Eigenschaften. Zink ist gut gießbar. Bei Raumtemperatur ist es spröde und schlecht umformbar, weil seine Kristallite einen hexagonalen Gitteraufbau haben. Nach Erwärmen auf 50 bis 180 °C (je nach Reinheitsgrad) läßt es sich jedoch gut umformen. Bei weiterem Erwärmen wird es wieder spröder. Zinkteile lassen sich durch Löten oder Schweißen verbinden.

5.3 Zinn

Zinn ist silbrig-weiß und hat eine sehr niedrige Schmelztemperatur von 232 °C.

Gebrauchseigenschaften. Zinn ist weich, hat nur geringe Festigkeit (30 N/mm^2) und daher in der Technik als Konstruktionswerkstoff keine Bedeutung. Es dient aber als Legierungsmetall für Lote (Zinn-Blei-Legierungen), Lagermetalle und Bronzen. Weil es korrosionsbeständig ist gegenüber Luft, Wasser, schwache Säuren und Laugen und gut auf Metallen haftet, verwendet man es als Überzugsmetall für Stahl- und Kupferteile (Verzinnen). Vor allem in der chemischen Industrie und Lebensmittelindustrie braucht man es, außerdem für Haushaltsgeräte und Weißblech-Konservendosen (verzinntes Stahlblech).

Technologische Eigenschaften. Zinn ist gut gießbar und bei Temperaturen zwischen 25 und 100 °C gut umformbar, wobei es sich nicht verfestigt.

5.4 Blei

Blei ist ein niedrigschmelzendes Metall (Schmelztemperatur 327 °C) von bläulichweißer Farbe. Seine Dichte ist mit 11,4 kg/dm^3 verhältnismäßig hoch.

Gebrauchseigenschaften. Wegen seiner Weichheit und guten Gießbarkeit eignet sich Blei für Dichtungen, Flansch- und Muffenverbindungen, Schraubstock-Schutzbacken und Bleihämmer. Seine Härte und Festigkeit (etwa 15 N/mm^2) sind gering. Gegenüber feuchter Luft, Wasser, vielen Säuren und Laugen ist Blei korrosionsbeständig. Es bildet an der Oberfläche dichte, feste Schutzschichten. Deshalb eignet es sich als Werkstoff für Dachabdeckungen, Säurebehälter, Wasserleitungen und Kabelummantelungen. Lagermetalle und Lote (Blei-Zinn-Legierungen) enthalten Blei als Legierungsbestandteil. In der Kraftfahrzeugtechnik braucht man größere Mengen Blei für Akkumulatorenplatten.

Technologische Eigenschaften. Blei ist weich, gut gießbar und leicht umformbar (z. B. durch Walzen, Ziehen, Hämmern, Pressen), wobei es sich nicht verfestigt. Wegen der niedrigen Schmelztemperatur wird Blei beim Löten schnell flüssig, so daß man beim Löten dünner Bleiteile sorgsam vorgehen muß. Bleistaub und Bleidämpfe sind **giftig**. Beim Verarbeiten von Blei sind daher die besonderen Vorschriften der Berufsgenossenschaft zu beachten.

5.5 Aluminium und Aluminiumlegierungen

Aluminium ist ein silberweißes Leichtmetall, das aufgrund seiner geringen Dichte von 2,7 kg/dm^3 (Stahl 7,2 kg/dm^3) und seiner besonderen Eigenschaften sowohl als reines Metall als auch in Legierungen für viele Zwecke verwendet wird.

Gewinnung. Aluminium ist das am häufigsten, aber nur in Verbindungen vorkommende Metall. Es ist mit etwa 7,5% am Erdaufbau beteiligt. Rohstoff für die Aluminiumgewinnung ist Bauxit mit 50 bis 60% Tonerde (Al_2O_3). Die Tonerde wird nach dem Bayer-Verfahren zuerst vollständig gereinigt, indem mit Hilfe von Druck, erhöhter Temperatur und Natronlauge durch verschiedene Vorgänge eine wasserfreie, reine Tonerde gewonnen wird. Aus dieser wird durch **Schmelzflußelektrolyse** Aluminium gewonnen. Dabei löst man die Tonerde in einem geschmolzenen Lösungsmittel (Kryolith) auf und spaltet sie chemisch durch den elektrischen Strom (Reduktion). Aus 2 kg Tonerde gewinnt man ca. 1 kg Aluminium.

Gebrauchseigenschaften. Reinaluminium hat im weichgeglühten Zustand eine geringe Zugfestigkeit von etwa 40 N/mm^2, im hartgezogenen dagegen 100 N/mm^2. Es ist deshalb nur für mechanisch niedrig beanspruchte Teile verwendbar. Erst durch Legieren ergeben sich bessere Festigkeitseigenschaften und höhere Härte. Aluminium hat gute Wärmeleitfähigkeit und ausgezeichnete Witterungs- und Korrosionsbeständigkeit. An der Luft oder in wäßrigen Lösungen bildet es eine dichte, feste Oxidschicht, die sich bei Beschädigung sofort erneuert und das Metall gegen weitere Angriffe schützt. Deshalb hat Aluminium ein weites Anwendungsfeld als Werkstoff im Bauwesen, in der Nahrungsmittelindustrie und für Gebrauchsgegenstände gefunden (z. B. Gebäudeverkleidungen, Fenster, Türen, Baubeschläge, Haushaltswaren, Nahrungsmittelbehälter, Folien in der Verpackungsindustrie). Gegen Alkalien, also frischen Mörtel oder Baukalk, ist es jedoch wenig beständig. Wegen seiner Korrosionsbeständigkeit wird es zum Plattieren anderer Werkstoffe (z. B. Aluminiumlegierungen) verwendet. Die sehr geringe Dichte und gute elektrische Leitfähigkeit machen es auch an Stelle von Kupfer für Hochspannungsleitungen geeignet.

Technologische Eigenschaften. Aluminium ist gut warm- und kaltverformbar, so daß sich z. B. durch Strangpressen sehr unterschiedliche Profile und durch Walzen sehr dünne Folien herstellen lassen. Weiterhin ist es gut polierbar, so daß man Reflektoren für Scheinwerfer und Zierleisten aus Aluminium herstellt. Beim Kaltumformen verfestigt es sich. Diese Kaltverfestigung läßt sich durch Glühen bis 200 °C wieder aufheben. Aluminium ist sehr kerbempfindlich und deshalb mit Bleistift anzureißen.

Aluminium-Knetlegierungen mit Kupfer, Magnesium, Zink und Mangan ergeben bessere Eigenschaften als beim Reinaluminium.

Gebrauchseigenschaften. Die Zugfestigkeit verbessert sich bis zu 500 N/mm², die Härte nimmt bei guter Korrosionsbeständigkeit zu. (Kupferzusatz macht Al-Legierungen weniger korrosionsbeständig.) Vorwiegend benutzt man Aluminiumlegierungen als Konstruktionswerkstoff im Fahrzeug- und Flugzeugbau, weil ihr Verhältnis von Festigkeit zur Dichte besonders günstig ist.

Technologische Eigenschaften. Aluminium-Knetlegierungen sind im weichgeglühten Zustand gut warm- und kaltumformbar. Vor allem durch Strangpressen lassen sich die unterschiedlichsten Profile herstellen (s. Abschn. 4.2.4). Die Schweißbarkeit hängt besonders von der Zusammensetzung der Legierung ab. Durch Schutzgasschweißen, bei dem die feste Oxidschicht beseitigt wird, kann man Teile aus Aluminium-Knetlegierungen gut verbinden. Weichgeglühte Aluminium-Knetlegierungen sind gut zerspanbar, wenn man Sonderwerkzeuge benutzt. Ein Teil ist auch warm- bzw. kaltaushärtbar, wodurch die Härte und die Festigkeit erhöht werden.

Das Aushärten (Ausscheidungshärten) ist eine Wärmebehandlung mit Lösungsglühen, Abschrecken und Auslagern (also anders als bei Stahl). Durch besondere Anordnung kleinster fester Teilchen im Mischkristall oder durch ihre Ausscheidung entstehen Gitterspannungen, die sich nach außen als gesteigerte Härte und Festigkeit bemerkbar machen.

Aluminium-Gußlegierungen enthalten als Hauptbestandteil Silicium.

Gebrauchseigenschaften. Sie haben gute Festigkeitseigenschaften. Ein Magnesiumzusatz steigert die Korrosionsbeständigkeit, mindert jedoch die Festigkeit. Kupferzusatz erhöht dagegen die Festigkeit und mindert die Korrosionsbeständigkeit.

Technologische Eigenschaften. Aluminium-Gußlegierungen sind ausgezeichnet gießbar. Weitere Legierungszusätze verringern diese Eigenschaften allerdings. Ein Teil ist aushärtbar. Sie lassen sich, ausgenommen im ausgehärteten Zustand gut zerspanen. Sand- und Kokillenguß (im Gegensatz zu Druckguß) ist im allgemeinen gut schweißbar. Aluminium-Gußlegierungen verwendet man z. B. für Armaturen, Getriebe- und Motorgehäuse, Zylinderblöcke und Bauteile für optische Geräte, Büromaschinen sowie den Fahrzeug- und Flugzeugbau.

5.6 Magnesium und Magnesiumlegierungen

Magnesium ist ein weiches, silberweißes Metall mit der geringsten Dichte aller metallischen Werkstoffe (1,8 kg/dm^3). Unlegiert hat es in der Technik wegen seiner geringen Festigkeit (200 N/mm^2) und Härte keine Bedeutung.

Gebrauchseigenschaften. Magnesium ist sehr reaktionsfähig, vor allem mit Sauerstoff. Es entzündet sich bei etwa 800°C von selbst und verbrennt mit blendend weißem Licht. Deshalb ist es Bestandteil von Blitzlichtlampen, Feuerwerkskörpern und Magnesiumfackeln. In der Technik benutzt man es als Desoxidationsmittel bei der Metallgewinnung und als Legierungsmetall. Gegenüber Säuren und Salzlösungen ist Magnesium wenig korrosionsbeständig. An der Luft bildet es eine Schutzschicht vor weiterem Angriff.

Magnesiumlegierungen mit Aluminium und Zink haben günstigere Festigkeit und Härte. Mangan als Zusatz bewirkt bessere Korrosionsbeständigkeit. Magnesiumlegierungen werden als leichteste metallische Werkstoffe im Fahrzeug-, Flugzeug-, Textil- und Werkzeugmaschinenbau verwendet, ferner für Geräte der Feinwerktechnik und Optik.

Technologische Eigenschaften. Magnesiumlegierungen sind sehr kerbempfindlich, so daß gute Querschnittsübergänge (z. B. durch Ausrundungen) und riefenfreie Oberflächen bei den bearbeiteten Bauteilen erforderlich sind. Magnesium-Knetlegierungen lassen wegen ihres hexagonalen Kristallgitters bei Raumtemperatur nur geringe Verformungen zu, sind aber bei Erwärmen auf 280 bis 320°C gut warmumformbar. Magnesium-Gußlegierungen werden als Sand-, Kokillen- oder Druckguß vergossen, wobei Schutzmaßnahmen gegen das Oxidieren und Entzünden der Schmelze getroffen werden müssen. Alle Magnesiumlegierungen sind sehr gut zerspanbar und lassen sich mit sehr hohen Schnittgeschwindigkeiten bearbeiten. Wegen der Gefahr der Selbstentzündung sind Sicherheitsmaßnahmen nötig.

Unfallverhütung. Magnesiumbrände dürfen nur mit trockenem Sand, Graugußspänen oder Pulverlöschgeräten gelöscht werden – niemals mit Wasser. Wasser würde sich zersetzen, sein Wasserstoff würde Stichflammen erzeugen.

Aufgaben zu Abschnitt 5

1. Nach welchen Gesichtspunkten lassen sich NE-Metalle einteilen?
2. Erläutern Sie diese Werkstoffbezeichnungen:
   a) CUzn20
   b) G-CuSn12Pb
   c) Al 99,9
   d) L-PbSn40
   e) GK-AlSi9Mg wa
   f) CuZn36 F70
3. Welche Eigenschaften zeichnen Kupfer gegenüber anderen Metallen aus?
4. Erläutern Sie Knet- und Gußlegierungen.
5. Welche Eigenschaften der Cu-Zn-Legierungen sind für die Be- und Verarbeitung von Bedeutung?
6. Aus welchem Grund dienen Cu-Zn-Legierungen als Werkstoffe für Armaturen in der Versorgungstechnik?
7. Warum verwendet man Kupfer-Zinn-Legierungen für Schraubräder, Gleitlagerschalen und Pumpenbauteile?
8. Welche besonderen Eigenschaften hat Zink?
9. Nennen und begründen Sie die Verwendungszwecke für Zinn.
10. Worauf beruht die gute Korrosionsbeständigkeit von Aluminium?
11. Wodurch unterscheiden sich Aluminium-Knetlegierungen und -Gußlegierungen?
12. Wegen welcher Eigenschaften verwendet man Aluminiumlegierungen?
13. Welche technologischen Eigenschaften haben Aluminium-Knetlegierungen?
14. Warum stellt man Bauteile aus Magnesiumlegierungen her?
15. Welche Maßnahmen sind wegen der Kerbempfindlichkeit von Magnesiumlegierungen bei der Bearbeitung erforderlich?
16. Womit löschen Sie Magnesiumbrände? Warum nicht mit Wasser?

6 Kunststoffe (Plaste)

6.1 Aufbau und Einteilung

Neben den Metallen haben in der Technik die Kunststoffe wegen ihrer besonderen Eigenschaften und Verwendungsmöglichkeiten als Werkstoff große Bedeutung erlangt. Kunststoffe werden in chemischen Verfahren hergestellt, entweder künstlich durch Synthese aus einfachen chemischen Verbindungen aufgebaut (z. B. Kohlenwasserstoffverbindungen) oder durch chemische Umwandlung pflanzlicher bzw. tierischer Naturstoffe erzeugt (z. B. Zellulose, Kasein).

> Kunststoffe – künstlich (synthetisch) oder durch chemische Umwandlung von Naturprodukten hergestellte Stoffe

Aufbau. Kunststoffe bestehen aus sehr langen, kettenförmigen, verzweigten oder unverzweigten Großmolekülen, den Makromolekülen (makro griech.: lang, groß). Am Aufbau der Makromoleküle sind vor allem der Kohlenstoff C sowie – je nach Kunststoffart – die Elemente Wasserstoff H, Sauerstoff O, Stickstoff N, Chlor Cl und Fluor F beteiligt. Makromoleküle bilden sich aufgrund der Kohlenstoffeigenschaft, sich nicht nur mit anderen Elementen zu verbinden, sondern auch mit anderen Kohlenstoffatomen. Dabei entstehen mehr oder weniger lange Ketten oder Ringe von Kohlenstoffverbindungen, die Ausgangsstoffe für die Kunststoffherstellung sein können (**6**.1).

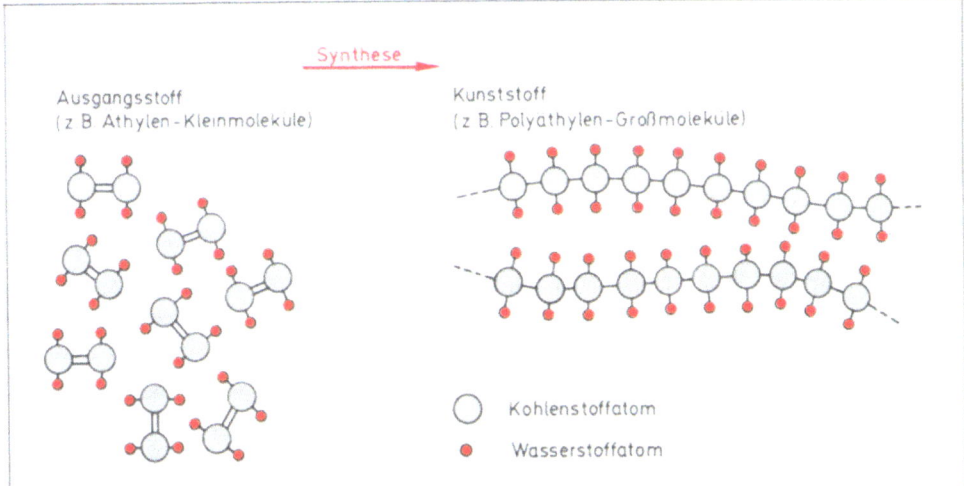

6.1 Entstehung der Makromoleküle von Kunststoffen (Beispiel)

Einteilung. Größe und Aufbau der Makromoleküle sowie ihre Zuordnung untereinander bestimmen die Eigenschaften der Kunststoffe. In der Regel sind Festigkeit, Steifigkeit und Formbeständigkeit gegenüber Wärme um so größer, je länger die Ketten der Makromoleküle sind. Die Zahl der Kunststoffe mit sehr unterschiedlichen Eigenschaften für die verschiedensten Verwendungszwecke ist sehr groß. Doch lassen sie sich zu drei Gruppen zusammenfassen: den Plastomeren, Elastomeren und Duromeren.

Plastomere (Thermoplaste) bestehen aus unverzweigten oder verzweigten kettenförmigen Makromolekülen, die entweder parallel (z. B. lamellenartig) nebeneinander gelagert oder völlig regellos miteinander verknäuelt sind (ähnlich wie bei einem Wattebausch; 6.2a). Die Bindungskräfte zwischen den Makromolekülen sind nur gering. Thermoplaste haben deshalb meist nur geringe Festigkeit und Härte, sind aber elastisch und bei Erwärmung auf etwa 100°C plastisch verformbar. Sie lassen sich wiederholt umformen und auch verschweißen.

Anwendungsbeispiele: Zahnräder, Rollen, Kraftfahrzeugteile, Verschlüsse, Isolationen, Dichtungen, Armaturen, Haushaltswaren.

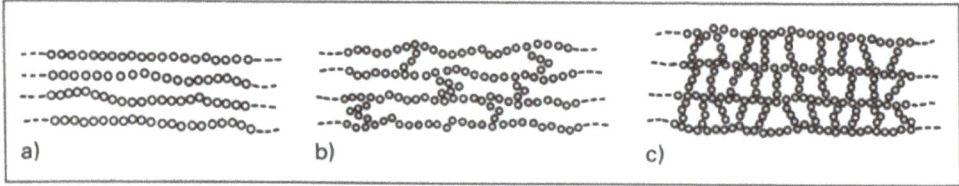

6.2 Vernetzung der Kunststoffmoleküle (Schema)
 a) Thermoplaste: unvernetzte Kettenmoleküle
 b) Elaste: weitmaschig vernetzte Kettenmoleküle
 c) Duroplaste: stark vernetzte Kettenmoleküle

Elastomere (Elaste). Ihre Makromoleküle sind zwar ebenfalls verknäuelt, aber stellenweise auch weitmaschig miteinander verknüpft (6.2b). Das gummielastische Verhalten der Elaste wird dadurch verursacht, daß die Makromoleküle bei Einwirken äußerer Kräfte gestreckt werden, bis sie durch die Verknüpfungsstellen an weiterer Dehnung gehindert werden. Nach der Entlastung gehen die Makromoleküle wieder in ihre ursprüngliche Form zurück (ähnlich einem Gummiband). Die losen Verknüpfungen verhindern auch das plastische Verformen und Schmelzen der Elastomere.

Anwendungsbeispiele: Gummiwaren, Dichtungen, Kabel, Schläuche, Kupplungsteile, Federwerkstoffe.

Duromere (Duroplaste). Hier sind die Makromoleküle sehr eng untereinander „vernetzt" (6.2c). Die dabei auftretenden starken Bindungskräfte wirken sich nach außen als hohe Festigkeit und Härte aus. Die enge Verknüpfung bewirkt auch, daß Duroplaste – selbst bei Erwärmung – weder plastisch noch schmelzbar noch schweißbar sind. Sie lassen sich nach der endgültigen Formgebung nur noch spanend bearbeiten.

Anwendungsbeispiele: Steckdosen, Schalter, Telefongehäuse, Abdeckungen, Spulenkörper, Lagerschilder.

Plastomere – unverbundene Makromolekülketten – wenig fest und hart, aber elastisch und warmverformbar

Elastomere – stellenweise verknüpfte Makromolekülketten – elastisch, aber nicht plastisch verformbar

Duromere – eng vernetzte Makromolekülketten – sehr fest und hart, aber nicht plastisch verformbar, schmelzbar oder schweißbar

6.2 Eigenschaften

Trotz ihrer Vielzahl haben die Kunststoffe eine Reihe gemeinsamer Gebrauchseigenschaften.

Dichte. Alle Kunststoffe haben geringe Dichte, nur etwa 0,9 bis 1,5 kg/dm^3. Durch das günstige Verhältnis von Festigkeit zur niedrigen Dichte eignen sich Kunststoffe besonders für den Leicht- und Kleinmaschinenbau sowie für Gebrauchsgegenstände (z. B. Tanks, Elektromaschinenteile, Formteile im Fahrzeug- und Bootsbau, Haushaltswaren).

Elektrische Leitfähigkeit. Kunststoffe sind Isolierstoffe, sie leiten den elektrischen Strom nicht. Deshalb finden sie weite Verwendung in der Elektrotechnik (z. B. für Kabel- und Leitungsisolationen, Installationsmaterial, Spulenkörper, Gehäuse, Teile für Schalter und elektrische Geräte.

Wärmeleitfähigkeit. Kunststoffe sind auch schlechte Wärmeleiter. Deshalb eignen sie sich zur Wärmeisolation (z. B. im Bauwesen, bei Rohrleitungen oder zur Herstellung von Griffen und Knebeln).

Korrosionsbeständigkeit. Kunststoffe haben eine gute Korrosionsbeständigkeit und sind in der Regel beständig gegen Säuren, Laugen, Luft und Wasser. Viele werden jedoch von Benzol, Äther, Treibstoffen, Ölen und anderen organischen Lösungsmitteln angegriffen. Kunststoffe dienen deshalb als Werkstoff für Rohrleitungen, chemische Apparate, Säuren- und Laugenbehälter und als Überzüge für korrosionsgefährdete Bauteile.

Wärmebeständigkeit. Sie ist gering. Kunststoffe behalten ihre Form und Festigkeit nur bis etwa 80 bis 150°C, hochtemperaturbeständige Kunststoffe bis etwa 350°C. Bei Erwärmung darüber hinaus ändern sich die mechanischen und chemischen Eigenschaften: Die Festigkeit nimmt stark ab, die Verformbarkeit zu. Temperaturen über 200°C führen bei fast allen Kunststoffen zur chemischen Zersetzung oder Zerstörung.

Gemeinsame Gebrauchseigenschaften
- geringe Dichte
- keine elektrische Leitfähigkeit
- schlechte Wärmeleitfähigkeit
- gute Korrosionsbeständigkeit
- geringe Wärmebeständigkeit

Auch bei den technologischen Eigenschaften der Kunststoffe gibt es Gemeinsamkeiten.

Spanen. Für Thermoplaste hat die spanabhebende Fertigung nur untergeordnete Bedeutung. Duroplaste lassen sich dagegen gut spanen (z. B. sägen, feilen, bohren, fräsen, drehen). Wirtschaftlich ist die spanende Bearbeitung mit hohen Schnittgeschwindigkeiten und Werkzeugen, deren Schneiden und Spanräume der Kunststoffart angepaßt sind.

Umformen. Thermoplaste werden beim Erwärmen plastisch und sind deshalb gut warmumformbar (z. B. durch Walzen, Biegen, Pressen, Strangpressen = Extrudieren). Sie lassen sich auch gut schweißen und kleben. Duroplaste sind dagegen nicht schweißbar, aber meist klebbar.

Spritzgießen hat für Thermoplaste besondere Bedeutung. Sie werden dabei im schmelzflüssigen Zustand zu Formteilen verarbeitet.

6.3 Herstellung und Arten

Nach der Herstellung unterscheidet man die von Naturstoffen abgewandelten (halbsynthetischen) Kunststoffe von den künstlich aufgebauten (synthetischen) Kunststoffen.

6.3.1 Halbsynthetische Kunststoffe

Rohstoffe sind in der Regel Zellulose oder Kasein, die schon von Natur aus Makromoleküle haben. Sie brauchen deshalb nur noch aufbereitet und umgewandelt zu werden.

Zellulose (Holzstoff) ist Hauptbestandteil der Pflanzenzellwände. Durch Behandlung pflanzlicher Stoffe (z. B. geschnitzeltes Holz) mit Säuren oder Laugen schließt man den Zellstoff zu Zellulose auf. Beim Umwandeln der Zellulose in Kunststoffe werden die Makromoleküle chemisch (vor allem mit Säuren) verändert.

6.3.2 Vollsynthetische Kunststoffe

Ausgangsstoffe sind Kohle, Kalk, Erdöl, Wasser und Luft. Aus ihnen werden einfache Kohlenwasserstoffverbindungen gewonnen. Die Moleküle dieser Stoffe bestehen aus verhältnismäßig wenigen Atomen, wie die chemischen Formeln zeigen. In chemischen Prozessen werden sie zu Großmolekülen zusammengesetzt. Je nach Wahl der Ausgangsstoffe und des Herstellungsverfahrens läßt sich eine Vielfalt von Kunststoffen mit unterschiedlichen Eigenschaften erzeugen. Drei Herstellungsverfahren sind zu unterscheiden: Polymerisation, Polykondensation und Polyaddition.

Durch Polymerisation (polymer griechisch: vielgliedrig) werden gleichartige Einzelmoleküle (Monomere; monomer griechisch: eingliedrig) so reaktionsfähig gemacht, daß sie sich zu langen Molekülketten zusammenschließen. Von der Kettenlänge der Makromoleküle hängen die mechanischen Eigenschaften und die Verarbeitungsmöglichkeiten dieser Kunststoffe ab. Man nennt sie Polymerisate. Die Polymerisation läßt sich steuern. So kann man unterschiedliche Kettenlängen und damit entsprechende Eigenschaften erzielen.

Durch Polykondensation werden gleiche oder verschiedene Moleküle zu einem Makromolekül verknüpft, wobei ein Nebenprodukt (Kondensat – meist Wasser) abgespalten wird. Die entstehenden Makromoleküle sind kettenförmig oder räumlich vernetzt. Man kann den Prozeß so steuern, daß sich die Makromoleküle erst bei der Formgebung vernetzen. Die Erzeugnisse sind Polykondensate und nach der Formgebung nicht mehr plastisch verformbar.

Durch Polyaddition werden verschiedenartige Moleküle ohne Abspalten von Nebenprodukten zu Makromolekülen verknüpft. Die Makromoleküle dieser Polyaddukte sind kettenförmig oder räumlich vernetzt.

Polymerisation – Makromolekülketten aus gleichartigen Molekülen – Polymerisate
Polykondensation – Makromolekülketten aus gleichen oder verschiedenen Molekülen, Abspalten eines Kondensats – Polykondensate
Polyaddition – Makromolekülketten aus verschiedenen Molekülen – Polyaddukte

Betrachten wir nun die Kunststoffe dieser drei Herstellungsverfahren im einzelnen. (Kurzzeichen nach DIN 7728)

Polymerisate

Polyethylen PE ist ein thermoplastischer Kunststoff mit wachsartiger Oberfläche und milchiger Farbe. Je nach Herstellungsart ergibt sich ein Weich- oder Hart-PE, die sich leicht verarbeiten lassen und daher vielseitig verwendet werden. Weich-PE eignet sich für Verpackungszwecke und Abdeckungen aller Art (z. B. Folien, Säcke, Beutel), besonders auch für Lebensmittel. Kanal- und Wasserleitungsrohre aus Hart-PE bleiben auch bei Kälte elastisch. Weil Polyäthylen gute elektrische Isoliereigenschaften hat, setzt man es in der Elektrotechnik für Preßteile und zur Isolierung (z. B. von Kabeln) ein.

Polyvinylchlorid PVC ist ein farbloser, aber einfärbbarer thermoplastischer Kunststoff. Er ist fest, steif und hart (Hart-PVC) und hat gute chemische Beständigkeit. PVC wird vielseitig im Maschinenbau und Bauwesen verwendet (z. B. für Rohre, Armaturen, Pumpenteile, Behälter und Fensterprofile). Wegen seiner guten elektrischen Isolierfähigkeit braucht man ihn in der Elektrotechnik (z. B. für Isolierrohre, Kabelkanäle, Tonträgerfolien und Verkleidungen). Durch Zusatz von Weichmachern (Weich-PVC) erzielt man weich-elastische, gummi- bis lederartige Eigenschaften. Dieses Weich-PVC verwendet man z. B. für Schläuche, Dichtungen, Spritzgußteile, Platten und Profile im Bauwesen, Fußbodenbeläge und Abdeckplatten.

Polystyrol PS ist glasklar, jedoch einfärbar, thermoplastisch und weitgehend chemisch beständig. Dagegen wird es von organischen Lösungsmitteln wie Benzin und Benzol angegriffen. PS zeichnet sich durch besonders gute Isoliereigenschaften aus, läßt sich ausgezeichnet im Spritzgußverfahren verarbeiten und hat aufgrund seiner mechanischen und elektrischen Eigenschaften ein sehr weites Anwendungsgebiet (z. B. Haushaltsartikel, Verpackungen, Gehäuse und Verkleidungen im Fahrzeugbau, Isolierteile in der Nachrichtentechnik). Durch Schäumen von Polystyrol erhält man den Schaumstoff Styropor, der als Isolierstoff in der Elektrotechnik und als Wärmedämmstoff in der Technik verwendet wird.

Polykondensate

Polyamide PA sind farb- und geruchlose Thermoplaste mit besonders guten mechanischen Eigenschaften. Sie sind sehr zäh, elastisch und verschleißfest. Gegen Öl, Benzin und schwache Laugen sind sie beständig, werden aber von starken Säuren und Laugen angegriffen. PA verwendet man vielseitig im Maschinen- und Fahrzeugbau für hochbelastbare Maschinenteile (z. B. Zahnräder, Rollen, Lager, Gehäuse, Schalter, Getriebe- und Kupplungsteile) sowie für ölbeständige Teile wie Filter und Ölwannen. Auch Gewebe, Bürsten und Seile stellt man aus PA her.

Phenoplaste PF (Phenolharze) sind Duroplaste von gelblich-brauner Eigenfarbe, so daß man sie nur dunkel einfärben kann. Sie riechen nach Karbol und sind chemisch beständig, werden aber von starken Säuren und Laugen angegriffen. PF härten bei der Formgebung aus – z. B. beim Gießen (Gießharze) oder Pressen (Preßharze) – und sind dann nicht mehr plastisch verformbar, sondern hart und spröde. Ihre guten mechanischen Eigenschaften wie Zähigkeit und Zugfestigkeit erhalten sie durch Beimengen von Füllstoffen in körniger, geschnitzelter oder faseriger Form (z. B. Gesteins- oder Holzmehl, Zellstoff, Textilien). Phenolharze werden sehr vielseitig in allen technischen Bereichen verwendet, z. B. als Isolierteile, Rohre, Gehäuse für Schalter und elektrische Geräte sowie als Formteile im Maschinenbau (Zahnräder, Lagerschalen, Verkleidungen).

Aminoplaste MF sind glasig-farblose Harnstoff- und Melaminharze. Sie sind in den Eigenschaften den Phenoplasten ähnlich, können aber auch hell eingefärbt werden. Mit reinen Füllstoffen werden sie wie Phenoplaste verarbeitet. Man verwendet sie für Formteile und Gegenstände des allgemeinen Bedarfs (Knöpfe, Schalen, Campinggeschirr, Haushaltsgeräte).

Polyester UP sind glasklare, einfärbare ungesättigte Polyesterharze. Sie härten unter Zugabe von Härtern schon bei Raumtemperatur aus. Formteile aus UP lassen sich im Gegensatz zu PF drucklos, ohne aufwendige Werkzeuge und Maschinen auch handwerklich herstellen. Um die mechanischen Eigenschaften (Festigkeit, Stoßunempfindlichkeit) zu verbessern, verstärkt man Polyester mit Füllstoffen wie Glasfasern, Glasfasermatten oder -geweben zu glasfaserverstärkten Kunststoffen GFK. Polyesterharze haben gute elektrische Isoliereigenschaften. Verwendet werden sie in Karosserien, Bootskörpern, Profilen, Rohren, Tanks, Behältern und Vorrichtungen.

Polyaddukte

Epoxidharze EP sind harte, spröde, chemisch beständige D u r o p l a s t e mit milchig-trüber Eigenfarbe. Ausgehärtet werden sie wie Polyesterharze durch Zugabe von Härtern zu zähflüssigen oder schmelzbaren Vorprodukten. Man verwendet EP für hochwertige Klebstoffe oder als glasfaserverstärkte Werkstoffe für mechanisch hochbeanspruchte Konstruktionsteile.

Polyurethane PUR sind je nach Ausgangsstoff und Vernetzungsgrad weich-elastisch bis hart-elastisch. Man verwendet sie für Transportbänder, Dichtungen, Treibriemen, Schwämme und als Schaumstoff.

Aufgaben zu Abschnitt 6

1. Erläutern Sie den Molekülaufbau der Kunststoffe.
2. Wovon hängen Eigenschaften und Verarbeitungsmöglichkeiten der Kunststoffe ab?
3. Erklären Sie den Aufbau der Plastomere, Elastomere und Duromere.
4. Welche Eigenschaften haben Thermoplaste, Elaste und Duroplaste?
5. Nennen Sie Verwendungsbeispiele der Plastomere, Elastomere und Duromere.
6. Warum ist ein ausgehärteter Duroplast nicht umformbar?
7. Wie verhält sich ein Thermoplast bei Erwärmung?
8. Welche Eigenschaften haben die Kunststoffe gemeinsam?
9. Welche Plaste lassen sich spanen, umformen oder spritzgießen?
10. Wie stellt man Kunststoffe her?
11. Woraus besteht Vulkanfiber, und welche Bedeutung hat es für die Metalltechnik?
12. Beschreiben Sie die drei Herstellungsverfahren vollsynthetischer Kunststoffe.
13. Wie erklärt sich die große Vielfalt der vollsynthetischen Kunststoffe?
14. Nennen und beschreiben Sie die Eigenschaften und Verwendungsmöglichkeiten von je zwei Thermoplasten und Duroplasten.
15. Welche Kunststoffe verwendet man für Zahnräder?

7 Wärmebehandlung von Stahl (Stoffeigenschaftändern)

7.1 Zweck und Verfahren

Der Stahl für Kurbelwellen und Achslager muß andere Eigenschaften haben als der Stahl für unbeanspruchte Maschinenteile. Für bestimmte Bauteile braucht man besonders harte Stähle, für andere dagegen vor allem zähe. Die Härte eines Werkstoffs ändert sich durch Erwärmen und rasches Abkühlen. Auch Zähigkeit und Festigkeit kann man durch gezielte Wärmebehandlung verbessern. Welche Verfahren gibt es? Wie kommt die Eigenschaftsänderung zustande? Wie wendet man die Verfahren an?

Bei einer Wärmebehandlung werden Stahlwerkstücke auf bestimmte Temperaturen erwärmt und anschließend abgekühlt. Dadurch verändern sich ihre Eigenschaften. Man unterscheidet dabei das Glühen, Härten, Anlassen und Vergüten.

Glühen. Durch Erwärmen und langsames Abkühlen des Werkstücks lassen sich je nach Glühtemperatur und Glühzeit Spannungen beseitigen, Härte und Sprödigkeit verringern oder ein normales feinkörniges Gefüge aufbauen.

Härten. Größere Härte (aber auch größere Sprödigkeit!) erzielt man durch Erwärmen von kohlenstoffreichen Stählen auf Härtetemperatur und Abkühlen mit hinreichender Geschwindigkeit. Die Härte erstreckt sich je nach dem Verfahren auf das ganze Werkstück oder nur auf seine Oberfläche.

Anlassen. Das Erwärmen eines gehärteten oder kaltverformten Werkstücks auf bestimmte Temperaturen und anschließendes Abkühlen vermindert die Härte und steigert die Zähigkeit.

Vergüten. Durch Härten mit anschließendem Erwärmen auf höhere Temperaturen erzielt man hohe Zähigkeit bei bestimmter Festigkeit.

> Wärmebehandlung – Eigenschaftsänderung fester Stoffe durch Erwärmen und schnelle bzw. langsame Abkühlung

Gefügeaufbau des Stahls. Stahl hat gegenüber anderen Metallen die Eigenschaft, sein Gefüge und die chemische Zusammensetzung seiner Gefügebestandteile mit der Temperatur zu ändern (**7.1**). In der Technik nutzt man diese Erscheinung, um durch Wärmebehandlung

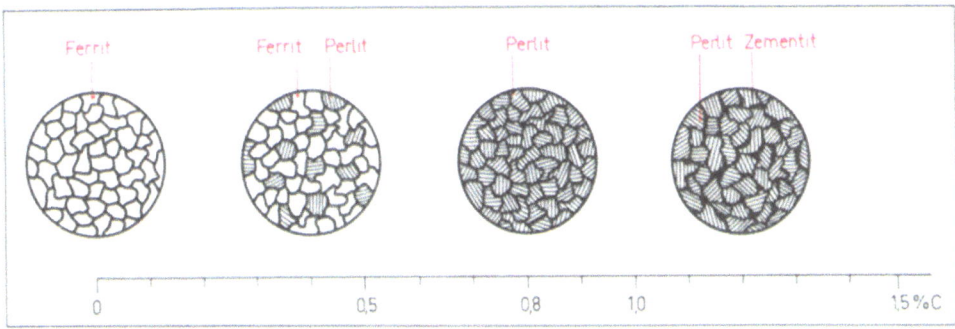

7.1 Gefügebestandteile des Stahls

bestimmte Eigenschaften zu erzielen. Die Kenntnis des Gefügeaufbaus ist deshalb Voraussetzung für das Verständnis der Wärmebehandlung von Stahl.

> Gefügeaufbau und chemische Zusammensetzung der Gefügebestandteile von Stahl sind durch Wärme beeinflußbar.

Perlit. Stahl ist eine Eisen-Kohlenstoff-Legierung mit 0,05 bis 2,06% C. Sein Gefüge besteht aus Körnern (s. Abschn. 2.1), die aber die Raumtemperatur nicht alle den gleichen Kohlenstoffgehalt aufweisen. Zwischen Körnern aus reinem Eisen (Ferrit) befinden sich lamellenförmige Gemenge mit konstantem Verhältnis aus Ferrit und Eisencarbid (Fe_3C). Dieses Gemenge heißt wegen seines perlmuttartigen Glanzes Perlit.

Zementit. Je höher der Kohlenstoffgehalt des Stahls, desto größer ist der Perlitanteil im Gefüge. Bei 0,8% C besteht das Stahlgefüge nur noch aus Perlit. Bei noch höherem C-Gehalt lagert sich freies Eisencarbid in den Perlit schalenförmig ein. Dies nennt man Zementit.

> Stahlgefüge
> – bis 0,8% C = Ferrit und Perlit
> – bei 0,8% C = Perlit
> – über 0,8% C = Perlit und Zementit

Einfluß des Gefüges auf die Stahleigenschaften. Die drei Bestandteile haben eine sehr unterschiedliche Härte. Perlit ist 4mal, Zementit 270mal härter als Ferrit. Das Stahlgefüge besteht also je nach Kohlenstoffgehalt aus weicheren, härteren oder sehr harten Körnern. Der Anteil der harten Perlitkörner und der sehr harten Zementitkörner beeinflußt die Verformbarkeit des Stahls. Stahl mit niedrigem C-Gehalt ist weich und gut verformbar, bei höherem C-Gehalt wird er schwieriger verformbar. Über 1,7% C ist der Zementitanteil so groß, daß ein Umformen (z. B. durch Schmieden, Walzen oder Pressen) nicht mehr möglich ist.

Gefügeänderung beim Erwärmen und Abkühlen. Beim Erwärmen über 723°C geht das Ferrit (oft auch α-Eisen genannt) zunehmend in eine andere Kristallform mit der Gefügebezeichnung Austenit über (γ-Eisen, benannt nach dem englischen Metallforscher W. C. Roberts-Austen, 1843–1902). Ähnlich wie sich Zucker in Wasser auflöst, zerfällt das Eisencarbid bei dieser Umwandlungstemperatur von 723°C, und der Kohlenstoff verteilt sich gleichmäßig auf die Eisenkristalle. Deshalb nennt man diesen Zustand auch „feste Lösung". Bei einer bestimmten Temperatur, die vom C-Gehalt abhängt, besteht das Gefüge nur noch aus Austenit (7.2).

Bei langsamem Abkühlen bildet sich das ursprüngliche Stahlgefüge wieder zurück. Bei schneller Abkühlung jedoch kann sich der Kohlenstoff nicht mehr mit dem Eisen zu Eisencarbid (Zementit) zurückbilden.

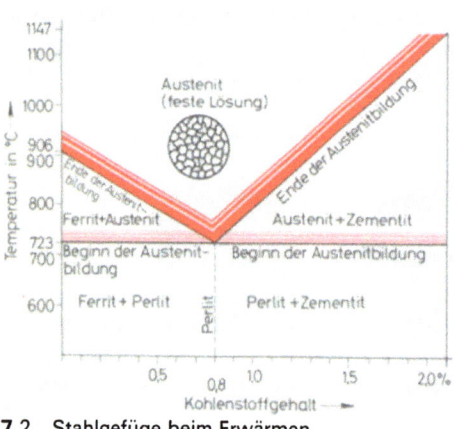

7.2 Stahlgefüge beim Erwärmen

Er bleibt im Kristallgitter des Eisens eingeschlossen. Durch diese C-Einlagerung entsteht an Stelle des normalen Ferritgitters ein verzerrtes Kristallgitter des Eisens, das man nach dem deutschen Ingenieur A. v. Martens (1850–1914) **Martensit** nennt (Zwangsgefüge, Härtegefüge). Der Spannungszustand des verzerrten Gitters wirkt sich nach außen deutlich als große Härte und Sprödigkeit aus. Die Härte des Martensits ist je nach Kohlenstoffgehalt 40- bis 260mal größer als die des Ferrits.

> Stahlerwärmung über 723 °C – Ferrit und Perlit → Austenit
> langsames Abkühlen – Austenit → Ferrit und Perlit
> schnelles Abkühlen – Austenit → Martensit

7.2 Glühen

Beim Glühen wird der Stahl langsam auf eine bestimmte Temperatur erwärmt, darauf eine bestimmte Zeit gehalten und langsam wieder abgekühlt. Durch diese Wärmebehandlung baut man Spannungen ab, verbessert die Zerspan- und Kaltumformbarkeit oder erzielt ein gleichförmiges Normalgefüge. Entsprechend gibt es das Spannungsarmglühen, Weichglühen und Normalglühen.

Spannungsarmglühen. Durch Kaltumformen, Spanen oder ungleichmäßige Abkühlung beim Gießen und Schweißen weisen die Werkstücke innere Spannungen (Eigenspannungen) auf. Sie können bei der Weiterverarbeitung oder Verwendung zum Verziehen oder Aufreißen führen. Durch mehrstündiges Glühen bei 550 bis 600 °C und langsames Abkühlen baut man diese Spannungen ab. Weil die Glühtemperatur unterhalb der Umwandlungstemperatur von 723 °C liegt, tritt keine Gefüge- oder Festigkeitsänderung ein (**7.3**).

Weichglühen. Damit sich kaltverfestigter oder gehärteter Stahl bearbeiten läßt, glüht man ihn bis zu mehreren Stunden bei einer Temperatur dicht unterhalb der Umwandlungstemperatur und kühlt dann langsam ab (**7.3**). Der Stahl ist nun weich, läßt sich gut zerspanen oder kaltumformen.

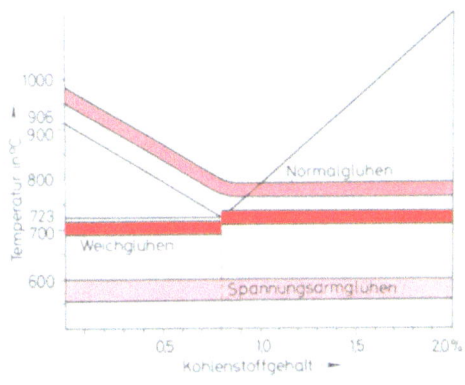

7.3 Glühtemperaturen für unlegierte Stähle

Normalglühen. Beim Schweißen, Gießen, Warmumformen (z. B. Schmieden, Walzen) oder bei einer Wärmebehandlung entsteht oft ein grobkörniges oder ungleichmäßiges Gefüge. Durch kurzzeitiges Glühen bei Temperaturen, die etwa 30 °C über der Umwandlungstemperatur des gesamten Gefüges in Austenit liegen, und anschließend langsames Abkühlen erzielt man ein feinkörniges und gleichmäßiges Normalgefüge (**7.3**). Ein normalisiertes Gefüge aber ist Voraussetzung für gute Bearbeitbarkeit.

7.3 Abschreckhärten

Voraussetzung für die Härtbarkeit des Stahls ist ein Kohlenstoffgehalt von mindestens 0,5% (s. Abschn. 3.3.2). Der ungehärtete Stahl wird erst nach der Formgebung gehärtet. Dazu bringt man ihn auf Härtetemperatur und kühlt ihn rasch ab (Abschrecken, **7.4**).

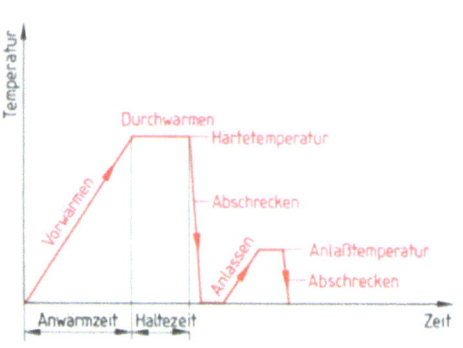

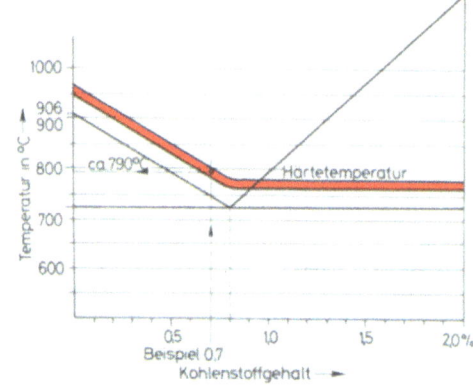

7.4 Abschreckhärten   **7.5** Härtetemperaturen unlegierter Stähle

Erwärmen. Einfache Werkstücke (z. B. Meißel, Körner) erwärmt man z. B. im Schmiedefeuer, größere oder empfindlichere (z. B. Bohrer, Gesenke, Schnittplatten) im öl- oder elektrisch beheizten Härteofen. Der Härteofen ist vorzuziehen, weil er das Werkstück vor schädlichen Verbrennungsgasen und Oxidation mit der Luft (Zunderbildung) schützt, gleichmäßig durchwärmt und die Temperatur mit Hilfe von Temperatur-Meßgeräten genau einhält.

Die Härtetemperatur ist je nach dem C-Gehalt des Stahls verschieden hoch (**7.5**). Sie liegt zur Sicherheit etwa 50 °C über der Umwandlungstemperatur, bei der sich Ferrit vollständig in Austenit umbildet und der Kohlenstoff gleichmäßig verteilt.

Abschrecken. Die Werkstücke müssen rasch abgekühlt (abgeschreckt) werden, damit sich das Härtegefüge Martensit bildet. Kühlt man zu langsam ab, bildet sich das Gefüge zurück, und das Werkstück wird nicht gehärtet. Kühlt man zu rasch ab, bilden sich Spannungsrisse. Die Einhärtung (Härtetiefe) beträgt bei unlegierten und schwachlegierten Stählen 3 bis 6 mm, da die erforderliche Abkühlungsgeschwindigkeit im Kern nicht erreicht wird und dieser daher zäh bleibt. Durchhärtung über den ganzen Querschnitt erzielt man nur bei legierten und hochlegierten Stählen, bei denen eine geringe Abkühlungsgeschwindigkeit ausreicht.

Abschreckmittel. Unlegierte Stähle erfordern eine hohe Abkühlgeschwindigkeit. Man nennt sie Wasserhärter, weil Wasser von 20 °C als Abschreckmittel dient. Wärmeres Wasser wirkt milder. Zusätze von Salzen oder Säuren verstärken, Zusätze von Kalkmilch, Glycerin und wasserlöslichen Ölen verringern die Abschreckwirkung. Bei kompliziert geformten Bauteilen ist die Gefahr der Rißbildung und des Verziehens groß. Für solche Teile härtet man daher legierte und hochlegierte Stähle und kühlt sie in Öl bzw. Preßluft ab. Legierte Stähle sind darum Ölhärter, hochlegierte Stähle Lufthärter.

Unlegierte Stähle – Wasserhärter
legierte Stähle – Ölhärter
hochlegierte Stähle – Lufthärter

Besondere Härteverfahren. Legierte und hochlegierte Stähle kühlt man häufig stufenweise ab. Damit ergibt sich eine besondere Gefügeausbildung und verringern sich Riß- und Verziehgefahr.

Beim gebrochenen Härten wird das Werkstück von der Härtetemperatur aus zuerst schroff (meist in Wasser) auf 300 bis 400°C abgeschreckt und dann langsam in Öl abgekühlt (**7.6**).

Beim Warmbadhärten schreckt man in einem Salz- oder Metallbad ab, in dem das Werkstück bis zum völligen Temperaturausgleich bleibt. Anschließend kühlt man es langsam in Öl oder an der Luft ab (**7.7**).

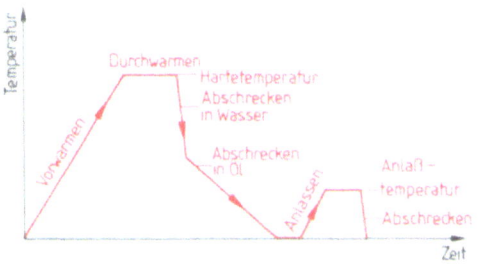
7.6 Gebrochenes Härten

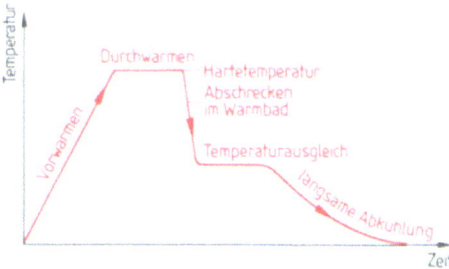
7.7 Warmbadhärten

7.4 Oberflächenhärten

Viele Bauteile erfordern Verschleißfestigkeit an den Lagerstellen und zugleich Zähigkeit gegen hohe mechanische Beanspruchung (z. B. Zapfen, Zahnräder, Kurbelwellen). Beide Eigenschaften erreicht man, indem man den Kern zäh beläßt und nur die Oberfläche härtet. Dafür gibt es verschiedene Verfahren.

Beim Einsatzhärten werden kohlenstoffarme Stähle (Einsatzstähle) in den Randschichten aufgekohlt. Dies geschieht durch mehrstündiges Glühen unter Luftabschluß bei einer Einsatztemperatur von etwa 900°C in kohlenstoffabgebenden Mitteln (z. B. Leuchtgas, Holzkohle, Bariumcarbonat). Der Kohlenstoff dringt in die Randzonen des Werkstücks ein und macht sie härtbar. Bereiche, die nicht gehärtet werden sollen, kann man mit einem Überzug aus Lehm, Paste oder galvanischer Verkupferung abdecken. Den gleichen Dienst tut ein Werkstoffaufmaß, das nach dem Einsetzen abgespant wird.

Beim Nitrierhärten wird die Oberfläche nicht durch den Kohlenstoff des Stahls gehärtet, sondern durch chemische Verbindungen des Stickstoffs mit dem Eisen (Nitride) sowie mit den Legierungsbestandteilen Aluminium, Chrom und Nickel. Die mit diesen Metallen legierten Nitrierstähle erwärmt man in einem Sonderofen im Ammoniakstrom (NH_3) auf etwa 500°C. Nichtzuhärtende Flächen können abgedeckt werden. Der Stickstoff des Ammoniaks dringt in die Werkstückoberfläche ein und bildet eine sehr harte, aber dünne Nitridschicht bis etwa 0,7 mm Dicke. Sie ist bis 500°C wärmebeständig. Nach dem Nitrieren kühlt man langsam ab.

Beim Flammhärten erwärmt man die Werkstückoberfläche mit Gasbrennern (Acetylen, Leuchtgas). Bevor die Wärme ins Werkstückinnere eindringt, schreckt man mit einer Wasserbrause ab. Dadurch härtet sich die Oberfläche, doch der Kern behält seine Zähigkeit (**7.8**). Für das Flammhärten verwendet man unlegierte und legierte Vergütungsstähle mit 0,25 bis 0,6% C, also mit genügend Kohlenstoff.

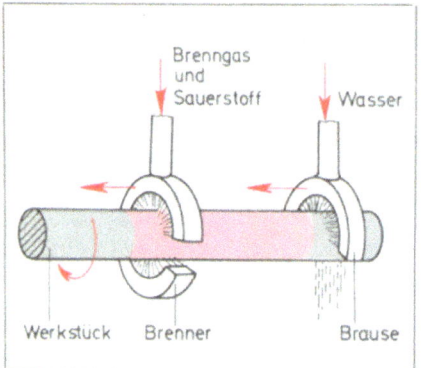 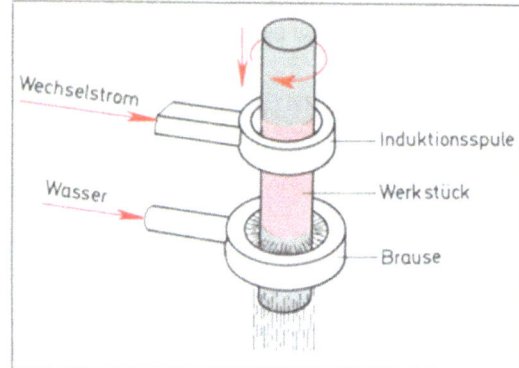

7.8 Flammhärten   7.9 Induktionshärten

Beim Induktionshärten erwärmt man die Oberfläche durch eine mit Wechselstrom hoher Frequenz durchflossene Spule, die das Werkstück umschließt (7.9). In der Oberfläche werden dabei Kurzschlußströme (Wirbelströme) verursacht, die sie schnell auf Härtetemperatur erwärmen, aus der sie abgeschreckt wird. Die sehr kurze Erwärmungszeit verringert die Gefahr der Rißbildung und des Verziehens.

Oberflächenhärten
- gehärtete, verschleißfeste Oberfläche
- zäh bleibender Kern

7.5 Anlassen

Nach dem Abschrecken ist der Stahl glashart und zu spröde, um ihn verwenden zu können. Je nach Verwendungszweck wird er deshalb zur Milderung der Härtespannungen auf Anlaßtemperaturen von 100 bis 200 °C gebracht oder zur Steigerung der Zähigkeit unter Nachlassen der Härte auf etwa 200 bis 400 °C wiedererwärmt und anschließend abgekühlt.

Anlassen – Erwärmen eines gehärteten Werkstücks auf Anlaßtemperaturen bis 400 °C und Abkühlen, um Härtespannungen zu verringern und/oder die Zähigkeit zu steigern.

Beim Anlassen wird das Härtegefüge Martensit entspannt. Ein Teil der im Gitter eingelagerten Kohlenstoffatome bildet mit dem Eisen in sehr fein verteilter Form Eisencarbid (Zementit). Je höher die Wiedererwärmung, um so stärker bildet sich Martensit in die normalen Gefügebestandteile Ferrit und Zementit um. Dabei vermindert sich die Härte und steigert sich die Zähigkeit.

Anlaßtemperaturen und -farben. Falls kein Anlaßbad mit Temperatur-Meßeinrichtung verwendet wird, erkennt man die Anlaßtemperaturen an den Anlaßfarben. Anlaßfarben entstehen durch „Anlaufen" des Stahls beim Erwärmen. Die sich auf dem blanken Stahl bildende Oxidschicht wird mit steigender Temperatur dicker und zeigt verschiedene Farben. Um sie besser zu erkennen, reibt man die Anlaßstelle vorher blank.

7.6 Vergüten

Stähle, die eine bestimmte Festigkeit mit hoher Zähigkeit verbinden sollen, vergütet man. Dazu werden sie durch Wärmebehandlung gehärtet und anschließend auf höhere Temperaturen angelassen. Man verwendet Vergütungsstähle, die entweder nur Kohlenstoff (0,25 bis 0,6%) enthalten oder außerdem mit Nickel, Chrom oder Molybdän legiert sind, um die Zähigkeit zu erhöhen und ein milderes Abschrecken in Öl zu ermöglichen.

Nach dem Härten ist das Stahlgefüge sehr feinkörnig, aber auch hart und spröde. Durch das Anlassen auf hohe Temperaturen von 400 bis 650°C verschwindet die Härte, Zähigkeit und Festigkeit nehmen dagegen stark zu. Bei Anlaßtemperaturen von 400 bis 550°C erhält man einen **härtevergüteten** Stahl, bei Anlaßtemperaturen zwischen 550 und 650°C einen **zähvergüteten** Stahl. Vergütet werden mechanisch, hochbeanspruchte Bauteile wie Kurbelwellen, Pleuelstangen, Fräsdorne, Motorenzylinder, Hinterachswellen und Radachsen.

> Vergüten – Härten mit anschließendem Anlassen auf Anlaßtemperaturen von 400 bis 650°C, um bei bestimmter Festigkeit die Zähigkeit zu erhöhen

Aufgaben zu Abschnitt 7

1. Welche Verfahren zur Wärmebehandlung von Stahl gibt es?
2. Was bezweckt die Wärmebehandlung?
3. Was versteht man unter Perlit und unter Zementit?
4. Welche Gefügebestandteile hat Stahl bei 0,4%, 0,8% und 1,2% Kohlenstoff?
5. Warum ist Stahl mit 0,3% C umformbar, dagegen mit 1,7% C nicht?
6. Beschreiben Sie die Gefügeänderungen des Stahls beim Erwärmen über die Umwandlungstemperatur (→ Austenit).
7. In welcher Form ist der Kohlenstoff des Stahls in Perlit, Zementit und Austenit enthalten?
8. Was versteht man unter Martensit?
9. Wie verändert sich das Stahlgefüge bei schnellem und bei langsamem Abkühlen?
10. Wozu glüht man Stahl?
11. Begründen Sie die unterschiedlichen Glühtemperaturen beim Spannungsfreiglühen, Weichglühen und Normalglühen.
12. Wodurch entstehen im Werkstück Spannungen?
13. Was geschieht im Gefüge eines C-reichen Stahls beim Weichglühen?
14. In welchen Fällen muß der Stahl normalgeglüht werden?
15. Aus welchen Arbeitsgängen besteht das Härten von unlegierten Stählen?
16. Beschreiben Sie mögliche Fehler und ihre Folgen beim Erwärmen von Stahl.
17. Welche Abschreckmittel gibt es?
18. Welche Gefahren bestehen beim Abschrecken eines Werkstücks?
19. Warum ist bei Werkstücken oft nur eine Oberflächenhärtung erforderlich?
20. Wie schützt man beim Einsatzhärten Stellen, die nicht gehärtet werden sollen?
21. Beschreiben Sie das Nitrierverfahren?
22. Welche Vorteile bietet das Nitrierverfahren?
23. Erklären Sie den Ablauf des Flammhärtens und des Induktionshärtens.
24. Welchen Zweck hat das Anlassen?
25. Warum vermindert sich die Härte und steigt die Zähigkeit beim Anlassen?
26. Welche Möglichkeiten gibt es, dem Werkstück zum Anlassen Wärme zuzuführen?
27. Warum vergütet man Werkstücke?
28. Beschreiben Sie den Arbeitsvorgang beim Vergüten.

8 Werkstoffprüfung

Die Werkstoffprüfung hat die Aufgabe, die **Eigenschaften** der Werkstoffe festzustellen, um ihre Brauchbarkeit für einen bestimmten Verwendungszweck oder ihr Verhalten bei der Bearbeitung beurteilen zu können. Bei der Gewinnung und Weiterverarbeitung der Werkstoffe zu Formteilen und Halbzeugen (z. B. Gußstücke, Profile, Bleche) und bei der Fertigung von Bauteilen (z. B. durch Spanen, Umformen) dient die Werkstoffprüfung der **Qualitätskontrolle**.

Die Prüfungen werden sowohl im Labor mit Prüfmaschinen und -einrichtungen als auch in Werkstatt mit einfachen Mitteln „werkstattmäßig" durchgeführt. Wegen der Vielzahl der Werkstoffe und ihrer Verwendungsmöglichkeiten gibt es zahlreiche Prüfverfahren. Um vergleichbare Ergebnisse zu erreichen, sind viele Prüfverfahren genormt.

Aufgaben der Werkstoffprüfung
- Feststellen der Werkstoffeigenschaften für die Bearbeitung und Verwendung
- Qualitätskontrolle

8.1 Technologische Prüfungen

Die technologischen Prüfverfahren sind einfach und werkstattmäßig durchzuführen. Sie sollen klären, wie sich der Werkstoff bei der Verarbeitung verhält. Die Werkstoffprobe wird in der beabsichtigten Weise bearbeitet (z. B. gebogen, geschmiedet, gebördelt) und nach „Augenschein" beurteilt, ob sich der Werkstoff für die Bearbeitung eignet – ob er bei einer Verformung Risse zeigt, ob er grobe Fehler aufweist. Zu Vergleichzwecken sind einige Prüfverfahren genormt.

Biege- und Faltprobe (DIN 1605). Eine von Rost und Zunder befreite Probe wird um einen runden Dorn bis zum Anreißen gebogen. Der erreichte Biegewinkel α ist ein Gütemaß für die Zähigkeit des Werkstoffs (**8.1**). Bei der Faltprobe wird das vollständige Anliegen der Schenkel ohne Anriß gefordert (**8.2**).

Hin- und Herbiegeprobe (DIN 50153). Drähte oder Bleche werden in einer einfachen Biegevorrichtung (oder im Schraubstock) einseitig eingespannt und aus ihrer senkrechten

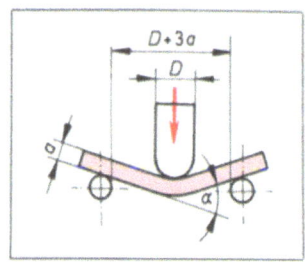

8.1 Biegeprobe nach DIN 1605

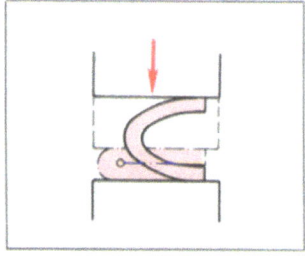

8.2 Faltprobe

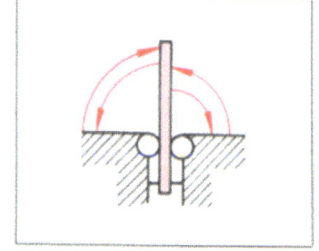

8.3 Hin- und Herbiegeprobe nach DIN 50153

Lage um je 90° nach jeder Seite bis zum Bruch hin- und hergebogen. Die Anzahl der Biegungen bis zum Bruch ist ein Maß für die Zähigkeit und Verformbarkeit des Werkstoffs (**8.3**).

Ausbreitprobe. Sie zeigt, ob sich der Werkstoff zum Schmieden eignet. Er wird dazu im rotwarmen Zustand mit der Hammerfinne so lange ausgestreckt und ausgebreitet, bis er an der Kante Risse zeigt (**8.4**).

Gut schmiedbare Werkstoffe müssen sich auf das Eineinhalbfache ihrer ursprünglichen Breite ausbreiten lassen.

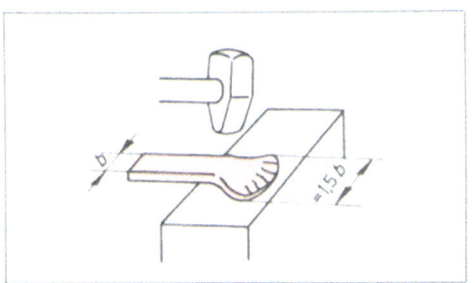

8.4 Ausbreitprobe

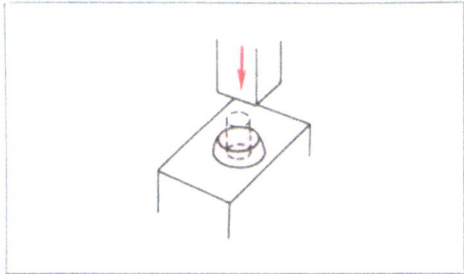

8.5 Stauchprobe

Stauchprobe. Sie hat besonders bei Niet- und Schraubenwerkstoffen Bedeutung. Beim Stauchversuch wird eine zylindrische Probe (Länge = 2mal Durchmesser) kalt oder bei Hellrotglut durch viele schnelle Schläge bis zum Aufreißen gestaucht. Zeigen sich beim Stauchen auf ein Drittel der Ausgangshöhe keine Risse, hat der Werkstoff ein gutes Formänderungsvermögen (**8.5**).

Aufdornprobe. Die Prüfung zeigt, wie weit ein Werkstoff aufgedornt werden kann, ohne daß er reißt. Flachstähle mit einem Seitenverhältnis des Querschnitts von 5:1 werden bei Hellrotglut vorgelocht. Der Lochdurchmesser soll doppelt so groß sein wie die Dicke des Flachstahls. Mit einem kegligen Dorn wird die Probe dann auf den doppelten Lochdurchmesser oder bis zur Rißbildung aufgeweitet (**8.6**).

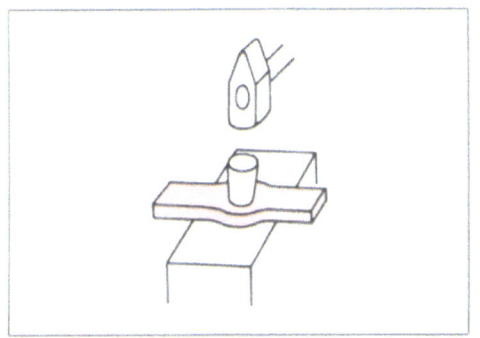

8.6 Aufdornprobe

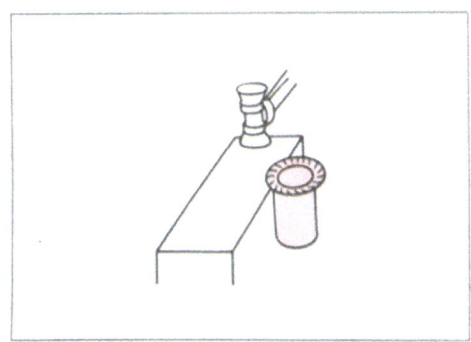

8.7 Bördelprobe

Bördelprobe. Zur Prüfung, ob sich ein Werkstoff für Bördelungen eignet, wird der Rand eines Rohrs oder der Lochrand eines Blechs um 60° oder 90° aufgebördelt. Der gebördelte Rand darf keine Risse zeigen (**8.7**).

8.2 Werkstoffprüfungen im Labor

Im Labor wird das Verhalten der Werkstoffe unter verschiedenen Beanspruchungen mit Hilfe von Prüfmaschinen und -einrichtungen untersucht. Aus der Messung der Belastung und Verformung der Proben ermittelt man zahlenmäßige Kennwerte für die Werkstoffeigenschaften. Nach Art der Belastung unterscheidet man:

- **Statische Prüfungen,** bei denen die Proben unter gleichmäßig aufgebrachter, ruhender Belastung auf Zug, Druck, Biegung, Verdrehung oer Schub beansprucht werden;
- **Dynamische Prüfungen,** bei denen die Proben unter dauernd oder häufig wiederholter schwellender oder wechselnder Belastung geprüft werden.

Diese Prüfverfahren sind genormt. Aus der Vielzahl werden hier Zugversuch und Härteprüfungen als wichtigste behandelt.

8.2.1 Zugversuch nach DIN 50145

Der Zugversuch ist das wichtigste, gebräuchlichste Verfahren, um die Festigkeit der Maschinenbauwerkstoffe zu ermitteln. Aus den Werten für die Zugfestigkeit kann man auch auf die Festigkeit des Werkstoffs bei Druck-, Schub-, Verdrehungs- und Biegebeanspruchung schließen.

Beim Zugversuch wird ein in Form und Abmessungen genormter Probestab in eine Zerreißmaschine gespannt (**8.**8). Langsam und gleichmäßig wird die Zugbelastung gesteigert, bis der Stab zerreißt. Dabei werden die Spannung σ und die Dehnung ε der Probe durch Meßeinrichtungen der Prüfmaschine ermittelt und meist selbsttätig in einem Spannungs-Dehnungs-Schaubild (-Diagramm) aufgezeichnet (**8.**9).

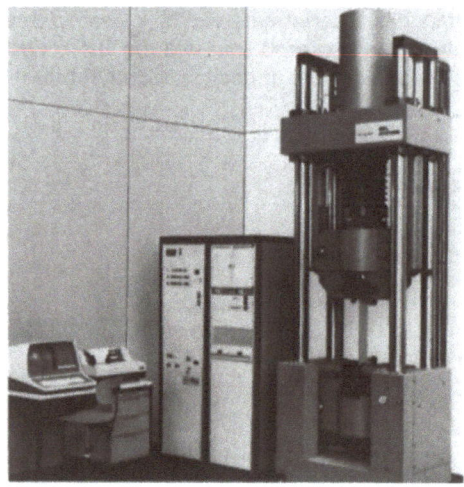

8.8 Universalprüfmaschine

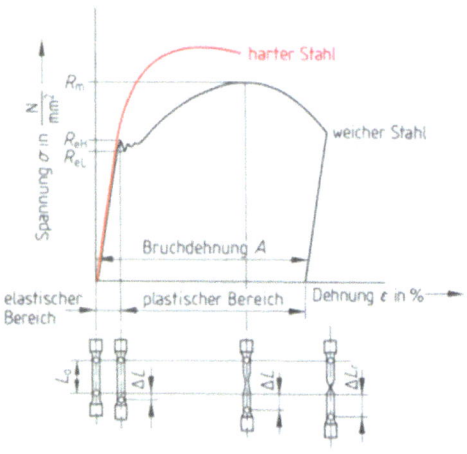

8.9 Spannungs-Dehnungs-Schaubild

Aus dem Spannungs-Dehnungs-Schaubild lassen sich das Verhalten des Werkstoffs während des Zugversuchs bei zunehmender Belastung bis zum Bruch erkennen und der Zusammenhang zwischen Spannung und Dehnung in einer Kurve ablesen (Zerreißkurve). Auf der senkrechten Achse gibt das Diagramm die Größe der Spannung σ in N/mm² an, auf der waagerechten Achse die zugehörige Dehnung ε in %.

Elastischer Bereich. Der Kurvenverlauf zu Beginn des Versuchs zeigt, daß bei steigender Spannung die Dehnung zwar verhältnismäßig gering, aber gleichförmig zunimmt (geradliniger Kurvenverlauf). In diesem Bereich steigt die Dehnung im gleichen Verhältnis wie die Spannung (s. Abschn. 3.1.4). Der Werkstoff verhält sich elastisch.

Plastischer Bereich. Bei weiter steigender Belastung wird der Werkstoff bleibend gedehnt. Der Übergang vom elastischen in den plastischen Bereich geschieht bei **härteren** Werkstoffen stetig, ohne Unregelmäßigkeiten. Er wird durch die **Dehngrenze** R_p gekennzeichnet, bei der die bleibende Dehnung einen bestimmten Wert erreicht, z. B. 0,2%.

> Dehngrenze $R_{p0,2}$ – Spannung, bei der im Zugversuch eine bleibende Dehnung von 0,2% auftritt

Bei **zähen** Werkstoffen tritt beim Übergang vom elastischen in den plastischen Bereich erstmals ein Versagen des Werkstoffs auf. Er beginnt zu „fließen", ohne daß die Spannung steigt (unregelmäßiger Kurvenverlauf). Die Widerstandskraft des Metallgefüges ist bei dieser Belastung erschöpft. Die Folge sind größere plastische Formänderungen. Den Übergang kennzeichnet hier die **Streckgrenze** R_e. Häufig unterscheidet man eine obere Streckgrenze R_{eH} und eine untere Streckgrenze R_{eL}.

> Streckgrenze R_e – Spannung im Zugversuch, nach deren Überschreiten größere plastische Formänderungen eintreten

Wird die Belastung noch weiter gesteigert, tritt eine starke und rasche Dehnung ein, bis die **Höchstzugkraft** F_m erreicht ist. Die Spannung, die sich aus der Höchstzugkraft F_m bezogen auf den Anfangsquerschnitt S_o ergibt, heißt **Zugfestigkeit** R_m.

> Zugfestigkeit R_m – Spannung aus der Höchstzugkraft F_m, bezogen auf den Anfangsquerschnitt S_o der Zugprobe
>
> $$R_m = \frac{F_m}{S_o}$$
>
> R_m in N/mm²
> F_m in N
> S_o in mm²

Bei dieser höchsten Spannung schnürt sich der Probestab an einer Stelle ein, so daß der Querschnitt kleiner wird. Die Dehnung nimmt immer mehr zu, bis der Stab zerreißt.

Bruchdehnung A. Vor dem Zugversuch markiert man eine Anfangsmeßlänge L_o auf dem Probestab durch feine Striche. Die Meßlänge L_u nach dem Bruch mißt man durch Zusammenlegen der Stabhälften. Aus beiden Meßlängen ergibt sich der Wert der Bruchdehnung A (s. Abschn. 3.1.4 u. 3.3.5). Sie ist ein Gütemaßstab für die Verformbarkeit eines Werkstoffs.

> $$\frac{\text{Bruch-}}{\text{dehnung}} = \frac{\text{bleibende Längenänderung nach dem Bruch}}{\text{Anfangsmeßlänge}} \qquad A = \frac{L_u - L_o}{L_o} \cdot 100 \text{ in \%}$$

8.2.2 Härteprüfung

Um die Härte eines Werkstoffs beurteilen zu können, muß man den Widerstand ermitteln, den er dem Eindringen eines festen Körpers in seine Oberfläche entgegensetzt (s. Abschn. 3.1.6). Bei den meisten technischen Härteprüfverfahren wird ein harter Eindringkörper mit einer bestimmten Kraft für eine festgelegte Einwirkdauer in den zu prüfenden Werkstoff eingepreßt und die Größe des bleibenden Eindrucks bestimmt (**8**.10). Je größer die Eindrucksfläche ist, um so weicher ist der Werkstoff. Die Eindruckgröße ist also ein Gütemaßstab für die Härte des Werkstoffs.

8.10 Härteprüfmaschine

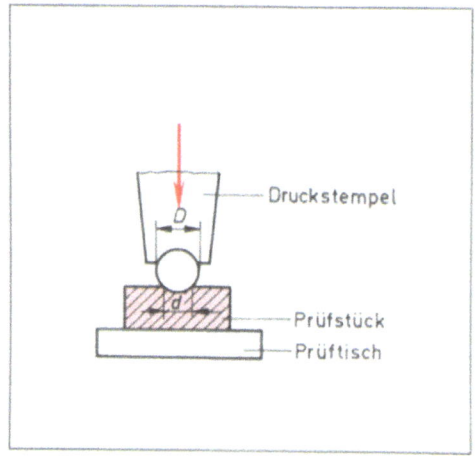

8.11 Brinellhärteprüfung DIN 50351 (Schema)

Die Ergebnisse der Härteprüfungen hängen ab von der Form des Eindringkörpers (z. B. Kugel, Kegel, Pyramide), von der Größe der Prüfkraft und ihrer Einwirkdauer. Deshalb sind die in verschiedenen Verfahren gewonnenen Härtewerte nicht miteinander vergleichbar. Zum Härtewert muß daher stets auch das Prüfverfahren angegeben werden.

Zu den genormten Härteprüfungen zählen die Verfahren nach Brinell, Vickers und Rockwell (**8**.11 bis **8**.13).

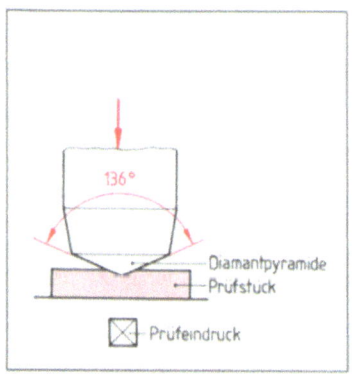

8.12 Härteprüfung nach Vickers DIN 50133 (Schema)

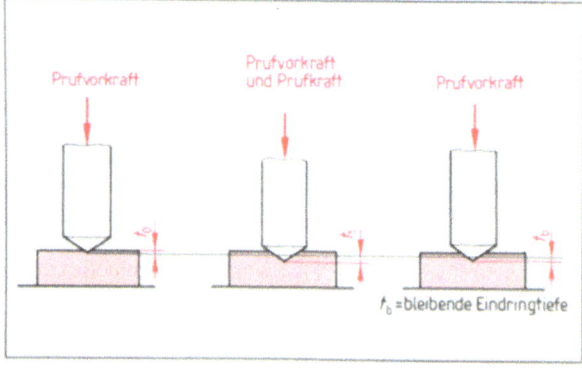

8.13 Härteprüfung nach Rockwell DIN 50103 (Schema)

Härteprüfverfahren
Brinell HB – Stahl- oder Hartmetallkugel als Eindringkörper
Vickers HV – Diamantpyramide als Eindringkörper
Rockwell – Diamantkegel (HRC) oder Stahlkugel (HRB) als Eindringkörper

Aufgaben zu Abschnitt 8

1. Wozu dient die Werkstoffprüfung?
2. Welche Aufgaben haben technologische Prüfungen?
3. Wie läßt sich die Schmiedbarkeit eines Werkstoffs durch eine technologische Prüfung feststellen?
4. Wie prüfen Sie die Zähigkeit eines Werkstoffs in der Werkstatt?
5. Welche technologische Prüfung ist für Nietwerkstoffe wichtig?
6. Beschreiben Sie das Verhalten eines metallischen Werkstoffs beim Zugversuch bis zum Bruch.
7. Erläutern Sie die beim Zugversuch auftretenden Grenzen: Dehngrenze R_p, obere Streckgrenze R_{eH} und untere Streckgrenze R_{eL}.
8. Wie ermittelt man die Bruchdehnung A?
9. Was besagt der Wert der Bruchdehnung?
10. Worauf beruhen die in der Technik am meisten verwendeten Härteprüfverfahren?
12. Erläutern Sie das Prinzip der Vickers- und Rockwell-Härteprüfung.

9 Prüfen und Anreißen

9.1 Grundlagen

9.1.1 Aufgaben des Prüfens

Sollvorgabe und Istzustand. Versteht man die technische Zeichnung als Sollvorgabe, so ist das Fertigungsziel erreicht, wenn der Istzustand des Werkstücks ihr entspricht. Aufgabe der Prüftechnik ist es, die Soll- und Istwerte zu vergleichen.

> Prüfen bedeutet Vergleichen von Soll- und Istzustand.

Toleranz. In der modernen Fertigungstechnik nimmt die Prüftechnik einen sehr wichtigen Platz ein. Da man z. B. ein Längenmaß nicht absolut genau fertigen kann, gibt man an, in welchem Umfang eine Abweichung vom Idealwert (Nennmaß der Zeichnung) zulässig ist. Diese geduldete Abweichung nennt man Toleranz (s. Abschn. 9.1.4). Durch Prüfen eines tolerierten Längenmaßes ergibt sich, ob das am Werkstück tatsächlich erreichte Istmaß innerhalb der vorgegebenen Toleranz liegt. Liegt es außerhalb der Toleranz, muß entschieden werden, ob eine Nacharbeit möglich ist. Nicht mehr möglich ist sie, wenn schon zu viel Werkstoff abgenommen wurde. Dann ist das Werkstück unbrauchbar – Ausschuß.

Ausschuß ist zwar nicht grundsätzlich vermeidbar, muß jedoch aus wirtschaftlichen Gründen so klein wie möglich angestrebt werden. Deshalb ist es wichtig, Fehler und Fehlerquellen rechtzeitig zu entdecken. Daraus ergibt sich, daß der gesamte Fertigungsablauf jeweils nach den einzelnen Fertigungsstufen von Prüftätigkeiten begleitet wird.

> Rechtzeitiges Prüfen hilft Ausschuß vermeiden.

9.1.2 Prüftätigkeiten

Die meisten Prüftätigkeiten in der Fertigung beziehen sich auf Längen. Die Begriffe der Längenprüftechnik sind in DIN 2257 festgelegt. Danach unterscheidet man Messen und Lehren.

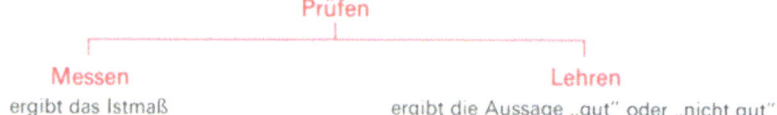

```
                    Prüfen
                      |
        ┌─────────────┴─────────────┐
      Messen                      Lehren
ergibt das Istmaß        ergibt die Aussage „gut" oder „nicht gut"
```

Unter Messen versteht man das Vergleichen einer zu messenden physikalischen Größe (z. B. Länge, Winkel, Zeit) mit einer entsprechenden als Einheit bekannten Größe. Das geschieht mit Hilfe von Meßgeräten. Durch Ablesen erhält man den Zahlenwert des Istmaßes. Die Meßgeräte werden unterteilt in Maßverkörperungen (z. B. Strichmaße, Endmaße) und anzeigende Meßgeräte (z. B. Meßschieber, Meßschrauben, Meßuhren).

> Messen ist das Vergleichen einer physikalischen Größe mit einer als Einheit bekannten entsprechenden Größe. Meßergebnis ist das Istmaß.

Beim Lehren ergibt sich kein zahlenmäßiges Ergebnis. Das Prüfmittel, die Lehre, macht lediglich sichtbar, ob z. B. ein Maß oder eine Form zwischen zwei vorgegebenen Grenzen (= innerhalb einer Toleranz) liegt oder ob eine der Grenzen über- bzw. unterschritten wird. Lehren bringt daher die Aussage „gut" oder „nicht gut". Bei der letzten muß entschieden werden, ob eine Nacharbeit möglich oder das Werkstück Ausschuß ist.

> Lehren ist das Vergleichen eines Prüfgegenstands mit den vorgegebenen Grenzen. Man erhält die Aussage „gut" oder „nicht gut".

Bild **9.**1 zeigt eine Übersicht zur Einteilung der Prüfmittel.

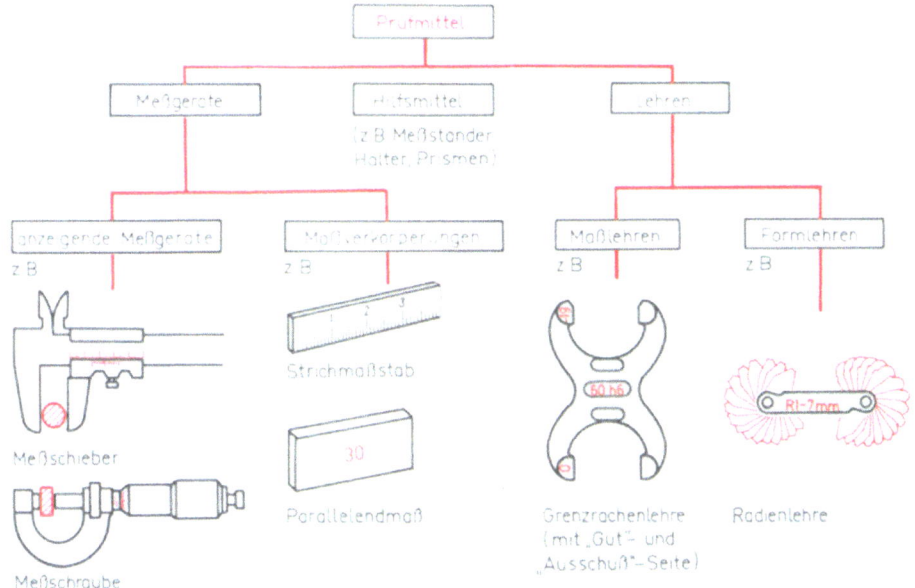

9.1 Einteilung der Prüfmittel

9.1.3 Einheiten der Längen- und Winkelprüfung

Basiseinheit Meter. Zum Messen braucht man eine als Einheit bekannte (genormte) Vergleichsgröße. Die Basiseinheit für die Länge ist in Deutschland und vielen anderen Ländern das Meter mit dem Einheitenzeichen m (**9.**2 auf S. 94).

Das Meter wird durch ein Vielfaches einer bestimmten Lichtwellenlänge λ (lambda = griech. Buchstabe l) des Edelgases Krypton beschrieben.

Lichtwellenlängen sind die genauesten Maßverkörperungen und können in jedem entsprechend ausgestatteten Labor an jedem Ort der Welt für Eichzwecke (z. B. für Endmaße und Präzisionsmaßstäbe) erstellt werden. Nach der seit 1960 gültigen Definition (Bestimmung) ist das Meter die 1 650 763,73fache Wellenlänge der von Atomen des Kryptons 86 ausgesendeten (orangefarbenen) Strahlung im Vakuum.

Tabelle 9.2   Die 7 Basisgrößen und SI-Basiseinheiten

Basisgröße	Basiseinheit	Formelzeichen nach DIN 1304	Einheitenzeichen
Länge	Meter	l, s	m
Masse	Kilogramm	m	kg
Zeit	Sekunde	t	s
elektrische Stromstärke	Ampere	I	A
thermodynamische Temperatur	Kelvin	T	K
Stoffmenge	Mol	n	mol
Lichtstärke	Candela	I	cd

Frühere Definitionen legten das Meter als den etwa 40 000 000. Teil des Erdumfangs (über die Pole gemessen) fest. Alle der Meterkonvention angeschlossenen Länder besaßen eine genaue Nachbildung des nach dieser Definition hergestellten Urmeters, das noch heute in der Nähe von Paris aufbewahrt wird.

In einigen Ländern (auch in Deutschland z.B. bei bestimmten Gewindearten) ist noch das inch (= 25,4 mm) gebräuchlich. Im Metallgewerbe werden Längenmaße in der Regel in Millimeter (mm) angegeben. Deshalb kann man nach DIN 406 in technischen Zeichnungen auf die Angabe der Einheit verzichten.

Die Einheit des Winkels ist der Grad (°). Ein Grad ist der 360. Teil eines Kreises und wird in 60 Winkelminuten (') zu je 60 Winkelsekunden (") unterteilt.

9.1.4   Maße und Toleranz

Wie genau muß das Teil gefertigt werden? Wie groß dürfen Maßabweichungen sein? Diese Fragen stehen im Vordergrund. Wie schon gesagt, ist es bei der Herstellung eines Werkstücks nicht möglich, ein Maß (z. B. 120 mm) absolut genau einzuhalten. Stets wird die Abmessung am Werkstück (das Istmaß I) kleiner oder größer sein. Je genauer ein vorgegebenes Maß hergestellt werden soll, desto teurer wird die Fertigung. Die Toleranz ist daher auch eine Frage der Wirtschaftlichkeit.

Grenzabmaß (Abmaß). Die geduldete Ungenauigkeit (Toleranz) wird durch zwei Grenzmaße festgelegt, zwischen denen das Istmaß beliebig liegen darf: durch das Höchstmaß G_o und das Mindestmaß G_u. (Bei Wellen und Bohrungen Durchmesserhöchstmaß und Durchmessermindestmaß.) Auch die Grenzmaße selbst sind noch zulässig. Der Unterschied zwischen dem Höchst- und Mindestmaß heißt **Maßtoleranz** T. In technischen Zeichnungen werden Höchst- und Mindestmaß durch Grenzabmaße beschrieben. So stehen in Bild **9.3** hinter den Hauptmaßen 120 bzw. 35 zusätzlich höher- oder tiefergestellte Zahlen. Sie beziehen sich auf die Hauptmaße, die man **Nennmaß** N nennt. Das **obere Grenzabmaß** A_o ist der Unterschied zwischen dem Höchstmaß G_o und dem Nennmaß N ($A_o = G_o - N$). Das **untere Grenzabmaß** A_u ist der Unterschied zwischen dem Mindestmaß G_u und dem Nennmaß N ($A_u = G_u - N$). Hieraus ergibt sich, daß die Abmaße Vorzeichen (+ oder −) haben.

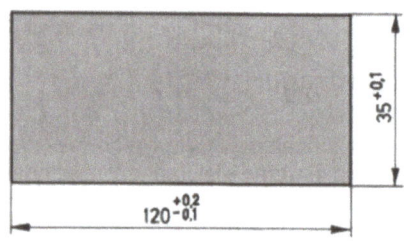

9.3   Kennzeichnung von zulässigen Maßabweichungen durch Paßmaße

---

Toleranz ist der Unterschied zwischen zugelassenem Höchst- und Mindestmaß ($T = G_o - G_u$).

Beispiel 9.1 Längenmaßangabe in einer technischen Zeichnung **9.3** als Paßmaß: $120^{+0,2}_{-0,1}$

Das Nennmaß N beträgt 120 mm, das obere Abmaß $A_o = +0,2$ mm, das untere Abmaß $A_u = -0,1$ mm.
Das Höchstmaß ergibt sich dann aus $N + A_o$, das Mindestmaß aus $N + A_u$.
$G_o = 120$ mm $+ (+0,2$ mm$) = 120$ mm $+ 0,2$ mm $= 120,2$ mm;
$G_u = 120$ mm $+ (-0,1$ mm$) = 120$ mm $- 0,1$ mm $= 119,9$ mm.
Die Toleranz, berechnet aus Höchstmaß minus Mindestmaß:
$T = 120,2$ mm $- 119,9$ mm $= 0,3$ mm.
(Bei der Längenmaßangabe $35^{+0,1}$ in der Zeichnung ist nur das obere Abmaß angegeben. Das untere Abmaß ist gleich Null und braucht nicht angegeben zu werden, wenn ein Irrtum ausgeschlossen werden kann.)

Findet man in technischen Zeichnungen keine Abmaße hinter dem Nennmaß angegeben, sind trotzdem bestimmte Abweichungen zulässig. Die Größe der zulässigen Abweichungen in mm für Längenmaße ergibt sich aus DIN 7168 in den verschiedenen Genauigkeitsgraden fein, mittel, grob und sehr grob. Diese **Allgemeintoleranzen** sind für bestimmte Nennmaßbereiche gestuft angegeben. Die Angabe, welcher Genauigkeitsgrad erforderlich ist, findet man im Schriftfeld der Zeichnung, z. B. „Allgemeintoleranzen nach DIN 7168 mittel".

9.1.5 Meßfehler

> Absolut fehlerfreies Messen ist nicht möglich.

Auch wenn noch so sorgfältig gemessen wird, gibt es immer Fehlerquellen, die der Messende nicht übersehen oder gar ausschalten kann. Man unterscheidet **systembedingte** und **zufällige Meßfehler** (**9.4**).

Tabelle **9.4** **Meßfehlerarten und ihre Ursachen**

Fehlerquellen	Ursachen systembedingter Meßfehler	Ursachen zufälliger Meßfehler
Werkstück	Abweichung von der nach DIN 102 vorgeschriebenen Bezugstemperatur von 20°C Formänderung durch die Meßkraft	Verschmutzung durch Staub, Öl oder Fett, Grat oder Zunder, Reste von Anreißlack
Meßgerät	Abweichung von der nach DIN 102 vorgeschriebenen Bezugstemperatur von 20°C Herstellungsfehler bzw. Herstellungstoleranzen	Verschmutzung Reibung oder Verschleiß schwankende Meßkraft
Umgebung	Ständige Abweichung von der vorgeschriebenen Bezugstemperatur (außerhalb von Prüflaboren, z. B. in kälteren oder wärmeren Klimazonen)	Nicht erfaßbare Schwankungen der Umgebungstemperatur, Erschütterungen, erhöhter Staubgehalt in der Luft
Meßperson	Benutzung eines falschen Meßbereichs bei Mehrbereichsgeräten	Falsches Ablesen der Meßanzeige, Blickwinkelfehler beim Ablesen (Parallaxe)

Systembedingte Fehler (z. B. Herstellungsfehler eines Meßgerätes) treten unter gleichen Meßbedingungen immer wieder in derselben Art und Weise auf. Größe und Vorzeichen bleiben also gleich. Systembedingte Fehler können daher, wenn man sie erkannt hat, durch eine Korrekturgröße ausgeglichen werden.

> Erfaßbare systembedingte Fehler können durch eine Korrekturgröße ausgeglichen werden. Nichterfaßbare (aber auch nichterfaßte) systembedingte Fehler verfälschen das Meßergebnis und ergeben ein falsches Istmaß.

Zufällige Fehler lassen sich nicht erfassen, weil sie selbst unter den gleichen Meßbedingungen schwanken und unter Umständen auch das Vorzeichen wechseln. Ursachen können z. B. durch die Person des Messenden oder durch Lagerspiel (Umkehrfehler) gegeben sein.

> Zufällige Fehler können nicht ausgeglichen werden und machen das Meßergebnis unsicher.

9.2 Prüfen von Längen

Längen können durch Messen oder Lehren geprüft werden. Dazu braucht man Meßgeräte, die das Werkstück-Istmaß entweder anzeigen oder verkörpern.

9.2.1 Maßverkörperungen

Bei den Maßverkörperungen werden – im Gegensatz zu den anzeigenden Meßgeräten – keine Teile oder Skalen gegeneinander bewegt. Längen-Maßverkörperungen verkörpern die als Längeneinheit (z. B. m, cm, mm) bekannte Vergleichsgröße durch den Abstand von Strichen (Strichmaße) oder von zwei parallelen Endflächen (Parallelendmaße).

Strichmaßstäbe. Die gebräuchlichsten Arten lassen sich in zwei Gruppen einteilen: mit oder ohne optische Vergrößerung (**9.5**).

Tabelle 9.5 Einteilung von Strichmaßstäben

Bezeichnung	Maßabweichung (bei 1 m Länge und 20 °C)	Ablesung	Anwendungsbeispiele
Strichmaßstäbe zur Ablesung mit optischer Vergrößerung			
Urmaßstab	± 0,004 mm	Mikroskop, 60fache Vergrößerung	Prüfen anderer Maßverkörperungen
Vergleichsmaßstab	± 0,010 mm	Mikroskop, 30fache Vergrößerung	Vergleichsnormal bei der Fertigung (Werkzeugmaschinen)
Prüfmaßstab	± 0,020 mm	Lupe, 8fache Vergrößerung	Fertigungskontrolle

Fortsetzung s. nächste Seite

Tabelle **9**.5, Fortsetzung

Bezeichnung	Maßabweichung (bei 1 m Länge und 20 °C)	Ablesung	Anwendungsbeispiele
Strichmaßstäbe zur Ablesung ohne optische Vergrößerung			
Arbeitsmaßstab	± 0,040 bis 0,100 mm	direkt, mit bloßem Auge	einfache Messungen in der Werkstatt
Biegsamer Stahlmaßstab	± 0,065 mm (bei 300 mm Länge)	direkt, mit bloßem Auge	einfache Messungen in der Werkstatt
Rollbandmaß	± 0,100 mm	direkt, mit bloßem Auge	einfache Messungen in der Werkstatt
Gliedermaßstab	± 1 mm	direkt, mit bloßem Auge	einfache Messungen in der Werkstatt

Beim Messen mit Strichmaßstäben wird die zu prüfende Länge meist durch Anlegen an das Werkstück direkt mit dem Strichmaß verglichen. Hierbei ist besonders wichtig, daß der Messende genau im rechten Winkel auf die Meßskale blickt – sonst ergeben sich Ablesefehler durch Parallaxe (**9**.6). Messen am Werkstück mit einem Meßgerät nennt man direktes oder unmittelbares Messen. Ist dies nicht möglich, muß man ein Hilfsmittel zwischenschalten (**9**.7). Messen mit Hilfsmittel heißt indirektes oder mittelbares Messen.

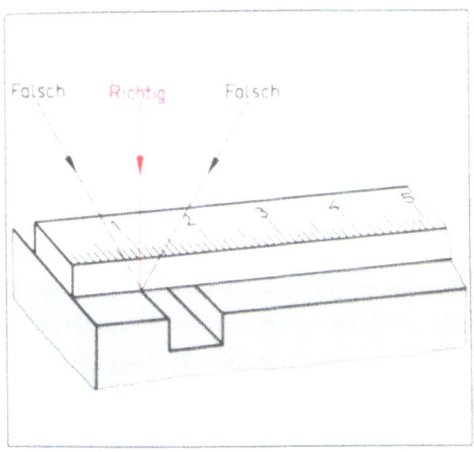

9.6 Ablesefehler durch Parallaxe

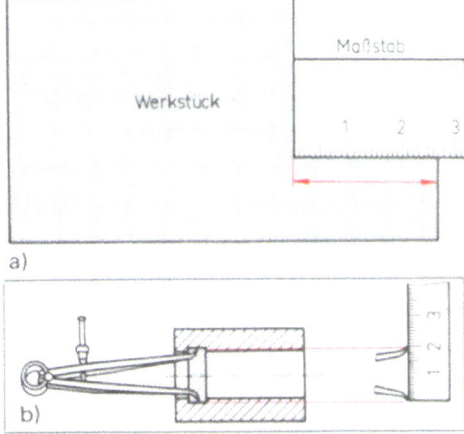

9.7 Direktes und indirektes Messen
 a) direktes (unmittelbares) Messen am Werkstück
 b) indirektes (mittelbares) Messen einer innenliegenden Nut mit dem Feder-Innentaster

Strichmaßstäbe verkörpern das Längenmaß durch den Abstand zwischen zwei Strichmarken.
Beim direkten Messen wird der Meßwert am Werkstück abgelesen.
Beim indirekten Messen wird ein Meßhilfsmittel zwischengeschaltet und der Meßwert daran abgelesen.

Endmaße sind Präzisionsmaßverkörperungen durch den Abstand zweier Meßflächen. Liegen diese Flächen parallel, spricht man von Parallelendmaßen. Sie werden in prismatischer oder zylindrischer Form meist aus gehärtetem Stahl oder Hartmetall hergestellt.

> Längenendmaße verkörpern das Längenmaß durch den Abstand zweier Meßflächen. Bei Parallelendmaßen sind die Meßflächen parallel.

Parallelendmaße sind die genauesten und wichtigsten Maßverkörperungen der Längenmeßtechnik. Sie werden in vier Genauigkeitsgraden hergestellt. Die zulässigen Abweichungen gibt DIN 861 (für eine Länge von 10 mm bei 20°C) an.

Die Meßflächen der Endmaße sind durch Läppen und Polieren (Feinbearbeitungsverfahren mit besonders geringer Rauhtiefe) so eben und glatt hergestellt, daß sie (in sauberem Zustand!) mit einer Kraft bis zu 500 N/cm² aneinander haften. Für das Zusammensetzen von Endmaßen gibt es zwei Möglichkeiten. Besonders genaue Endmaße werden „angesprengt", d. h. ohne Druck und Gleitbewegungen aneinandergefügt. Die anderen werden bei geringer Andruckkraft „angeschoben" (9.8).

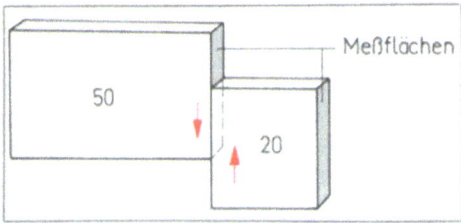

9.8 Anschieben von Parallelendmaßen

Der Umgang mit Endmaßen erfordert besondere Sorgfalt, denn sie sind teuer und empfindlich. Ihre Präzision nutzt nur so lange, wie sie vor Beschädigungen oder unsachgemäßer Handhabung geschützt werden.

> **Regeln für die Arbeit mit Endmaßen**
> - Nur unbeschädigte Endmaße verwenden. (Auch Korrosion macht sie unbrauchbar.)
> - Endmaße vor Gebrauch entfetten. Vor Handschweiß oder anderer Verschmutzung schützen. Nur saubere Meßflächen ermöglichen die geforderte Genauigkeit. (Auch Staub kann das Maß verfälschen.)
> - Endmaße vor Wärme (auch Handwärme) schützen. Die geforderte Genauigkeit ist nur bei 20°C („Raumtemperatur") erfüllbar.
> - Endmaßkombinationen nicht länger als nötig angesprengt lassen. (Gefahr des „Kaltverschweißens" der Meßflächen.)
> - Endmaße nach Gebrauch reinigen, einfetten (mit einem dafür vorgesehenen säurefreien Fett) und in den Endmaß – Satz einordnen.

9.2.2 Anzeigende Meßgeräte

Anzeigende Meßgeräte ermitteln das Werkstück-Istmaß bequemer, schneller und freier von Ablesefehlern. Das abzulesende Maß wird am Meßgerät z. B. durch Strichmarkenüberdeckung (Meßschieber, Meßschraube), durch Zeiger und Zifferblatt (Uhr-Meßschieber, Meßuhren) oder auch digital (Istmaßanzeige in Ziffern) angezeigt.

Meßschieber werden im Metallgewerbe am häufigsten verwendet (**9**.9). Das Istmaß wird durch feinfühliges Einstellen des Schiebers auf der Meßschiene angezeigt. Mit Hilfe zusätzlicher Strichmarken auf dem Schieber (dem Nonius) liest man den Wert ab.

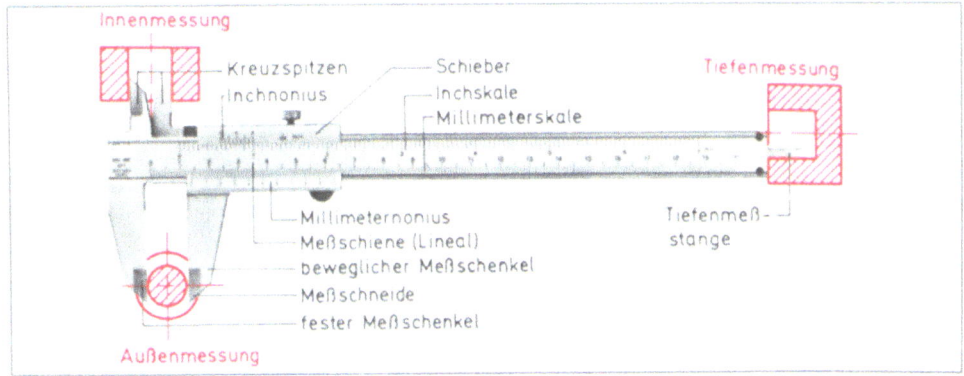

9.9 Meßschieber (1/20-Nonius)

Die Ablesegenauigkeit des Nonius[1]) ergibt sich durch den Unterschied zwischen der Hauptteilung auf der Meßschiene (Skale) und der Noniusteilung (**9**.10). Beim 1/10 Nonius sind auf dem Schieber 9 mm in $i = 10$ gleiche Teile geteilt. Der Abstand der Nonius-Strichmarken ergibt sich damit zu 9 mm : 10 = 0,9 mm.

Da der Strichmarkenabstand der Skale 1 mm (Skalenwert Skw) beträgt, ergibt sich der Unterschied zwischen den Teilungen der Haupt- und Noniusskale zu 1,0 mm − 0,9 mm = 0,1 mm. Durch diesen Unterschied, den man Noniuswert (Now) nennt, ist die Ermittlung des Istmaßes auf 1/10 mm genau möglich, daher die Bezeichnung 1/10-Nonius.

Bei dem in Bild **9**.10 dargestellten Beispiel stehen sich die mit „1" bezeichnete 10-mm-Strichmarke der Skale und die „0" des Nonius genau gegenüber. Durch diese Einstellung wird ein Istmaß von 10,0 mm angezeigt. Verschöbe man den Schieber um 0,1 mm nach rechts, stände die Noniusmarke „1" der Skalenmarke für 11 mm genau gegenüber. Das angezeigte Maß wäre in diesem Fall auch um genau

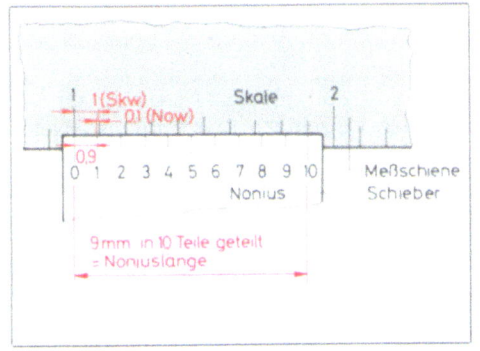

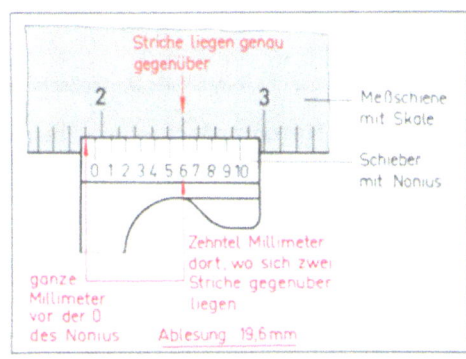

9.10 1/10-Nonius
Skw = Skalenwert (1 mm), Now = Noniuswert (0,1 mm), i = Anzahl der Noniusteilungen (10), $Now = \dfrac{Skw}{i}$

9.11 Ablesebeispiele an einem Meßschieber mit 1/10-Nonius

---

[1]) Möglicherweise nach dem portugiesischen Mathematiker Pedro Nuñez (lat. Petrus Nonius, 1492 bis 1577) benannt, der aber nicht als Erfinder der Noniusskale gilt. Erfunden hat sie der französische Mathematiker Pierre Vernier (1580 bis 1637).

0,1 mm größer, also 10,1 mm. Eine weitere Verschiebung des Schiebers um 0,1 mm ergäbe eine Überdeckung der mit „2" bezeichneten Noniusmarke mit der Skalenmarke für 12 mm. Die Istmaßanzeige müßte dann 10,2 mm sein. Durch Fortsetzung dieser Überlegungen kommt man zu dem Ergebnis, daß diejenigen Strichmarken des Nonius, die jeweils einer beliebigen Strichmarke der Skale genau gegenüberliegen, die Anzahl der Zehntelmillimeter angeben (**9**.11).

> **Regeln für die Ablesung des Meßschiebers**
> – Ganze Millimeter werden auf der Skale der Meßschiene unmittelbar vor der 0 des Nonius abgelesen. Der Nullmarkenstrich gilt damit als Komma.
> – Die Zehntelmillimeter werden am Nonius abgelesen, und zwar dort, wo sich jeweils ein Nonius- und ein Skalenstrich genau gegenüberliegen.

Meßschieber mit Rundskale. Genaue und relativ sichere Ableseergebnisse erhält man durch Präzisionsmeßschieber mit Rundskale (Uhr-Meßschieber, **9**.12), die zwar in der Anschaffung teuer sind, aber neben der besseren Ablesbarkeit einen weiteren wichtigen Vorteil haben: Man kann ihre Nullstellung jederzeit (durch Drehen des Zifferblatts) korrigieren oder auf einen gewünschten Wert (z. B. ein Werkstück-Nennmaß) einstellen. So kann man mit einem Blick die Abweichung des Werkstück-Istmaßes vom Nennmaß feststellen, was z. B. für gelegentliche Serienprüfung vorteilhaft ist.

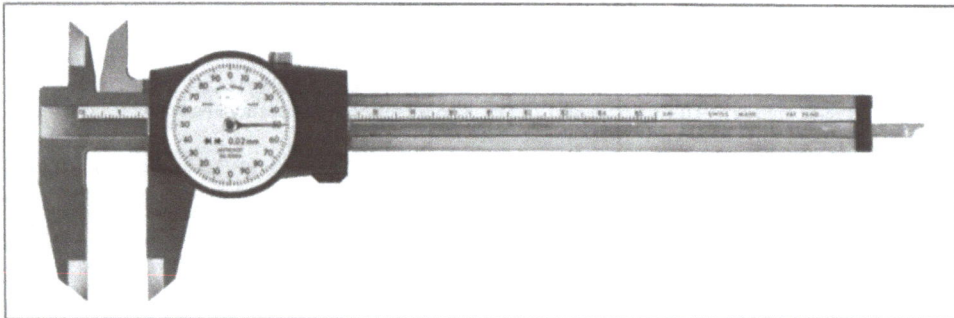

9.12 Meßschieber mit Rundskale: Uhrmeßschieber

Tiefen- und Nutenmeßschieber. Entsprechend den vielseitigen Anwendungsgebieten für Meßschieber gibt es weitere Arten, z. B. den Tiefenmeßschieber (**9**.13), mit dem man vorwiegend die Tiefen von Grundlöchern, Nuten oder Absätzen mißt, und den Nutenmeßschieber (**9**.14) für das Messen von Nuten in Bohrungen (z. B. für Innen-Sicherungsringe).

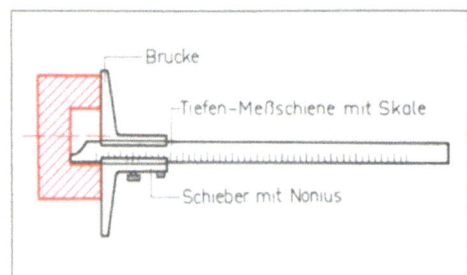 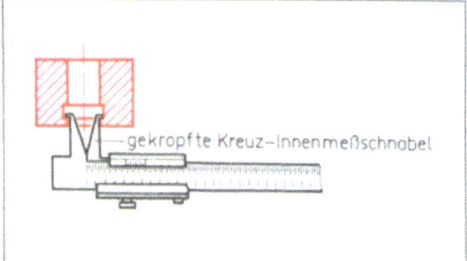

9.13 Messen eines Grundlochs mit dem Tiefenmeßschieber

9.14 Messen einer innenliegenden Nut mit dem Nutenmeßschieber

Um Meßfehler zu vermeiden, sind auch bei der Handhabung von Meßschiebern einige Regeln zu beachten.

> Regeln für die Arbeit mit Meßschiebern
> - Meßschieber schonend und sorgfältig behandeln.
> - Schieber mit Gefühl einstellen. (Wird der Schieber zu fest an das Meßobjekt gedrückt, kann er aufgrund des Spiels zwischen Schiene und Schieber abkippen.)
> - So dicht wie möglich am Lineal messen. (Abkippen des Schiebers ist durch einen so klein wie möglich gehaltenen Hebelarm leichter zu vermeiden.)
> - Nicht am eventuell durch Bearbeitung erwärmten Werkstück messen. Meßschieber nicht länger als erforderlich in der Hand behalten. (Bezugstemperatur 20 °C!)
> - Parallaxefehler beim Ablesen des Istmaßes vermeiden.
> - Beim Ablesen auf gute Lichtverhältnisse achten.

Meßschrauben. Für genauere Längenmessungen dienen Meßschrauben nach DIN 863 mit der Ablesemöglichkeit (Skalenwert) von 0,01 bis 0,001 mm, je nach Bauart (9.15). Im Gegensatz zum Meßschieber wird die bewegliche Meßfläche mit Hilfe einer (gehärteten und geschliffenen) Meßspindel eingestellt, die als Maßverkörperung dient und über ihre Gewindesteigung die Anzeige vergrößert.

Bei Meßschrauben mit einem Skalenwert von 0,01 mm beträgt die Gewindesteigung meist 0,5 mm. Die Meßfläche der Meßspindel verschiebt sich daher bei einer Umdrehung der mit der Spindel fest verbundenen Skalentrommel um genau 0,5 mm (bei zwei Umdrehungen um 1 mm). Da die Skalentrommel auf ihrem Umfang mit 50 Teilstrichen versehen ist, ergibt ihre Drehung je Teilstrich eine Verschiebung der Meßspindel um $0,5 : 50 = 0,01$ mm. Das entspricht dem Skalenwert bzw. der möglichen Ablesegenauigkeit.

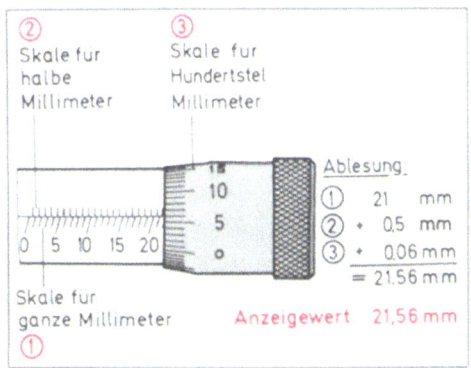

9.15 Bügelmeßschraube mit 0,01 mm Ablesemöglichkeit

Abgelesen wird die Meßschraube mit Hilfe der Skalen auf der Skalenhülse und der Skalentrommel. Eine Kupplung (meist am Meßschraubenende) sorgt für immer gleichbleibende Meßkraft.

Beispiel 9.2   Das in Bild **9.16** dargestellte Ableseergebnis von 21,56 mm ergibt sich aus 21 ganzen mm (auf der Hauptteilung unten abgelesen), einem halben Millimeter (Hauptteilung oben) und 6 Hundertstelmillimetern (die man der Stellung der Skalentrommel entnimmt).

9.16 Ablesen der Meßschraube

> Die ganzen und halben Millimeter werden auf der Skalenhülse (Hauptteilung) abgelesen, die Hundertstelmillimeter auf der Skalentrommel.

Meßschraubenarten. Während Bügelmeßschrauben für Außenmessungen dienen, gibt es z. B. Innenmeßschrauben für Innenmessungen oder Tiefenmeßschrauben für Tiefenmessungen (**9.17**). Meßschrauben mit digitaler Meßwertanzeige (Ziffernablesung in Sichtfenstern) erleichtern das fehlerfreie Ablesen und erlauben noch genauere Messungen, z. B. auf Tausendstelmillimeter.

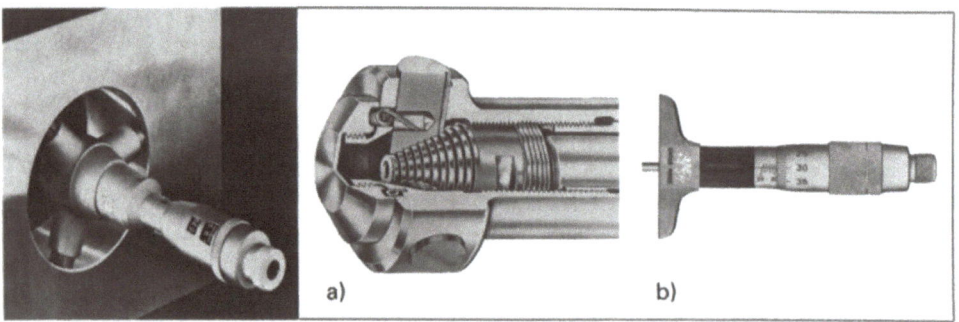

9.17 Innenmeßschraube (a) und Tiefenmeßschraube (b)

Regeln zur Arbeit mit Meßschrauben

– Meßschrauben schonend und sorgfältig behandeln. Meßschrauben nur dann verwenden, wenn es die Genauigkeit erfordert.
  Regelmäßig die Genauigkeit der Meßschraubenanzeige überprüfen.
– Meßkraft so klein wie möglich halten. Für eine gleichbleibende Meßkraft Kupplung verwenden. (Eine zu große Meßkraft kann z. B. zur Verformung des Bügels, der Meßspindel oder des Werkstücks führen.)
– Meßschrauben vor Handwärme, Sonneneinstrahlung usw. schützen und nicht am erwärmten Werkstück messen. (Bezugstemperatur!)

Meßuhren sind Präzisionslängenmeßgeräte mit Rundskale und mindestens um 360° beweglichem Zeiger. Bei Meßuhren mit mehr als einer vollen Zeigerumdrehung ist die Anzeige auf der Hauptskale durch eine Umlaufzähleinrichtung ergänzt (**9.18**). Nach DIN 878 sind verschiedene Meßbereiche genormt. Meßuhren mit den Meßbereichen 3, 5 oder 10 haben eine Ablesemöglichkeit (Skalenwert) von 0,01 mm. Weitere Bauarten mit einem Skalenwert von 0,001 mm haben kleinere Meßbereiche (meist 1 mm, aber auch 2 oder 4 mm).

Je nach Verwendungszweck sind Meßuhren kleiner oder größer gebaut, z. B. auch in wasserdichter Ausführung. Meßuhren sind handlich, genau und leicht ablesbar. Sie eignen sich zum Einbau in Kontrollgeräte, Werkzeuge und Maschinen. Bild **9.18**b zeigt das Funktionsprinzip.

Der Tastbolzen bewegt die Zeiger der Hauptskale und der Umlaufzähleinrichtung über eine Zahnstange und Zahnräder. Durch einen Stellring kann man das Zifferblatt drehen und so z. B. die Nullstellung korrigieren.

9.18 Meßuhr (a) und Funktionsprinzip (b)

9.2.3 Lehren

Das Prüfen mit Lehren ist sowohl für die Serien- und Massenfertigung als auch für den Austauschbau von Bedeutung. Es ermöglicht die schnelle und sichere Feststellung, ob Maß oder Form eines Werkstücks den vorgegebenen Anforderungen entsprechen. Dazu verwendet man Form- und Maßlehren.

Formlehren verkörpern die ideale Gegenform der zu prüfenden Stelle am Werkstück. So lassen sich z. B. Gewinde durch Gewindelehren oder Radien durch Radienlehren prüfen (s. Bild **9**.1). Die am Werkstück geprüfte Form wird mit „gut" beurteilt, wenn zwischen ihr und der Lehren-Gegenform kein Lichtspalt sichtbar ist oder ein Spalt die erlaubte Größe nicht überschreitet.

Weitere Beispiele für Formlehren sind Schleiflehren (z. B. für das richtige Anschleifen von Drehmeißeln oder Wendelbohrern) und Winkel.

Maßlehren verkörpern ein oder mehrere feste Längenmaße. Für die Prüfaufgabe braucht man meist mehrere Einzellehren (deren Maßverkörperungen von Lehre zu Lehre zunehmen) oder ganze Lehrensätze.

Die Grenzlehren verkörpern jeweils ein Maßpaar: das Höchstmaß und das Mindestmaß (s. Abschn. 9.1.4). Mit ihnen kann man so (ohne zahlenmäßige Erfassung) schnell und sicher feststellen, ob das Istmaß innerhalb der vorgeschriebenen Toleranzen liegt.

Der Grenzlehrdorn dient zum Prüfen von Bohrungen und Nuten (**9**.19). Er hat eine Gutseite mit dem Mindestmaß und eine Ausschußseite mit dem Höchstmaß. Beide sind einfach zu unterscheiden, weil die Ausschußseite einen kürzeren Prüfzylinder und einen roten Farbring hat. Außerdem ist auf der Gutseite immer das Abmaß „0" eingraviert. Eine zu prüfende Bohrung ist „gut", wenn sich die Gutseite unter dem Eigengewicht des Lehrdorns einführen läßt, die Ausschußseite jedoch nicht. Man sagt, sie darf nur „anschnäbeln".

Der Grenzlehrdorn ist eigentlich keine reine Maßlehre, da beim Einführen des längeren Prüfzylinders der Gutseite nicht nur der Bohrungsdurchmesser (das Maß), sondern auch die einwandfreie geometrische Form geprüft wird. Man kann daher sagen, daß Grenzlehrdorne kombinierte Maß-Form-Lehren sind.

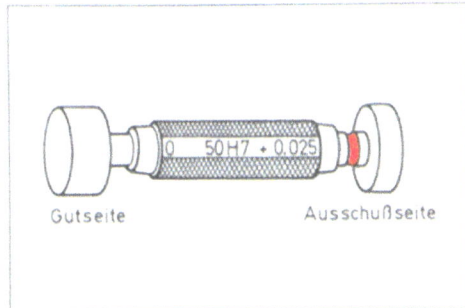

9.19 Grenzlehrdorn

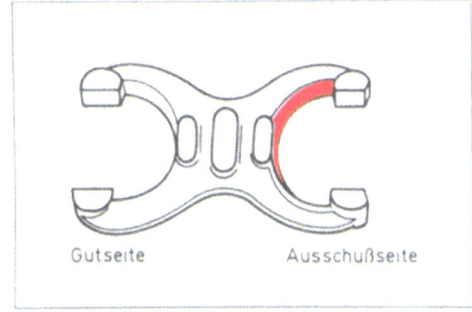

9.20 Grenzrachenlehre

Mit der Grenzrachenlehre prüft man Außendurchmesser (z. B. bei Wellen, Bolzen und Zylindern) aber auch die Dicke flacher Werkstücke (**9**.20). Die Gutseite verkörpert das Höchstmaß (Abmaß „0" eingraviert) und muß ebenfalls unter dem Lehren-Eigengewicht über die Prüfstelle gleiten. Die Ausschußseite, die das Mindestmaß darstellt, darf nur anschnäbeln. Sie hat zur Unterscheidung eine rote Farb-Kennzeichnung und angeschrägte Prüfbacken.

9.3 Prüfen von Winkeln

Zur Winkelprüfung an Werkstück- oder Werkzeugflächen verwendet man feste Winkel, anzeigende oder einstellbare Winkelmeßgeräte.

9.3.1 Feste Winkel

Feste Winkel sind Formlehren. Sie werden aus Stahl hergestellt (gehärtet oder ungehärtet) und verkörpern jeweils nur einen bestimmten Winkel. Am häufigsten werden 90°-Winkel verwendet, z. B. als Flach- oder Anschlagwinkel (**9.21**). Der Haarwinkel (ganz gehärtet, mit geschliffenen und geläppten Prüfkanten) hat den Vorteil, daß man mit seinen Haar-Prüfkanten auch die Ebenheit der Werkstückflächen (durch Lichtspaltprüfung) kontrollieren kann (**9.22**). Neben den 90°-Winkeln gibt es noch 60°- oder 45°-Winkel. Zum Prüfen und Anreißen von Sechs- und Achtkanten verwendet man 120°- bzw. 135°-Winkel. Zu den festen Winkeln gehören auch Gehrungswinkel (135°), Zentrierwinkel und die Winkelendmaße.

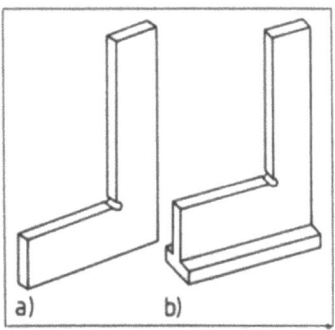
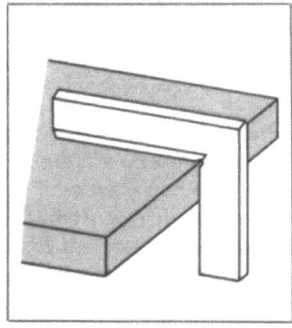
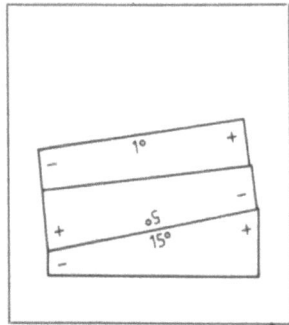

9.21 Flach- (a) und Anschlag-winkel (b)

9.22 Prüfen von Winkligkeit und Ebenheit mit dem Haarwinkel

9.23 Winkelendmaße. Der Winkel ergibt sich aus Addition und Subtraktion 15° − 5° + 1° = 11°

Winkelendmaße werden wie die Parallelendmaße angeschoben oder angesprengt (**9.23**). Da sie in bestimmten Stufungen hergestellt werden, muß man gegebenenfalls den gewünschten Winkel durch Addition und Subtraktion zusammensetzen. Mit Winkelendmaßen läßt sich jeder Winkel von 0° bis 90° in Stufensprüngen von 10″ zusammensetzen.

9.3.2 Anzeigende Winkelmeßgeräte

Die meistverwendeten anzeigenden Winkel-meßgeräte sind der einfache Winkelmesser und der Universalwinkelmesser.

Beim einfachen Winkelmesser beträgt die Ablesegenauigkeit (Skalenwert) 1° bei einem Meßbereich von 0° bis 180°. Er ist daher nur für Messungen ohne besondere Genauigkeitsansprüche geeignet (**9.24**).

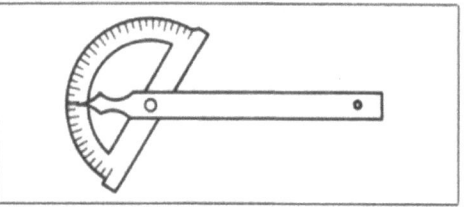

9.24 Einfacher Winkelmesser

Universalwinkelmesser ermöglichen dagegen wesentlich genauere Winkelmessungen (**9.**25). Allerdings erfordern die Handhabung und Ablesung einige Übung. Die Ablesegenauigkeit beträgt 5' (5 Winkelminuten) und kommt durch einen Winkelnonius zustande, der auf der Nebenskala aufgetragen ist.

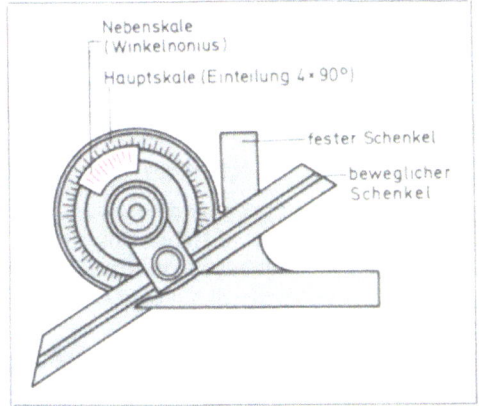

9.25 Universalwinkelmesser

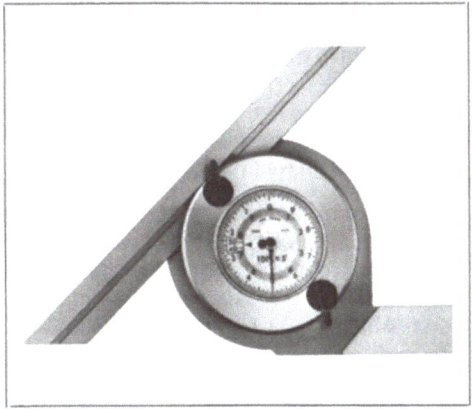

9.26 Winkelmesser mit Zifferblattablesung

Winkelmesser mit Zifferblattablesung sind zwar in der Anschaffung teurer als der Universalwinkelmesser, lassen sich aber leichter und sicherer ablesen (**9.**26).

9.4 Prüfen von Oberflächen

Jede bearbeitete Werkstückoberfläche weist Spuren des Bearbeitungsverfahren auf, etwa Werkzeugeindrücke beim Umformen (z. B. beim Schmieden) oder Riefen bei den spanenden Fertigungsverfahren (z. B. beim Stoßen). Eine ideale Oberfläche herzustellen ist daher unmöglich. Aufgabe der Oberflächenprüfung ist es, die Abweichungen vom Idealzustand festzustellen. Geprüft werden Ebenheit und Rauhtiefe.

Ebenheitsprüfung. Hierzu vergleicht man die Werkstückoberfläche mit Formlehren, die eine Gerade oder eine ebene Fläche verkörpern. Die Prüfkante des Haarlineals ermöglicht es, noch sehr geringe Unebenheiten (etwa 0,01 mm) durch Sichtkontrolle nach dem Lichtspalt-Prüfverfahren aufzufinden (**9.**27). Eine genaue zahlenmäßige Aussage über die Größe der Abweichung ist dabei jedoch nicht gegeben.

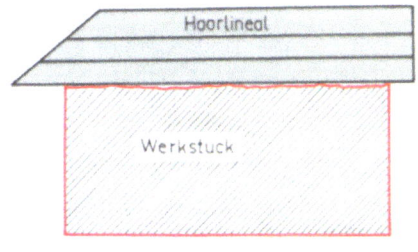

9.27 Ebenheitsprüfung mit Haarlineal

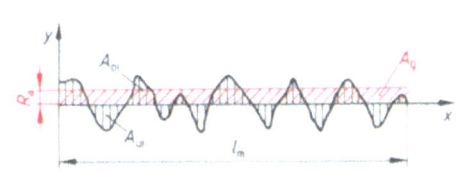

9.28 Mittenrauhwert R_a

Rauheitsprüfung. Die Oberflächenrauheit ist allgemein die wichtigste Eigenschaft technischer Oberflächen. Sie beschreibt die Tiefe der z. B. durch die verschiedenen spanenden Arbeitsverfahren entstandenen Riefen in der Werkstückoberfläche. DIN 4768 T1 unterscheidet drei Rauheitswerte:

- **Der Mittenrauhwert** R_a wird exakt mathematisch ermittelt und ist gleichbedeutend mit der Höhe des in Bild **9.28** (S. 105) eingezeichneten Rechtecks über der Meßstrecke l_m: Es hat den gleichen Flächeninhalt wie alle zwischen mittlerer Linie und Rauheitsprofil eingeschlossenen Flächenelemente zusammen.
- **Die gemittelte Rauhtiefe** R_z (s. Abschn. 11.3.4, Hiebzahl und Oberflächengüte) entsteht durch die Durchschnittsermittlung der Einzelrauhtiefen von fünf aufeinanderfolgenden Meßstrecken.
- **Die maximale Rauhtiefe** R_{max} beschreibt den „Ausreißer" innerhalb der Meßstrecke.

Kommt es nicht auf einen genauen Zahlenwert an, genügen in der Praxis Vergleiche zwischen Oberflächen-Vergleichsmustern und der zu prüfenden Werkstückoberfläche. Solche Vergleichsmuster werden in verschiedenen Rauheitsstufen und für die wichtigsten maschinell spanenden Fertigungsverfahren angeboten. Geprüft wird durch Vergleich mit dem Auge und durch Abtasten mit Finger und Fingernagel.

Für eine genaue zahlenmäßige Rauhtiefenermittlung verwendet man Rauhtiefenmeßgeräte, die die Oberfläche mit einer Nadel (Mikrofühler) abtasten. Die minimalen senkrechten Bewegungen der Tastnadel können durch elektrische oder optisch-mechanische Feinzeiger vergrößert angezeigt oder aufgeschrieben werden.

9.5 Neigungsprüfung

Zum Ausrichten von ebenen Flächen, Wellen, Zapfen, Zylindern, Lagern usw. braucht man R i c h t w a a g e n (Wasserwaagen). Sie zeigen die genaue waagerechte oder senkrechte Einstellung an. Je nach Verwendungszweck und Genauigkeitsanforderung gibt es unterschiedliche Ausführungen.

Präzisionsrichtwaagen werden meist aus Grauguß hergestellt und haben je eine Längs- und Querlibelle (**9.29**). Die prismatische Sohle ermöglicht es, sie auf Wellen oder andere zylindrische Körper aufzusetzen. Präzisionsrichtwaagen werden in verschiedenen Längen und Genauigkeitsgraden hergestellt. Man spricht hier von „Empfindlichkeit". Bei normalempfindlichen Waagen beträgt die Empfindlichkeit der Längslibelle (= Skalenwert) 0,3 mm/m (= 0,3 mm Abweichung auf 1 m Länge), bei höchstempfindlichen 0,01 mm/m. Eine Luftblase in einer mit Strichmarken versehenen Röhrenlibelle dient zum Ablesen (**9.30**).

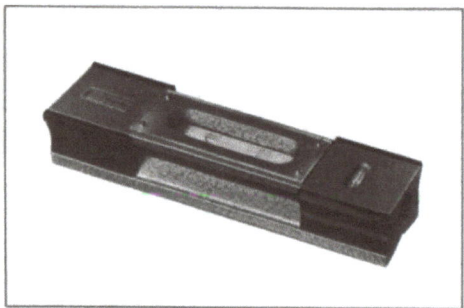

9.29 Präzisionsrichtwaage

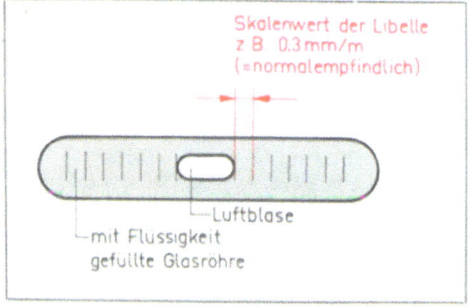

9.30 Röhrenlibelle

Elektronische Richtwaagen sind Präzisionsinstrumente für das Ausrichten und Prüfen von horizontalen und vertikalen ebenen oder zylindrischen Flächen (**9.**31). Da die Abweichungen von der Waagerechten außer in mm/m auch in Winkelsekunden (") angegeben werden, eignen sich diese Waagen auch zum genauen Messen von (allerdings nur geringen) Neigungen.

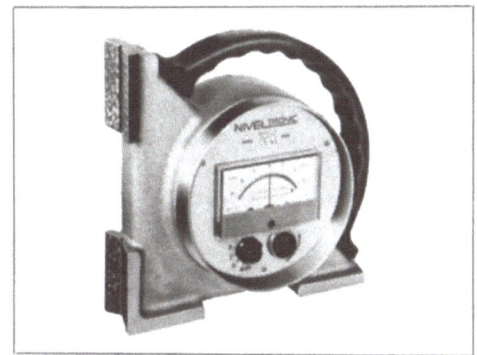

9.31   Elektronische Richtwaage

9.6 Passungen

In der industriellen Fertigung technischer Erzeugnisse überwiegt die Serien- und Massenfertigung. Das Endprodukt eines Herstellers kann eine Schraube, eine Welle, ein Zahnrad oder auch eine Werkzeugmaschine sein. Wenn Bauteile für das Zusammenwirken mit anderen bestimmt sind, muß gewährleistet sein, daß sie o h n e N a c h a r b e i t zusammenpassen. So muß eine Welle, die in einer Bohrung laufen oder gleiten soll, im Durchmesser etwas kleiner sein als die Bohrung. Diese Bedingungen gelten für a l l e Wellen einer Serie, auch wenn für die Fertigung von Bohrung und Welle jeweils eine bestimmte Toleranz zugelassen ist. Die Teile müssen also beliebig a u s t a u s c h b a r sein. Das erreicht man durch Passungen.

> Das funktionsgerechte Zusammenwirken von Bauteilen (und ihre Austauschbarkeit ohne Nacharbeit) wird durch Passungen ermöglicht.

Grundbegriffe nach DIN 7182

In der zuletzt 1986 überarbeiteten DIN 7182 haben sich die meisten Begriffe und Kurzzeichen der Toleranzen und Passungen erheblich geändert. Früher verstand man unter Passungen die Beziehungen zwischen den zulässigen Höchst- und Mindestmaßen der Paßteile, heute sind Passungen L ä n g e n m a ß e.

> Unter Passung versteht man die Maßdifferenz von Innen- und Außenfläche der Paßteile (z. B. Bohrung und Welle) vor dem Zusammenbau.

Zur besseren Übersicht führen wir in der folgenden Besprechung der Begriffe einige der bisher gültigen in Klammern auf.

Passung P, Spiel P_s und Übermaß $P_ü$ (früher Spiel S und Übermaß U) kennzeichnen also Maßdifferenzen. Die Passung ist dabei der Überbegriff für Spiel oder Übermaß und kann p o s i t i v oder n e g a t i v sein.

Ist das Innenmaß des Außenteils größer als das Außenmaß des Innenteils, spricht man von S p i e l (= positive Passung, **9.**32); ist es kleiner, spricht man von Ü b e r m a ß (= negative Passung, **9.**33). Bild **9.**34 zeigt die möglichen Maße der Höchst- und Mindestpassungen.

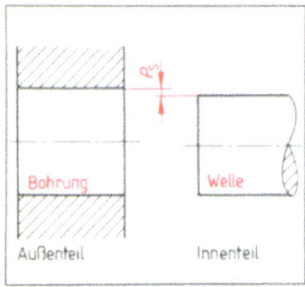 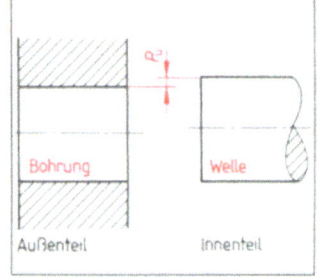 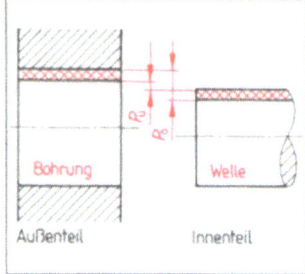

9.32 Spiel P_s = positive Passung

9.33 Übermaß $P_ü$ = negative Passung

9.34 Höchstpassung P_o und Mindestpassung P_u

Höchstpassung P_o
- Höchstmaß des Außenteils minus Mindestmaß des Innenteils (früher Größtspiel genannt) oder
- Mindestmaß des Innenteils minus Höchstmaß des Außenteils (früher Kleinstübermaß)

Mindestpassung P_u
- Mindestmaß des Außenteils minus Höchstmaß des Innenteils (früher Kleinstspiel) oder
- Höchstmaß des Innenteils minus Mindestmaß des Außenteils (früher Größtübermaß)

Der Bereich (Intervall) zwischen Höchst- und Mindestpassung wird Paßtoleranzfeld genannt und kann in drei Arten unterschieden werden (**9.35**).

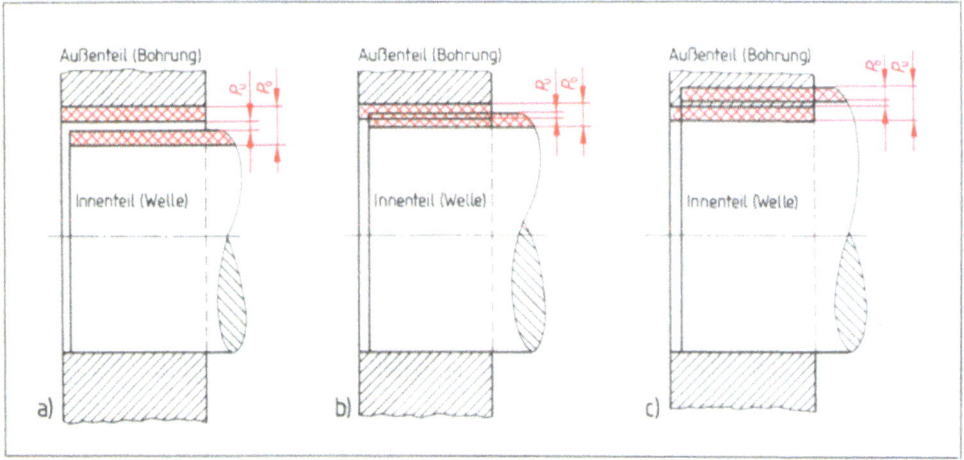

9.35 Paßtoleranzfeld
a) Spieltoleranzfeld, b) Übergangstoleranzfeld, c) Übermaßtoleranzfeld
P_o = Höchstpassung, P_u = Mindestpassung

Spieltoleranzfeld (früher Spielpassungen): Hier liegt zwischen den Paßteilen immer ein Spiel (Kleinstspiel 0 oder größer) vor. Das Spieltoleranzfeld ist der Bereich zwischen positiver Höchst- und Mindestpassung (Mindestpassung mindestens 0).

Übermaßtoleranzfeld (früher Übermaßpassungen, Preßpassungen): Hier ergibt die Paarung der Paßteile immer ein Übermaß (Kleinstübermaß 0 oder größer). Das Übermaßtoleranzfeld ist der Bereich zwischen negativer Höchstpassung (Höchstpassung höchstens 0) und negativer Mindestpassung.

Übergangstoleranzfeld (früher Übergangspassungen): Hier ergibt sich je nach Ausfall der Istmaße ein Spiel oder ein (geringes) Übermaß. Das Übergangstoleranzfeld ist der Bereich zwischen positiver Höchstpassung und negativer Mindestpassung.

> Zwischen zwei zu paarenden Bauteilen (z. B. Bohrung und Welle) kann Spiel oder Übermaß vorliegen. Man unterscheidet danach die drei Paßtoleranzfelder Spiel-, Übergangs- oder Übermaßtoleranzfeld.

Paßsysteme. Wie die Passung ausfallen soll, überläßt man nur in Grenzen dem Zufall. Diese Grenzen werden durch die Toleranzvorgabe für die Fertigung festgelegt. Dazu dienen die Paßsysteme.

Im ISO-Paßsystem der Einheitsbohrung (EB) ist das untere Grenzabmaß A_u für alle Bohrungen gleich Null, wodurch das Bohrungsmindestmaß immer mit der Nullinie zusammenfällt (**9.36**). Die gewünschten Spiele und Übermaße werden durch die Tolerierung der Wellenmaße festgelegt (Anpassung der Wellendurchmesser an die Bohrung).

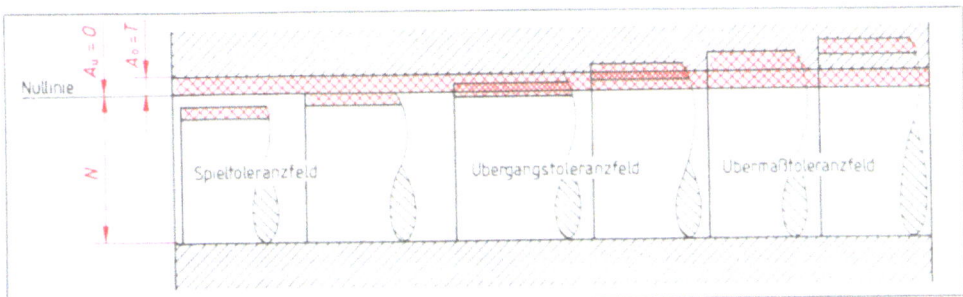

9.36 Paßsystem Einheitsbohrung

Im ISO-Paßsystem Einheitswelle (EW) erhält man die erforderlichen Spiele und Übermaße durch Anpassung der Bohrungsdurchmesser an die Welle (**9.37**). Das obere Grenzabmaß A_o aller Wellen ist gleich Null, wodurch das Wellenhöchstmaß immer mit der Nullinie zusammenfällt.

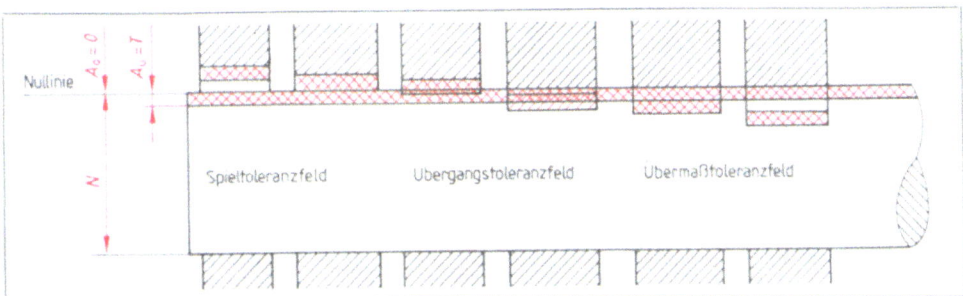

9.37 Paßsystem Einheitswelle

Die Paßtoleranz P_T ist die Differenz von Höchst- und Mindestpassung. Sie entspricht gleichzeitig der Summe der Maßtoleranzen von Innen- und Außenpaßflächen (z. B. bei Bohrung B und Welle W).

Paßtoleranz = Höchstpassung − Mindestpassung = Maßtoleranz Außenteil + Maßtoleranz Innenteil
$P_T = P_o - P_u = T_B + T_W$

ISO-Toleranzsystem (DIN 7150). Die ISO-Toleranzen sind vorerst für Abmessungen von 1 bis 500 mm festgelegt und in 13 Nennmaßbereiche aufgeteilt:

1 bis 3 mm	>18 bis 30 mm	> 80 bis 120 mm	>250 bis 315 mm
> 3 bis 6 mm	>30 bis 50 mm	>120 bis 180 mm	>315 bis 400 mm
> 6 bis 10 mm	>50 bis 80 mm	>180 bis 250 mm	>400 bis 500 mm
>10 bis 18 mm			

ISO-Toleranzklassen. Für jeden dieser Nennmaßbereiche gibt es 20 verschieden groß gestufte (und mit den Zahlen 01, 0, 1, 2 bis 18 benannte) Toleranzen, die man ISO-Toleranzklassen (bisher Qualitäten) nennt. Zur ISO-Toleranzklasse 01 gehören die kleinsten, zu 18 die größten Toleranzen. Hierbei wird berücksichtigt, daß bei größeren Werkstückabmessungen auch die Toleranzen zunehmen müssen, um einen gleichbleibenden „Gütewert" zu gewährleisten. Zur Beschreiben der Gesamtheit der Toleranzen innerhalb einer Qualität dient eine ISO-Grundtoleranzenreihe (**9.38**).

Tabelle **9.38 Grundtoleranzenreihe**

Grundtoleranzen-reihe	IT5	IT6	IT7	IT8	IT9	IT10	IT11	IT12	IT13	IT14	IT15	IT16	IT17	IT18
Anzahl der Toleranzeinheiten	≈ 7	10	16	25	40	64	100	160	250	400	640	1000	1600	2500

Entsprechend den ISO-Toleranzklassen werden die ISO-Grundtoleranzen mit IT 01 bis IT 18 bezeichnet (IT = ISO-Toleranzreihe IT). Der hier zugrunde gelegte (international festgelegte) Toleranzfaktor i (bisher Toleranzeinheit i genannt) hat den Wert 2,173 µm (Mikrometer = ein Tausendstel Millimeter).

Während man die ISO-Grundtoleranzen IT 01 bis IT 7 überwiegend für die Lehrenherstellung verwendet, dienen IT 5 bis IT 13 für die spanende Werkstückbearbeitung (Drehen, Fräsen, Schleifen usw.) und IT 14 bis IT 18 für die spanlose Formgebung (Umformverfahren, z. B. Walzen, Ziehen, Schmieden usw.).

Bezeichnung der ISO-Toleranzen. Die Lage der Toleranzfelder zur Nullinie wird mit Großbuchstaben (Außenteile, z. B. Bohrungen, Bild **9.39**) oder Kleinbuchstaben (Innenteile, z. B. Wellen, Bild **9.40**) angegeben. Die Buchstaben I, L, O, Q, W und i, l, o, q, w werden zur Kennzeichnung nicht verwendet, da sie anfangs nicht gebraucht wurden. Da später aber noch Übermaßpassungen ergänzt werden mußten, sind die Bezeichnungen ZA, ZB, ZC bzw. za,

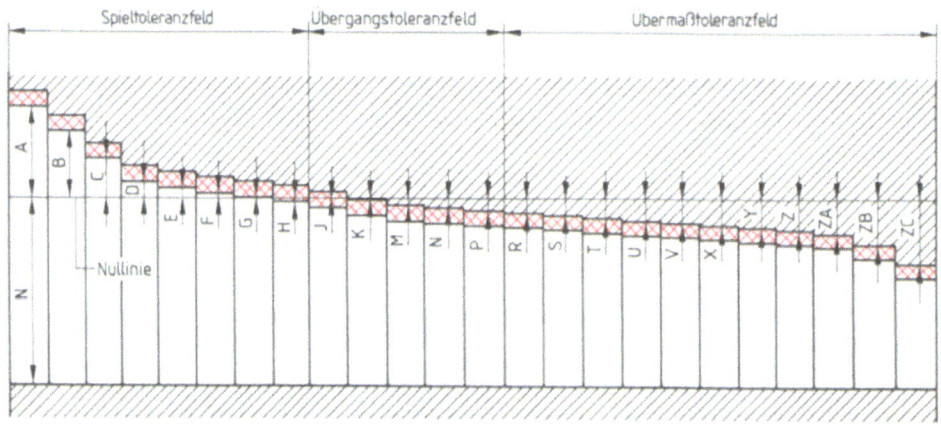

9.39 Toleranzfelder für Außenteile (Bohrungen)

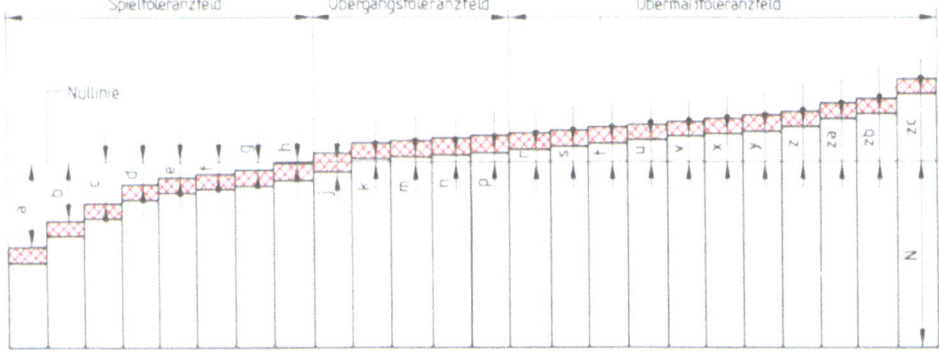

9.40 Toleranzfelder für Innenteile (Wellen)

zb, zc dazugekommen. Die **Größe** eines Toleranzfelds wird durch die ISO-Toleranzklassen-Zahlen 01 bis 18 beschrieben.

Das vollständige ISO-Toleranzkurzzeichen besteht demnach aus Buchstaben (für die Toleranzfeldlage) und Zahlen (für die Toleranzfeldgröße), z. B. H7 oder n 6.

Beispiel 9.3 Eine Welle und eine Bohrung sollen nach der Passungsangabe ⌀ 40 F8/h9 gefertigt werden. Aus der Passungsangabe ergibt sich:

a) Der Nenndurchmesser für Bohrung und Welle beträgt 40 mm.

b) Die Bohrung soll nach F8, die Welle nach h 9 gefertigt werden.

c) Die Abmaße (**1.13**) betragen demnach für die Bohrung (F8) $A_o = +64$, $A_u = +25$, für die Welle (h 9) $A_o = 0$, $A_u = -62$.

Daraus lassen sich die Grenzmaße (Höchst- und Mindestmaße), die Maßtoleranzen, die möglichen Spiele und die Paßtoleranz berechnen.

Bohrung Höchstmaß $G_{oB} = N + A_o = 40{,}064$ mm
            Mindestmaß $G_{uB} = N + A_u = 40{,}025$ mm
            Maßtoleranz $T_B = G_{oB} - G_{uB} = 0{,}039$ mm

Welle   Höchstmaß $G_{oW} = N + A_o = 40{,}000$ mm
            Mindestmaß $G_{uW} = N + A_u = 39{,}938$ mm
            Maßtoleranz $T_W = G_{oW} - G_{uW} = 0{,}062$ mm

Passung Höchstmaß $P_o = G_{oB} - G_{uW} = 0{,}126$ mm
            Mindestpassung $P_u = G_{uB} - G_{oW} = 0{,}025$ mm
            Paßtoleranz $P_T = P_o - P_u = 0{,}101$ mm

Das ISO-Toleranz-Kurzzeichen (z. B. h 9) wird stets hinter das Nennmaß geschrieben. Beide zusammen ergeben das Paßmaß (z. B. ⌀ 40 F8).

Wird ein Durchmesser toleriert, gehört auch das Durchmesserzeichen zur eindeutigen Kennzeichnung (z. B. ⌀ 40 F 8).

9.7 Anreißen

Beim Anreißen werden Werkstückumrisse, Biegekanten, Durchbrüche oder Bohrungsmitten auf dem Werkstück, soweit erforderlich, eingeritzt oder angezeichnet, um Anhaltspunkte für die Bearbeitung zu erhalten. Die Maße entnimmt man der Fertigungszeichnung.

> Anreißen ist das Übertragen der für die Bearbeitung erforderlichen Maße von der Fertigungszeichnung auf das zu bearbeitende Werkstück.

Von der Genauigkeit des Anreißens ist zu einem großen Teil die fehlerlose Fertigung des Werkstücks abhängig. Deshalb müssen die Anrisse genau, gut sichtbar und dauerhaft sein.

Anreißwerkzeuge, Hilfsmittel

Anreißplatte. Als Arbeitsunterlage dient beim Anreißen häufig eine genau waagerecht ausgerichtete Anreißplatte aus Gußeisen oder Hartgestein (Granit). Die Anreißplatte hat eine gehobelte und tuschierte, ebene Oberfläche. Sie darf nicht für Richtarbeiten mißbraucht werden.

Reißnadeln. Meist werden Linien auf dem Werkstück mit Stahlreißnadeln angerissen. Häufig ist eine Spitze der Reißnadel im Winkel abgebogen, um wenig zugängliche Stellen des Werkstücks anreißen zu können. Wenn das Werkstück nicht durch Anrisse beschädigt werden darf (z. B. geschlichtete Flächen, oberflächenveredelte Werkstücke, kerbempfindliche Leichtmetalle), benutzt man Messingreißnadeln oder Bleistifte (**9.41** a).

Körner. Mit dem Körner kennzeichnet man Mittelpunkte für Kreisbögen und Bohrungen sowie den Verlauf von Anreißlinien. Bei Bohrungen dient die Körnung auch als Angriffspunkt für den Bohrer. Der Spitzenwinkel des Körners richtet sich nach dem anzureißenden Werkstoff. Bei harten Werkstoffen beträgt er 60°, bei weichen Werkstoffen und zum genauen Anreißen 30°. Für das Ankörnen für Bohrungen ist ein Winkel von 90° zweckmäßig (**9.41** b).

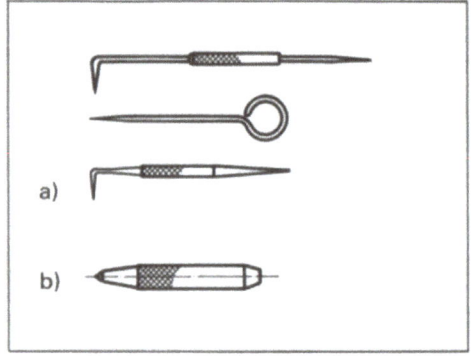 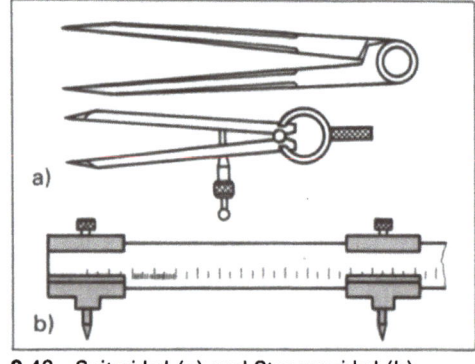

9.41 Reißnadeln (a) und Körner (b)   9.42 Spitzzirkel (a) und Stangenzirkel (b)

Spitzzirkel und Stangenzirkel verwendet man zum Anreißen von Kreisbögen und Lochabständen sowie zum Übertragen von Längen. Die Maße werden von einfachen Strichmaßstäben abgenommen (**9.42**).

Zentrierwinkel. Das Anreißen des Kreismittelpunkts von Wellen wird mit einem Zentrierwinkel vorgenommen. Er besteht aus einem Anschlagwinkel mit einem Lineal, dessen Anreißkante den Winkel halbiert und durch den Mittelpunkt des Kreises geht (**9.43**).

Streichmaß. Das Streichmaß dient zum Anreißen von parallelen Linien zu einer bearbeiteten Werkstückkante (**9.44**).

Winkelmesser, Anschlagwinkel. Winkel werden mit einem verstellbaren Winkelmesser oder eingestellten Schmiegen angerissen. Rechtwinklige Anschlagwinkel benutzt man zum

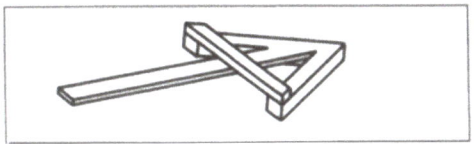

9.43 Zentrierwinkel

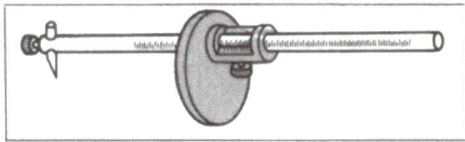

9.44 Streichmaß

Anreißen von Linien, die senkrecht zu einer bearbeiteten Werkstückkante liegen, oder zum senkrechten Ausrichten eines Werkstücks auf der Anreißplatte.

Parallelreißer, Höhenreißer, Standmaß. Mit dem Parallelreißer (Reißstock), der auf der Anreißplatte geführt wird, lassen sich Linien parallel zur Ebene der Anreißplatte ziehen. Das Höhenmaß wird von einem Standmaß abgegriffen. Der Höhenreißer hat einen festen Maßstab und einen Nonius zum genauen Einstellen des Höhenmaßes (**9.45**).

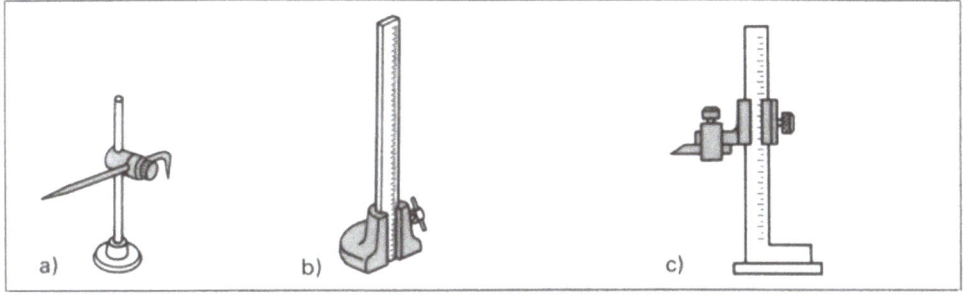

9.45 Parallelreißer (a), Standmaß (b) und Höhenreißer (c)

Aufgaben zu Abschnitt 9

1. Was bedeutet Prüfen?
2. Begründen Sie den Satz: Rechtzeitiges Prüfen hilft Ausschuß vermeiden.
3. Was versteht man unter Messen, was unter Lehren?
4. Was versteht man unter Toleranz?
5. Erklären Sie die Begriffe Nennmaß N, oberes Abmaß A_o, unteres Abmaß A_u, Höchstmaß G_o, Mindestmaß G_u und Maßtoleranz T am Beispiel des Paßmaßes $20^{+0,011}_{-0,006}$. Geben Sie jeweils die Werte an.
6. Warum ist absolut fehlerfreies Messen nicht möglich?
7. Warum können systembedingte Meßfehler ausgeglichen werden, zufällige dagegen nicht?
8. Was ist der Hauptunterschied zwischen anzeigenden Meßgeräten und Maßverkörperungen?
9. Was versteht man unter direktem (unmittelbarem), was unter indirektem (mittelbarem) Messen?
10. Wodurch unterscheiden sich Strichmaßstäbe von Längenendmaßen?
11. Um Meßfehler zu vermeiden, sind bei der Handhabung von Meßschiebern einige Regeln zu beachten. Nennen und begründen Sie wenigstens vier davon.
12. Nennen und begründen Sie wenigstens drei Regeln zur Handhabung von Meßschrauben.
13. Warum ist der Grenzlehrdorn eigentlich keine reine Maßlehre?
14. Beschreiben Sie den Prüfvorgang eines Wellendurchmessers mit einer Grenzrachenlehre. Wann ist die Welle Ausschuß?
15. Was sind Winkelendmaße?
16. Nennen und erläutern Sie Beispiele für die Ebenheits- und Rauhtiefenprüfung an Werkstückoberflächen.
17. Welche Bedeutung haben Passungen für die industrielle Fertigung?
18. Erläutern Sie die Paßsysteme Einheitsbohrung und Einheitswelle.
19. Was versteht man unter Spieltoleranzfeld, Übergangstoleranzfeld und Übermaßtoleranzfeld?

10 Naturwissenschaftliche Grundlagen der Fertigungstechnik

10.1 Mechanische Grundlagen

10.1.1 Wirkung und Darstellung von Kräften

Wirkung der Kraft. Kräfte (z. B. Gewichtskräfte, Muskelkräfte oder maschinell erzeugte Kräfte) kann man nicht sehen, sondern nur an ihren Wirkungen erkennen. Kräfte können einen Körper (z. B. ein Werkstück) verformen oder seinen Bewegungszustand ändern. Gekennzeichnet wird eine Kraft durch ihre **Größe**, ihre **Richtung** und ihren **Angriffspunkt** (**10.**1). Sie kann auf ihrer **Wirkungslinie** beliebig verschoben werden. Zu jeder Kraft gibt es eine Gegenkraft. Die Gegenkraft zur Gewichtskraft des Körpers in Bild **10.**1 wird durch eine Feder im Kraftmesser hervorgerufen und angezeigt. Kraft und Gegenkraft sind immer gleich groß, liegen auf einer Wirkungslinie, sind aber entgegengesetzt gerichtet.

Einheit der Kraft ist 1 Newton N (Newton, englischer Physiker, 1643–1727, sprich: njutn). Das ist die Kraft, die einer Masse von 1 kg die Beschleunigung von 1 m/s² erteilt. Die Gewichtskraft von 1 kg Masse beträgt auf der Erde etwa 10 N. Gemessen wird eine Kraft z. B. an der Verformung einer geeichten Feder. Gleich große Kräfte rufen an dem Federkraftmesser die gleiche Verformung hervor.

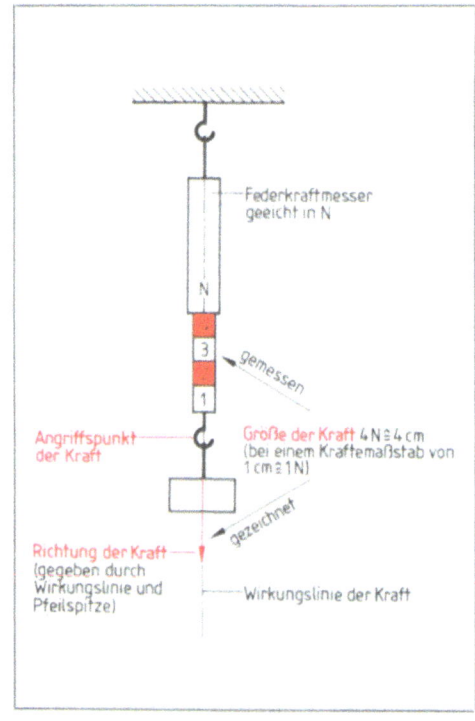

10.1 Größe, Richtung, Angriffspunkt und Wirkungslinie einer Kraft

---

Kraft F

- ist Ursache für Bewegungsänderungen und Verformungen eines Körpers
- wird bestimmt durch ihre Größe, ihre Richtung und ihren Angriffspunkt
- weckt stets eine gleich große Gegenkraft
- hat die Einheit Newton N

Darstellung der Kraft. Kräfte stellt man zeichnerisch als **Kräftepfeile** dar. Man wählt dazu einen Kräftemaßstab aus. In Bild **10.**1 ist der Pfeil für 1 N 1 cm lang; für 4 N wird er also 4 cm lang gezeichnet. Kräftemaßstäbe können zwar frei gewählt werden, doch geht man dabei von zweckmäßigen Überlegungen aus: Der Kräftepfeil muß eine aussagefähige und übersichtliche Länge haben, die Umrechnung soll einfach sein.

10.1.2 Zusammensetzen und Zerlegen von Kräften

Versuch 10.1 Mit einem Federkraftmesser bestimmen wir nacheinander die Gewichtskräfte zweier Körper. Dann hängen wir die Körper zusammen an den Kraftmesser (**10.2**).

Ergebnis Beim ersten Versuchskörper zeigt die Waage 0,5 N, beim zweiten 1 N, bei beiden zusammen 1,5 N.

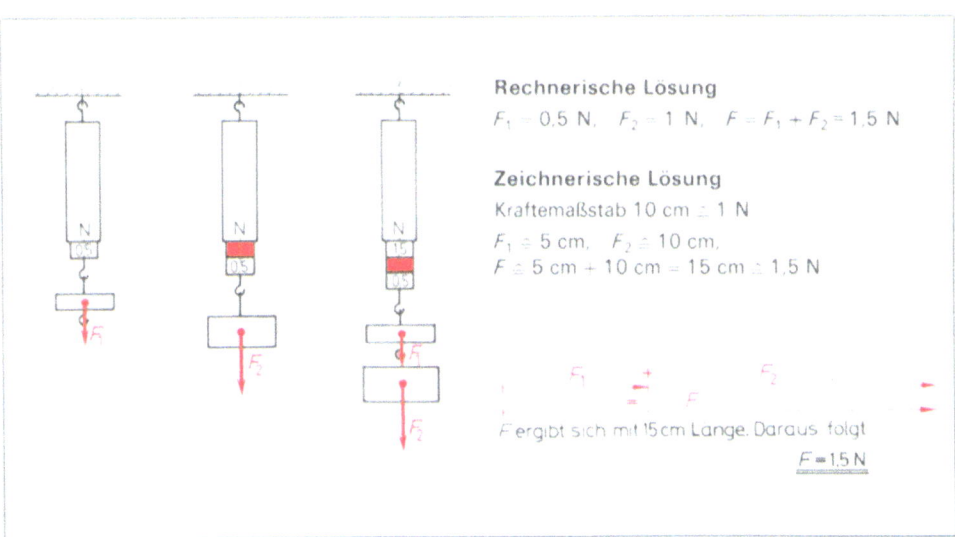

10.2 Kräfte auf einer Wirkungslinie – Addition

Die Gewichtskräfte beider Körper haben dieselbe Richtung und liegen auf einer Wirkungslinie. Aus der Anzeige der Waage ist zu schließen, daß die Resultierende $F = 1,5$ N durch Addition der Einzelkräfte $F_1 = 0,5$ N und $F_2 = 1$ N entstanden ist.

> Wirken zwei Kräfte in **gleicher Richtung** auf einer Wirkungslinie, ergibt sich die Resultierende durch **Addition** der Einzelkräfte.
> $F = F_1 + F_2$
> Wirken zwei Kräfte in **entgegengesetzter Richtung** auf einer Wirkungslinie, ergibt sich die Resultierende durch **Subtraktion** der Einzelkräfte.
> $F = F_1 - F_2$

Kräfte auf verschiedenen Wirkungslinien (Kräfteparallelogramm). Nicht immer lassen sich alle an einem Angriffspunkt gemeinsam wirkenden Kräfte durch Messen ermitteln. Hier führt eine zeichnerische Lösung mit Hilfe des Kräfteparallelogramms zum Ziel, wenn man Richtung und Wirkungslinien der unbekannten Kraft oder Kräfte kennt.

Beispiel 10.1 Ein Kran soll verschieden schwere Gußstücke transportieren. Die beiden Stahlseile, die bei vorschriftsmäßiger Befestigung einen Winkel von 40° bilden, sollen aus Sicherheitsgründen höchstens mit einer Zugkraft von je 8000 N belastet werden (**10.3**). Bis zu welcher Gewichtskraft dürfen die Gußstücke mit beiden Seilen transportiert werden?

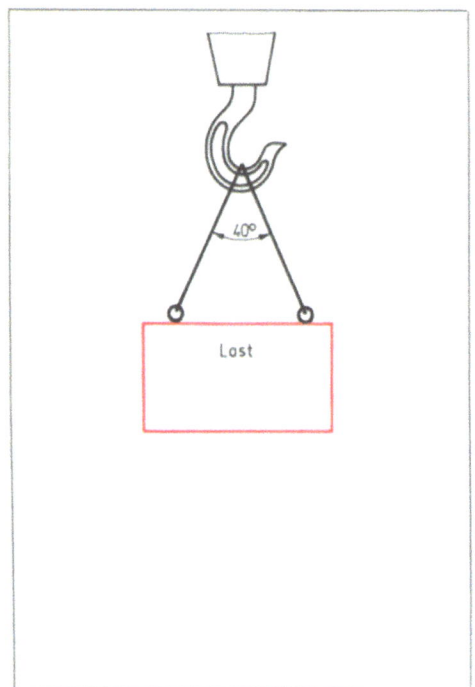

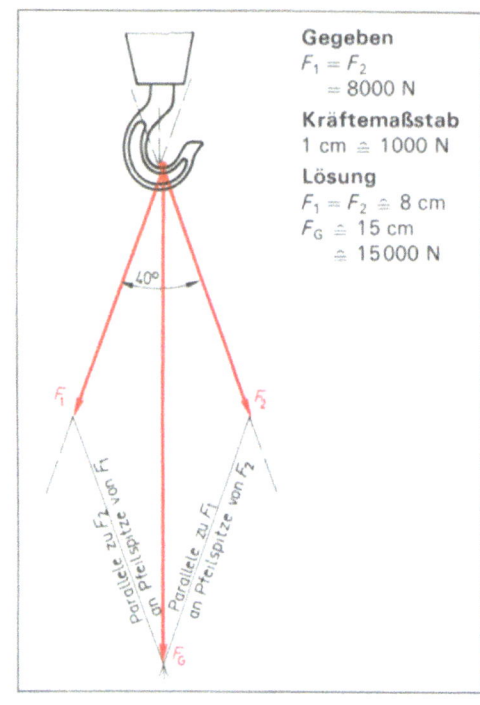

Gegeben
$F_1 = F_2$
 $= 8000$ N

Kräftemaßstab
1 cm ≙ 1000 N

Lösung
$F_1 = F_2$ ≙ 8 cm
F_G ≙ 15 cm
 ≙ 15 000 N

10.3 Heben einer Last

10.4 Kräfte auf verschiedenen Wirkungslinien – Kräftezusammensetzung

Lösung Die am Kranhaken in den Seilen wirkenden Kräfte F_1 und F_2 bilden einen Winkel von 40°, womit Angriffspunkt und Wirkungsrichtung bekannt sind. Die Höchstwerte für F_1 und F_2 von je 8000 N (8 kN) können z. B. im Kräftemaßstab 1 cm ≙ 1000 N (1 kN) als 8 cm lange Kräftepfeile gezeichnet werden.

Die Länge des Kräftepfeils der höchstzulässigen Gesamtgewichtskraft F_G ergibt sich, wenn man die Pfeile F_1 und F_2 zum Parallelogramm ergänzt und die Diagonale zieht (**10.4**). Sie ist die Resultierende. Ihre Länge von 15 cm entspricht 15 000 N (15 kN).

Kräftezusammensetzung und -zerlegung. Das Beispiel zeigt, wie für zwei Einzelkräfte durch die Anwendung des Kräfteparallelogramms eine Resultierende (Ersatzkraft) gefunden wird. Dieses Vorgehen nennt man **Kräftezusammensetzung**. Umgekehrt kann man auch eine Resultierende mit Hilfe des Kräfteparallelogramms in Einzelkräfte zerlegen. Man spricht dann von **Kräftezerlegung**. (Die Resultierende ist jeweils die Diagonale im Parallelogramm.)

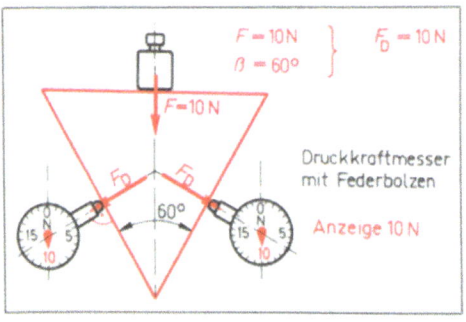

10.5 Messen der Flankenkräfte am 60°-Keil bei $F = 10$ N

Versuch 10.2 Das Modell einer keilförmigen Werkzeugschneide mit dem Keilwinkel $\beta = 60°$ wird mit einer Kraft $F = 10$ N belastet (**10.5**). Mit Druckkraftmessern messen wir die senkrecht zu den Keilflanken wirkenden Flankenkräfte F_D. Die Kraftmesser zeigen 10 N an.

Der Keil übt also über seine Seitenflächen Druckkräfte auf den ihn umgebenden Stoff aus. Die Größe dieser Druckkräfte hängt von der belastenden Kraft und vom Keilwinkel ab.

Die gemessenen Versuchsergebnisse lassen sich mit Hilfe des Kräfteparallelogramms zeichnerisch bestätigen. In diesem Fall ist die belastende Kraft F die Resultierende, die in die Einzelkräfte F_{D1} und F_{D2} zerlegt wird (**10.6**).

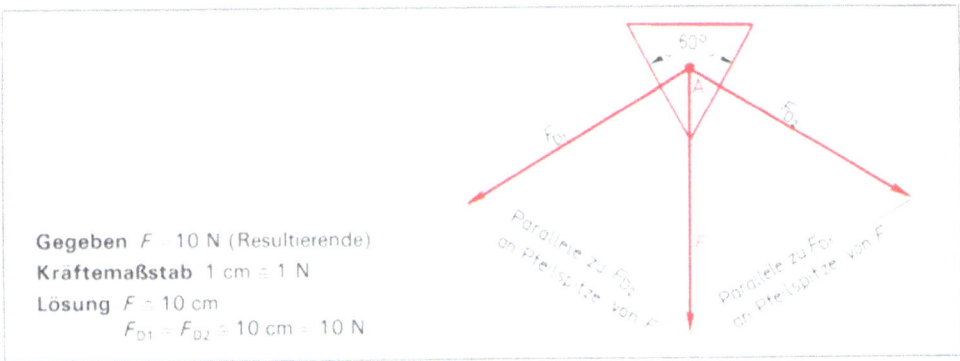

Gegeben $F = 10$ N (Resultierende)
Kräftemaßstab 1 cm $\triangleq 1$ N
Lösung $F \triangleq 10$ cm
$F_{D1} = F_{D2} \triangleq 10$ cm $\triangleq 10$ N

10.6 Kräfte auf verschiedenen Wirkungslinien – Kräftezerlegung

Mit Hilfe des Kräfteparallelogramms kann man
- zwei unter beliebigem Winkel zueinander wirkende Kräfte durch eine Resultierende (Ersatzkraft) ersetzen (= Kräftezusammensetzung),
- eine Kraft in zwei Kräfte vorgegebener Richtung zerlegen (= Kräftezerlegung).

10.1.3 Reibungskraft

Reibungskraft. Wird ein auf einer waagerechten Unterlage angestoßener Körper sich selbst überlassen, wird er immer langsamer und kommt nach einiger Zeit zur Ruhe – er ändert seinen Bewegungszustand. Folglich muß eine Kraft vorhanden sein (s. Abschn. 10.1.1), die diese Bewegungsänderung verursacht. Diese Kraft bezeichnet man als Reibungskraft.

Reibungskraft ist die Widerstandskraft gegen das Verschieben zweier sich berührender Körper. Sie ist der Bewegungsrichtung entgegengesetzt.

Reibungszahl. Das Verhältnis von Reibungskraft zur Normalkraft F_R/F_N ist konstant und wird Reibungszahl μ (mü = griech. Buchstabe m) genannt. Aus ihm ergibt sich nach Umformen, daß die Reibungskraft F_R der Normalkraft F_N verhältnisgleich (proportional) ist: $F_R = \mu \cdot F_N$. Die Reibungszahl gibt an, welchen Bruchteil der Normalkraft die Reibungskraft ausmacht.

Versuche zeigen, daß die Reibungszahl μ vor allem von der Werkstoffpaarung, der Oberflächenbeschaffenheit und dem Schmierzustand abhängt (**10.8** auf S. 118). Sie ist unabhängig von der Größe der sich berührenden Flächen.

Reibungskraft = Reibungszahl · Normalkraft $F_R = \mu \cdot F_N$

Reibungsarten. Die Reibungszahl ist auch von der Art der Reibung abhängig. Man unterscheidet Haftreibung, Gleitreibung und Rollreibung.

Haftreibung tritt auf, wenn ein ruhender Körper in Bewegung gesetzt werden soll. Die Haftreibungszahl ist größer als die Reibungszahl bei der Bewegung. Um einen Körper in Bewegung zu setzen, sind also größere Reibungskräfte zu überwinden als bei einem sich schon bewegenden Körper. Die Ursache liegt in der Rauhheit der Berührungsflächen, deren mikroskopisch kleine Zacken und Zähne ineinander greifen und das Weggleiten verhindern (**10.7** a).

Gleitreibung. Ist ein Körper einmal in Bewegung, muß zum Aufrechterhalten der Bewegung nur noch die Gleitreibung überwunden werden. Die Gleitreibungszahl ist niedriger als die Haftreibungszahl, denn die Rauhheit der Berührungsflächen macht sich beim Gleiten nicht mehr so stark bemerkbar. Die Gleitreibung wird noch geringer, wenn die Berührungsflächen mit Schmiermitteln überzogen werden. Die Schmiermittel bilden einen Schmierfilm, der die Unebenheiten der Berührungsflächen ausfüllt, so daß das Gleiten nur noch zwischen den Schichten des Schmiermittels stattfindet (**10.7** b, c).

Rollreibung. Die Reibung wird noch geringer, wenn die sich berührenden Körper nicht aufeinander gleiten, sondern aufeinander rollen, z. B. durch dazwischen gelegte Rollen oder Walzen wie bei Wälzlagern (**10.7** d).

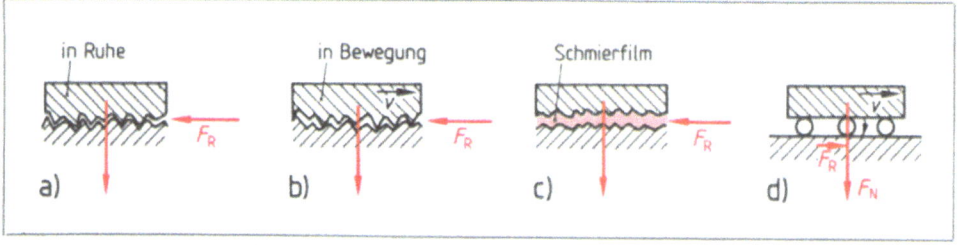

10.7 Reibungsarten
    a) Haftreibung, b) Gleitreibung – trocken, c) Gleitreibung mit Schmierung, d) Rollreibung

Tabelle **10.8** gibt die Reibungszahlen für die verschiedenen Arten der Reibung zum Vergleich an.

Tabelle 10.8 Reibungszahlen für verschiedene Reibungsarten

Werkstoffpaarung	Haftreibung	Gleitreibung trocken	gefettet	Rollreibung
Stahl/Stahl	0,15	0,15	0,01	0,005 bis 0,001
Stahl/Bronze oder Grauguß	0,19	0,18	0,01	gehärteter Stahl/ gehärteter Stahl 0,0005 bis 0,001
Holz/Holz	0,4 bis 0,6	0,2 bis 0,4	0,8	
Bremsbelag auf Stahl	–	0,5 bis 0,6	0,3 bis 0,5	Wälzlager 0,001 bis 0,003
Lederriemen auf Grauguß	–	–	0,2 bis 0,7	
Gleitlager	0,1	–	0,03	

Die Bedeutung der Reibung in der Technik und im Alltag ist sehr groß. In Lagern und Führungen von Maschinen ist Reibung eine unerwünschte Erscheinung. Sie verursacht Verschleiß und erfordert höheren Kraftaufwand, weil ein Teil der zugeführten Energie durch Reibung in Wärme umgewandelt wird. Durch geeignete Maßnahmen (z. B. Schmierung, höhere Oberflächengüte, günstigere Werkstoffpaarung oder Übergang zur Rollreibung) versucht man die Reibung so gering wie möglich zu halten. Auch bei Fertigungsvorgängen (z. B. Umformen, Bohren, Fräsen, Drehen) entwickelt sich durch Reibung große Wärme, die durch Kühlmittel abgeführt werden muß, um Werkstück und Werkzeug zu schützen. Andererseits ist Reibung erwünscht und notwendig. Die Wirkungsweisen von Keil- und Schraubenverbindungen, Reibrad- und Riemengetrieben, Reibungskupplungen und Bremsen beruhen auf Ausnutzen der Reibung.

10.1.4 Kraftmoment (Drehmoment) und Hebel

Viele Werkzeuge (aber auch Maschinen) sind ohne die Wirkung von Hebeln nicht denkbar. Bei Handscheren z. B. (s. Abschn. 11.2.2) wird die Handschrift durch Hebel übersetzt und vergrößert, damit eine genügend große Trennkraft für das Zerteilen des Werkstoffs zustande kommt.

Kraftmoment (Drehmoment). Ein Hebel ist ein um eine Achse drehbarer starrer Körper, an dem Kräfte wirken können. Handscheren und Zangen sind z. B. Werkzeuge mit zwei gegeneinander drehbaren Hebeln. Die auf der Griffseite wirkende Handkraft F_1 versucht die Scherenhebel im Drehpunkt zu drehen und übt damit eine „Drehkraftwirkung" aus (**10.9**). Diese Drehkraftwirkung ist von der Handkraft und der Hebellänge abhängig. Man nennt sie Kraftmoment (Drehmoment). Darunter versteht man das Produkt aus Kraft und wirksamem Hebelarm.

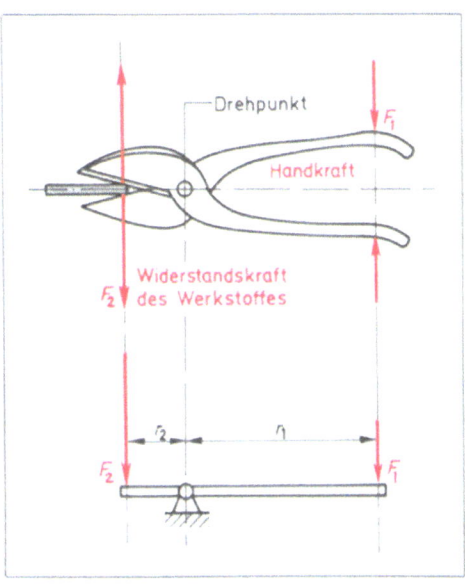

10.9 Hebelwirkung an der Handschere

Kraftmoment = Kraft · Hebelarm $M = F \cdot r$ in N · m

Unter dem wirksamen Hebelarm r versteht man die senkrechte Entfernung (= Abstand) der Kraftwirkungslinie vom Drehpunkt. Wie das Beispiel des Winkelhebels in Tabelle **10.10** zeigt, ist diese Kennzeichnung des wirksamen Hebelarms sehr wichtig, weil er auch außerhalb des Hebels liegen kann und keineswegs immer mit den Teillängen des Hebels übereinstimmen muß.

Hebelarten. Je nach Lage von Drehpunkt und Kräften unterscheidet man drei Hebelarten: einseitige und zweiseitige Hebel sowie Winkelhebel (**10.10**).

Tabelle 10.10 **Hebelarten**

Hebelart	Anwendungsbeispiel	Schematische Darstellung
a) einseitiger Hebel	Lochwerkzeug (Handkraft F_1, Widerstandskraft F_2)	
b) zweiseitiger Hebel	Kneifzange (30, 150, $F_1 = 90\,N$)	
c) Winkelhebel *Hinweis: Die beiden wirksamen Hebelarme r_1, r_2 sind nicht identisch mit l_1 und l_2.*	Heben einer Last	

> Der wirksame Hebelarm liegt außerhalb des Hebels, wenn die Kräfte nicht im rechten Winkel an ihm angreifen.

Momentengleichgewicht und Hebelgesetz. Je nach Angriffspunkt und Richtung versuchen die angreifenden Kräfte, den Hebel rechts- oder linksherum zu drehen. Heben sich zwei (oder mehr) an einem Hebel angreifende Kräfte in ihrer Wirkung gegenseitig auf, dreht sich der Hebel nach keiner Seite, sondern bleibt in Ruhe.

Diesen Zustand nennt man Momentengleichgewicht oder einfach Gleichgewicht (Hebelgesetz).

> **Hebelgesetz**
> Rechtsdrehendes Moment = linksdrehendes Moment
> Rechtsdrehendes $F \cdot r$ = linksdrehendes $F \cdot r$
> oder auch $M^{\circlearrowright} = M^{\circlearrowleft}$ in $N \cdot m$

Für Fälle, die denen mehr als nur zwei Kräfte am Hebel wirksam werden, wendet man das Hebelgesetz in einer erweiterten Form an. Gleichgültig, wie viele Momente ($M = F \cdot r$) an einem Hebel wirken – Gleichgewicht ergibt sich nur dann, wenn alle rechtsdrehenden Momente zusammen genau so groß sind wie alle linksdrehenden. Damit erhält man das erweiterte Hebelgesetz in der allgemeingültigen Form:

$$\Sigma M_r = \Sigma M_l \qquad (\Sigma = \text{sigma, griech. Buchstabe S})$$

Beispiel 10.2 An dem Prägewerkzeug **10.11** wirken die Handkraft F_1 und die Prägekraft F_4. Außerdem sind die Gewichtskräfte des Hebels F_2 und des Stempels F_3 zu berücksichtigen. Wie groß ist die Prägekraft F_4?
Bekannt sind $F_1 = 100$ N, $F_2 = 50$ N, $F_3 = 20$ N sowie die Hebelarme $r_1 = 900$ mm, $r_2 = 400$ mm, $r_3 = r_4 = 80$ mm.

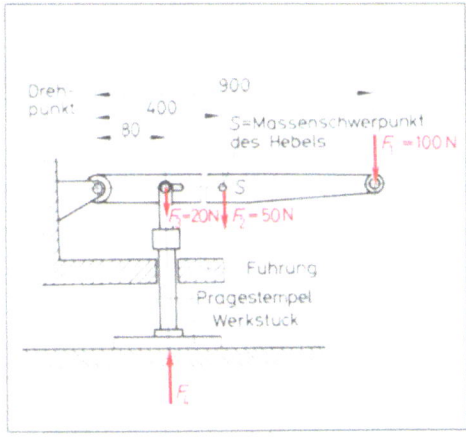

Lösung $F_1 \cdot r_1$, $F_2 \cdot r_2$ und $F_3 \cdot r_3$ sind rechtsdrehende Momente. Da $F_4 \cdot r_4$ ein linksdrehendes Moment ist, ergibt sich nach dem erweiterten Hebelgesetz

$$F_1 \cdot r_1 + F_2 \cdot r_2 + F_3 \cdot r_3 = F_4 \cdot r_4$$

nach Umstellung

10.11 Kräfte am Prägewerkzeug

$$F_4 = \frac{F_1 \cdot r_1 + F_2 \cdot r_2 + F_3 \cdot r_3}{r_4}$$

und nach Einsetzen

$$F_4 = \frac{100 \text{ N} \cdot 900 \text{ mm} + 50 \text{ N} \cdot 400 \text{ mm} + 20 \text{ N} \cdot 80 \text{ mm}}{80 \text{ mm}} = 1395 \text{ N} = \mathbf{1{,}395 \text{ kN}}.$$

10.1.5 Geschwindigkeit – Schnittgeschwindigkeit

Geschwindigkeit v ist der Quotient aus einer zurückgelegten Wegstrecke s und der dazugehörigen Zeit t (Geschwindigkeit = Weg geteilt durch Zeit). Bei Schnittgeschwindigkeiten ist der zurückgelegte Weg (z. B. einer Werkzeugmaschine) entweder geradlinig (Feilen, Sägen, Stoßen) oder kreislinig (Drehen, Fräsen).

Geradlinige Bewegung. Hier verwendet man zur Geschwindigkeitsberechnung in der Regel die Grundformel:

$$v = \frac{s}{t} \qquad \text{in m/s, aber auch km/h, m/min, mm/min}$$

Kreislinige Bewegung. Die Definition: Geschwindigkeit = Weg/Zeit gilt auch für die kreislinige (kreisförmige) Bewegung. Solche Geschwindigkeiten nennt man **Umfangsgeschwindigkeit**, da hier der zu berücksichtigende Weg auf einem Kreisumfang zurückgelegt

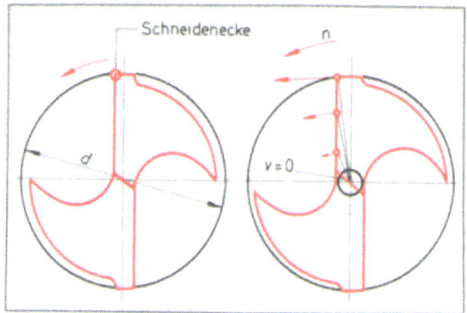

10.12 Umfangsgeschwindigkeit beim Bohren
$U = \pi \cdot d$
$v = \pi \cdot d \cdot n$
$d = \varnothing$ der betrachteten Kreisbahn
$n =$ Drehfrequenz
$v =$ Umfangsgeschwindigkeit des betrachteten Schneidenpunkts

v nimmt von außen nach innen (bei gleicher Drehfrequenz) ab. Außen hat v den Höchstwert, in der Mitte ist $v = 0$.

wird. Zu ihrer Berechnung gibt es eine besondere Formel, die man sich leicht selbst – z. B. für die Schnittgeschwindigkeit eines Wendelbohrers (s. Abschn. 11.4.2) – herleiten kann (**10.12**).

Da π eine Konstante ist, hängt also die Größe einer Umfangsgeschwindigkeit von zwei Größen ab, nämlich von der Drehfrequenz n und vom Durchmesser (der Kreisbahn) d. Die Berücksichtigung des Durchmessers d ist beim Berechnen von Schnittgeschwindigkeiten (z. B. beim Bohren oder auch beim Plandrehen, s. Abschn. 11.5.4) von besonderer Bedeutung, da sie bei sich verringerndem Durchmesser von außen nach innen abnehmen.

$v = \pi \cdot d \cdot n$ \hfill in m/min bzw. m/s

10.1.6 Mechanische Arbeit, Energie und Leistung

Der Begriff Arbeit wird im täglichen Sprachgebrauch vieldeutig für alles verwendet, was Mühe macht. In der Physik und Technik jedoch bezeichnet Arbeit einen genau meß- und berechenbaren Vorgang: Wirkt eine Kraft längs einer Wegstrecke (z. B. beim Heben einer Last, beim Verschieben einer Maschine, beim Anziehen einer Schraube oder beim Abtrennen eines Drehspans), wird im physikalischen Sinn Arbeit verrichtet (**10.13**).

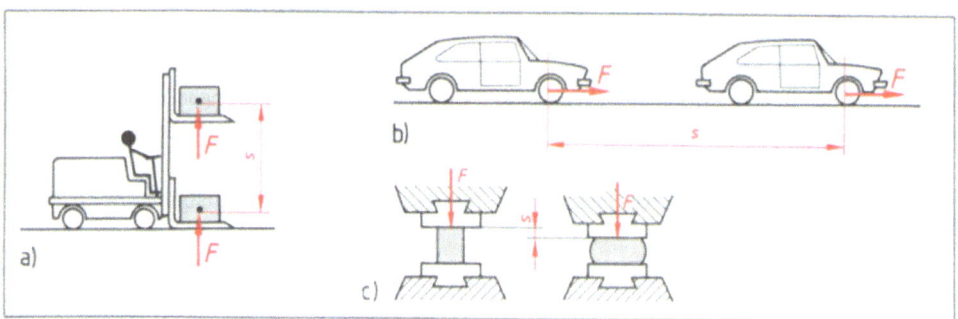

10.13 Mechanische Arbeit
a) Hubarbeit, b) Verschiebarbeit (Reibungsarbeit), c) Verformungsarbeit

Arbeit ist die Kraftwirkung längs eines Weges.

Die mechanische Arbeit ist um so größer, je größer die wirkende Kraft und je länger der Weg sind, auf dem die Kraft wirkt. Die Arbeit W ergibt sich aus dem Produkt F und der Wegstrecke s in Wirkrichtung der Kraft.

> Arbeit = Kraft · Weg $W = F \cdot s$

Einheit der Kraft ist das Joule (J; sprich dschul; James Prescott Joule, engl. Physiker, 1818–1889). Die Arbeit von 1 J wird verrichtet, wenn die Kraft von 1 N einen Körper um 1 m in Wirkrichtung der Kraft verschiebt: $1\,J = 1\,N \cdot 1\,m = 1\,Nm$ (Newtonmeter).

Die Arbeit bezeichnet man meist nach dem Vorgang, bei dem sie aufgewendet wird (z. B. Hub-, Beschleunigungs-, Reibungs-, Verformungsarbeit). Durch Verwendung einfacher Maschinen (z. B. Hebel, schiefe Ebene) kann die aufzuwendende Arbeit günstiger gestaltet werden. Man spart Kraft auf Kosten des Weges (s. Abschn. 10.1.7).

Mechanische Energie. Wird ein Körper (z. B. ein Gewichtsstück) mit einer Kraft von 50 N vom Fußboden 1 m hochgehoben, wird eine Arbeit von $W = F \cdot s = 50\,N \cdot 1\,m = 50\,Nm = 50\,J$ aufgewendet. Das Gewichtsstück kann nun beim Heruntersinken oder -fallen eine Arbeit von 50 Nm verrichten (z. B. zum Antrieb einer Uhr oder zum Verformen eines Nietstifts). Die zum Heben erforderliche Arbeit wurde also im Gewichtsstück in seiner neuen Lage gespeichert. Man nennt diese Art der gespeicherten Arbeit L a g e e n e r g i e. Auch durch Spannen einer Feder kann man mechanische Arbeit speichern, die sich wieder zum Bewegen von Ventilen, Schreibwerken u. a. nutzen läßt: S p a n n u n g s e n e r g i e. Ein fallender Schmiedehammer oder strömendes Wasser haben aufgrund ihrer Bewegung die Fähigkeit, Arbeit zu verrichten (B e w e g u n g s e n e r g i e). Ganz allgemein bezeichnet man die Fähigkeit, Arbeit zu verrichten, also Arbeitsvermögen zu besitzen, als Energie.

> Energie bedeutet Arbeitsvermögen, d. h. die Fähigkeit, Arbeit zu verrichten.
> Mechanische Energieformen sind Lageenergie, Spannungsenergie und Bewegungsenergie.

Arbeit und Energie sind Größen gleicher Art und haben deshalb auch die gleiche Einheit Joule (J): $1\,J = 1\,Nm = 1\,Ws$ (s. Abschn. 10.2.4).

Bei mechanischen Vorgängen wandeln sich die Energieformen ineinander um, ohne daß Energie verlorengeht. So wird aus der Lageenergie eines angehobenen Gewichtsstücks beim Fallen Bewegungsenergie. Trifft das fallende Gewichtsstück auf eine Druckfeder, wird diese gespannt und die Bewegungsenergie in Spannungsenergie umgewandelt, die wiederum zur Verrichtung von Arbeit dienen könnte (**10.**14). Nur wenn Reibungsarbeit verrichtet werden muß, wird mechanische Energie in nicht weniger verwertbare Wärmeenergie umgewandelt.

Diese physikalische Gesetzmäßigkeit, daß die Energie bei einem Vorgang nicht erzeugt oder vernichtet werden kann, sondern nur umgewandelt wird, nennt man den Satz von der Erhaltung der Energie.

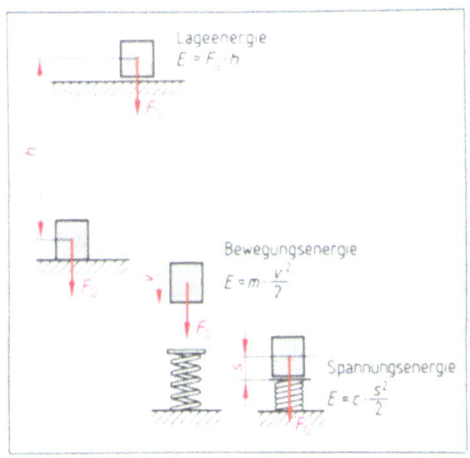

10.14   Energieumwandlung

> **Satz von der Erhaltung der Energie**
> Energie kann bei einem Vorgang nicht erzeugt werden und nicht verlorengehen. Sie kann nur in andere Energieformen umgewandelt werden.

Mechanische Leistung. Beim Berechnen einer Arbeit ist es gleichgültig, in welcher Zeit die Arbeit verrichtet wird. Für die Wirtschaftlichkeit von Maschinen ist es aber von Bedeutung, in welcher Zeit die Arbeit ausgeführt wird. Je schneller dies geschieht, um so mehr leistet die Maschine. Deshalb erhält man die Leistung, indem man die verrichtete Arbeit durch die dazu nötige Zeit teilt. Die Leistung P ist um so größer, je größer die verrichtete Arbeit W und je kürzer die erforderliche Zeit t sind.

$$\text{Leistung} = \frac{\text{Arbeit}}{\text{Zeit}} \qquad P = \frac{W}{t}$$

Einheit der Leistung ist das Watt (W; James Watt, englischer Ingenieur, 1736–1819). 1 W = 1 Nm/s = 1 J/s; 1000 W = 1 kW (Kilowatt).

Wirkungsgrad. Die einer Maschine zugeführte Energie kann aber niemals vollständig in eine bestimmte andere Energieart umgewandelt werden, weil sie sich durch Reibung und Erwärmung verringert (z. B. durch Erwärmung der Lager). Die zugeführte Leistung ist deshalb immer geringer als die angegebene Leistung. Das Verhältnis der von der Maschine abgeführten Leistung (Nutzleistung, effektive Leistung) zur zugeführten Leistung (Nennleistung) ist der Wirkungsgrad der Maschine. Je größer der Wirkungsgrad, um so wirtschaftlicher arbeitet eine Maschine. Der Wirkungsgrad wird in Prozent (%) oder in einer Dezimalzahl angegeben und ist immer kleiner 100% bzw. 1.

$$\text{Wirkungsgrad} = \frac{\text{abgegebene Leistung}}{\text{zugeführte Leistung}} = \frac{P_{ab}}{P_{zu}} \cdot 100 \text{ in \%}$$
$$= \frac{P_{ab}}{P_{zu}}$$

10.1.7 Hebel und schiefe Ebene als kraftsparende Maschinen

Einfache Maschinen. Mechanische Arbeit ist das Produkt aus Kraft und Weg. Dies bedeutet, daß man die gleiche Arbeit mit geringerer Kraft auf einem längeren Weg verrichten kann statt mit großer Kraft auf einem kürzeren Weg. Damit bietet sich die Möglichkeit, eine Arbeit günstiger einzuteilen, indem die aufzuwendende Kraft auf Kosten des Weges verringert wird. Das geschieht mit „einfachen Maschinen". (So nennt man Hebel, schiefe Ebene, Schraube und Keil, weil sie als einfachste Vorrichtungen Kraft sparen.)

$$\text{Kraft} \cdot \text{Kraftweg} = \text{Last} \cdot \text{Lastweg}$$

Schiefe Ebene. Es ist leichter, einen schweren Körper auf einem schräg liegenden Balken oder Brett auf eine bestimmte Höhe zu transportieren, als ihn senkrecht hochzuheben. Eine solche gegen die Waagerechte geneigte Fläche nennt man schiefe Ebene (**10.**15).

Liegt ein Körper auf einer schiefen Ebene, zeigt die Gewichtskraft F_G zwei Wirkungen: Zum einen drückt der Körper senkrecht auf die schiefe Ebene mit der Normalkraft F_N. Zum anderen wirkt eine Hangabtriebskraft F_H, die den Körper die schiefe Ebene herabzuschieben versucht. Um den Körper auf der

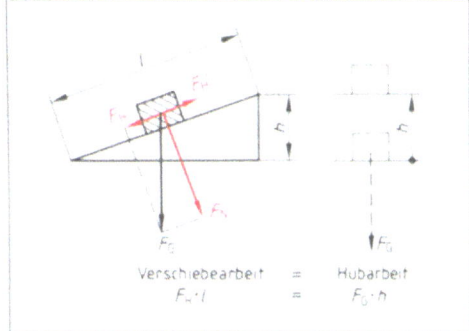

10.15 Arbeitsumwandlung durch schiefe Ebene

schiefen Ebene hinaufzuschieben, ist eine Kraft nötig, die – ohne Berücksichtigung der Reibung – gleich der Hangabtriebskraft F_H ist.

Die Größen der beiden Kräfte F_N und F_H erhält man durch Zerlegen der Gewichtskraft mit Hilfe des Kräfteparallelogramms in zwei Teilkräfte, die parallel und senkrecht zur schiefen Ebene liegen. Das dabei entstehende Kraftdreieck ist dem Dreieck der schiefen Ebene ähnlich (Übereinstimmung in den drei Winkeln). In solchen ähnlichen Dreiecken ist das Verhältnis entsprechender Seiten gleich. Es ist also

$F_H : F_G = h : l$ oder nach Umformen $F_H \cdot l = F_G \cdot h$.

Dies bedeutet, daß man den Körper mit der größeren Hubarbeit $F_G \cdot h$ oder mit der kleineren Kraft F_H über den längeren Weg l auf die gleiche Höhe verschieben kann; denn Hubarbeit und Verschiebearbeit sind nach der Arbeitsgleichung gleich. Also wandelt auch die schiefe Ebene Arbeit um und ist kraftsparend.

Die wichtigsten Aufwendungen der schieben Ebene sind der Keil und die Schraube (s. Abschn. 13.2.3 und 13.3).

10.1.8 Druck und Volumen von Gasen

Eigenschaften der Gase. Im Vergleich mit den Molekülen von festen und flüssigen Körpern haben Gasmoleküle größere Abstände untereinander, so daß Kohäsionskräfte nicht mehr wirksam sind. Die Gasmoleküle können sich deshalb frei bewegen und füllen so den zur Verfügung stehenden Raum vollständig und gleichmäßig aus. Die Gasmoleküle sind in ständiger Bewegung und stoßen dabei mit anderen Gasmolekülen zusammen, aber auch gegen die Wände des Gasbehälters. Die Stöße sind so zahlreich, daß man einzelne nicht unterscheiden kann. Sie äußern sich als einheitlicher Druck auf die Behälterwand. Der Druck auf alle Behälterwände und im Innern des Gases ist gleich (**10.**16).

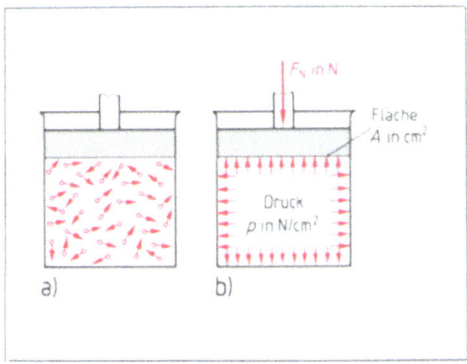

10.16 Abgeschlossene Gasmenge
 a) Molekülbewegung
 b) Druck auf Behälterwände und Kolben

Gase lassen sich zusammenpressen (komprimieren). Wird der zur Verfügung stehende Raum verkleinert, vergrößert sich der Druck, weil sich in einem gleichen Raumteil mehr Moleküle als vorher befinden und dadurch die Anzahl der Stöße gegen die Gefäßwand größer wird. Gase dehnen sich auch wie alle anderen Körper bei Erwärmung aus. Erwärmung bedeutet aber, daß die ständige Bewegung der Moleküle stärker, ihre Bewegungsenergie größer wird. Die Folgen sind für eine abgeschlossene Gasmenge kräftigere und häufigere Stöße der Moleküle auf die Behälterwand, was eine Druckerhöhung bedeutet.

> Gase
> - füllen den zur Verfügung stehenden Raum vollständig und gleichmäßig aus.
> - verursachen in einem abgeschlossenen Raum überall den gleichen Druck.
> - sind zusammenpreßbar (komprimierbar).
> - dehnen sich bei Erwärmung aus.

Der Druck ist das Verhältnis der senkrecht auf eine Fläche wirkenden Kraft zur Größe dieser Fläche (**10.16 b**).

$$\text{Druck} = \frac{\text{Normalkraft}}{\text{Fläche}} \qquad p = \frac{F_N}{A}$$

Einheit des Drucks ist das Pascal (Pa): $1\ \text{Pa} = 1\ \text{N/m}^2$. Das Pascal ist eine sehr kleine Einheit. Deshalb verwendet man in der Technik als Einheit das Bar (bar): $1\ \text{bar} = 100\,000\ \text{Pa} = 10\ \text{N/cm}^2$.

Der Luftdruck, der uns umgibt, läßt sich mit einem einfachen Versuch nachweisen.

Versuch 10.3 Ein Glaszylinder wird bis zum Rand mit Wasser gefüllt und mit einer Pappscheibe abgedeckt. Die Scheibe wird mit der Hand festgehalten und das ganze Glas mit dem Deckel umgedreht (**10.17**). Wird der Deckel losgelassen, fließt kein Wasser heraus, weil der Deckel durch den allseitig wirkenden Luftdruck gegen den Glasrand gedrückt wird. Die Kraft F_L des Luftdrucks ist größer als die Gewichtskraft des Wassers F_W.

Der Luftdruck wird durch die Gewichtskraft der Lufthülle verursacht und beträgt in Meereshöhe normal $1{,}013\ \text{bar} = 10{,}13\ \text{N/cm}^2$.

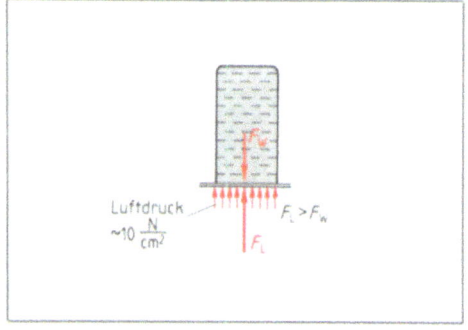
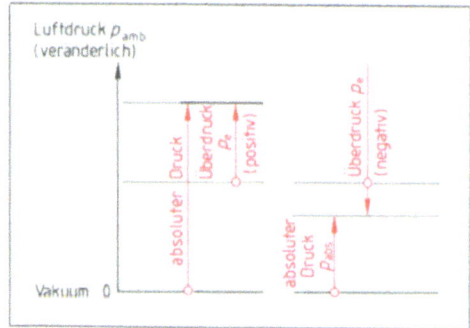

10.17 Nachweis des Luftdrucks   10.18 Druckgrößen

Bei Druckangaben in der Technik muß man wissen, ob der absolute Druck, Atmosphärendruck und Überdruck gemeint ist (**10.18**).

Der absolute Druck p_{abs} wird vom luftleeren Raum (Vakuum) aus gemessen.

Der Atmosphärendruck p_{amb} (lat. ambiens = umgebend) ist der vorherrschende, allgemein schwankende Luftdruck. In der Technik nimmt man ihn meist mit 1 bar an.

Der Überdruck p_e (lat. excedens = überschreitend) ist der Druckunterschied zwischen absolutem Druck und Atmosphärendruck, also $p_{abs} - p_{amb}$.

Überdruck = absoluter Druck − Atmosphärendruck $p_e = p_{abs} - p_{amb}$

Der Überdruck ist positiv (+), wenn $p_{abs} > p_{amb}$;

er ist negativ (−), wenn $p_{abs} < p_{amb}$ (früher Unterdruck genannt).

Druck und Volumen von Gasen unterliegen einem gesetzmäßigen Zusammenhang, dem Boyle-Mariotteschen Gesetz (Robert Boyle, engl. Physiker, 1626–1692, Edme Mariotte, franz. Physiker, 1620–1684).

Boyle-Mariottesches Gesetz

Druck · Volumen = konstant   oder $p_1 \cdot v_1 = p_2 \cdot v_2$

Mit Hilfe dieses Gesetzes läßt sich der Inhalt von Gasflaschen berechnen, in denen z. B. Sauerstoff zum Schweißen unter hohem Druck gespeichert und transportiert wird.

Aufgaben zu Abschnitt 10.1

1. An welchen Wirkungen können Kräfte erkannt werden?
2. Wodurch ist eine Kraft eindeutig gekennzeichnet?
3. Was versteht man unter einer Resultierenden?
4. Wozu dient ein Kräfteparallelogramm?
5. Was versteht man unter einem Kraftmoment (Drehmoment)?
6. Was besagt das Hebelgesetz?
7. Was versteht man unter Reibung?
8. Wovon hängt die Reibung ab?
9. Was sagt die Reibungszahl aus?
10. Wie unterscheiden sich die Reibungsarten?
11. Erläuten Sie die Bedeutung der Reibung in der Technik.
12. Wie können Sie die Schnittgeschwindigkeit bei gerad- und kreisliniger Bewegung berechnen?
13. Was bezeichnet man in der Physik als Arbeit?
14. Wie unterscheiden sich die physikalischen Begriffe Arbeit und Leistung?
15. Welche Arten der mechanischen Energie kennen Sie?
16. Was sagt der Satz von der Erhaltung der Energie aus?
17. Wie gibt man den Wirkungsgrad einer Maschine an?
18. Erläutern Sie die Wirkungsweise einer schiefen Ebene als kraftsparende Vorrichtung.
19. Was versteht man unter Druck?
20. Was bezeichnet man als Überdruck?

10.2 Elektrotechnische Grundlagen

10.2.1 Wesen und Wirkungen der Elektrizität

Atombausteine als Ladungsträger. Alle elektrischen Erscheinungen beruhen auf elektrischen Ladungen, die mit den Bestandteilen der Atome verbunden sind. Atome eines Stoffes bestehen aus dem Atomkern mit elektrisch positiv geladenen Protonen und elektrisch neutralen Neutronen, um den sich auf Kugelschalen elektrisch negativ geladene Elektronen bewegen. Jede Kugelschale kann nur eine bestimmte Anzahl von Elektronen aufnehmen. Alle Elektronen haben die kleinste negative Ladung, die bisher festgestellt werden konnte und deshalb Elementarladung genannt wird. Weil im Normalzustand die Anzahl der Elektronen im Atom stets der Anzahl der Protonen im Kern entspricht, verhält sich das Atom nach außen elektrisch neutral, d. h. ohne elektrische Wirkung (**10.19**).

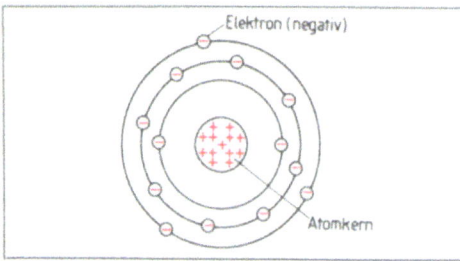

10.19 Modell eines Aluminium-Atoms
Atomkern: 13 Protonen (positiv)
14 Neutronen
Elektronenhülle: 13 Elektronen (negativ)

10.20 Metallgitter mit freien Elektronen (Ionengitter)

Metallbindung. Elektronen auf den inneren (vollbesetzten) Kugelschalen sind infolge der elektrischen Anziehungskräfte ihrer negativen Ladungen und dem positiv geladene Atomkern nur schwer aus dem Atomverband herauszulösen. Ist jedoch die äußere Kugelschale nicht voll, sondern nur von wenigen Elektronen besetzt, wie es z. B. bei Metallatomen der Fall ist, lassen sich diese „Außenelektronen" leicht vom Atom trennen. Beim Erstarren aus der Schmelze bilden Metallatome ein stabiles Kristallgitter (Raumgitter). Die wenigen Außenelektronen werden bei der Metallbindung nicht gebraucht und können sich frei im Gitter bewegen – es sind freie Elektronen (**10.20**). Das Kristallgitter eines Metalls besteht also aus Atomen, denen einige Elektronen fehlen und die deshalb eine elektrisch positive Ladung haben. Atome oder Atomgruppen, die eine elektrische Ladung tragen, nennt man Ionen. Weil sich die Ladungen der Atomionen im Metallgitter und der Elektronen insgesamt aufheben, ist das Metallgitter nach außen elektrisch neutral.

Elektron = Träger der kleinsten elektrisch negativen Ladung (Elementarladung)

Proton = Träger der kleinsten elektrisch positiven Ladung

Ion = elektrisch negativ oder positiv geladenes Atom oder Atomgruppe, je nachdem, ob es mehr oder weniger Elektronen hat als ihm zusteht.

Entstehung eines elektrischen Stroms. Die freien Elektronen haben für das Fließen eines elektrischen Stroms im metallischen Leiter besondere Bedeutung. Bei einer angelegten Spannung oder bei einem sich ändernden Magnetfeld bewegen sich die freien Elektronen in einem metallischen Leiter in einer bestimmten Richtung und transportieren damit elektrische Energie (Ladungstransport). Diese bewegten elektrischen Ladungen nennt man elektrischen Strom. Leitende Flüssigkeiten haben keine freien Elektronen, enthalten aber Ionen, die den Ladungstransport übernehmen.

> Elektrischer Strom entsteht durch die gerichtete Bewegung von elektrischen Ladungsträgern (Elektronen oder Ionen).

Ladungstrennung. Elektrische Spannung ist die Voraussetzung für den elektrischen Strom. Sie entsteht durch Ladungstrennung, z. B. in einem elektrischen Generator, der aus einer metallischen Wicklung besteht, die sich in einem Magnetfeld bewegt (**10.21**). Beim Drehen der Wicklung werden die freien Elektronen von einem Wicklungsende weg- und zum anderen Wicklungsende hinbewegt. Dadurch entsteht an der einen Anschlußklemme ein Elektronenüberschuß – sie ist negativ geladen und wird als Minuspol bezeichnet. An der anderen Anschlußklemme tritt Elektronenmangel auf, so daß die positive Ladung der Atomionen überwiegt: Pluspol. Zwischen beiden Anschlußklemmen entsteht durch die Ladungstrennung eine elektrische Spannung, weil die überschüssigen Elektronen an der Minusklemme bestrebt sind, den Unterschied zwischen Elektronenüberschuß und -mangel auszugleichen. Verbindet man beide Pole durch einen Leiter, fließen die freibeweglichen Leitungselektronen vom Minuspol zum Pluspol. Der elektrische Strom ist also ein Elektronenstrom, der außerhalb des Spannungserzeugers (Generator) vom Minuspol zum Pluspol und im Spannungserzeuger vom Pluspol zum Minuspol fließt (physikalische Stromrichtung im Stromkreis).

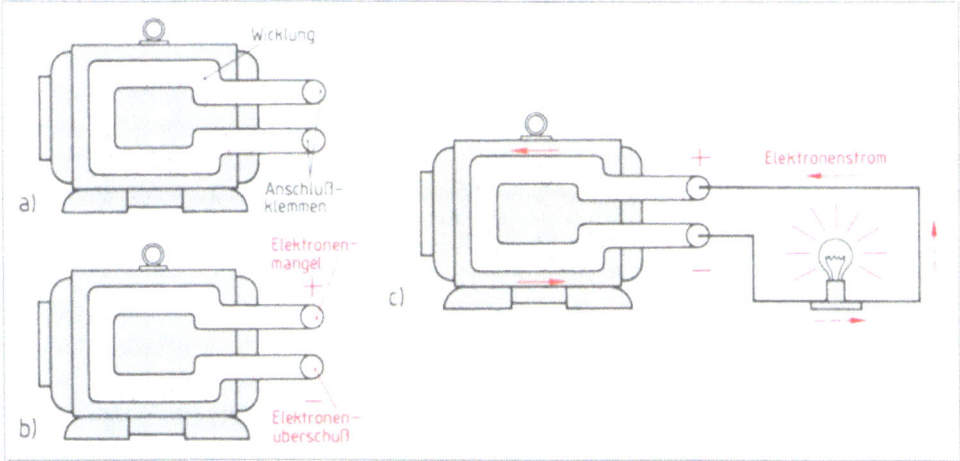

10.21 Elektrische Vorgänge im Generator
  a) Generator in Ruhe: Elektronen in der Kupferwicklung gleichmäßig verteilt
  b) Generator in Betrieb, unbelastet: Elektronen werden zur Minusklemme hin- und von der Plusklemme wegbewegt
  c) Generator in Betrieb, belastet: Elektronen fließen im geschlossenen Stromkreis (Elektronenstrom)

> Elektrische Spannung entsteht durch Ladungstrennung. Sie ist das Ausgleichsbestreben zwischen Elektronenüberschuß (Minuspol) und Elektronenmangel (Pluspol).
>
> Der Elektronenstrom fließt außerhalb des Spannungserzeugers vom Minus- zum Pluspol der Spannungsquelle, innerhalb des Spannungserzeugers vom Plus- zum Minuspol.

Leiter und Nichtleiter. Der elektrische Strom wird von den Stoffen unterschiedlich gut geleitet. Dieses Verhalten ist im Aufbau der Stoffe begründet. Es hängt weitgehend davon ab, wieviel freie Elektronen oder frei bewegliche Ionen als Ladungsträger im Stoff vorhanden sind. Man unterscheidet Leiter, Halbleiter und Nichtleiter.

Leiter. Zu den festen Leitern gehören vor allem Silber, Kupfer, Aluminium und andere Metalle oder Metallegierungen, denn – wie wir im vorigen Abschnitt erfahren haben – Metalle enthalten in ihrem Atomverband (Kristallgitter) frei bewegliche Elektronen, die durch eine Spannung in Bewegung gesetzt werden können. Kohle leitet den Strom auch, jedoch weniger gut. Vor allem Kupfer, aber auch Aluminium werden in der Elektrotechnik als Leitermaterial verwendet. Flüssige Leiter sind die wäßrigen Lösungen von Säuren, Basen und Salze, weil diese Stoffe im Wasser in Ionen zerfallen (dissoziieren). Die Ionen bewegen sich bei angelegter Spannung als Ladungsträger durch die Flüssigkeit. Gase leiten den elektrischen Strom nur, wenn ihre Moleküle durch besondere Maßnahmen in Ionen und Elektronen aufgespalten werden.

Halbleiter sind nichtmetallische Stoffe (z. B. Selen, Germanium, Silicium), deren elektrische Leitfähigkeit erheblich schlechter ist als die der Metalle, aber weit besser als die der Nichtleiter. Ihre Elektronen sind im allgemeinen nicht frei beweglich, können jedoch ausgetauscht werden. Die Leitfähigkeit hängt stark von der Zusammensetzung ab und ändert sich mit der Temperatur oder anliegenden Spannung. Halbleiter werden vor allem in elektronischen Bauteilen verwendet.

Nichtleiter oder Isolatoren haben kaum frei bewegliche Ladungsträger. Die Elektronen sind weitgehend fest an ihren Atomkern gebunden, so daß kein Elektronenstrom entstehen kann. Nichtleitende Flüssigkeiten und Gase im Normalzustand enthalten keine Ladungsträger (Ionen).

Nichtleiter oder Isolierstoffe werden in der Elektrotechnik zur Isolation spannungsführender Teile (z. B. Kupferleitungen) und für Gehäuse elektrischer Geräte verwendet.

> Leiter: Alle Metalle und Kohlenstoff, wäßrige Lösungen von Säuren, Basen, Salze, Leitungswasser, ionisierte Gase
>
> Nichtleiter (Isolierstoffe): Glas, Gummi, Porzellan, Kunststoffe, destilliertes Wasser, Benzin, Öl, Gase im Normalzustand, Vakuum

Wirkungen des elektrischen Stroms. Das Fließen eines elektrischen Stroms können wir nicht wahrnehmen, sondern nur an seinen Wirkungen erkennen. Die Wirkungen des Stroms finden vielfältige Anwendungen in elektrotechnischen Geräten, Bauteilen und Anlagen. Sie lassen sich auch zum Messen des elektrischen Stroms nutzen.

Wärmewirkung

Versuch 10.4 Zwischen zwei Isolierstützen wird ein dünner Widerstandsdraht (schlecht leitende Metallegierung, z. B. Konstantan) gespannt und an eine Spannungsquelle angeschlossen. Zum besseren Beobachten der Wirkung hängen wir über den Draht einen gefalteten Papierstreifen. Nach Schließen des Schaltens wird der Strom mit Hilfe des Schiebewiderstands langsam erhöht. Der Versuch wird nach Vertauschen der Anschlußklemmen wiederholt (10.22).

Ergebnis Mit zunehmendem Strom verlängert sich der Draht durch die Erwärmung und glüht schließlich auf, wobei das Papier zu brennen beginnt. Bei weiter wachsendem Strom schmilzt der Draht durch. Das gleiche Ergebnis erhält man bei Vertauschen der Anschlußklemmen.

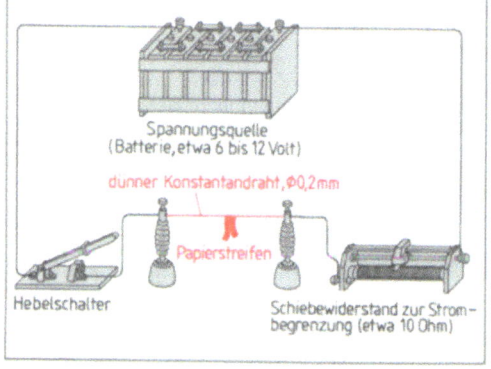

10.22 Wärmewirkung des elektrischen Stroms

Der elektrische Strom erzeugt in jedem Leiter Wärme (Stromwärme). Die Wärmewirkung ist unabhängig von der Stromrichtung.

Während die Wärmewirkung Anwendung findet bei Schmelzsicherungen, Elektrowärmegeräten und -öfen, beim Löten, Lichtbogen- und Widerstandsschweißen, ist sie in den Zuleitungen und Wicklungen elektrischer Maschinen und Geräte unerwünscht und führt zu Verlusten.

Lichtwirkung ist ein weiteres Merkmal des elektrischen Stroms und oft eng mit der Wärmewirkung verbunden. Der Metallfaden im Kolben einer Glühlampe erzeugt auf dem Umweg über die Wärmewirkung durch sein Glühen Licht. Direkte Lichterzeugung ohne den Umweg über die Wärmewirkung ist durch Glimm-, Leuchtstofflampen und Leuchtröhren möglich.

Magnetische Wirkung

Versuch 10.5 Der Widerstandsdraht in Versuch 10.4 wird durch einen Kupferdraht mit größerem Querschnitt ersetzt, der in Nord-Süd-Richtung ausgerichtet und an die Spannungsquelle angeschlossen wird. Unter den Draht wird eine frei schwingende Magnetnadel gestellt. Dann wird der Strom eingeschaltet. Der Versuch wird mit vertauschten Anschlußklemmen wiederholt (**10.23**).

Ergebnis Bei Stromdurchgang wird das nach Norden weisende Ende der Magnetnadel nach Westen abgelenkt. Bei Umkehr der Stromrichtung tritt die Ablenkung in entgegengesetzter Richtung auf.

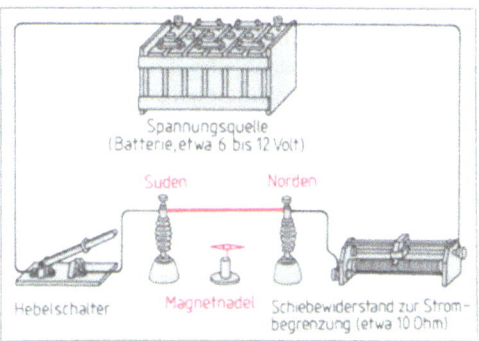

10.23 Magnetische Wirkung des elektrischen Stroms

Der elektrische Strom bildet um einen Leiter ein Magnetfeld.
Die magnetische Wirkung ist von der Stromrichtung abhängig.

Verwendet man statt des Drahtes eine Spule mit vielen Windungen, verstärkt sich die magnetische Wirkung, so daß technisch verwertbare Kräfte auftreten. Ausgenutzt wird diese magnetische Wirkung in Hubmagneten, Elektromotoren, Generatoren, Transformatoren, bei den meisten Meßgeräten und in Schaltern (Relais).

Chemische Wirkung

Versuch 10.6 Zwei Kohleplatten werden in eine Kupfersulfatlösung ($CuSO_4$) gehängt, die als flüssiger Leiter dient und an eine Spannungsquelle angeschlossen (**10.24**). Dann wird der Strom eingeschaltet. Der Versuch wird mit vertauschten Anschlußklemmen wiederholt.

Ergebnis Die mit dem Minuspol der Spannungsquelle verbundene Kohleplatte überzieht sich in kurzer Zeit mit einer Kupferschicht. Die am Pluspol angeschlossene Platte bleibt unverändert. Nach Vertauschen der Anschlußklemmen bildet sich auf der jetzt negativen Platte eine Kupferschicht.

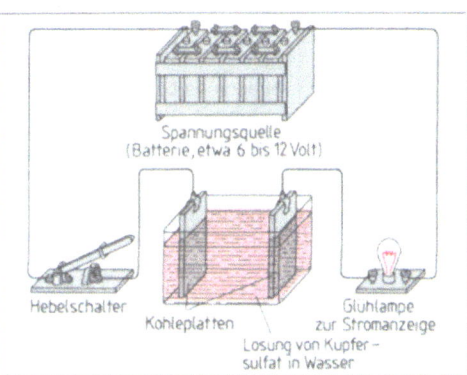

10.24 Chemische Wirkung des elektrischen Stroms

> Bei Stromdurchgang werden (nur) flüssige Leiter (Elektrolyten) chemisch verändert. Diese chemische Wirkung ist von der Stromrichtung abhängig.

Die chemische Wirkung des Stroms wird ausgenutzt beim Erzeugen von Metallüberzügen (z. B. Vernickeln, Verchromen), bei der Metallgewinnung (Aluminium, Kupfer) und beim Speichern chemischer Energie in Akkumulatoren.

10.2.2 Stromkreis und elektrische Grundgrößen

Einfacher Stromkreis. Ein elektrischer Strom kann nur fließen, wenn die beiden Pole der Spannungsquelle miteinander verbunden sind. Um die Wirkungen des elektrischen Stroms in der Praxis auszunutzen, schließt man einen Verbraucher (z. B. Glühlampe, Motor, Schweißgerät, Heizgerät) durch eine Hin- und Rückleitung an die beiden Klemmen einer Spannungsquelle und erhält so einen geschlossenen Stromkreis. Zum Ein- und Ausschalten des Stroms sieht man oft noch einen Schalter vor (**10.25**).

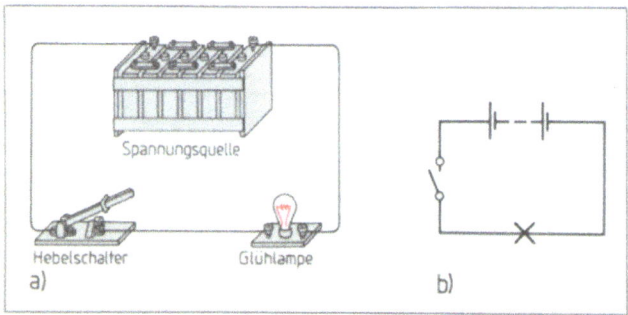

10.25 Einfacher Stromkreis (Schaltplan) mit Akkumulator (Spannungsquelle), Glühlampe (Verbraucher), Schalter und Leitungen

Der Schaltplan ist eine zeichnerische Darstellung der elektrischen Schaltung, wobei die Bauelemente des Stromkreises durch genormte einfache Symbole, die Schaltzeichen, angegeben werden (**10.26**).

Tabelle **10.26** Elektrische Schaltzeichen (Auswahl nach DIN 70712, 70713, 70714 u.a.)

Schaltzeichen	Benennung	Schaltzeichen	Benennung
———	Leitung allgemein	X	Leuchte, Glühlampe
⊥	leitende Verbindungen von Leitungen, nicht lösbar	⊏⊐	Widerstand, allgemein (Verbraucher)
⊤	–, lösbar	⊏═⊐	Sicherung
–⊦+	Akkumulator, Batterie	–(V)–	Spannungsmesser
–o/o–	Schalter, allgemein	–(A)–	Strommesser

Mit den elektrischen Grundgrößen Spannung, Strom und Widerstand lassen sich die elektrischen Vorgänge im Stromkreis erklären.

Die Spannung U ist Ursache für das Fließen des elektrischen Stroms. Sie entsteht durch Ladungstrennung und kann nur zwischen zwei Punkten bestehen und gemessen werden): Minuspol – Pluspol. Ein Spannungsmesser muß deshalb an den beiden Punkten angeschlossen werden, zwischen denen die Spannung gemessen werden soll (**10.**27). Weil das Trennen von Ladungen (Trennungs-)Arbeit erfordert, ist die entstandene Spannung gespeichertes Arbeitsvermögen. Der Generator als Spannungsquelle im Stromkreis muß dafür sorgen, daß die ungleiche Elektronenbesetzung zwischen beiden Polen dauernd aufrecht erhalten wird. Einheit der Größe Spannung (Formelzeichen U) ist das Volt (Kurzzeichen V; Volta, ital. Physiker, 1745–1827).

Zur Spannungserzeugung (Ladungstrennung) verwendet man Generatoren und galvanische Elemente. Auch durch Licht (Fotoelemente) und Wärme (Thermoelemente) können (geringe) Spannungen erzeugt werden.

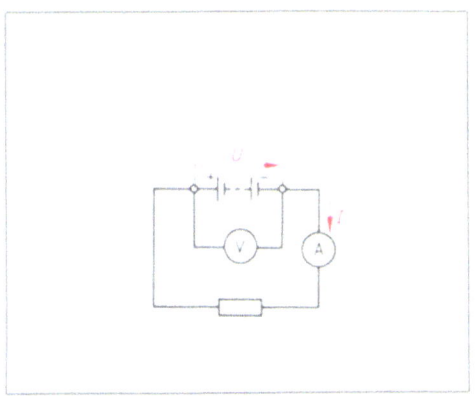

10.27 Schaltung von Strom- und Spannungsmesser

10.28 Stromkreis mit Richtung des Elektronenstroms ⟶ und vereinbarter Stromrichtung ⟶

Strom I. In früherer Zeit, als man noch keine Kenntnis von der Elektronenbewegung hatte, wurde international vereinbart, daß als Richtung des elektrischen Stroms im äußeren Stromkreis die Richtung vom Pluspol zum Minuspol gelten solle. Aus praktischen Erwägungen hat man in der Elektrotechnik diese irrtümlich festgelegte Stromrichtung beibehalten (Technische Stromrichtung; **10.**28).

> Technische Stromrichtung: Der elektrische Strom fließt außerhalb des Stromerzeugers vom positiven zum negativen Pol.

Einheit für die Größe Stromstärke (Formelzeichen I) ist das Ampere (Kurzzeichen A, Ampère, franz. Physiker, 1775–1836). Das Ampere ist eine Basiseinheit im SI-Einheitssystem.

Man unterscheidet verschiedene Stromarten.

Bei Gleichstrom wirkt die Spannung einer Spannungsquelle immer in der gleichen Richtung (Gleichspannung). Die Anschlußklemmen der Spannungsquelle haben zu jeder Zeit entweder Elektronenüberschuß (Minuspol) oder Elektronenmangel (Pluspol). Sie haben stets gleiche Polarität, so daß auch der Strom stets in gleicher Richtung fließt: Gleichstrom (Zeichen –; **10.**29a).

Wechselstrom entsteht, wenn die Spannung der Spannungsquelle periodisch ihre Richtung ändert, die Polarität der Anschlußklemmen der Spannungsquelle also wechselt (Wechselspannung). Dann fließt im geschlossenen Stromkreis auch ein Strom, dessen Stärke und Richtung sich periodisch ändern (Wechselstrom; **10.**29b). Technischer Wechselstrom hat 50 Perioden je Sekunde (= 50 Hertz; Zeichen ~).

Bei Drehstrom werden drei Wechselströme miteinander in besonderer Weise verkettet. Dabei ergeben sich Vorteile für die Energieübertragung und Maschinenausnutzung.

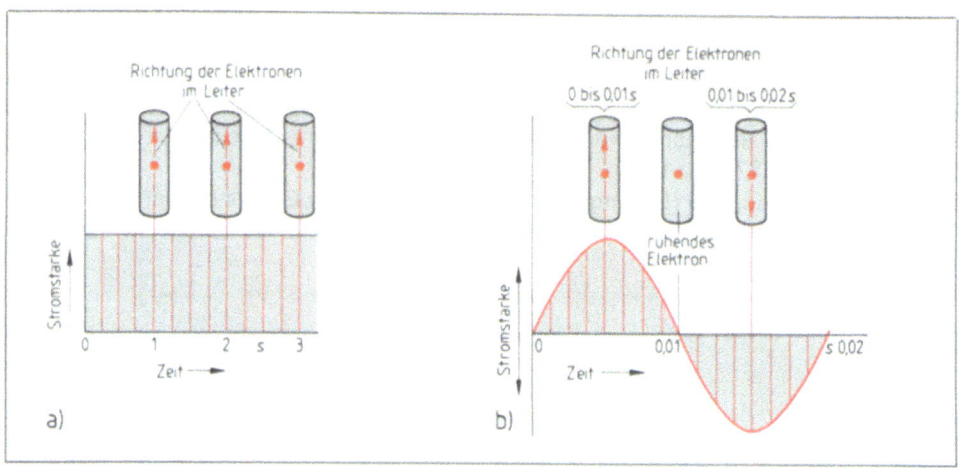

10.29 Zeitdiagramme
a) Gleichstrom, b) Wechselstrom

Ein Strommesser, mit dem die Stromstärke gemessen wird, liegt im Stromkreis in Reihe geschaltet, weil der gesamte Strom (Anzahl der Ladungsträger) durch ihn hindurchfließen muß (**10.27**).

Elektrischer Widerstand. Jeder Leiter setzt dem Fließen der Elektronen, also dem elektrischen Strom, einen Widerstand entgegen. Diese Eigenschaft, den Strom mehr oder weniger zu hemmen, nennt man den elektrischen Widerstand des Leiters. Die Einheit der Größe elektrischer Widerstand (Formelzeichen R) ist das Ohm (Ohm, deutscher Physiker, 1787–1854), sein Kurzzeichen ist Ω (Omega, griech. Buchstabe O).

> Der Widerstand eines Leiters beträgt 1 Ω, wenn bei einer angelegten Spannung von 1 V ein Strom von 1 A durch den Leiter fließt.

Spezifischer Widerstand. Leiterwerkstoffe leiten den Strom nicht alle gleich gut. Das ist im Stoffaufbau begründet. Um Leiterwerkstoffe miteinander vergleichen zu können, gibt man den Widerstand für einen Leiter von 1 m Länge und 1 mm² Querschnitt bei 20°C an. Diesen Widerstandswert nennt man den spezifischen Widerstand ϱ des Leiterwerkstoffs (ϱ = rho, griech. Buchstabe r). Er hat für jeden Stoff einen bestimmten Wert (Stoffkonstante) und die Einheit $\Omega \cdot mm^2/m$.

Der spezifische Widerstand für Leiterwerkstoffe ist ein Dezimalbruch und für Berechnungen nicht sehr bequem. Es wird daher oft mit der Leitfähigkeit $\varkappa$ gerechnet ($\varkappa$ = kappa, griech. Buchstabe k). Das ist der Kehrwert des spezifischen Widerstands: $\varkappa = 1/\varrho$.

> Der spezifische Widerstand ϱ eines Leiterwerkstoffs ist der Widerstand eines Leiters von 1 m Länge und 1 mm² Querschnitt bei 20°C.
> Die elektrische Leitfähigkeit $\varkappa$ ist der Kehrwert des spezifischen Widerstands. $\varkappa = 1/\varrho$

Um den Widerstand eines Leiters berechnen zu können, muß man außer dem spezifischen Widerstand des Leiters auch seine Leiterlänge l und seinen Querschnitt A kennen.

$$\text{Widerstand} = \frac{\text{spezifischer Widerstand} \cdot \text{Leiterlänge}}{\text{Leiterquerschnitt}} \qquad R = \frac{\varrho \cdot l}{A}$$

ϱ in $\frac{\Omega \cdot mm^2}{m}$, l in m, A in mm^2, R in Ω

Beispiel 10.3 Der Widerstand einer Kupferleitung von 2,5 mm² Querschnitt und einer Länge von 300 m ergibt sich aus

$$R = \frac{\varrho \cdot l}{A} = \frac{0{,}0178 \frac{\Omega \cdot mm^2}{m} \cdot 300\,m}{2{,}5\,mm^2} = \mathbf{2{,}14\,\Omega}.$$

10.2.3 Ohmsches Gesetz – Schaltung von Widerständen

In einem Stromkreis besteht zwischen den elektrischen Grundgrößen Spannung U, Stromstärke I und Widerstand R ein gesetzmäßiger Zusammenhang, der durch Versuche mit einem einfachen Gleichstromkreis erhellt werden soll (**10.30**).

Versuch 10.7 Ein konstanter (gleichbleibender, unveränderlicher) Widerstand von $R = 6\,\Omega$ wird an eine regelbare Gleichspannungsquelle angeschlossen, an der der Reihe nach verschiedene Spannungen eingestellt werden. Die Spannungen U und die durch sie verursachten Ströme I werden gemessen.

Ergebnis Wir erhalten folgende Meßreihe:

$R = 6\,\Omega$ = konst					
U in V	0	3	6	12	24
I in A	0	0,5	1	2	4

Die geometrische Darstellung der Meßreihe (Diagramm) zeigt Bild **10.31**.

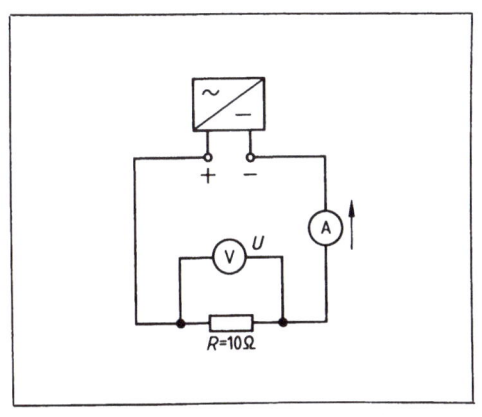

10.30 Stromkreis zum Nachweis des Ohmschen Gesetzes

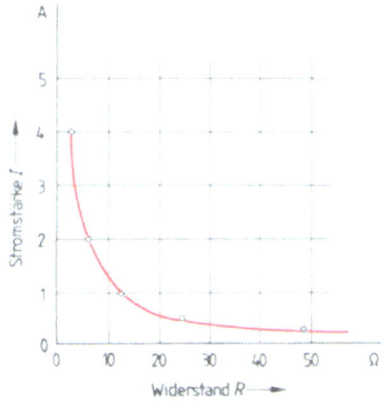

10.31 Abhängigkeit der Stromstärke I von der Spannung U (I-U-Diagramm)

Ein Vergleich der Spannungs- und Stromwerte zeigt, daß die Stromstärke bei konstantem Widerstand um so größer ist, je größer die Spannung wird. Die Stromstärke wächst im gleichen Verhältnis wie die Spannung; sie ist der Spannung proportional (verhältnisgleich): $I \sim U$.

Versuch 10.8 An eine konstante Spannungsquelle $U = 12$ V werden nacheinander Widerstände von $R = 3$, 6, 12, 24 und 48 Ω angeschlossen. Die auftretende Stromstärke I.

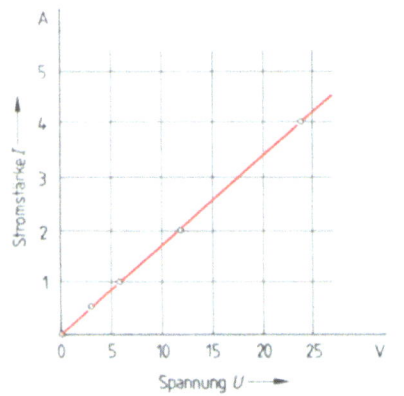

10.32 Abhängigkeit der Stromstärke I vom Widerstand R (I-R-Diagramm)

Ergebnis Wir erhalten folgende Meßreihe:

$U = 12$ V = konst					
R in Ω	3	6	12	24	48
I in A	4	2	1	0,5	0,25

Bild **10.32** zeigt die Meßreihe im Diagramm.

Die Meßwerte zeigen, daß die Stromstärke I bei konstanter Spannung um so größer wird, je kleiner der Widerstand ist. Die Stromstärke ändert sich im umgekehrten Verhältnis wie der Widerstand; sie ist dem Widerstand umgekehrt proportional (umgekehrt verhältnisgleich): $I \sim 1/R$.

Faßt man beide Versuchsergebnisse $I \sim U$ und $I \sim 1/R$ zusammen, ergibt sich das Ohmsche Gesetz.

Im Gleichstromkreis ist die Stromstärke der Spannung proportional (verhältnisgleich) und dem Widerstand umgekehrt proportional.

$$\text{Stromstärke} = \frac{\text{Spannung}}{\text{Widerstand}} \qquad I = \frac{U}{R} \qquad U \text{ in V}, R \text{ in } \Omega, I \text{ in A}$$

Aus der Formel ergibt sich die schon im voraus gemachte Feststellung: Die Spannung von 1 V treibt durch den Widerstand von 1 Ω einen Strom von 1 A. 1 A = 1 V/1 Ω.

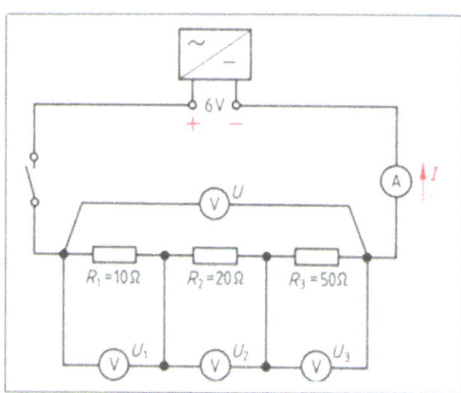

10.33 Reihenschaltung von Widerständen

Das Ohmsche Gesetz gilt nicht nur für einen Stromkreis mit einem einzelnen Widerstand, sondern auch für Schaltungen mit mehreren Widerständen, wie sie bei elektrischen Geräten, Maschinen und Anlagen auftreten. Man unterscheidet die Reihenschaltung und die Parallelschaltung. Alle anderen gemischten Schaltungen lassen sich auf diese beiden Grundschaltungen zurückführen.

Reihenschaltung. Schaltet man mehrere Widerstände R_1, R_2, R_3 ... an eine Spannungsquelle, so daß der Strom die Widerstände der Reihe nach durchfließt, spricht man von einer Reihenschaltung (**10.33**). Durch Versuch und Berechnung ergibt sich:

Bei der Reihenschaltung von Widerständen
- ist die Stromstärke I in allen Widerständen gleich groß,
- ist der Gesamtwiderstand gleich der Summe der Teilwiderstände. $R = R_1 + R_2 + R_3 + ...$ (den Gesamtwiderstand nennt man Ersatzwiderstand),
- ist die Gesamtspannung gleich der Summe der an jedem Widerstand abfallenden Teilspannungen. $U = U_1 + U_2 + U_3 + ...$
  (An jedem Widerstand tritt ein „Spannungsabfall" auf.)

Die Reihenschaltung wird in der Praxis selten angewendet, weil der gesamte Stromkreis unterbrochen ist, wenn ein Verbraucher ausfällt. Anwendung findet diese Schaltung bei der Stufenschaltung von Elektrowärmegeräten, für Vorwiderstände zur Meßbereichserweiterung von Strom- und Spannungsmessern. Mit Vorwiderständen können auch die Netzspannung an die Betriebsspannung eines Verbrauchers angepaßt oder Gleichstrommotoren angelassen werden.

Bei der Parallelschaltung verzweigt sich der Stromkreis in einzelne Zweige. Entsprechend teilt sich der Gesamtstrom im Stromverzweigungspunkt in Teilströme für die einzelnen Zweige auf. Kennzeichnend für die Parallelschaltung ist, daß alle parallelgeschalteten Widerstände an derselben Spannung liegen (**10.34**).

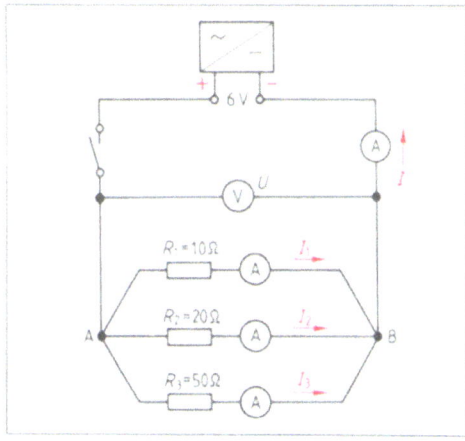

10.34 Parallelschaltung von Widerständen

Durch Versuch und Berechnung läßt sich feststellen:

Bei der Parallelschaltung von Widerständen
- liegen alle Widerstände an der gleichen Spannung U,
- ist die Gesamtstromstärke gleich der Summe der durch die einzelnen Zweige fließenden Teilströme. $I = I_1 + I_2 + I_3 + \ldots$,
- ist der Gesamtwiderstand immer kleiner als der kleinste Einzelwiderstand,
  ist der Kehrwert des Gesamtwiderstands (auch Ersatzwiderstand genannt) gleich der Summe der Kehrwerte der Einzelwiderstände. $\frac{1}{R} = \frac{1}{R_1} + \frac{1}{R_2} + \frac{1}{R_3} + \ldots$

In der Praxis werden fast alle Verbraucher (wie Lampen, Motoren, Elektrowerkzeuge, Elektrowärmegeräte) in Parallelschaltung an das öffentliche Versorgungsnetz angeschlossen (**10.35**).

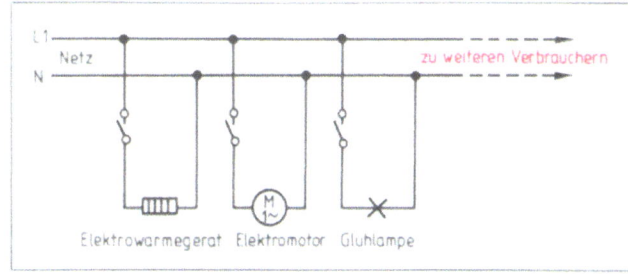

10.35
Verteilung einer Hausinstallation als Beispiel für die Parallelschaltung von Verbrauchern

10.2.4 Elektrische Arbeit und Leistung

Elektrische Arbeit wird immer dann verrichtet, wenn eine Spannung eine Elektrizitätsmenge (Ladung) durch einen Leiter transportiert. Die verrichtete elektrische Arbeit (Formelzeichen W) ist um so größer, je größer die Spannung U und je größer die transportierte Ladung sind.

Die transportierte Ladung ergibt sich aber aus der Stromstärke I und der Zeit t, in der dieser Strom fließt.

> Elektrische Arbeit = Spannung · Stromstärke · Zeit $W = U \cdot I \cdot t$

Die Einheit der elektrischen Arbeit ist die Wattsekunde (Ws). Gebräuchlich sind auch die Wattstunde (Wh) und die Kilowattstunde (kWh).

Umrechnungen 1 Wh = 1 W · 3600 s = 3600 Ws
1 kWh = 1000 W · 3600 s = 3 600 000 Ws

Nach Kilowattstunden wird die von den Elektrizitätswerken gelieferte elektrische Arbeit abgerechnet.

Die elektrische Leistung gibt an, welche Arbeit ein Gerät oder eine Maschine in einer bestimmten Zeit verrichten kann (s. Abschn. 10.1.6). Die elektrische Leistung (Formelzeichen P erhält man also aus dem Quotienten von Arbeit und Zeit: $P = W/t = U \cdot I \cdot t/t = U \cdot I$.

> Elektrische Leistung = Spannung · Stromstärke $P = U \cdot I$

Die Einheit der Größe elektrische Leistung ist das Watt (W).

Die Angabe der Leistung auf dem Leistungsschild eines elektrischen Geräts oder einer elektrischen Maschine ist ein wichtiger Hinweis auf die Leistungsfähigkeit und Verwendbarkeit.

10.2.5 Sicherheitsmaßnahmen gegen elektrische Unfälle

Wird der menschliche Körper von einem elektrischen Strom durchflossen, besteht Gefahr für Gesundheit und Leben. Das ist der Fall, wenn der Mensch zwei Gegenstände, zwischen denen eine elektrische Spannung besteht, durch Berührung überbrückt.

Die Wirkungen des elektrischen Stroms auf den menschlichen Körper hängen vor allem von der Stromstärke ab, die den Körper durchfließt. Aber auch die Dauer der Einwirkung hat Einfluß.

> Lebensgefährlich sind Stromstärken über 50 mA (= 0,05 A). Sie treten bei Spannungen über 50 V auf.

Als Wirkungen können auftreten:

- **Nervenschädigungen,** die Atemlähmung, Muskelverkrampfung und Störung der Sinnesorgane hervorrufen,
- **Herzkammerflimmern,** das zum Herzstillstand und damit zum Tode führen kann,
- **Verbrennungen** durch Stromwärme. Äußere Verbrennungen entstehen an den Stromübergangsstellen, innere (von außen nicht erkennbare) Verbrennungen vergiften den Körper durch Zersetzen der Körperzellen.

Schutzmaßnahmen. Zur Vergütung elektrischer Unfälle hat der Verein Deutscher Elektrotechniker (VDE) strenge Sicherheitsbestimmungen herausgegeben (VDE-Vorschriften). Sie schreiben Schutzmaßnahmen gegen zu hohe Berührungsspannungen vor (**10.36**).

Tabelle 10.36 **Schutzmaßnahmen gegen zu hohe Berührungsspannungen**
(Auswahl nach DIN 57100/VDE 0100)

Schutzmaßnahmen	Erläuterung und Beispiele
Schutz gegen direktes Berühren	Schutz vor Berührung betriebsmäßig spannungsführender Teile z. B. durch Ummanteln der Leiter mit Isolierstoffen, Schutzgitter, -abdeckungen, -gehäuse
Schutz gegen indirektes Berühren	Schutz vor Berührung nicht zum Stromkreis gehöriger Bauteile, die durch Fehler (z. B. Isolationsfehler, Beschädigung) unter Spannung stehen können
– Schutzisolierung	Isolierendes Gehäuse bei Elektrowerkzeugen, Fernseh-, Haushaltsgeräten, Kunststoffzahnräder in Getrieben
– Schutzleiter	Schutzleiter (Kennfarbe grün-gelb) verbindet leitfähige Bauteile (z. B. Metallgehäuse) mit Erde, geerdeter Wasserleitung, Neutralleiter (Nulleiter) u.a. Bei Fehlerstrom entsteht Kurzschluß, der die Sicherung auslöst. Schutzleiter werden mit Schutzkontaktstücken (Schuko-Stecker/Steckdose) angeschlossen.
– Fehlerstrom-Schutzschalter	Bei der Fehlerstrom-Schutzschaltung (FI) werden der zu- und abfließende Strom verglichen. Fließt ein Fehlerstrom über den Schutzleiter ab, entsteht ein Unterschied, und ein Schalter trennt den Stromkreis ab.

Unfallverhütung und Erste Hilfe. Bei allen Arbeiten sind die Unfallverhütungsvorschriften (UVV) der Berufsgenossenschaften zu beachten (s. Abschn. 1.3).

Regeln für den Umgang mit elektrischem Strom

- Reparaturen, Montage und Wartung an elektrischen Anlagen dürfen nur von ausgebildeten Fachleuten ausgeführt werden.
- Bei Montagearbeiten an Maschinen die elektrischen Einrichtungen spannungsfrei schalten, Sicherungen und Leistungsschutzschalter herausnehmen.
- Informieren, wo sich Not-Ausschalter und Sicherungen für die Maschine befinden.
- Schutzverkleidungen und -isolierungen für elektrische Anlagen niemals entfernen.
- Keine Elektrowerkzeuge mit beschädigten Zuleitungen verwenden (Lebensgefahr).
- Auf einwandfreien Zustand der Steckeinrichtungen achten (Steckdose, Kupplungen, Stecker).
- Beim Auswechseln einer Gerätesicherung unbedingt die vom Hersteller vorgesehene Größe verwenden.
- Sicherungen mit durchgeschmolzenem Schmelzleiter dürfen nicht geflickt oder überbrückt werden.
- Bei Störungen und Gefahr elektrische Anlagen sofort ausschalten, Mängel melden.

Erste Hilfe bei elektrischen Unfällen bis zum Eintreffen des Arztes

- Sofortiges Abschalten des Stromes, wenn der Verunglückte an Spannung liegt.
- Sind Schalter, Sicherung, Steckverbindung nicht erreichbar, muß versucht werden, den Verunglückten von der Anlage frei zu machen. Der Retter muß gut isoliert sein (z. B. durch Stehen auf trockenem Holz, Gummireifen, Porzellan, Kunststoff).
- Nach Abschalten des Stromes sofort Arzt oder Rettungsdienst benachrichtigen.
- Bei Atemstörungen künstliche Atmung, unter Umständen Herzmassage bis zum Eintreffen des Arztes.

Aufgaben zu Abschnitt 10.2

1. Wie unterscheiden sich Elektronen, Protonen und Ionen in ihrer elektrischen Ladung?
2. Warum hat die Metallbindung für die Elektrotechnik eine besondere Bedeutung?
3. Wodurch entsteht ein elektrischer Strom?
4. Wie entsteht eine elektrische Spannung?
5. Wodurch unterscheiden sich Leiter und Nichtleiter in ihrem atomaren Aufbau?
6. Nennen Sie Leiter und Nichtleiter?
7. Welche Wirkungen zeigt der elektrische Strom?
8. Beschreiben Sie Anwendungsmöglichkeiten für die Stromwirkungen.
9. Aus welchen Teilen besteht ein einfacher Stromkreis?
10. Kennzeichnen Sie die drei elektrischen Grundgrößen.
11. Erklären Sie den Unterschied zwischen der physikalischen Stromrichtung und der technischen Stromrichtung.
12. Warum werden Spannungsmesser parallel und Strommesser in Reihe zum Verbraucher (zur Spannungsquelle) geschaltet?
13. Auf welche Weise können elektrische Spannungen erzeugt werden?
14. Wie unterscheiden sich Gleichstrom und Wechselstrom?
15. Wovon hängt der Widerstand eines Leiters ab?
16. Was versteht man unter spezifischem Widerstand?
17. Was ist die elektrische Leitfähigkeit?
18. Wie hängen Spannung, Stromstärke und Widerstand in einem Stromkreis zusammen?
19. Warum wird bei einer Reihenschaltung der gesamte Stromkreis unterbrochen, wenn ein Verbraucher ausfällt?
20. Welche Kennzeichen hat eine Parallelschaltung?
21. Erläutern Sie den Begriff elektrische Arbeit.
22. Wie berechnet man die elektrische Leistung?
23. Wie wirkt der elektrische Strom auf den menschlichen Körper?
24. Nennen Sie Schutzmaßnahmen gegen zu hohe Berührungsspannungen.
25. Welche Regeln sind beim Umgang mit elektrischem Strom einzuhalten?

11 Trennen

11.1 Naturwissenschaftliche und technologische Grundlagen

Trennverfahren. Nach DIN 8580 untergliedert man die Trennverfahren in die Gruppen Zerteilen, Spanen, Abtragen, Zerlegen, Reinigen und Evakuieren (**11.1**). Die hier behandelten Verfahren der beiden Gruppen Zerteilen und Spanen trennen den Werkstoff mit Hilfe von keilförmigen Werkzeugschneiden, unter deren Wirkung die im Werkstoff vorhandenen Kohäsionskräfte (= Zusammenhangskräfte, s. Abschn. 2.2.6) überwunden werden.

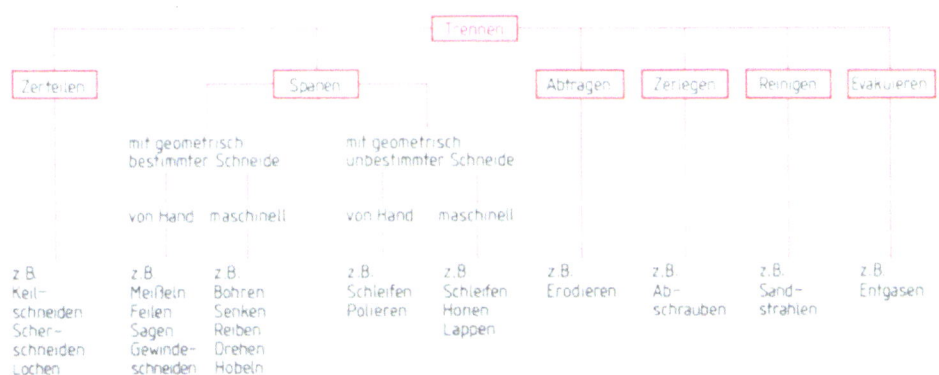

11.1 Gliederung der Trennverfahren

Voraussetzung für die Anwendbarkeit von Trennverfahren ist, daß die gewünschte Form des Fertigteils im Ausgangswerkstück enthalten ist, aus ihm herausgetrennt werden kann. Beim Zerteilen erhält man dabei ein oder mehrere Abfallstücke (**11.2**), beim Spanen fallen dagegen Späne ab, kleine Stoffteilchen unterschiedlichster Form und unbestimmter Anzahl (**11.3**).

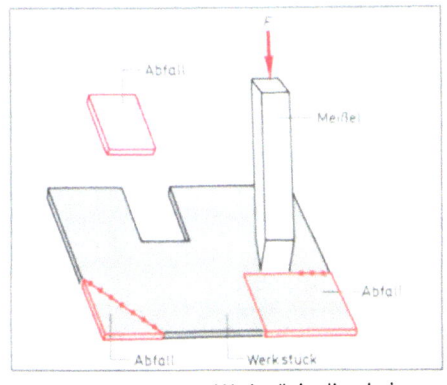

11.2 Abtrennen von Werkstückteilen beim Zerteilen

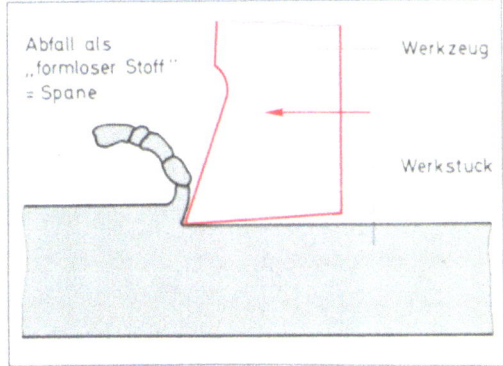

11.3 Abtrennen „formloser" Späne beim Spanen

> Zerteilen ist mechanisches Abtrennen von Werkstückteilen.
>
> Spanen ist mechanisches Abtrennen von formlosen Werkstoffteilchen, die man Späne nennt.

Der Keil als Grundform der Werkzeugschneide. Alle zum Zerteilen und Spanen verwendeten Werkzeuge haben eine oder mehrere keilförmige Schneiden (**11.4**). Ein Eindringen der Schneiden in das Werkstück ist nur möglich, wenn der Schneidkeil härter ist als der zu trennende Werkstoff. Der hierbei erforderliche Kraftaufwand hängt neben der Größe der zu überwindenden Kohäsionskräfte auch von anderen Einflüssen ab, z. B. von der Keilform. Zum Zerteilen sind nur Werkzeuge mit geometrisch bestimmter Schneidenform verwendbar. Spanen kann man mit geometrisch bestimmter o d e r unbestimmter Schneide (**11.1**).

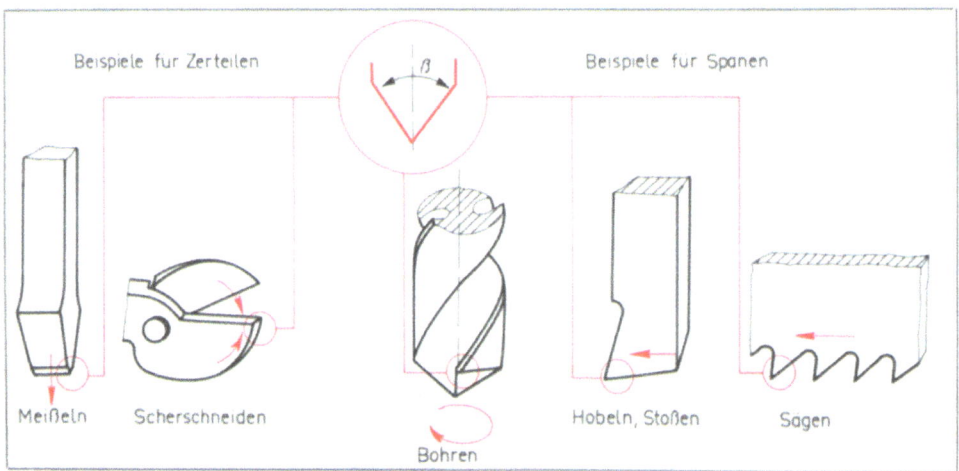

11.4 Keilform der Zerteil- und Spanwerkzeuge

Geometrisch bestimmt ist eine Schneide, wenn sie in Form und Größe – je nach Werkzeug und Verwendung – genau festgelegt ist (z. B. beim Meißel, Bohrer, Fräser). Die Keilform wird festgelegt durch den Keilwinkel β, die Länge der Schneide und die Keilflanken (Keilseitenflächen, **11.5**).

Geometrisch unbestimmt ist eine Schneide, bei der sich Keilwinkel, Schneidenlänge und Keilflanken zufällig ergeben (z. B. durch die Kanten der verschiedenen Schleifkörner einer Schleifscheibe, **11.6**).

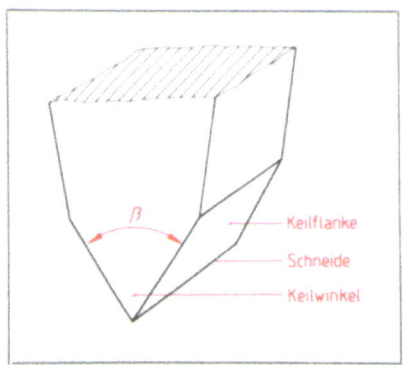

11.5 Keilbezeichnungen

11.6 Unbestimmte Keil(schneiden)form beim Schleifen

11.1.1 Keilkräfte und ihre Wirkung

Wenn die auf dem Keil wirkenden Vortriebskräfte – wie Handkraft beim Feilen oder Sägen, Hammerkraft beim Meißeln, Maschinenkraft beim Drehen, Fräsen, Stoßen – groß genug sind, dringt der Keil in den Werkstoff ein und trennt ihn durch die über seine Flanken aufgebrachten Druckkräfte. Die Wirkungsrichtung dieser Flankenkräfte liegt rechtwinklig zur Keilflanke. Für die vielen (über die Flankenflächen verteilt) auf die Werkstoffteilchen wirkenden Einzelkräfte stellt man sich als Ersatz jeweils eine Flankenkraft F_{D1} und F_{D2} vor (**11.7**, s.a. Versuch 10.3). Dadurch wird es möglich, den Zusammenhang zwischen den Größen der Vortriebskraft und der Flankenkräfte zu untersuchen.

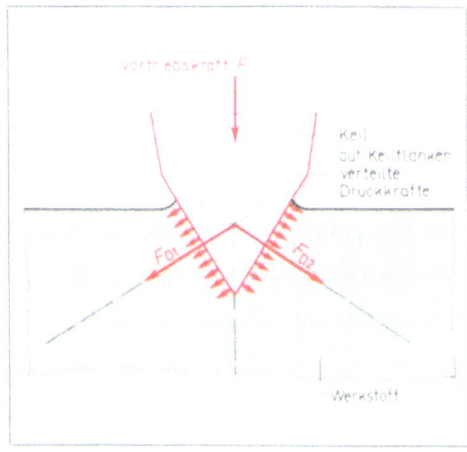

11.7 Flankenkräfte

Ein Teil der Flankenkraft wirkt als **Trennkraft**.

Für die Trennkraft F_T, unter der wir uns bei den rechtwinklig zur Vortriebskraft wirkenden Anteil der Flankenkraft F_D vorstellen, bedeutet das: Je schlanker der Keil, desto größer seine Trennkraft. Das zeigt auch die Zeichnung eines Kräfteparallelogramms für die beiden Keilwinkel β_1 und β_2 (**11.8**).

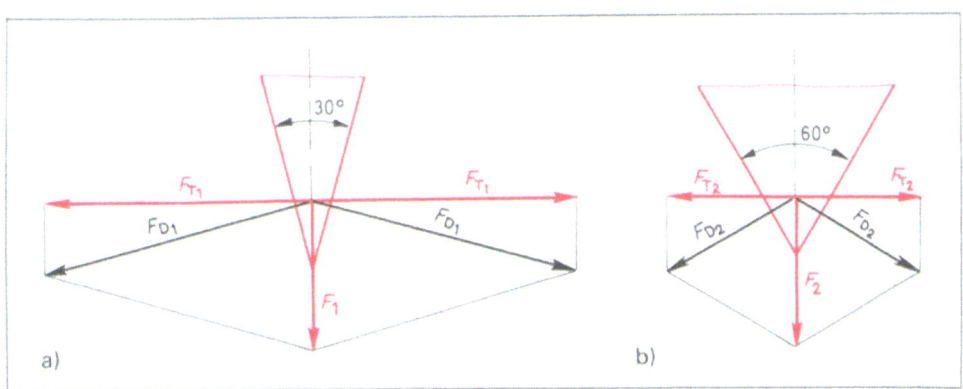

11.8 Abhängigkeit der Trennkraft vom Keilwinkel bei gleicher Vortriebskraft
 a) Keilwinkel $\beta = 30°$
 b) Keilwinkel $\beta = 60°$

$F_1 = F_2$ Vortriebskräfte
F_D = Flankenkraft
F_T = Trennkraft

Das Kräfteparallelogramm im Bild **11.9** zeigt, daß eine größere Trennkraft bei gleichem Keilwinkel durch erhöhte Vortriebskraft erreicht wird.

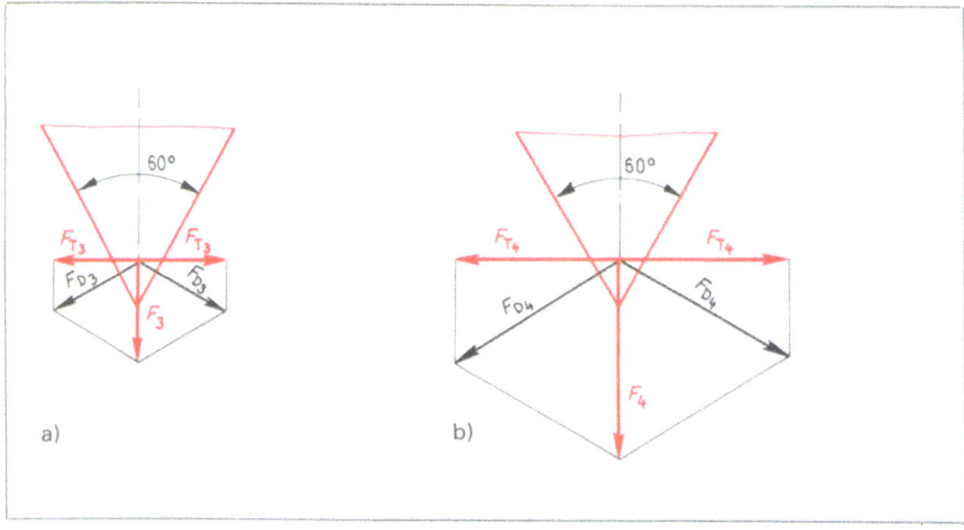

11.9 Abhängigkeit der Trennkraft von der Vortriebskraft bei gleichem Keilwinkel
a) Vortriebskraft F_3, b) Vortriebskraft $F_4 = 2\,F_3$

Der Keil ist ein Mittel zur Kraftübersetzung. Durch die Vortriebskraft wird über die Keilflanken eine Trennkraft erzeugt. Sie nimmt zu

– durch Vergrößern der Vortriebskraft und/oder
– durch Verringern des Keilwinkels.

11.1.2 Werkstoffestigkeit, Kraftaufwand und Keilwinkel

Die im Abschnitt **11**.1.1 gewonnenen Erkenntnisse führen eigentlich zu der Folgerung, einen möglichst kleinen Keilwinkel zu wählen, damit das Verhältnis von Trennkraft zu Vortriebskraft günstig wird (Kraftübersetzung). Die Wahl des richtigen Keilwinkels hängt jedoch auch von der Festigkeit des zu trennenden Werkstoffs ab (s. Abschn. 3.1.5).

Ein in den Werkstoff eindringender Werkzeugkeil unterliegt der gleichen Kraftwirkung, die er auf den Werkstoff ausübt (Kraft = Gegenkraft). Beim Trennen von Werkstoff verschiedener Festigkeit wird daher auch der Werkzeugkeil unterschiedlich beansprucht – mit zunehmender Festigkeit vergrößert sich die aufzubringende Trennkraft. Einem hochfesten Werkstoff (z. B. hochfester Stahl, Hartguß) ist ein sehr schlanker Keil nicht gewachsen – die Schneide wird schnell stumpf oder bricht sogar aus. Derselbe Werkzeugkeil kann dagegen bei weichen Werkstoffen (z. B. Aluminium, Magnesium) eine lange Einsatzzeit überstehen, bevor er neu angeschliffen werden muß. Der Keilwinkel muß also dem zu trennenden Werkstoff angepaßt werden.

Je höher die Festigkeit des zu trennenden Werkstoffs ist, desto größer muß der Keilwinkel β des Werkzeugs sein.

11.1.3 Zerteilen und Spanen

Ob eine keilförmige Werkzeugschneide zerteilend oder spanend wirkt, hängt in erster Linie von ihrer Wirkungsrichtung und nicht von ihrer Form (Keilwinkel) ab. Bild **11**.10 zeigt einen Flachmeißel einmal als zerteilendes, zum anderen als spanendes Werkzeug.

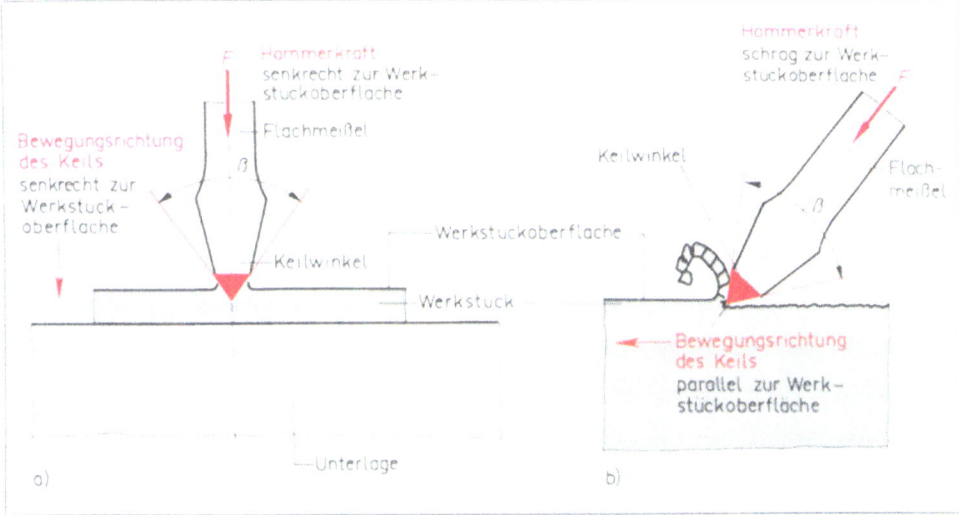

11.10 Flachmeißel
  a) zerteilend
  b) spanend

Beim Zerteilen wirkt die Vortriebskraft (z. B. Hammerkraft) senkrecht zur Werkstückoberfläche. Der Keil dringt dann in gleicher Richtung in den Werkstoff ein.

Beim Spanen wirkt die Vortriebskraft (Hammer-, Hand- oder Maschinenkraft) schräg zur Werkstückoberfläche. Bei richtiger Neigung des Werkzeugs dringt der Keil nicht tiefer ins Werkstück ein, denn der abgespante Werkstoff bietet der Meißelschneide weniger Stützwirkung als das Werkstück selbst. Der Meißelkeil gleitet daher aus der Richtung der Vortriebskraft ab, und es ergibt sich eine Bewegung parallel zur Werkstückoberfläche.

Aufgaben zu Abschnitt 11.1

1. Welche Trennverfahren gibt es?
2. Was haben die Zerteil- und Trennverfahren gemeinsam, und worin unterscheiden sie sich?
3. Erläutern Sie den Unterschied zwischen geometrisch bestimmter und geometrisch unbestimmter Schneidenform.
4. Was versteht man unter der Trennkraft? Wodurch kann man sie verändern?
5. Welche Vor- und Nachteile hat ein großer Werkzeugkeilwinkel?
6. Wann wirkt ein Werkzeugkeil zerteilend, wann wirkt er spanend?
7. Warum ist der Begriff Zerteilen für das Sägen falsch?
8. Warum stimmen Richtung der Hammerkraft und Bewegung des Meißelkeils beim spanenden Meißeln nicht überein?

11.2 Zerteilen

Bei den Zerteilverfahren lassen sich drei Gruppen unterscheiden: Keilschneiden, Scherschneiden und Formschneiden (**11**.11).

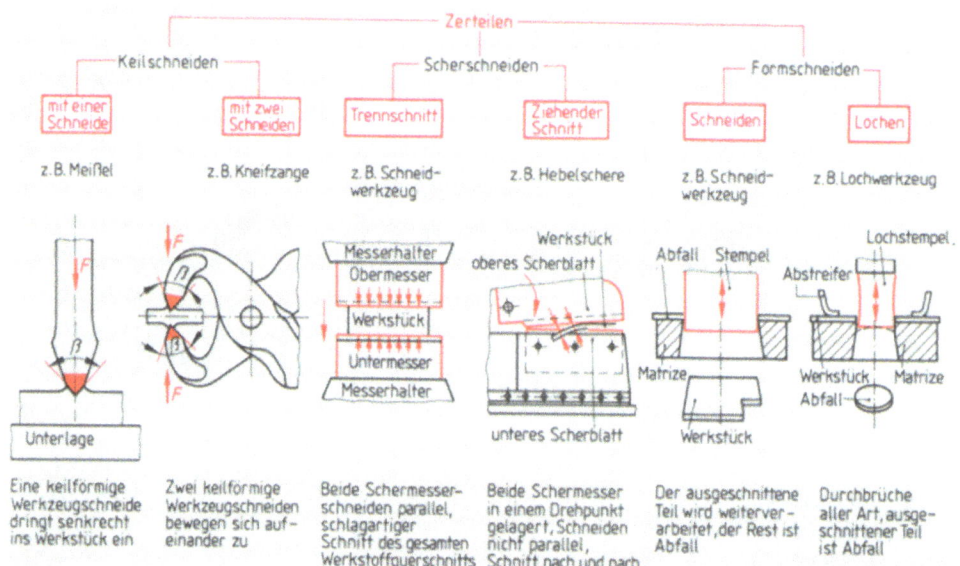

11.11 Übersicht über die Zerteilverfahren

11.2.1 Keilschneiden

Nach DIN 8580 wird der Begriff folgendermaßen erklärt:

> Keilschneiden ist ein Zerteilen des Werkstoffs mit einer oder zwei keilförmigen Werkzeugschneiden, von denen die Stoffteilchen auseinandergedrängt werden.

Beim Keilschneiden mit einer Schneide (z. B. Meißeln) wird die Vortriebskraft schlagartig und unterbrochen durch Hammerschläge aufgebracht. Die zum Zerteilen erforderliche Gegenkraft wirkt über die Unterlage auf das Werkstück.

Beim Keilschneiden mit zwei Schneiden (z. B. Zerteilen mit einer Zange oder einem Seitenschneider) entsteht die Vortriebskraft kontinuierlich (= ununterbrochen) durch die über Hebel vergrößerten Handkräfte (s. Abschn. 10.1.4). Die nötige Gegenkraft wird durch die sich genau gegenüberliegenden Schneiden selbst aufgebracht.

Vorgänge beim Keilschneiden, erläutert am Beispiel des Meißelns. Der Meißel steht senkrecht zur Oberfläche des zu zerteilenden Werkstücks, die Meißelschneide dringt unter den Hammerschlägen stückweise in den Werkstoff ein. Die durch den Hammer aufgebrachte Vortriebskraft wird über die Keilflanken umgelenkt und übersetzt und bewirkt so den Zerteilvorgang (s. Abschn. 11.1.1 Wirkung der Keilkräfte). Die Vorgänge bis zum völligen Trennen des Werkstückquerschnitts lassen sich in drei Schritte aufteilen:

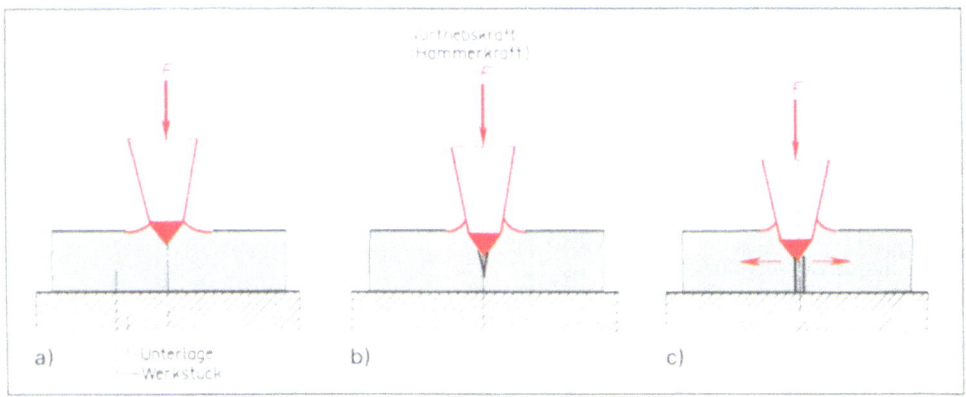

11.12 Keilschneiden
   a) Einkerbung und Wulstbildung
   b) Rißbildung
   c) Sprengung (Bruch des Restquerschnitts)

1. Einkerbung und Wulstbildung. Bis zu einer bestimmten, festigkeitsbedingten Grenze dringt die Schneide in den Werkstoff ein, ohne den Stoffzusammenhalt aufzuheben. Der Werkstoff wird verdichtet und verdrängt – es kommt zur Einkerbung und Wulstbildung (**11.12a**).

2. Rißbildung. Bei weiteren Hammerschlägen wird der Stoffzusammenhalt überwunden und damit die Verformbarkeit des Werkstoffs überschritten (s. Abschn. 3.1.2). Es bildet sich in Richtung der Vortriebskraft vor der Schneide ein Riß, der der Schneide vorauseilt (**11.12b**).

3. Bruch des Restquerschnitts. Wenn der Riß so weit vorausgeeilt ist, daß der Restquerschnitt den Trennkräften des Meißelkeils nicht mehr widersteht, kommt es zum Bruch (**11.13c**).

Diese drei Stufen des Zerteilvorgangs kann man an der zerteilten Querschnittsfläche erkennen (**11.13**).

Beim Keilschneiden mit Zangen dringen gleichzeitig zwei sich gegenüberliegende Schneiden in den Werkstoff ein – auch hier in den drei Schritten Einkerbung mit Wulstbildung, Rißbildung und Bruch des Restquerschnitts.

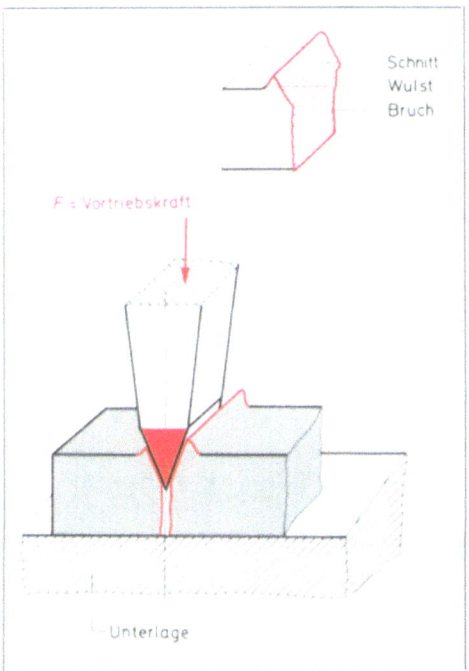

11.13 Zerteilte Querschnittsfläche

11.2.2 Scherschneiden

Beim Scherschneiden sind zwei keilförmige Werkzeugschneiden an dem Zerteilvorgang beteiligt. Im Gegensatz zu den Keilschneideverfahren mit zwei Schneiden (z.b. eine Kneifzange oder ein Seitenschneider) bewegen sich die beiden Schneiden hierbei nicht genau aufeinander zu, sondern gleiten aneinander vorbei (**11.14**).

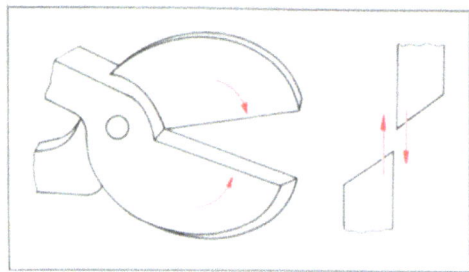

11.14 Beim Scherschneiden gleiten die Schneiden aneinander vorbei

Scherschneiden ist ein Zerteilen des Werkstoffs mit zwei keilförmigen Schneiden, die aneinander vorbeigleiten.

Scherschneiden dient zum schnellen Zerteilen von Blech, Stab- oder Formstahl, aber auch zum Trennen nichtmetallischer Werkstoffe wie Leder, Pappe oder Kunststoff.

Voraussetzung für das Scherschneiden eines Werkstoffs ist die Überwindung seiner Scherfestigkeit.

11.2.3 Formschneiden

Beim Formschneiden – einer Sonderform des Scherschneidens – entsteht in einem Schnitt die gesamte äußere oder innere Form eines Blechteils. Weil für jede Werkstückform verschiedene Werkzeuge nötig sind, ist das Formschneiden vorwiegend bei größeren Stückzahlen in der Serienfertigung und bei komplizierten Werkstückformen wirtschaftlich.

Beim Formschneiden entsteht die gesamte innere oder äußere Form eines Blechteils in einem Schnitt.

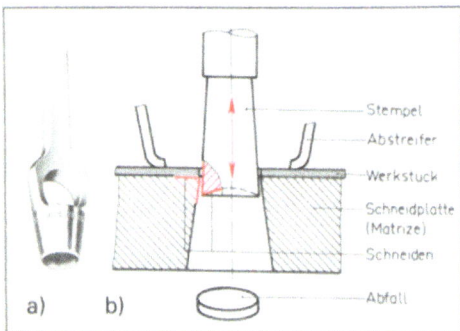

11.15 Lochen von Hand oder maschinell
  a) Locheisen, b) Lochwerkzeug

Die Formschneideverfahren arbeiten im Trennschnitt als Schneiden (Ausschneiden) oder Lochen.

Beim Schneiden wird das ausgeschnittene Teil weiterverwendet, während der Rest des Blechstreifens oder der Tafel Abfall ist.

Beim Lochen werden Durchbrüche aller Art ins Werkstück geschnitten, wobei – im Gegensatz zum Schneiden – die ausgeschnittenen Teile Abfall sind (**11.15**).

Offener und geschlossener Schnitt. Die Schnittlinien einfacher Scherschneideverfahren (z. B. Abschneiden, Einschneiden, Ausklinken) haben jeweils einen Anfang und ein Ende (**11.**16a, b, c), weshalb man hier von offenem Schnitt spricht. Beim Schneiden (Ausschneiden) und Lochen dagegen ergibt sich eine geschlossene Schnittlinie, also ein geschlossener Schnitt (**11.**15d, e).

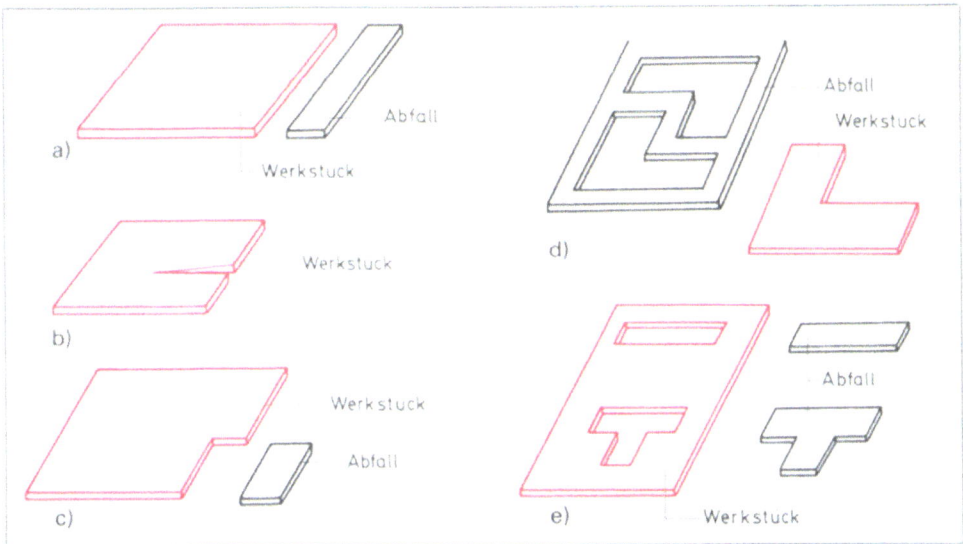

11.16 Offener Schnitt beim Scherschneiden (Schnittlinie hat Anfang und Ende)
 a) Abschneiden, b) Einschneiden, c) Ausklinken
 Geschlossener Schnitt beim Formschneiden (Schnittlinie ist in sich geschlossen)
 d) Schneiden (Ausschneiden), e) Lochen

Aufgaben zu Abschnitt 11.2

1. Erklären Sie den Begriff des Zerteilens.
2. Was bedeuten die Begriffe Keil-, Scher- und Formschneiden?
3. Was ist Formschneiden?
4. Erklären Sie den Unterschied zwischen Schneiden und Lochen.
5. Was versteht man unter offenem und geschlossenem Schnitt?

11.3 Spanen I – vorwiegend von Hand

11.3.1 Spanbildung, Spanarten und Winkel an der Schneide

Die Vorgänge beim Spanen sind bei allen spanabhebenden Trennverfahren grundsätzlich gleich. Unterschiedlich sind nur die äußeren Begleitumstände, z. B. die Größe der Schneidenvortriebskraft oder die Art und Weise, wie sie zustande kommt.

Am Beispiel des Meißelns lassen sich die Vorgänge bei der Spanbildung am einfachsten erklären. Ebenso können die Arten bzw. Formen der Späne, aber auch die Winkel an der Werkzeugschneide für das Meißeln beispielhaft erläutert werden.

Spanbildung. Unter Spanen versteht man das mechanische Abtragen von formlosem Stoff, von Spänen. Diese Späne bilden sich allmählich, während die keilförmige Werkzeugschneide in den Werkstoff eindringt. Zur Spanabtrennung kommt es jedoch nur, wenn die Werkstofffestigkeit überwunden wird. Die Spanbildung läßt sich in vier Teilschritten verfolgen (**11**.17):

1. Stauchung. Durch die Hammerkraft wird der Werkstoff zunächst vor der vorderen Keilflanke (Spanfläche) gestaucht.

2. Rißbildung. Beim weiteren Eindringen der Meißelschneide wird die Kohäsion der Gefügeteilchen überwunden – in der Bewegungsrichtung der Meißelschneide entsteht ein Riß, der ihr etwas vorauseilt (voreilender Riß).

3. Abscheren. In der in Richtung des voreilenden Risses liegenden Scherebene wird das Spanteilchen schließlich abgeschert.

4. Abgleiten. Das abgescherte Spanteilchen gleitet an der vorderen Keilflanke (Keilseitenfläche) ab. Diese Keilflanke heißt daher Spanfläche.

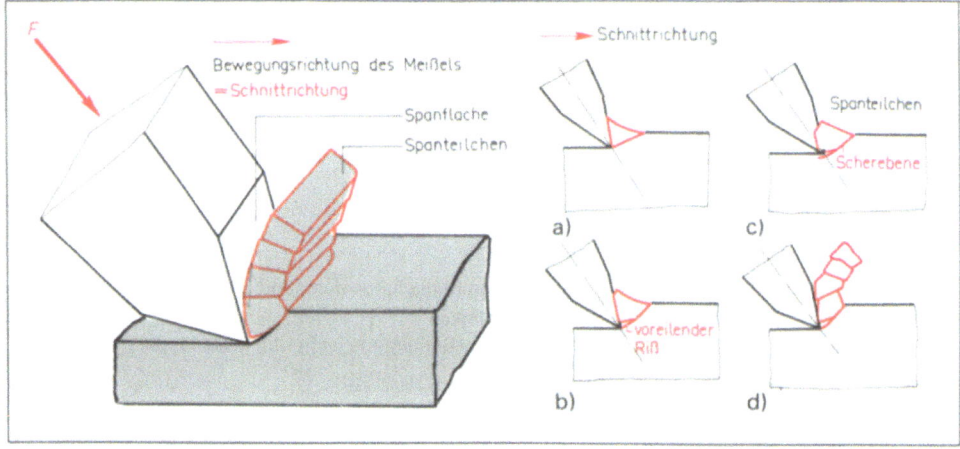

11.17 Spanbildung in vier Teilschritten
a) Stauchen, b) Rißbildung, c) Abscheren, d) Abgleiten

Der Widerstandskraft des Werkstoffs gegen das Eindringen der Schneide hängt ab von seiner Festigkeit, dem Spanungsquerschnitt, der Spanflächenneigung (Spanwinkel), aber auch von der Schnittgeschwindigkeit und vom Verschleißzustand der Schneide. Die Größe dieser Widerstandskraft ändert sich deshalb im Verlauf der vier Teilschritte. Zu Beginn des Stauchens ist sie am kleinsten, ihren Höchstwert erreicht sie unmittelbar vor dem Abscheren des Spanteilchens in der Scherebene. Durch das An- und Abschwellen der Widerstandskraft kann die Schneide in Schwingungen versetzt werden. Dann ist die bearbeitete Werkstückoberfläche unsauber und unregelmäßig.

Spanarten. Beim Meißeln nimmt man eine unregelmäßige Oberfläche schon verfahrensbedingt hin (z. B. durch schlagartig und unterbrochen aufgebrachte Vortriebskraft oder die Meißelführung von Hand). Bei anderen spanenden Verfahren (z. B. beim maschinellen Drehen und Fräsen) sind Schneidenschwingungen oder andere Einflüsse, die zu unregelmäßiger und unsauberer Oberfläche führen, unerwünscht. Die Qualität der Oberfläche hängt mit der Art des sich beim Spanen ergebenden Spans zusammen. Dabei unterscheidet man den Scherspan, Fließspan und Reißspan.

Reißspäne bilden sich, wenn die Spanteilchen unregelmäßig abreißen. Weil der vorauseilende Riß bei dieser (unerwünschten) Spanart mal nach innen, mal nach außen läuft, ergibt sich eine unsaubere, rauhe, nicht maßhaltige Oberfläche (**11.18a**). Ursache für solche Reißspäne ist oft ein Schneidenansatz, der aber bei höherer Schnittgeschwindigkeit vermieden werden kann.

Scherspäne entstehen z. B. beim Meißeln. Sie bestehen aus kleinen, ungleichmäßigen, mehr oder weniger zusammenhängenden Spanteilchen und ergeben eine rauhe Oberfläche (**11.18b**).

Fließspäne. Eine regelmäßigere und saubere Schnittfläche kann man z. B. durch höhere Schnittgeschwindigkeit und damit stetiges, gleichmäßiges Abtrennen erreichen. Auch Schneidenschwingungen werden so unterdrückt. Späne, die auf diese Art etwa beim Drehen entstehen, heißen Fließspäne (**11.18c**).

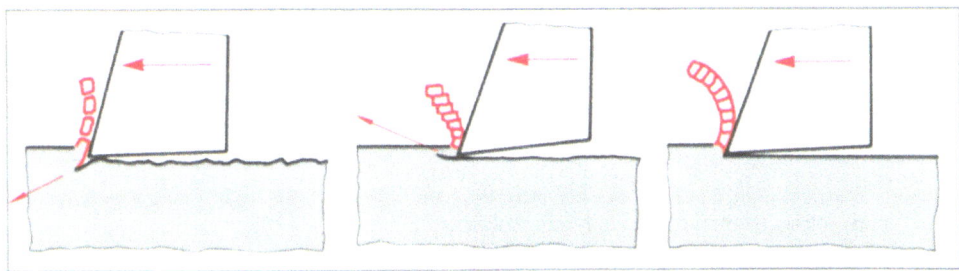

11.18 Spanarten

a) Reißspan
Vorauseilender Riß mal nach innen, mal nach außen gerichtet
Gestauchte Spanteilchen fast ohne Zusammenhang
Schnittfläche sehr rauh und ungenau

b) Scherspan
Vorauseilender Riß nach außen gerichtet
Zusammenhängende Spanteilchen
Schnittfläche rauher als beim Fließspan, aber erheblich glatter als beim Reißspan

c) Fließspan
Spanteilchen fließen als zusammenhängende Spanlocke
Glatte Schnittfläche
Entsteht bei höherer Schnittgeschwindigkeit

Beim Schneidenansatz (**11.19**) häufen sich auf der Schneide Werkstoffteilchen an, die durch Anwachsen, Abbröckeln und Neubilden eine wechselnde Schneidenlänge ergeben. Dies führt zu unsauberer und ungenauer Schnittfläche.

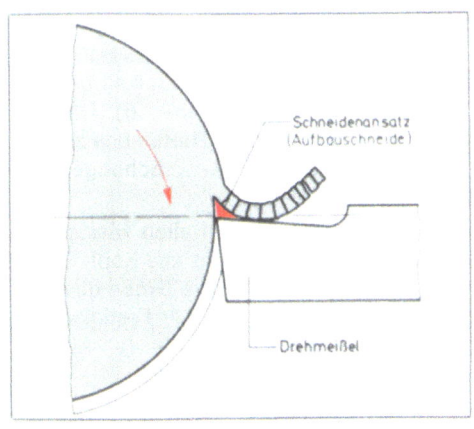

11.19 Schneidenansatz beim Drehen

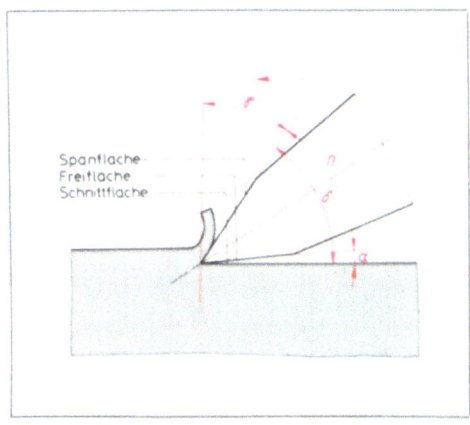

11.20 Winkel an der spanenden Meißelschneide
$\delta = \alpha + \beta$ $\alpha + \beta + \gamma = 90°$
α = Freiwinkel, β = Keilwinkel,
γ = Spanwinkel, δ = Schnittwinkel

Winkel an der Schneide. Von besonderer Bedeutung für die Qualität der Schnittfläche, aber auch für den Kraftbedarf beim Zerspanvorgang ist die Neigung der Spanfläche. Sie wird durch den Spanwinkel γ (gamma, griech. Buchstabe g) bestimmt (**11.20** auf S. 151).

Bei kleinen Spanwinkeln zwischen 0 und 8° werden die Spanteilchen stark gestaucht, wodurch der voreilende Riß ins Innere des Werkstücks abgelenkt wird. Dadurch kann die Schnittfläche sehr unregelmäßig werden.

Bei größerem Spanwinkel (γ = 10 bis 30°) nimmt die Stauchung ab. Der voreilende Riß läuft nach außen, der Kraftbedarf wird verrringert, die Schnittfläche sauber und regelmäßig.

Freiwinkel und Keilwinkel sind uns schon vom Zerteilen her bekannt.

Fassen wir zusammen:

> Der Freiwinkel α ist der Winkel zwischen der Freifläche des Werkzeugkeils und der Schnittfläche (= bearbeitete Werkstückoberfläche). Er vermindert die Reibung und Erwärmung des Keils.
>
> Der Keilwinkel β ist der Winkel zwischen der Freifläche und der Spanfläche des Keils. Er ist abhängig vom zu bearbeitenden Werkstoff.
>
> Der Spanwinkel γ ergänzt Frei- und Keilwinkel zu 90°. Gemessen wird er zwischen der Spanfläche und einer senkrecht zur Schnittfläche verlaufenden (gedachten) Linie.
>
> Der Schnittwinkel δ ist die Summe von Frei- und Keilwinkel (δ griech. Buchstabe d, sprich delta).

11.3.2 Spanendes Meißeln

> Meißeln ist ein spanendes Trennverfahren, bei dem unter Wirkung von Hammerschlägen schichtenweise Werkstoffspäne mit einer keilförmigen Schneide abgetragen werden.

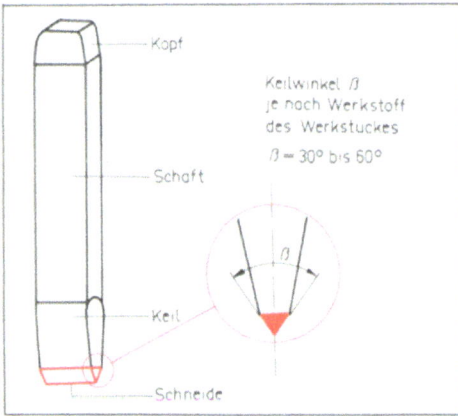

Aufbau und Eigenschaften des Meißels. Die Meißelschneide kann nur ins Werkstück eindringen, wenn sie härter ist als sein Werkstoff. Deshalb wird der Meißelkeil gehärtet und angelassen (s. Abschn. 7.6). Dadurch bleibt er bei genügender Härte noch zäh genug, um schlagartige Beanspruchungen auszuhalten.

Der Meißelaufbau ist bei allen Meißelarten gleich. Ein Meißel besteht aus Kopf, Schaft und Schneide (**11.21**). Die Größe des Keilwinkels richtet sich nach der Festigkeit des zu bearbeitenden Werkstoffs (s. Abschn. 11.1.2).

11.21 Aufbau des Meißels (Flachmeißel)

Meißelarten. Für die verschiedenen Meißelarbeiten (z. B. Meißeln von Flächen, Entgraten, Meißeln von Nuten) gibt es unterschiedliche Meißelarten. Tabelle **11.22** zeigt die vier wichtigsten mit Arbeitsbeispielen.

Tabelle 11.22 **Meißelarten**

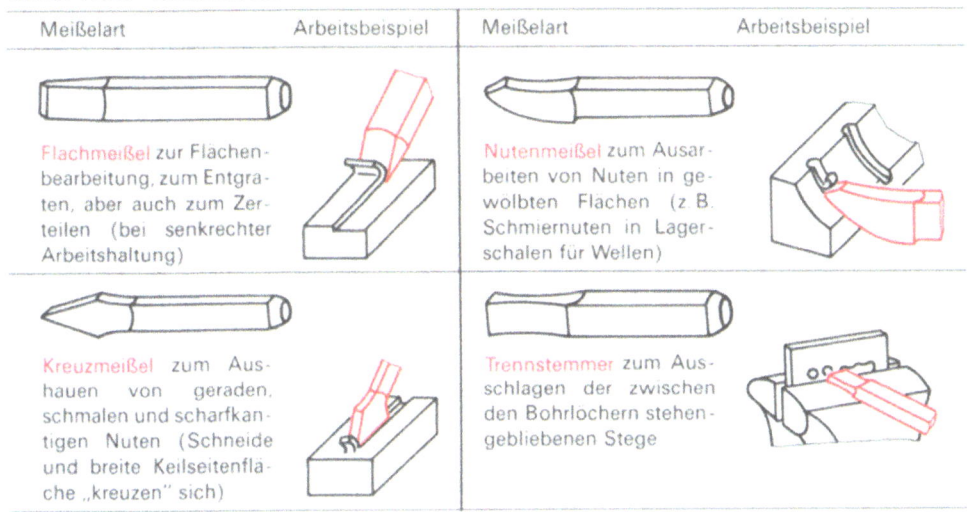

Meißelart	Arbeitsbeispiel
Flachmeißel zur Flächenbearbeitung, zum Entgraten, aber auch zum Zerteilen (bei senkrechter Arbeitshaltung)	
Nutenmeißel zum Ausarbeiten von Nuten in gewölbten Flächen (z. B. Schmiernuten in Lagerschalen für Wellen)	
Kreuzmeißel zum Aushauen von geraden, schmalen und scharfkantigen Nuten (Schneide und breite Keilseitenfläche „kreuzen" sich)	
Trennstemmer zum Ausschlagen der zwischen den Bohrlöchern stehengebliebenen Stege	

11.3.3 Sägen

Das Sägen ist ein wirtschaftliches Arbeitsverfahren, weil der Aufwand menschlicher oder maschineller Arbeit für den Trennvorgang vergleichsweise gering ist und der Werkstoffverlust durch das Zerspanen der nur schmalen Schnittfuge in meist günstigen Grenzen bleibt.

Vorgang beim Sägen. Vergleicht man das Sägen mit dem Meißeln, kann man das band- oder scheibenförmige Sägeblatt als eine regelmäßige Anordnung gleichgeformter hintereinanderliegender Meißelschneiden betrachten, die man „Zähne" nennt. Beim Andrücken und Vorwärtsstoßen trennt jeder Zahn kleine Späne ab, die zunächst in den Zahnlücken mitgeführt werden und am Ende der Schnittlänge herausfallen. Da die Zähne alle die gleiche (meißelartige) Form haben und mit der gleichen Vortriebs- oder Hauptkraft F in den Werkstoff gedrückt werden, hebt jede Schneide gleich dicke Späne ab (**11.23**).

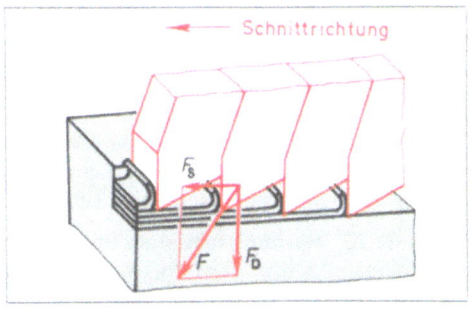

11.23 Zerspanvorgang beim Sägen
F = Vortriebs- oder Hauptkraft
F_D = Druckkraft
F_S = Stoßkraft

Sägen ist Spanen mit einer Vielzahl gleichgeformter meißelartiger Schneiden, die auf einem schmalen Werkzeug hintereinander angeordnet sind.

Spanwinkel. Die Sägewerkzeuge sind unterschiedlich aufgebaut – je nachdem, ob von Hand oder maschinell gesägt wird. Weil die Sägeblätter wie viele hintereinanderstehende Meißel arbeiten, bestimmen auch hier die Winkel an der spanenden Werkzeugschneide (Frei-

Keil- und Spanwinkel) den Schnittvorgang. Beim Sägen von Hand ist der Spanwinkel $\gamma = 0°$ (**11.24**). Dadurch kann sich das Sägeblatt beim Andrücken und Vorwärtsstoßen nicht zu tief in den Werkstoff ziehen und einhaken. Bei zu tiefem Eindringen der vielen Schneiden könnte die menschliche Kraft den Werkstoffwiderstand gegen das Abspanen nicht mehr überwinden – das Sägeblatt würde steckenbleiben, verkanten oder sogar brechen. Bei den Maschinensägeblättern besteht diese Gefahr nicht, weil der Motor oder Hydraulikantrieb genügend Kraft für einen gleichmäßigen und zügigen Schnitt liefern. Deshalb haben Sägeblätter für Maschinen einen Spanwinkel $> 0°$.

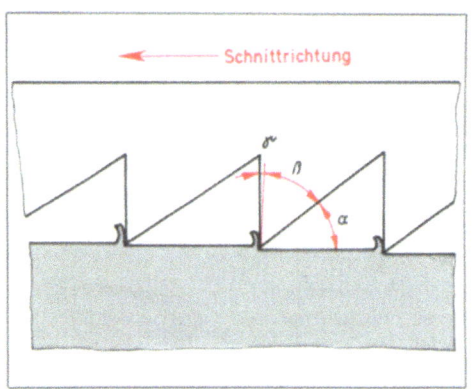

11.24 Winkel an der Handsägeschneide
$\alpha \sim 40°$, $\beta \sim 50°$, $\gamma = 0°$

Der Freiwinkel α muß beim Sägen groß sein, damit sich zwischen den Zähnen genügend große Zahnlücken für den Spänetransport ergeben.

Der Keilwinkel β wird, wie wir erfahren haben, in der Regel der Festigkeit des zu zerspanenden Werkstoffs angepaßt. Bei Sägeblättern wird der Keilwinkel jedoch nicht verändert. Zur Anpassung an die größere oder kleinere Belastung des Keils erhöht oder vermindert man statt dessen die **Anzahl der Zähne**, bezogen auf eine bestimmte Sägeblattlänge. Je größer die Werkstoffestigkeit, desto mehr Schneiden sind für die größere Belastung erforderlich. Als Vergleichslänge dient hierbei die Längeneinheit 1 inch (Zoll) = 25,4 mm.

> Je größer die Festigkeit des zu zerspanenden Werkstoffs, desto mehr Zähne erhält das Sägeblatt auf einer Länge von 1 inch bei gleichbleibendem Keilwinkel.

Teilung. Unter der Teilung t versteht man den Abstand von Sägezahn zu Sägezahn (**11.25**). Die richtige Sägenteilung hängt nicht nur vom Werkstoff ab, sondern auch von der Länge der Schnittfuge. Bei Werkstoffen größerer Festigkeit und sehr langen Schnittfugen darf die Teilung wiederum nicht so klein werden, daß die Späne in den Zahnlücken gestaut werden und die weitere Spanabnahme erschweren bzw. ganz verhindern.

Tabelle **11.25** **Werkstoffestigkeit und Sägeblatteilung**

Werkstoffestigkeit	Sägeblatt	Teilung t
gering z. B. Aluminium, Kupfer, Zinn, weiche Kupfer-Zinn-Legierungen	1" = 25,4 mm t = grob 1 5 10 14 Zähne	$\dfrac{25,4 \text{ mm}}{14} = 1,81$ mm
mittel z. B. weiche Stähle, Grauguß, Kupfer-Zinn- und Kupfer-Zink-Legierungen	t = mittel 1 5 10 15 20 22 Zähne	$\dfrac{25,4 \text{ mm}}{22} = 1,15$ mm
hoch z. B. hochfeste Stähle, Hartguß, harte Kupfer-Zink-Legierungen	t = fein 1 5 10 15 20 25 30 32 Zähne	$\dfrac{25,4 \text{ mm}}{32} = 0,79$ mm

> **Regeln zur Auswahl der Sägeteilung**
> - Die Teilung ist um so kleiner zu wählen, je größer die Festigkeit des zu trennenden Werkstoffs ist.
> - Bei sehr kurzen Schnittfugen (z. B. dünnen Blechen, Rohren oder Profilen) verwendet man stets ein Sägeblatt mit kleiner Teilung, damit die Zähne nicht einhaken.
> - Bei langen Schnittfugen muß die Teilung mindestens so groß gewählt werden, daß ein ausreichender Spänetransport in den Zahnlücken gewährleistet ist.

Freischnitt. Das Sägeblatt darf in der Schnittfuge nicht klemmen, was z. B. durch Wärmeausdehnung (Reibungswärme) oder eingeklemmte Späne eintreten kann. Die Sägeblätter erhalten daher einen Freischnitt, der dafür sorgt, daß die Breite der Schnittfuge größer wird als die Dicke des Sägeblatts. Freischnitt ist möglich durch Schränken, Wellen und Stauchen der Zähne (**11.26**).

Tabelle **11.26 Freischnitt von Sägeblätter**

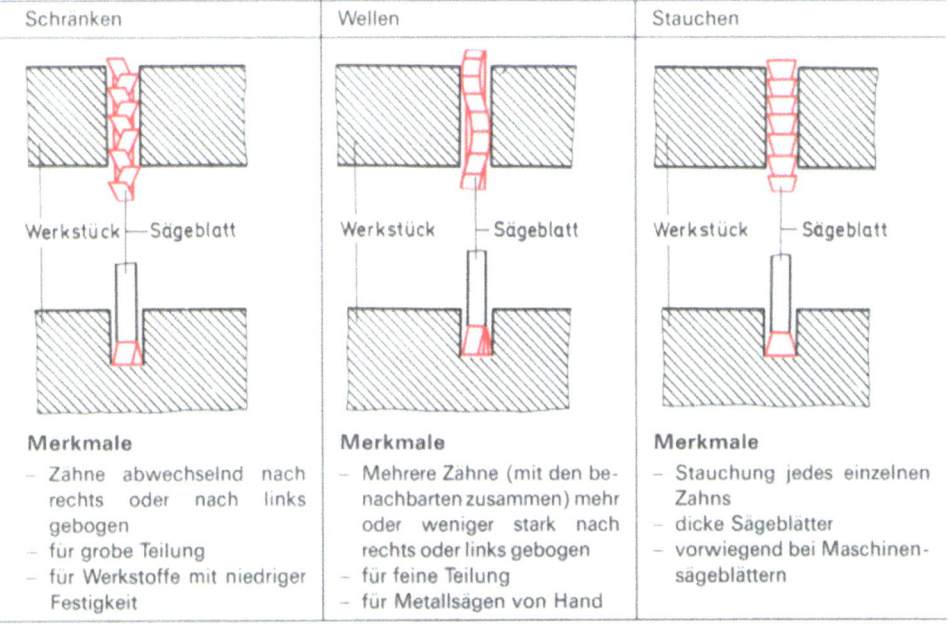

Schränken	Wellen	Stauchen
Merkmale	**Merkmale**	**Merkmale**
– Zähne abwechselnd nach rechts oder nach links gebogen	– Mehrere Zähne (mit den benachbarten zusammen) mehr oder weniger stark nach rechts oder links gebogen	– Stauchung jedes einzelnen Zahns
– für grobe Teilung	– für feine Teilung	– dicke Sägeblätter
– für Werkstoffe mit niedriger Festigkeit	– für Metallsägen von Hand	– vorwiegend bei Maschinensägeblättern

Sägeblattherstellung. Zur Herstellung von band- oder scheibenförmigen Sägeblättern verwendet man je nach Beanspruchung niedriglegierte Werkzeugstähle (SS = Schnellschnittstahl) oder hochlegierte Werkzeugstähle (HSS = Hochleistungs-Schnellschnittstahl).

Bei Hochleistungssägeblättern für Kreissägemaschinen lassen sich die verschleißbedingten Werkzeugkosten verringern, indem man das scheibenförmige Werkzeug z. B. aus einem Sägeblattkörper (Stammblatt) und auswechselbaren Zahnsegmenten aufbaut (**11**.27). Die Zahnsegmente (oder auch einzeln auustauschbare Zähne, je nach Werkzeugaufbau) bestehen aus Hochleistungsschnellschnittstahl (HSS) oder Hartmetall (HM) und können bei Beschädigung oder Verschleiß kostengünstiger erneuert werden als das komplette teure Werkzeug.

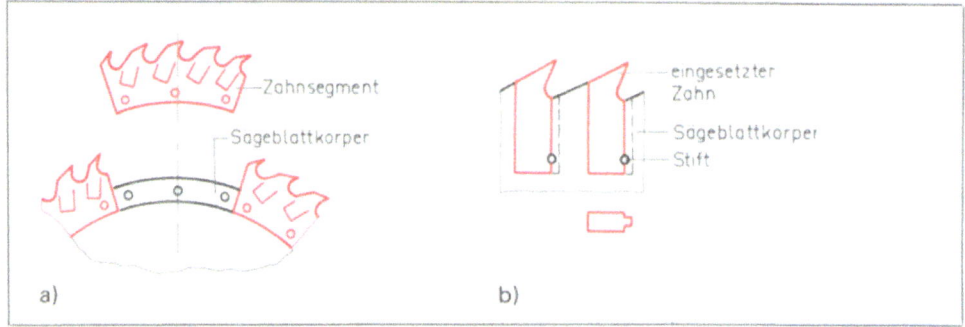

11.27 Auswechselbare Zahnsegmente (a) und einzeln auswechselbare Zähne (b) bei Hochleistungskreissägeblättern

Sägen von Hand. Alle Handsägen schneiden nur beim Vorwärtsstoßen (Arbeitshub), wobei das Sägeblatt leicht auf das Werkstück gedrückt wird. Die Rückbewegung (Rück- oder Leerhub) geschieht ohne Druck, damit die Schneiden nicht beschädigt werden. Die **Handbügelsäge** ist die meistverwendete Handsäge. Sie besteht aus Spannbügel, Sägeblatt, zwei Spannkloben mit Befestigungsstift und Spannschraube, die das Sägeblatt immer unter Spannung hält (**11**.28).

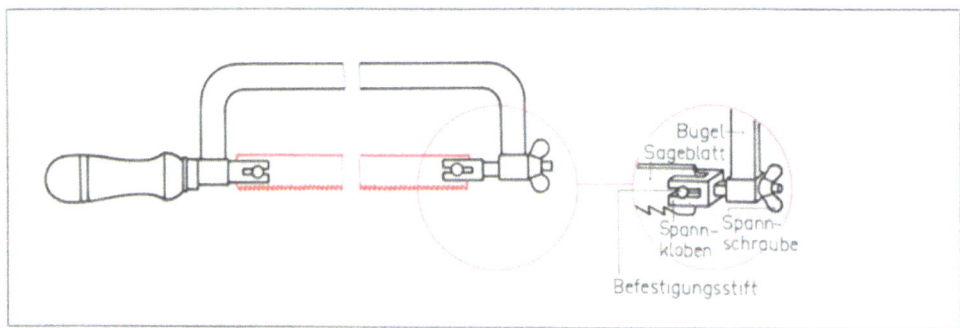

11.28 Handbügelsäge

Sägen mit Maschinen. Maschinen zum Sägen von Metall sind z. B. die Bügelsägemaschine, die Kreissägemaschine und die Bandsägemaschine.

Die Bügelsägemaschine arbeitet wie die Handbügelsäge mit einem im Spannbogen gespannten bandförmigen Sägeblatt (**11**.29). Die Vor- und Rückbewegung des Sägeblatts leistet ein Kurbeltrieb (ähnlich wie an der Waagerechtstoßmaschine, s. Abschn. 11.5.5). Geschnitten wird nur während der Vorwärtsbewegung, bei der Rückbewegung wird das Sägeblatt etwas angehoben, um den Verschleiß zu verringern. Mit der Bügelsägemaschine lassen sich beliebig geformte und auch größere Querschnitte trennen. Sie ist die meistverwendete Maschinensäge in der Metallwerkstatt.

Die Kreissägemaschine dient vorwiegend zum Sägen größerer Werkstückquerschnitte (**11**.30). Sie arbeitet ohne Leerhub in ununterbrochenem Schnitt. Mit Hochleistungs-Kreissägeblättern ist die Schnittleistung im Vergleich zu den anderen Sägemaschinen besonders groß.

Die Bandsägemaschine arbeitet mit einem endlosen, beim Einbau verschweißten Sägeband, das gleichmäßig und ununterbrochen über zwei große Rollen läuft (**11**.31). Bandsägemaschinen eignen sich zum Einsägen und Formsägen flacher Werkstücke und werden daher vorwiegend im Werkzeugbau zum Aussägen geradliniger oder kurvenförmiger Durchbrüche verwendet.

11.29 Bügelsägemaschine　　11.30 Kreissägemaschine　　11.31 Bandsägemaschine

Alle Maschinensägen entwickeln beim Zerspanen hohe Temperaturen und müssen daher gekühlt werden. Dies geschieht durch eine über Pumpe und Rohrleitungen arbeitende **Kühlvorrichtung**. Sie führt dem Sägeblatt eine zugleich kühlende und schmierende Emulsion zu.

Unfallverhütung

Die meisten Unfälle beim Sägen sind auf Unachtsamkeit, Vernachlässigung der Werkzeuge oder Überschätzung der eigenen Körperkräfte zurückzuführen. Die Verletzungen sind oft tiefe, stark blutende Fleischwunden an Hand und Arm, hervorgerufen durch Abgleiten der Säge oder Bruch des Sägeblatts. Daher:

- Auf sicheres Einspannen des Werkstücks (stets dicht an der Schnittstelle) achten!
- Nur einwandfreie Werkzeuge verwenden (z. B. keine Sägeblätter mit ausgebrochenen Zähnen oder einem Riß – erkennbar an der Klangprobe durch leichtes Zupfen am Sägeblatt).
- Sägeblatt immer gut spannen, damit sich Blatt und Bogen sauber führen lassen.
- Niemals hastig sägen – die Säge könnte abgleiten, das Sägeblatt brechen. Sägeblatt auch nicht verkanten oder verdrehen (Bruchgefahr)!
- Gegen Ende eines Sägeschnitts Säge entlasten, die letzten Sägehübe vorsichtig und langsam ausführen, damit die Säge nicht abgleitet.
- Hersteller-Vorschriften für Maschinenarbeiten befolgen, keine Schutzvorrichtungen oder Verkleidungen abbauen!

11.3.4 Feilen

Feilen von Hand ist sehr zeitaufwendig. Man wählt dieses Trennverfahren vorwiegend dort, wo ein wirtschaftlicher Einsatz von Maschinen nicht möglich ist – also bei handwerklicher Einzelfertigung, aber auch für Nacharbeiten an vorgefertigten Werkstücken.

Durch Feilen lassen sich
- ebene oder gewölbte Flächen bearbeiten,
- Werkstückkanten entgraten oder brechen (Fase)
- komplizierte Außen- und Innenformen maßgenau herstellen oder nacharbeiten.

Endform. Während Werkstücke durch Meißeln oder Sägen nur roh vorgearbeitet werden, bringt das Feilen ein Werkstück in seine Endform. Daher sind auch die Ansprüche an die Maß- und Formgenauigkeit und die Oberflächengüte höher gestellt.

Feilvorgang und Werkzeugaufbau. Ähnlich wie beim Sägen wird der Werkstoff beim Feilen durch viele hintereinander angeordnete keilförmige Schneiden (Feilenzähne) zerspant. Die Feilenzähne sind jedoch breiter und kleiner als die Sägenzähne (**11.**32).

> Feilen ist Spanen mit einer Vielzahl hintereinander angeordneter meißelartiger Schneiden, vorwiegend zur Bearbeitung ebener oder gewölbter Flächen.

11.32 Anordnung bei Feilenzähne   11.33 Aufbau der Feile

Die Feile besteht aus einem gehärteten Feilenblatt, der geschmiedeten (ungehärteten) Angel und dem Feilenheft aus Holz oder Kunststoff. Das freie Ende der Feile bezeichnet man als Kopf (**11.**33).

Feilenarten. Es gibt viele Feilenarten, die je nach Verwendungszweck unterschiedliche Formen und Abmessungen haben und z.T. in Ausführung und Abmessung nach DIN genormt sind, z. B.: Werkstattfeilen nach DIN 7261 (**11.**34).

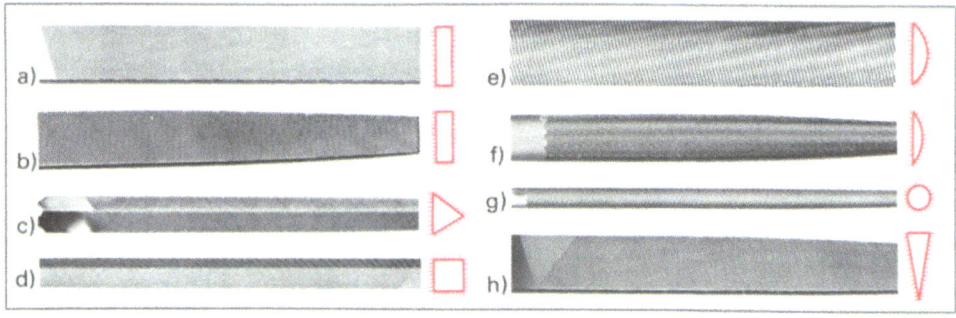

11.34 Werkstattfeilen
  a) Flachstumpffeile, b) Flachspitzfeile, c) Dreikantfeile, d) Vierkantfeile,
  e) Halbrundfeile, f) Halbrundfeile, spitze Form, g) Rundfeile, h) Messerfeile

Gehauene und gefräste Feilen. Die Feilenzähne werden gehauen oder gefräst. Bei den gehauenen Feilen entstehen die Feilenzähne durch Einschlagen von Haumeißeln in das noch ungehärtete Feilenblatt (**11**.35). Bei den gefrästen Feilen werden die Lücken zwischen den Zähnen (die Spankammern) ausgefräst. Beide Arten unterscheiden sich auch durch ihre Schneidenwinkel und ihre Arbeitsweise (**11**.36).

Bei den gehauenen Feilen sind α und β zusammen größer als 90°. Da die Winkelsumme von $\alpha + \beta + \gamma$ aber immer 90° ergeben soll (Definition), erhält der Spanwinkel hier ein negatives Vorzeichen. Gehauene Feilen haben also einen negativen Spanwinkel.

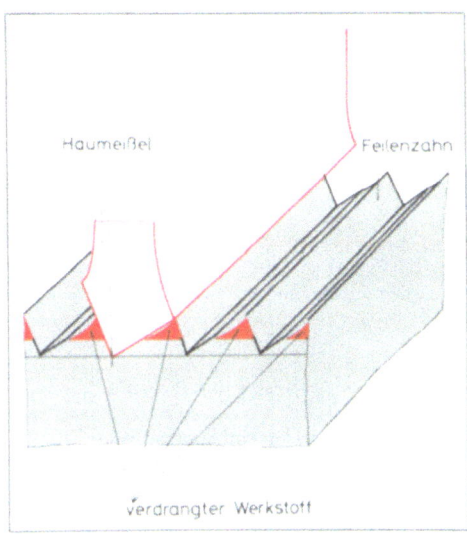

11.35 Herstellung gehauener Feilen

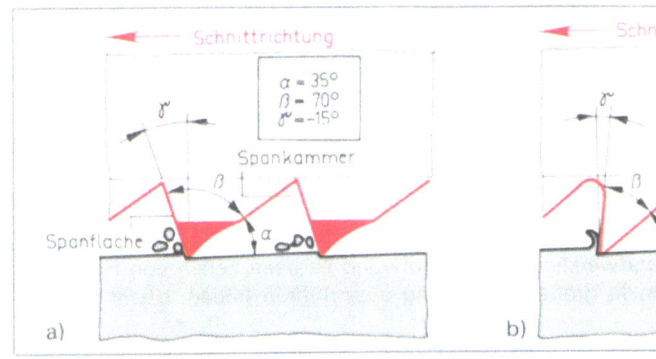

11.36 Winkel an gehauenen und gefrästen Feilen

a) gehauene Feile
negativer Spanwinkel $\gamma = -15°$
schabende Wirkung
großer Keilwinkel β
für Werkstoffe höherer Festigkeit
$\alpha + \beta + \gamma = 90°$

b) gefräste Feile
positiver Spanwinkel $\gamma = 5°$
schneidende Wirkung
kleiner Keilwinkel β
für Werkstoffe niedrigerer Festigkeit
$\alpha + \beta + \gamma = 90°$

Gehauene Feilen
- haben einen negativen Spanwinkel und wirken schabend
- eignen sich für Werkstoffe höherer Festigkeit

Gefräste Feilen
- haben einen positiven Spanwinkel und wirken schneidend
- eignen sich für Werkstoffe geringerer Festigkeit

Schneidenanordnung und Hiebarten. Die gehauenen oder gefrästen Schneidenreihen (Zähne) heißen **Hiebe**. (Das Wort bezog sich ursprünglich auf gehauene Feilen, wurde dann auch für gefräste Feilen übernommen.) Die Hiebe werden in den noch ungehärteten

Feilenkörper (Feilenblatt) eingearbeitet. Man unterscheidet ein- und zweihiebige Feilen (**11.37**, **11.38**).

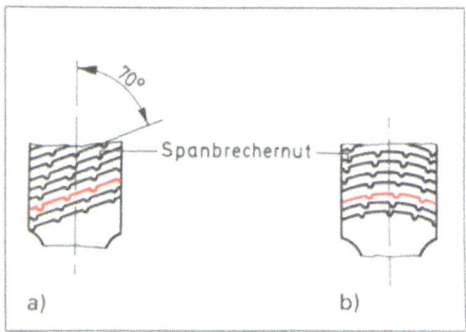
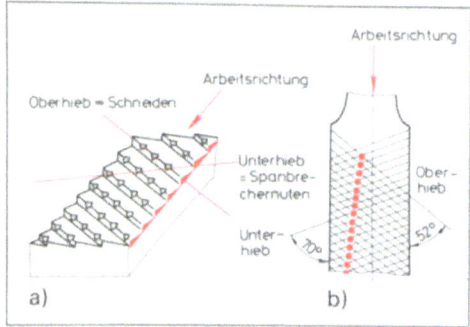

11.37 Hiebverlauf bei einhiebigen Feilen
a) schräger Hieb (unter 70° zur Feilenachse)
b) bogenförmiger Hieb

11.38 Hiebverlauf bei Kreuzhiebfeilen
a) Ober- und Unterhieb
b) Winkel zur Feilenachse

Hiebzahl und Oberflächengüte. Die Einsatzmöglichkeiten der Feile als spanabhebendes Werkzeug sind sehr vielfältig. Soll z. B. eine große Werkstoffmenge zerspant werden, wählt man eine „grobe" Feile. Soll dagegen die Oberflächengüte so gut wie möglich sein, nimmt man eine sehr „feine" Feile. Wie grob oder fein die Feile ist, ergibt sich aus ihrer Zahnteilung (Abstand zwischen den Zahnreihen, s. auch Zahnteilung beim Sägen) und aus ihrer Hiebzahl.

> Die Hiebzahl nach DIN 8349 gibt an, wieviel Zahnreihen das Feilenblatt auf 1 cm Länge hat.

Maschinelles Feilen. Der handwerkliche Arbeitsaufwand ist beim Feilen von Hand sehr groß. Betriebe, die Feilarbeiten in größerem Umfang auszuführen haben, setzen deshalb

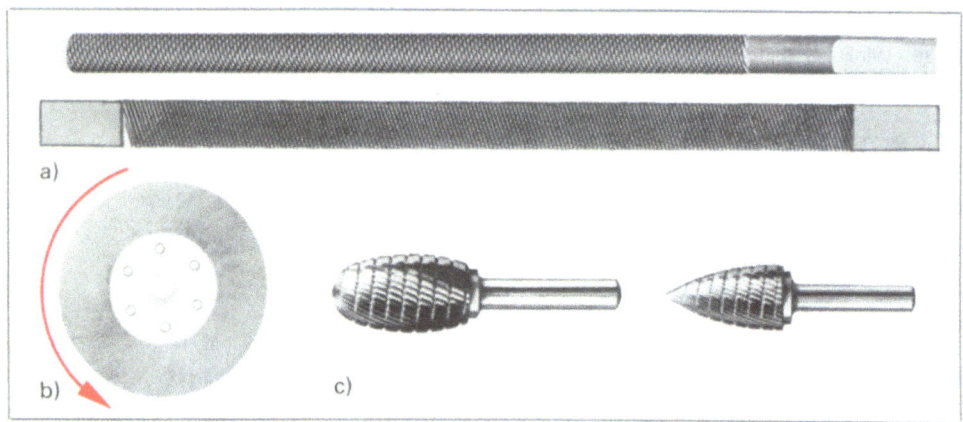

11.39 Werkzeuge für maschinelles Feilen
a) Feilen für Hubfeilmaschinen (senkrechte Auf- und Abbewegung)
b) Feilscheibe (rotierende Bewegung auf Feilbock)
c) Feilstifte (rotierende Bewegung mit biegsamer Welle)

Feilmaschinen ein, die dem Facharbeiter die Schnittbewegung abnehmen. Feilmaschinen findet man besonders im Werkzeug- und Vorrichtungsbau für die Herstellung von Schnitt- und Stanzwerkzeugen sowie für Durchbrüche jeder Art. Die Werkzeuge für maschinelles Feilen können stabförmig oder als Rotationskörper ausgeführt sein. Stabförmig arbeiten sie z. B. in Hubfeilmaschinen, in denen sie senkrecht auf und ab bewegt werden. Rotierend arbeiten sie z. B. als Feilscheiben oder als Feilstifte (**11.39**).

Arbeitsregeln für sauberes und fachgerechtes Feilen

- **Richtige Feilenwahl** nach der Menge des zu zerspanenden Werkstoffs, der Werkstoffestigkeit, der herzustellenden Form und der geforderten Oberflächengüte.
- **Körpergerechte Höheneinstellung** des Schraubstocks
- **Feile gleichmäßig andrücken** und mit Unterstützung des ganzen Körpers über die zu feilende Werkstückfläche führen. Beim Feinschlichten Feile jedoch nur noch mit den Armen führen.
- **Bei der Rückbewegung** Feile entlasten.
- Feile regelmäßig von festsitzenden Spänen säubern. Werkstück und Feile stets fettfrei halten.

Unfallverhütung

- Niemals ohne Feilenheft arbeiten, weil die Angel leicht in die Hand getrieben wird! Auf sichere Befestigung des Feilenheftes achten. Neue Feilenhefte stufenweise ausbohren, nicht ausbrennen. Sonst könnte sich die Angel lockern und herausrutschen.
- Auf sicheres Einspannen des Werkstücks und eigenen sicheren Stand achten!
- Die Feile nicht zu stark andrücken und nie hastig feilen (Abrutschgefahr)!
- Beim Arbeiten an Feilmaschinen die Finger nicht in unmittelbarer Nähe des Werkzeugs bringen! Vorschriften des Maschinenherstellers unbedingt einhalten.
- Ordnung am Arbeitsplatz halten.

11.3.5 Schaben

Das Schaben ist ein Trennverfahren mit nur noch sehr geringer Spanabnahme. Es erhöht die Oberflächengüte und wird überall dort angewendet, wo Flächen aufeinander gleiten und große Genauigkeit verlangt wird (z. B. im Werkzeugmaschinenbau bei Schlittenführungen und Gleitlagern).

Bei jedem spanenden Bearbeitungsvorgang (z. B. beim Feilen) bleiben mehr oder weniger tiefe Riefen in der Werkstückoberfläche zurück. Gleiten nun zwei spanend hergestellte Flächen aufeinander, berühren sie sich nur mit den Riefenspitzen (**11.40** auf S. 162). Weil diese Berührungsflächen sehr klein sind, steht nur ein geringer Flächenanteil als tragende Fläche zur Verfügung. Die Folgen:

- Der Gleitwiderstand zwischen den Flächen ist groß, weil die z. T. scharfkantigen Riefen ineinander greifen und den Gleitvorgang erschweren.
- Der Verschleiß erhöht sich stark. Die Riefenspitzen arbeiten sich gegeneinander ab und erzeugen ein vergrößertes Spiel zwischen den Oberflächen.

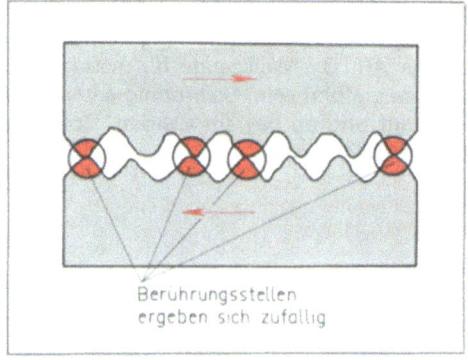
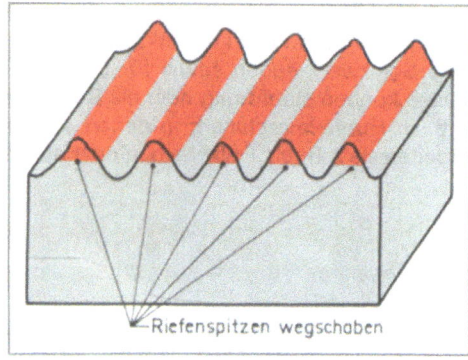

11.40 Berührung der Riefenspitzen – geringer Tragflächenanteil

11.41 Wegschaben der Riefenspitzen – größerer Tragflächenanteil

Großer Gleitwiderstand und vergrößertes Spiel sind bei Gleitflächen äußerst unerwünscht. Beiden wirkt man entgegen, indem man die Riefenspitzen gezielt abträgt und damit den Anteil der tragenden Oberfläche vergrößert (**11.41**).

> Unter Schaben versteht man die Herstellung glatter, gleichmäßig tragender Werkstückoberflächen bei nur geringer Spanabnahme.

Schabwerkzeuge. Zum Schaben von ebenen oder gekrümmten Flächen verwendet man verschiedene Schabwerkzeuge, die in ihrer Form der zu bearbeitenden Fläche angepaßt sind (**11.42**). Flachschaber dienen zum Schaben ebener, Dreikanthohl-, Löffel- und Dreikant-Löffelschaber zum Schaben gekrümmter bzw. gewölbter Flächen.

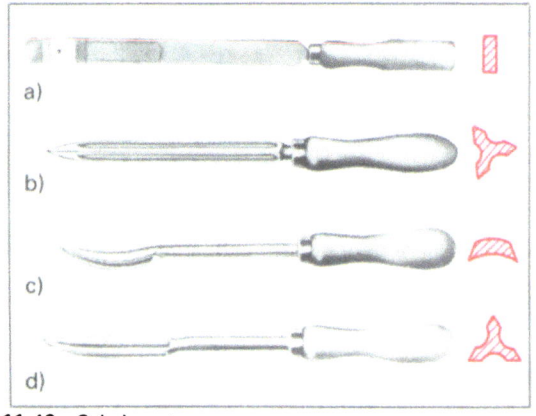

11.42 Schaberarten
  a) Flachschaber mit eingesetzter Hartmetallplatte
  b) Dreikanthohlschaber
  c) Löffelschaber
  d) Dreikant-Löffelschaber

11.43 Schabend wirkende Werkzeugschneide
$\delta = \alpha + \beta > 90°$

Da beim Schaben Werkstoffspäne abgehoben werden, müssen die Schabwerkzeuge auch keilförmige Werkzeugschneiden haben. Sie sollen aber, wie der Name sagt, nicht schneiden, sondern schaben und müssen daher einen negativen Spanwinkel γ haben. Der Schnittwinkel δ, der sich aus dem Freiwinkel α und dem Keilwinkel β zusammensetzt, wird dann > 90° (**11.43**).

> Schabwerkzeuge haben einen negativen Spanwinkel γ. Der Schnittwinkel δ ist > 90°

Mit Ausnahme des Werkzeugkeilwinkels entstehen alle Winkel an der Schaberschneide durch die richtige Arbeitshaltung des Werkzeugs (**11.44**).

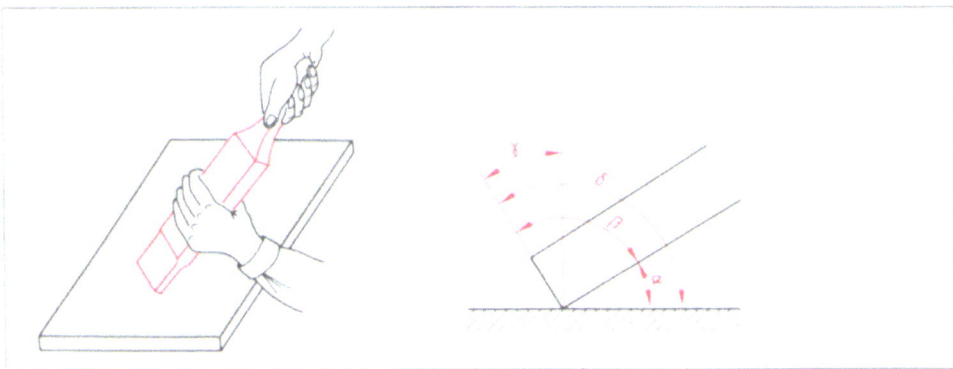

11.44 Arbeitshaltung des Schabwerkzeugs (Flachschaber) und Winkel an der Schneide
α = etwa 30°, β = 70 bis 90°, γ = 0° bis − 40° (negativ), δ = 115 bis 130°

Schabarbeiten. Zu Beginn der Schabarbeiten beseitigt man alle sichtbaren Riefen der vorausgegangenen Spanarbeiten. Dazu führt man das Schabwerkzeug, z. B. den Flachschaber, in möglichst langen Strichen **schräg** (unter etwa 45°) **gegen** den Riefenverlauf. So wird die Schaberschneide geschont und ein Einhaken vermieden. Bei jedem folgenden Schabvorgang ändert man die Schabrichtung um etwa 90°.

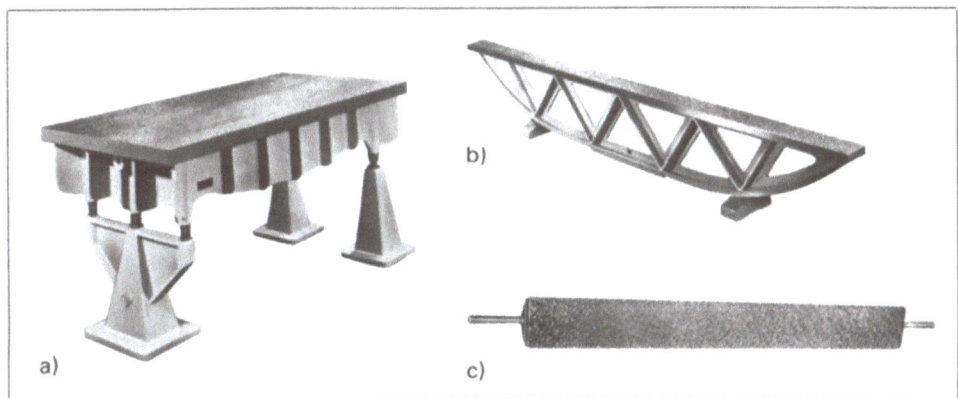

11.45 Schabprüfmittel
    a) Tuschierplatte (Abrichtplatte) für ebene Werkstücke
    b) Tuschierlineal (Abrichtlineal) für lange und schmale Werkstücke
    c) Tuschierschiene (Abrichtschiene) für prismenartige Führungen

Zum Prüfen der zu schabenden oder bereits geschabten Fläche gibt es Hilfsmittel, die Ebenheit und Tragflächenanteil sichtbar machen (z. B. Tuschierplatte, -lineal oder -schiene, **11.45** auf S. 163). Zu diesen Tuschierwerkzeugen verwendet man eine besondere Tusche oder Tuschierpaste, die sich hauchdünn auf Werkstück oder Tuschierwerkzeuge auftragen läßt und nicht eintrocknet.

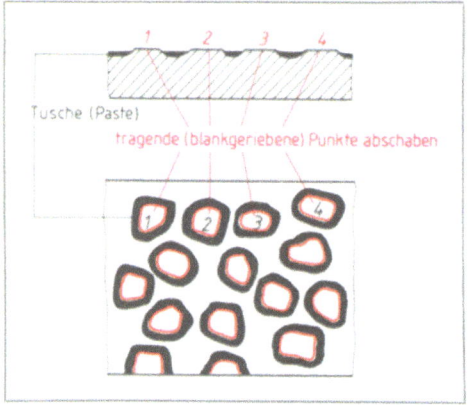

Bei kleinen Werkstücken trägt man die Tusche oder Paste dünn auf die Tuschierplatte auf und reibt das Werkstück vorsichtig auf der Platte hin und her.

Bei größeren Werkstücken wird das Werkstück eingefärbt und z. B. das Tuschierlineal unter leichtem Druck auf der Werkstückoberfläche hin- und herbewegt.

Die erhöhten Punkte (Tragpunkte) erscheinen nach dem Tuschieren als blanke Stellen und können gezielt abgeschabt werden (**11.46**). Schaben und Prüfen werden abwechselnd so lange fortgesetzt, bis eine gute Ebenheit erreicht ist und ein genügend großer Anteil der Werkstückoberfläche gleichmäßig trägt.

11.46 Abschaben blankgeriebener Tragpunkte

Eine gute Tragwirkung ist erreicht, wenn auf 1 cm^2 der Werkstückoberfläche etwa 5 bis 10 Tragpunkte sichtbar sind.

11.3.6 Gewindeschneiden

Gewinde dienen zum Befestigen (Befestigungswinde) oder zum Bewegen von Bauteilen (Bewegungsgewinde). B e f e s t i g u n g s g e w i n d e finden wir z. B. bei der Verschraubung von Maschinenteilen (Getriebekastendeckel, Führungsleisten bei Werkzeugmaschinen, Gehäuse eines Elektromotors, Zylinderkopf eines Verbrennungsmotors). B e w e g u n g s g e w i n d e zum Umsetzen einer Drehbewegung in geradlinige Bewegung gibt es z. B. bei der Leitspindel der Drehmaschine.

Gewinde stellt man s p a n l o s (z. B. durch Gewindewalzen) oder s p a n e n d durch Gewindeschneiden von Hand oder maschinell her.

Die spanlose Gewindeherstellung erfolgt durch Umformen (s. Abschn. 12). Hierzu sind jedoch nur Werkstoffe mit genügend großer Dehnbarkeit geeignet. Die spanlose Fertigung lohnt sich erst bei größerer Stückzahl, ergibt aber zwei wichtige Vorteile: höhere Verschleißfestigkeit (kaltverfestigte Oberfläche) und geringere Kerbempfindlichkeit (ununterbrochener Faserverlauf).

Die Grundform des Gewindes läßt sich als eine wendelförmig verlaufende Kerbe beschreiben, die in die Mantelfläche eines zylindrischen Körpers eingearbeitet ist.

Die Abwicklung der wendelförmigen Gewindelinie genau e i n e r Schraubenumdrehung ergibt eine schiefe Ebene, deren Höhe man als G e w i n d e s t e i g u n g P bezeichnet (**11.47**).

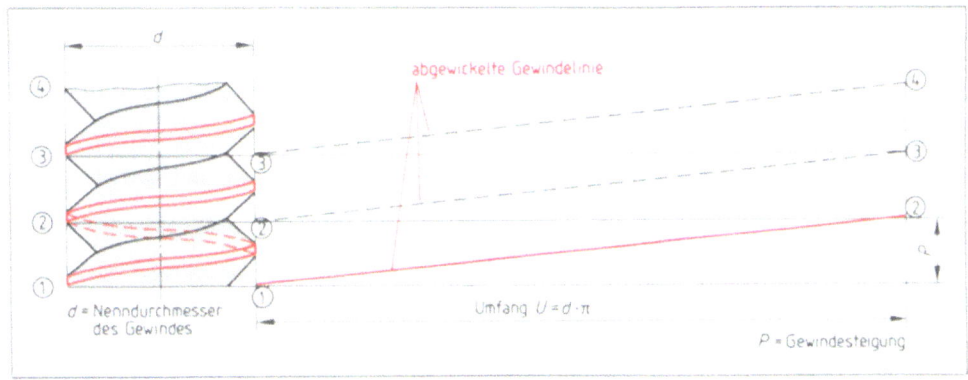

11.47 Abwicklung der Gewindelinie erscheint als schiefe Ebene

Gewindearten. Es gibt **Außengewinde** (z. B. auf Schraubenbolzen = Bolzengewinde) und **Innengewinde** (z. B. in Schraubenmuttern = Muttergewinde) in verschiedenen Formen und Abmessungen. Gewindeformen und -abmessungen sind genormt, damit eine problemlose Austauschbarkeit gewährleistet ist. Nach der Normung unterscheidet man (s. Abschn. 13.2.2, Gewindearten):

- **Metrisches ISO-Gewinde** als Regel- und Feingewinde nach DIN 13, meistverwendetes Gewinde, bezeichnet nach dem Nenndurchmesser in mm (z. B. M 10).
- **Whitworth-Rohrgewinde** (benannt nach dem englischen Konstrukteur Joseph Whitworth, 1803–1887) nach DIN 2999 (z. B. R 1/2).
- **Metrisches ISO-Trapezgewinde** nach DIN 103 (z. B. Tr 30×6),
- **Sägengewinde** nach DIN 513 (z. B. S 100×4),
- **Rundgewinde** nach DIN 405 (z. B. Rd 40×1/6).

Die genauen Bezeichnungen und Maße finden Sie im Tabellenbuch.

Einteilung der Gewinde. Außer nach der Normung kann man die vielen Gewindearten und -formen nach weiteren Gesichtspunkten einteilen, wie Tabelle **11**.48 zeigt.

Tabelle **11.48 Gewindeeinteilung**

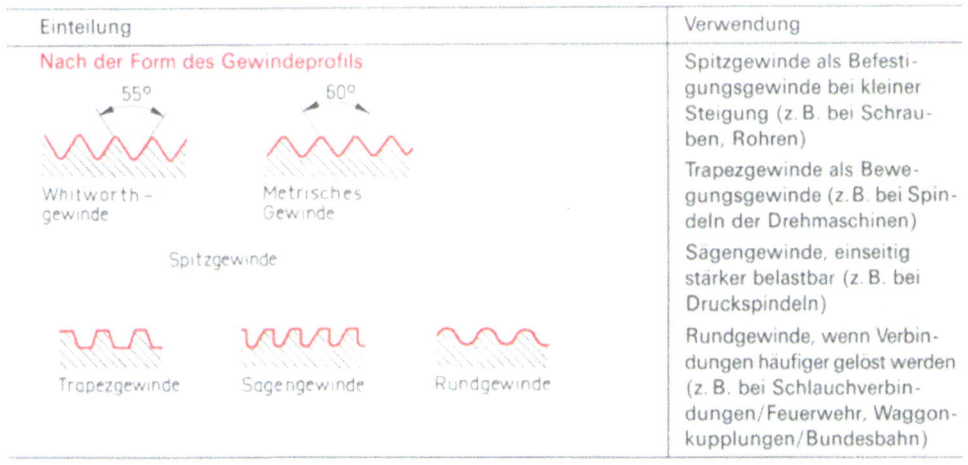

Fortsetzung s. nächste Seite

Tabelle **11.48**, Fortsetzung

Einteilung	Verwendung
Nach dem Drehsinn beim Einschrauben Rechtsgewinde (im Uhrzeigersinn) Linksgewinde (gegen den Uhrzeiger)	Rechtsgewinde, von der Drehrichtung her Regelfall Linksgewinde, wenn sich Rechtsgewinde aufgrund einer Drehbewegung lösen könnten (z.B. beim linken Fahrradpedal) oder in Verbindung mit Rechtsgewinde bei Spannschlössern
Nach der Anzahl der Gewindegänge Merkmale: eine Gewindelinie, kleine Steigung P Merkmale: mehrere Gewindelinien verlaufen parallel, große Steigung P z.B. eingängiges Gewinde z.B. dreigängiges Gewinde	Eingängige Gewinde, vorwiegend Befestigungsgewinde Mehrgängige Gewinde, Kraftverteilung auf mehrere parallel verlaufende Gänge bei größerer Gewindesteigung (z.B. bei der Leitspindel der Drehmaschine)

Werkzeuge für Innengewinde (Muttergewinde) sind:

– **Satzgewindebohrer** als Sätze von zwei bis drei Werkzeugen (zwei bei Feingewinde, drei bei Regelgewinde), die das Gewinde in aufeinanderfolgenden Stufen schneiden (**11.49**).

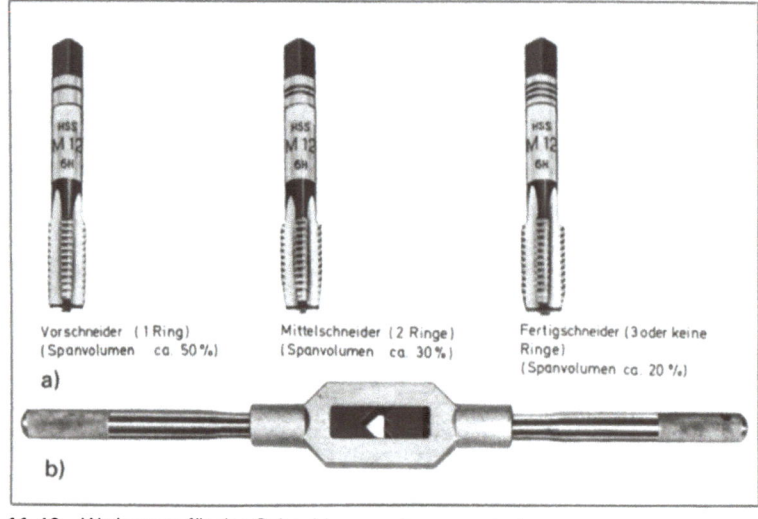

11.49 Werkzeuge für das Schneiden von Innengewinden
    a) Gewindebohrerersatz (für metrisches Gewinde)
    b) Windeisen zur Aufnahme des Vierkants am Gewindebohrerschaft

11.50 Muttergewindebohrer

- **Muttergewindebohrer,** bei denen Vor-, Mittel- und Fertigschneider für Gewindeschneiden in Durchgangslöchern auf einem Werkzeug vereinigt sind (**11**.50),
- **Maschinengewindebohrer,** die zum Gewindeschneiden mit der Bohrmaschine in besonderen Gewindeschneidapparaten gespannt werden (**11**.51).

Alle Gewindebohrer haben einen A n s c h n i t t (verjüngter Werkzeuganfang), der beim Vorschneider bzw. beim Vorschneideteil so groß ist, daß die Schneiden im Gewindekernloch angreifen können. Das vorher durch Bohren hergestellte Gewindekernloch erhält auf beiden Seiten je eine Ansenkung mit einem 90°-Kegelsenker.

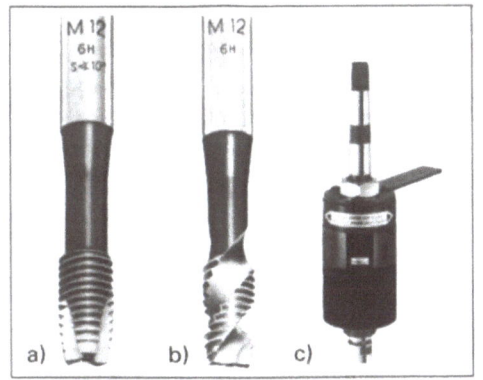

11.51 Maschinengewindebohrer
a) für Grundlöcher (Sacklöcher)
b) für Durchgangslöcher
c) Gewindeschneideapparat zum Spannen in der Bohrmaschine

11.52 Gewindeschneider für Innengewinde
a) Gewindebohrer mit vier Spannuten
b) Gewindebohrer mit drei Spannuten

Der Kernlochdurchmesser muß immer etwas größer hergestellt werden als der Kerndurchmesser des Gewindes, damit der Gewindebohrer beim Schneiden nicht klemmt. Als Faustformel gilt Kernlochbohrer-Durchmesser = Nenndurchmesser − Steigung.

Für Stahl verwendet man Gewindebohrer mit v i e r Spannuten, die einen großen Keilwinkel β bei jeweils kleinem Spanwinkel γ und Freiwinkel α haben (**11**.52a). Bei weichen Metallen (z. B. Aluminium) werden dagegen Gewindebohrer mit d r e i Spannuten verwendet (**11**.52b). Bei ihnen sind Spanräume und Spanwinkel γ größer, der Keilwinkel β jedoch kleiner.

Werkzeuge für Außengewinde (Bolzengewinde) sind:

- **Schneideisen** (bis etwa 12 mm Nenndurchmesser) für metrische Bolzengewinde. Vor-, Mittel- und Fertigschneider sind hier vereinigt. Begrenzt wird die Einsatzmöglichkeit vor allem durch das anfallende Spanvolumen (**11**.53a, b auf S. 168).
- **Schneidkluppen** (bei größeren Nenndurchmessern), die sich bei mehreren Arbeitsgängen vom vor- bis Fertigschneiden auf die gewünschte Spanmenge einstellen lassen (**11**.53c).
Für Whitworth-Rohrgewinde verwendet man besonders zeitsparende R a t s c h e n g e w i n d e - s c h n e i d k l u p p e n. Ihre verstellbaren Schneid- und Führungsbacken können unterschiedlichen Rohrgewinde-Nenndurchmessern angepaßt werden (**11**.53d). Diese Kluppen schneiden das Gewinde in einem Arbeitsgang auf Fertigmaß.

Vorgang beim Gewindeschneiden. Das Ansetzen von Schneideisen und Kluppen erfordert Genauigkeit und Fingerspitzengefühl – der Gewindeanfang kann leicht schief geschnitten werden, weil das Werkzeug zu Beginn des Schneidvorgangs nur von Hand geführt wird. Um

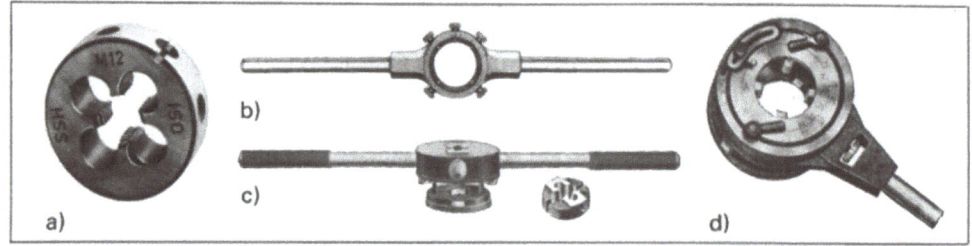

11.53 Werkzeuge zum Schneiden von Außengewinden
a) Schneideisen für metrisches Gewinde, b) Schneideisenhalter, c) Gewindeschneidkluppe für metrisches Gewinde, d) Ratschen-Gewindeschneidkluppe für Rohrgewinde

das Ansetzen zu erleichtern (und um die Anschnitt-Schneiden „greifen" zu lassen), erhält der Bolzen am Anfang und Ende eine kegelige 30°-Fase, die mindestens bis auf den Gewindekerndurchmesser geht. Damit das Werkzeug nicht auf dem Bolzen klemmt, soll der Bolzendurchmesser etwas kleiner sein als der Gewinde-Nenndurchmesser. Als Faustformel gilt hier: Bolzendurchmesser = Nenndurchmesser $- 1/5\ P$.

Kühlschmiermittel (z. B. Schneidöl, Emulsion) erleichtern die Gewindeschneidarbeiten wirksam und schonen die Werkzeugschneiden.

Prüfen von Gewinden. Am einfachsten prüft man ein von Hand geschnittenes Gewinde, indem man das Gewindegegenstück (Bolzen oder Mutter) probeweise ein- oder aufschraubt. Ein von Hand geschnittenes Gewinde ist gut, wenn es in den drei Durchmessern (Außen-, Flanken- und Kerndurchmesser) sowie in der Gewindesteigung und im Flankenwinkel stimmt (5 Hauptgrößen, vgl. Tabellenbuch). Der Außendurchmesser läßt sich mit dem Meßschieber nachmessen, zum Prüfen des Gewindeprofils (Flankenwinkel, Profilform) und der Steigung gibt es einfach zu handhabende Gewindeschablonen.

Gewindeschneiden von Hand geschieht überall dort, wo der Maschineneinsatz nicht möglich oder zu aufwendig ist (z. B. bei Einzelfertigung oder Reparaturen). Die Werkzeuge müssen von Hand geführt werden, deshalb sind die Schnittbedingungen meist ungünstiger als beim maschinellen Gewindeschneiden.

Arbeitsregeln für sauberes und fachgerechtes Gewindeschneiden

- Nur scharfgeschliffene und einwandfreie Schneidwerkzeuge benutzen.
- Gewindebohrer sorgfältig ansetzen und führen.
- Den Kernlochdurchmesser beim Schneiden von Innengewinden etwas größer als den Gewindekerndurchmesser (Nenndurchmesser − Steigung). Gewindekernloch mit 90°-Kegelsenker ansenken.
- Den Bolzendurchmesser beim Schneiden von Außengewinden etwa um $1/5\ P$ kleiner wählen als den Gewinde-Nenndurchmesser. Bolzen kegelig auf Kerndurchmesser (30°-Fase) anspitzen.
- Bei Satzgewindebohrern richtige Reihenfolge einhalten.
- Entstehende Späne durch kurzes Zurückdrehen des Werkzeugs brechen. Bei Grundlöchern (Sacklöchern) Gewindebohrer mehrmals herausdrehen und Späne entfernen.
- Kühlschmiermittel verwenden.
- Gewinde prüfen durch probeweises (vorsichtiges) Ein- oder Aufschrauben des Gegenstücks oder durch Gewindeschablonen.

Unfallverhütung

- Spane mit einem Pinsel entfernen, niemals mit bloßen Händen!
- Gewindeschneidwerkzeuge nicht in den Taschen der Arbeitskleidung aufbewahren, Verletzungsgefahr durch scharfe Schneiden!
- Beim Gewindeschneiden mit Schneidapparaten und Bohrmaschine die Unfallverhütungsvorschriften für das Bohren beachten.

Aufgaben zu Abschnitt 11.3

1. Nennen Sie die drei Spanarten und ihren Einfluß auf die Qualität der Schnittfläche.
2. Skizzieren und erläutern Sie die Winkel an der spanenden Werkzeugschneide.
3. Erklären Sie den Sägevorgang.
4. Warum muß der Freiwinkel bei Sägeblättern groß sein?
5. Wie paßt man das Sägeblatt der Festigkeit des zu trennenden Werkstoffs an?
6. Erläutern Sie die Teilung beim Sägeblatt.
7. Wovon hängt die Teilung ab?
8. Was versteht man unter Freischnitt?
9. Skizzieren Sie die drei Freischnittmöglichkeiten.
10. Nennen Sie drei Sägemaschinen und beschreiben Sie ihre Arbeitsweise.
11. Welche Maßnahmen trifft man gegen die hohe Wärmeentwicklung bei Maschinensägeblättern?
12. Wodurch können Sie Unfälle beim Sägen verhüten? Begründen Sie Ihre Aussagen.
13. Wozu dient das Feilen?
14. Erläutern Sie das Arbeitsverfahren des Feilens.
15. Woraus besteht eine Feile?
16. Welche Eigenschaften haben gehauene und gefräste Feilen?
17. Was versteht man unter dem Hieb einer Feile?
18. Wann setzt man maschinelles Feilen ein?
19. Welche Werkzeuge sind beim maschinellen Feilen zu unterscheiden?
20. Was versteht man unter Schaben?
21. Erklären Sie ausführlich den Zweck des Schabens.
22. Welche Schabwerkzeuge setzen Sie a) für gewölbte, b) für ebene, c) für gekrümmte Flächen ein?
23. Warum haben Schabwerkzeuge einen negativen Spanwinkel?
24. Wie groß ist der Schnittwinkel eines Schabwerkzeugs?
25. Wie prüft man die Flächen mit den Tuschierhilfsmitteln?
26. Was sind Tragpunkte? Wie macht man sie sichtbar?
27. Wozu verwendet man Gewinde?
28. Nach welchen Gesichtspunkten kann man die Gewindearten einteilen? Geben Sie Beispiele dazu.
29. Wie läßt sich der Gewindeschneidvorgang beschreiben?
30. Erläutern Sie drei Möglichkeiten zur Herstellung eines Innengewindes.
31. Welcher Zusammenhang besteht beim Schneiden von Innengewinden zwischen dem Kernlochbohrer-Durchmesser und dem Kerndurchmesser des Gewindes?
32. Erklären Sie zwei Möglichkeiten zur Herstellung von Außengewinden.
33. Welcher Zusammenhang besteht beim Außengewindeschneiden zwischen dem Bolzen- und Gewindenenndurchmesser?
34. Wie kann man von Hand geschnittene Gewinde prüfen?
35. Warum sollen Sie beim Gewindeschneiden ein Kühlschmiermittel verwenden?
36. Nennen und erläutern Sie die Arbeitsregeln für das Gewindeschneiden von Hand.
37. Wie können Sie beim Gewindeschneiden Unfälle verhüten?

11.4 Kraft- und Arbeitsmaschinen

> Die Maschine ist ein technisches Erzeugnis, das von Menschen geschaffen wurde, um unter Anwendung der Naturgesetze körperliche und geistige Arbeit zu erleichtern und teilweise oder vollständig zu ersetzen.

Die **Einteilung der Maschinen** wird meist nach ihrem Verwendungszweck vorgenommen. Danach unterscheidet man Kraftmaschinen und Arbeitsmaschinen (**11.54**).

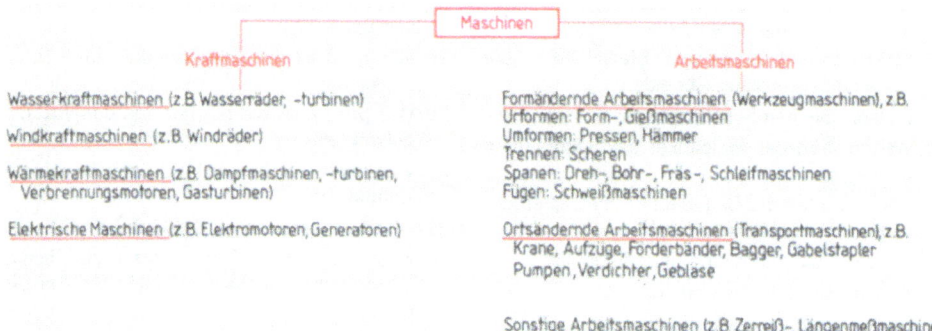

11.54 Einteilung der Maschinen

Kraftmaschinen wandeln Energie von einer Erscheinungsform in eine andere um. Dazu gehört auch die Gewinnung nutzbarer Energie aus den Naturkräften Wind, Wasser und Sonne. Die Bezeichnung Energiemaschinen wäre deshalb für diese Maschinenart treffender.

Arbeitsmaschinen verrichten nützliche Arbeit, indem sie an Stoffen Form- und Eigenschaftsänderungen oder Lageänderungen (Ortsänderungen) durchführen. Die Arbeitsmaschinen werden von Kraftmaschinen angetrieben.

11.4.1 Kraftmaschinen

11.4.1.1 Wasserkraftmaschinen

Die am häufigsten betriebenen Wasserkraftmaschinen sind Wasserturbinen. Sie wandeln die Lageenergie von gestautem Wasser in Bewegungsenergie um. Die erreichbare Turbinenleistung hängt vom Nutzgefälle und von der Wassermenge ab. Die Konstruktion der Turbinen richtet sich deshalb danach, ob wenig Wasser und hoher Druck oder viel Wasser und geringer Druck vorliegen. Nach der Wirkungsweise unterscheidet man zwei Turbinenarten: Freistrahlturbinen (Peltonturbinen) und Überdruckturbinen (Francis- und Kaplanturbinen, **11.55**).

> In Wasserkraftmaschinen nehmen die Schaufeln eines Laufrads das Arbeitsvermögen von gestautem oder gehobenem Wasser (Lageenergie) und von strömendem Wasser (Strömungsenergie) auf und übertragen es auf die zu drehende Welle. Das Arbeitsvermögen hängt von dem Nutzgefälle und der Wassermenge ab.

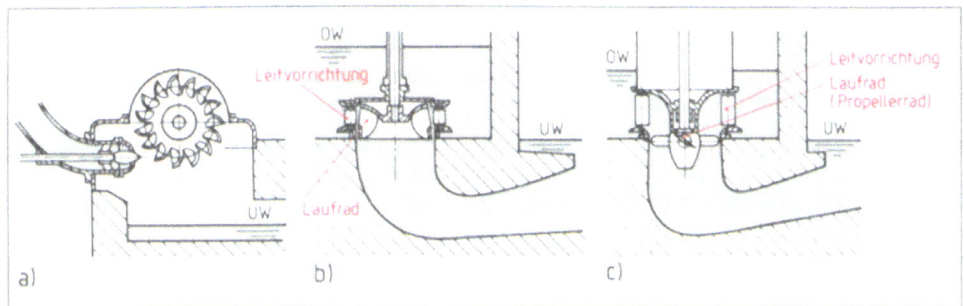

11.55 Arten der Wasserturbinen
a) Peltonturbine, b) Francisturbine, c) Kaplanturbine

11.4.1.2 Wärmekraftmaschinen

Wärmekraftmaschinen wandeln die als chemische Energie in festen, flüssigen oder gasförmigen Brennstoffen (z. B. Kohle, Öl, Benzin, Erdgas) gebundene Wärmeenergie in mechanische Energie um. Wir betreiben sie entweder mit Wasserdampf von hohem Druck und hoher Temperatur (Dampfkraftmaschinen) oder führen ihnen brennbare Flüssigkeiten und Gase zu, die beim Verbrennen in der Maschine Arbeit verrichten (Verbrennungskraftmaschine).

Dampfturbinen. Von den Dampfkraftmaschinen haben heute nur die Dampfturbinen große Bedeutung. Sie zeichnen sich gegenüber den Kolbendampfmaschinen durch einfachen Aufbau, ruhigeren Gang (Dreh- statt Kolbenbewegung), geringeren Raumbedarf und größere Leistung aus.

In ähnlicher Weise wie bei den Wasserturbinen läßt man bei der Dampfturbine den in Dampfkesselanlagen erzeugten überhitzten Wasserdampf durch mehrere im Kreis angeordnete Düsen (Düsensegmente) auf die Schaufeln eines Laufrads strömen (**11.**56).

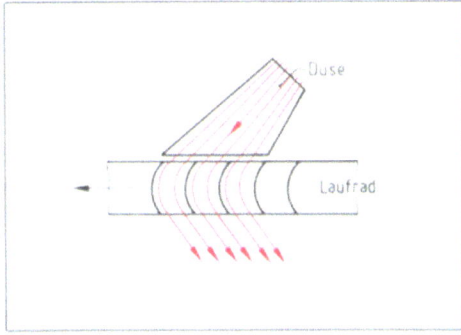

11.56 Düse mit Laufrad

> Dampfturbinen setzen die Druckenergie des Wasserdampfs in Geschwindigkeit (Bewegungsenergie) um. Der Dampfstrahl wird durch die Schaufeln eines Laufrads von seiner Bewegungsrichtung abgelenkt, die sein Arbeitsvermögen aufnehmen und an die zu drehende Welle übertragen.

Verbrennungskraftmaschinen. Verwendet werden Gemische aus flüssigen oder gasförmigen Brennstoffen (z. B. Benzin, Schweröl, Generatorgas, Leuchtgas) und Luft. Die Gemischbildung findet bei Motoren, die mit leichtflüchtigen Brennstoffen (Benzin, Leichtöle) arbeiten, in einem Vergaser statt. Diese Vergasermotoren werden meist Ottomotoren genannt (Nikolaus August Otto, deutscher Ingenieur, 1832 bis 1891). Bei Dieselmotoren wird der flüssige Brennstoff (Schweröle) in den Verbrennungsraum eingespritzt (Rudolf Diesel, deutscher Ingenieur, 1858 bis 1913). Um eine große Kraftwirkung zu erreichen, wird das Gemisch vor der Verbrennung noch verdichtet. Man kann den Brennstoff auch in bereits hochverdichtete Luft einspritzen. Gezündet wird das Gemisch bei Ottomotoren mit dem elektrischen Funken einer Zündkerze, bei Dieselmotoren durch Selbstzündung.

Beim Viertakt-Ottomotor läuft ein Arbeitsspiel in zwei Kurbelumdrehungen bzw. vier Hubbewegungen des Kolbens ab. Man unterscheidet dabei den Ansaug-, Verdichtungs-, Arbeits- und Auspufftakt (**11.57**).

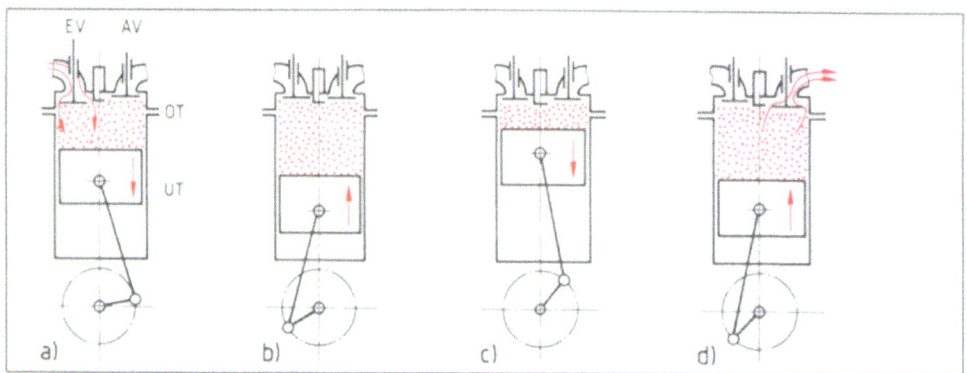

11.57 Viertaktverfahren
   a) Ansaugen, b) Verdichten, c) Arbeiten, d) Ausstoßen

Der Zweitakt-Ottomotor wird hauptsächlich als Einzylindermotor in Krafträdern oder Rasenmähern verwendet. Den Gaswechsel steuert in der Regel der Kolben. Die Gase treten durch Schlitze (Kanäle) in die Zylinderwand ein und aus. Ein Überströmkabel verbindet die Kurbelkammer mit dem Arbeitszylinder. Der sich bewegende Kolben wirkt als Pumpe und verändert dadurch gleichzeitig die Druckverhältnisse in beiden Räumen. Das Arbeitsspiel läuft in einer einzigen Kurbelumdrehung, also in zwei Hubbewegungen des Kolbens ab (**11.58**).

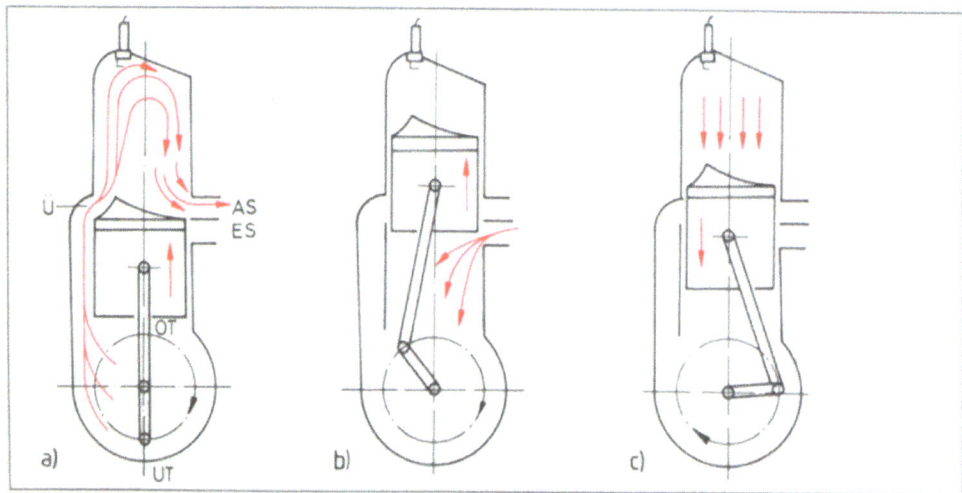

11.58 Zweitaktverfahren
   a) Überströmen und Ausstoßen, b) Ansaugen und Verdichten, c) Arbeiten und Vorverdichten

Der Viertakt-Dieselmotor saugt nur reine Luft an und verdichtet sie bei geschlossenen Ventilen mit einem Verdichtungsverhältnis von 14:1 bis 22:1. Dabei steigt die Temperatur auf 700 bis 900°C, der Druck auf 40 bis 60 bar. In die hochverdichtete Luft spritzt eine Einspritzdüse kurz vor dem oberen Totpunkt eine genau bestimmte Kraftstoffmenge fein verteilt in den Verbrennungsraum. Eine Einspritzpumpe regelt den erforderlichen Spritzdruck (120 bis 300 bar) und die Kraftstoffzufuhr. Das Kraftstoff-Luft-Gemisch entzündet sich von selbst. Durch den sehr hohen Verbrennungsdruck werden die Motorteile sehr stark belastet. Die Abgase strömen beim Auspufftakt mit einem Überdruck von etwa 6 bar durch das Auslaßventil in den Auspuff. Abgasreste werden vom aufwärtsgehenden Kolben hinausgedrückt (**11.59**).

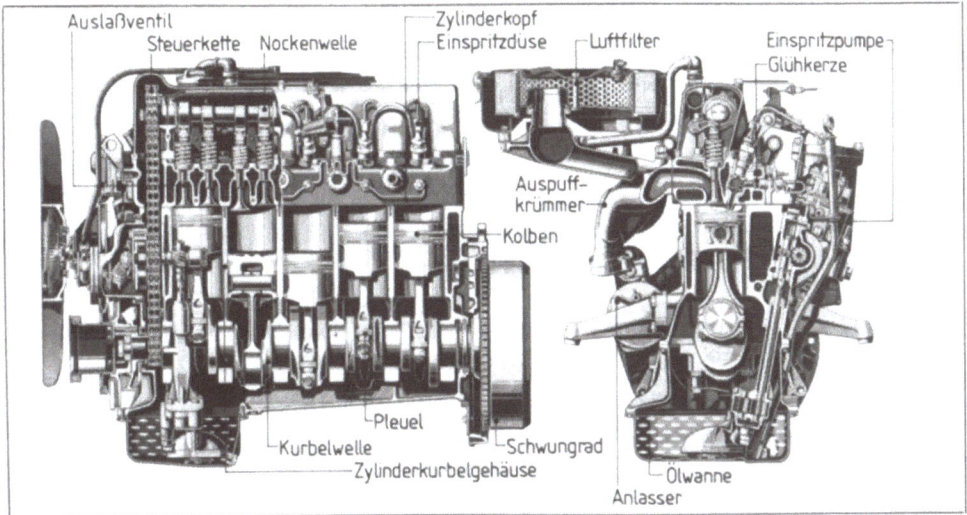

11.59 Längs- und Querschnitt eines Dieselmotors

> Verbrennungskraftmaschinen wandeln chemische Energie durch Verbrennung in Wärmeenergie um. Sie arbeiten in 4 Takten (Ansaugen, Verdichten, Arbeiten, Ausstoßen) oder 2 Takten (Ansaugen und Verdichten, Arbeiten und Ausstoßen).
>
> Der Ottomotor saugt ein Brennstoff-Luft-Gemisch an, der Diesel-Motor nur reine Luft, in die der Brennstoff gespritzt wird.

11.4.2 Arbeitsmaschinen

Obwohl Arbeitsmaschinen sehr unterschiedliche Arbeitsaufgaben erfüllen, lassen sich in ihrem Aufbau Bestandteile bzw. Baugruppen erkennen, die gleiche Teilfunktionen ausüben und in jeder Maschine auftreten (**11.60**).

Im Antriebsteil wird zugeführte nutzbare Energie in die erforderliche Gebrauchsform umgewandelt und für den Arbeitsteil der Maschine bereitgestellt. Der Antrieb besteht oft aus selbständigen Kraftmaschinen. Besonders häufig sind Elektromotoren, die elektrische Energie

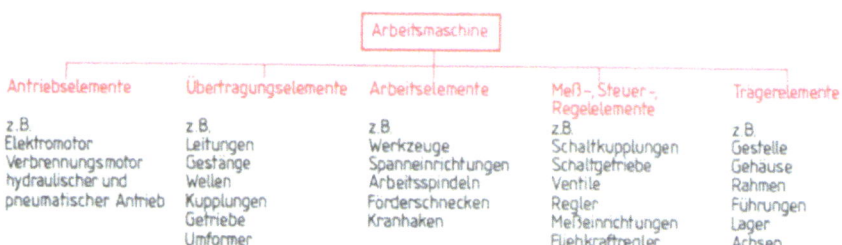

11.60 Grundbestandteile einer Arbeitsmaschine

in mechanische Energie umwandeln. Doch können auch Energiespeicher Verwendung finden (z. B. Federn, Akkumulatoren, Druckluftgefäße).

Übertragungselemente leiten die Energie zu den Arbeitselementen weiter. Gegebenenfalls verteilen sie die Energie auf verschiedene Arbeitsstellen und passen sie den geforderten Kräften und Bewegungen an.

Arbeitselemente sind Werkzeuge, Vorrichtungen oder Bauteile, die die zugeführte Energie in Wirkungen umsetzen, d. h. Arbeit verrichten (z. B. Umformen oder Trennen von Werkstoff, Fördern einer Last).

Meß-, Steuer- und Regelelemente steuern, regeln und kontrollieren den Energie- und Stoffluß in der Maschine.

Trägerelemente tragen, stützen und führen alle Hauptteile der Maschine, wie Antriebsteil, Übertragungs-, Arbeits-, Meß-, Steuer- und Regelelemente.

Werkzeugmaschinen

Werkzeugmaschinen sind Arbeitsmaschinen, die zur Bearbeitung von Werkstoffen (z. B. Metall, Holz) mit Hilfe von Werkzeugen dienen. Entsprechend der Gliederung der Fertigungsverfahren nach DIN 8580 unterscheidet man Maschinen zum Urformen, Umformen, Trennen, Fügen und Beschichten.

Maschinen zum Urformen geben einem formlosen festen, breiigen oder flüssigen Ausgangsstoff eine erste Form. Der Ausgangsstoff wird meist unter Druckeinwirkung in eine vorgegebene Form gepreßt, in der er erstarrt (z. B. Gießen) oder aushärtet (z. B. Herstellen von Formteilen aus Kunststoff). Der Zusammenhalt bei festen Ausgangsstoffen (z. B. Metallpulvern) kann auch durch plastische Verformung unter hohem Druck erfolgen. Zu den Urformmaschinen gehören Formmaschinen zur Herstellung der Gießformen, Gießmaschinen und Pressen.

Maschinen zum Umformen fertigen Werkstücke durch plastisches Ändern der Form fester Körper unter Einwirkung von Zug- und Druckkräften oder Biege- und Torsionsmomenten. Nach der Werkzeugbewegung unterscheidet man Pressen und Hämmer mit geradliniger und Walzwerke mit umlaufender Werkzeugbewegung sowie Ziehmaschinen mit stillstehendem Werkzeug.

Maschinen zum Trennen ändern die Form von Werkstücken, indem sie den Stoffzusammenhalt örtlich aufheben. Dies geschieht durch Zerteilen, Spanen oder Abtragen von Stoffteilchen unter Einwirkung mechanischer, thermischer, chemischer oder elektrischer Energie (Wirkenergie). Besondere Bedeutung haben die Maschinen zum mechanischen Trennen wie

Scheren, Pressen mit Schneidwerkzeugen, vor allem die spanenden Werkzeugmaschinen. Die Vielzahl der spanenden Werkzeugmaschinen läßt sich nach Merkmalen des Werkzeugs und des Werkstücks einteilen. Zunehmende Bedeutung erlangen Maschinen zum Abtragen durch elektrothermische oder elektrochemische Verfahren (z. B. Funkenerosionsmaschinen).

Maschinen zum Fügen werden bei der Herstellung stoff- und formschlüssiger Verbindungen eingesetzt. Dazu gehören vor allem Schweißmaschinen für das Schmelz- und Preßschweißen, Nietmaschinen, Kelbe-, Heft- und Nähmaschinen.

Maschinen zum Beschichten sind Einrichtungen zum Beschichten von Körperoberflächen durch galvanische Bäder, Schmelztauchverfahren und Spritzverfahren (Spritzmaschinen, Lackiermaschinen).

11.5 Spanen II – vorwiegend maschinell

Nach den vorwiegend von Hand ausgeführten spanenden Trennverfahren lernen wir nun mit den Verfahren

- Bohren, Senken, Reiben,
- Drehen,
- Hobeln und Stoßen sowie
- Fräsen

vorwiegend maschinell spanende Arbeitsverfahren kennen. Diese Verfahren arbeiten mit geometrisch bestimmter Schneidenform und werden von Werkzeugmaschinen ausgeführt.

11.5.1 Spanen mit Werkzeugmaschinen

Maschinen, die den unmittelbaren körperlichen Einsatz des Menschen bei den spanenden Fertigungsverfahren weitestgehend ersetzen, heißen Werkzeugmaschinen. (Nach dem Begriffsursprung, dem englischen „machine tool", müßten sie eigentlich „Maschinenwerkzeug" heißen.) Eine elektrische Handbohrmaschine nimmt dem Menschen zwar die Drehbewegung des Bohrers ab, ist aber noch keine Werkzeugmaschine, weil der Mensch sie noch führen und das Werkstück festhalten muß. Werkzeugmaschinen

- haben wenigstens einen Antrieb.
- übertragen Kräfte an die Zerspanungsstelle (Wirkstelle) und führen die für den Zerspanungsvorgang nötigen Bewegungen von Werkzeug und Werkstück aus (Arbeitsbewegungen).
- übernehmen auch Führung und Spannen von Werkzeug und Werkstück.
- haben während des Arbeitsvorgangs einen festen Standort.

Durch den Einsatz von Werkzeugmaschinen beim Spanen verringert sich nicht nur die körperliche Belastung des Facharbeiters. Vielmehr erzielt man ein genaueres Arbeitsergebnis (z. B. bessere Oberflächengüte, Maßhaltigkeit und Formgenauigkeit) und höhere Wirtschaftlichkeit (z. B. Zeitersparnis). Ohne Werkzeugmaschinen gäbe es keine Serien- und Massenfertigung. Diese Tatsache erhellt die Bedeutung der Werkzeugmaschinen und ist Anlaß für uns, zunächst ihre Arbeitsweise und ihren Aufbau kennenzulernen, bevor die speziellen Maschinenverfahren behandelt werden.

Arbeitsweise der Werkzeugmaschinen

Arbeitsbewegungen nach DIN 6580. Werkzeugmaschinen müssen verschiedene Arbeitsbewegungen ausführen, die unmittelbar oder mittelbar zur Spanabnahme führen. Zur ersten Gruppe zählen Schnitt- und Vorschubbewegung. Beide ergeben zusammen (wie im Kräfteparallelogramm) als resultierende Bewegung die Wirkbewegung. Mittelbar sind Anstell- und Zustellbewegung beteiligt.

Durch die Anstellbewegung werden Werkzeug und Werkstück vor der Zerspanungsarbeit in die Ausgangslage gebracht. Sie ist daher keine Arbeitsbewegung.

Durch die Zustellbewegung legt man die Dicke der jeweils abzuspanenden Schicht (Schnittiefe) im voraus fest. Auch dies ist keine Arbeitsbewegung.

Die Schnittbewegung ist die erste Arbeitsbewegung. Ohne die Vorschubbewegung bewirkt sie allerdings nur eine einmalige Spanabnahme während einer Umdrehung oder eines Hubs. Kennzeichen: Schnittgeschwindigkeit v_c, geradlinig oder kreisförmig, in m/min oder m/s.

Die Vorschubbewegung ermöglicht zusammen mit der Schnittbewegung eine stetige oder mehrmalige Spanabnahme während mehrerer Umdrehungen oder Hübe. Kennzeichen: Vorschubgeschwindigkeit v_f in mm/min, Vorschub f in mm.

Die Wirkbewegung ist die resultierende Bewegung aus Schnitt- und Vorschubbewegung. Kennzeichen: Wirkgeschwindigkeit v_e. Weil v_f im Vergleich zu v_c sehr klein ist, kann v_e in der Praxis annähernd gleich v_c betrachtet werden.

Tabelle **11.61** zeigt die Arbeitsbewegung für die maschinellen Spanverfahren, gegliedert in die Herstellung von Bohrungen, die Bearbeitung zylindrischer Körper und ebener Flächen.

Tabelle **11.61** **Arbeitsbewegungen bei Werkzeugmaschinen**

Aufbau der Werkzeugmaschinen

Bei den Zerspanungsverfahren treten an der Wirkstelle zwischen Werkzeug und Werkstück unterschiedliche Bedingungen auf, denen die Werkzeugmaschine durch Anpassung gerecht werden muß. Solche Bedingungen können vorgegeben sein durch Merkmale des Werkzeugs (etwa Anzahl, Form und Werkstoff der Schneiden) oder des Werkstücks (z. B. durch seine Form, Abmessungen, Werkstoffestigkeit oder verlangte Oberflächengüte). Diese Bedingungen bestimmen daher den Aufbau und die Wirkungsweise der jeweils geeigneten Maschine.

Alle Werkzeugmaschinen bestehen mindestens aus den vier **Funktionsgruppen** Maschinengestell, Antrieb, Werkzeugaufnahme und Werkstückaufnahme (**11.62**).

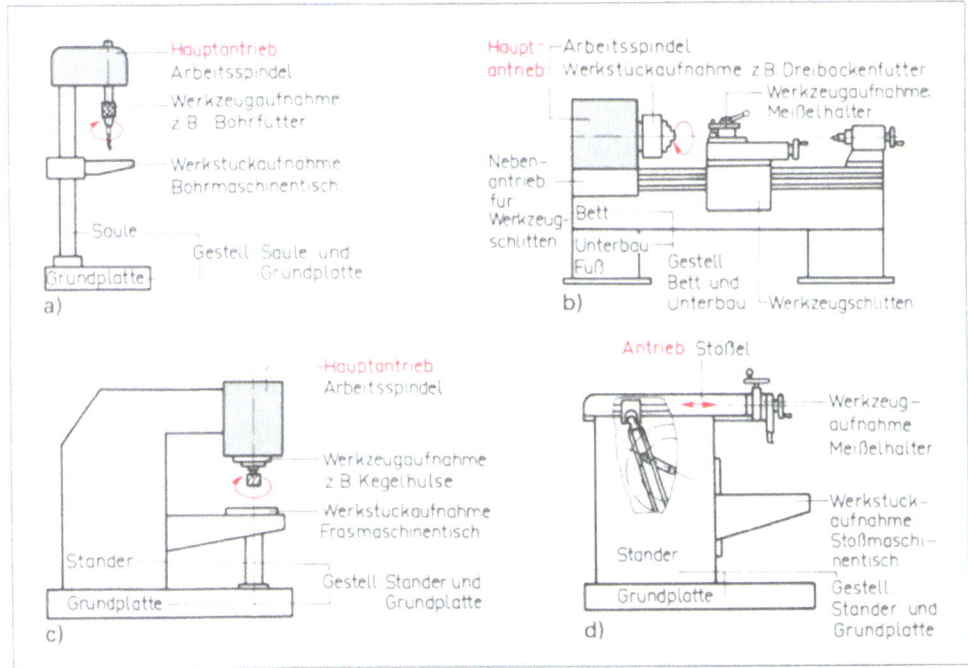

11.62 Werkzeugmaschinen (Funktionsgruppen)
a) Säulenbohrmaschine, b) Drehmaschine, c) Fräsmaschine, d) Stoßmaschine

Das Maschinengestell, meist kurz Gestell genannt, besteht je nach Maschinenart aus einem oder mehreren fest miteinander verbundenen Teilen. Es hat die Aufgabe, alle festen und beweglichen Teile der Maschine zu tragen.

Das Gestell der Drehmaschine besteht z. B. aus Drehmaschinenbett und Unterbau, das der Säulenbohrmaschine aus Säule und Grundplatte, während Fräs- und Stoßmaschinen Ständer und Grundplatte haben.

Um ein maß- und formgenaues Arbeitsergebnis zu erzielen, muß die Werkzeugmaschine die Arbeitsbewegungen äußerst präzise ausführen. Das Gestell als Träger aller dafür nötigen Führungen und Antriebselemente

- muß daher starr und verwindungssteif gebaut sein,
- darf z. B. vom Motor oder vom Werkstattboden ausgehende Schwingungen nicht übertragen, sondern soll sie dämpfen,
- muß der Werkzeugmaschine gute Standsicherheit geben.

Deshalb wählt man zur Herstellung des Gestells fast ausschließlich schwere und massive Gußkonstruktionen, die alle drei Bedingungen erfüllen. An beweglichen Teilen trägt das Gestell

- **Spindeln** zur Aufnahme des Werkstücks (Drehmaschine) oder Werkzeugs (Bohr- oder Fräsmaschine),
- **Werkzeugschlitten** zur Aufnahme des Werkzeugs (Drehmaschine),
- **Maschinentische** zur Aufnahme des Werkstücks (Bohr-, Fräs-, Stoßmaschine).

Durch Führungen und Lager erhalten diese beweglichen Bauteile eine spielarme und genaue Bewegungsführung. Führungen und Lager bestimmen also die Genauigkeit einer Werkzeugmaschine.

> Eine Werkzeugmaschine arbeitet so genau, wie es ihre Führungen und Lager zulassen.

Die Führungen legen die geradlinigen Bewegungen von Werkzeugschlitten oder Maschinentischen fest, tragen deren Gewicht und nehmen die beim Zerspanungsvorgang auftretenden Kräfte auf. Ihre Gleitflächen sind daher sehr genau und zum Teil nachstellbar. Sie haben prismatische oder flache Form, sind gehärtet, geschliffen oder geschabt, haben dadurch bei entsprechender Schmierung eine hohe Verschleißfestigkeit und einen geringen Gleitwiderstand. Am meisten verwendet werden Prismenflach- und Schwalbenschwanzführungen (**11.63**).

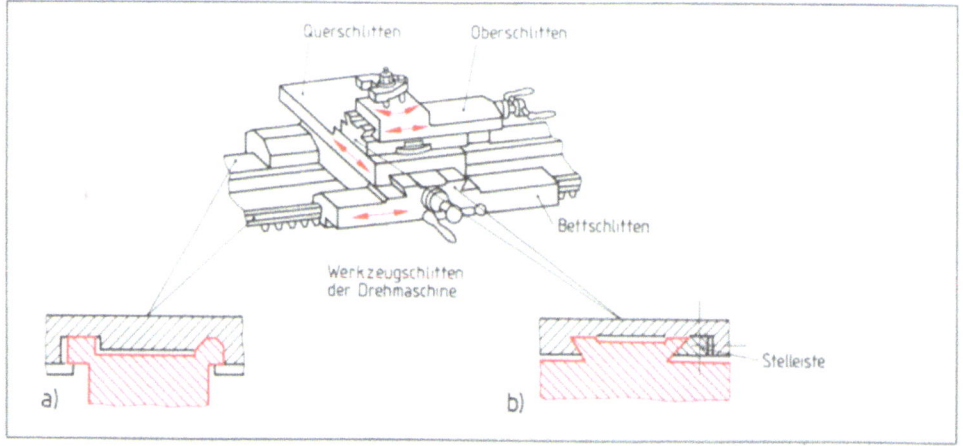

11.63 Führungen an Werkzeugmaschinen
    a) Prismenflachführung (gute Richtungsführung, bei Verschleiß selbstnachstellend)
    b) Schwalbenschwanzführung (gute Richtungsführung, bei Verschleiß nachstellbar durch Stelleiste)

Lager sind Drehführungen und können als Gleit- oder Wälzlager ausgeführt sein. Bei den Werkzeugmaschinen werden die Spindeln durch Wälzlager (z. B. Kugellager) gelagert.

Der Antrieb von Werkzeugmaschinen erfolgt elektromotorisch über Getriebe oder z. B. hydraulisch.

Der Hauptantrieb sorgt für die Schnittbewegung. Er treibt entweder Arbeitsspindeln (Dreh-, Bohr-, Fräsmaschine), Maschinentische mit dem aufgespannten Werkstück (Hobel-, Flachschleifmaschine) oder z. B. den Stößel der Waagerechtstoßmaschine an.

Der Nebenantrieb sorgt für die Vorschubbewegung und gegebenenfalls für die An- und Zustellbewegung.

Es gibt Werkzeugmaschinen mit einem gemeinsamen Motor für beide Antriebe (z. B. Drehmaschine) und mit jeweils eigenen Motoren für den Haupt- und Nebenantrieb (z. B. Fräsmaschine). Bei nur einem Motor verzweigt sich der Kraftfluß (**11**.65). Als Übertragungsmittel dienen hierfür Getriebe.

Getriebe (z. B. Haupt- und Nebengetriebe) haben verschiedene Übersetzungen und Schaltmöglichkeiten. Mit ihrer Hilfe kann man verschiedene Drehfrequenzen (Drehzahlen) der Arbeitsspindel einstellen und die für die jeweilige Aufgabe am besten geeignete Schnittgeschwindigkeit und den richtigen Vorschub auswählen. Bei Werkzeugmaschinen verwendet man vorwiegend Riemen-, Stirnrad- und Kegelradantriebe (**11**.64).

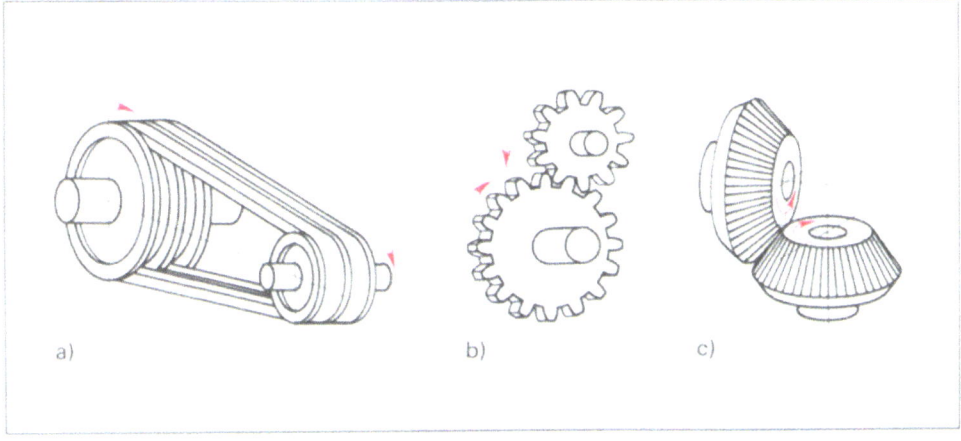

11.64 Triebe an Werkzeugmaschinen (Beispiele)

a) Riemenantrieb besteht aus Riemen und Riemenscheiben, überträgt große Kräfte bei mittleren und größeren Achsabständen, gleicher Drehsinn, kraftschlüssig

Bei unterschiedlichen Riemenscheibendurchmessern ändert sich die Drehfrequenz von der 1. zur 2. Scheibe

b) Stirnradantrieb Zahnräder (am Umfang verzahnt), für kleine Achsabstände, Umkehr der Drehrichtung, formschlüssig

Bei unterschiedlicher Zähnezahl ändert sich die Drehfrequenz vom 1. zum 2. Zahnrad

c) Kegelantrieb besteht aus Zahnrädern (an der Mantelfläche verzahnt), rechtwinklige Umlenkung, Umkehr der Drehrichtung, formschlüssig

Bei unterschiedlicher Zähnezahl ändert sich die Drehfrequenz vom 1. zum 2. Zahnrad

---

Getriebe dienen zum Übertragen von Drehbewegungen. Sie ändern Drehfrequenzen (Drehzahlen) und Drehrichtungen.

Beispiel 11.1 **Antrieb einer Zug- und Leitspindel-Drehmaschine** (**11**.65). Der Kraftfluß wird von dem im Fuß eingebauten Motor (Fußmotor) über einen Riementrieb ins Hauptgetriebe geleitet, das die Arbeitsspindel und damit das Drehmaschinenfutter antreibt. (Die Verwendung eines Riementriebs ist nicht nur wegen des großen Achsabstands sinnvoll, sondern auch, weil Riemen die Schwingungen des Motors nicht auf die Arbeitsspindel übertragen.)

Der weitere Kraftflußverlauf geht über das Nebengetriebe und die Zug- oder Leitspindel ins Schloßplattengetriebe, wodurch der Werkzeugschlitten (Bett-, Quer-, Oberschlitten) angetrieben wird.

Beispiel 11.1, Fortsetzung

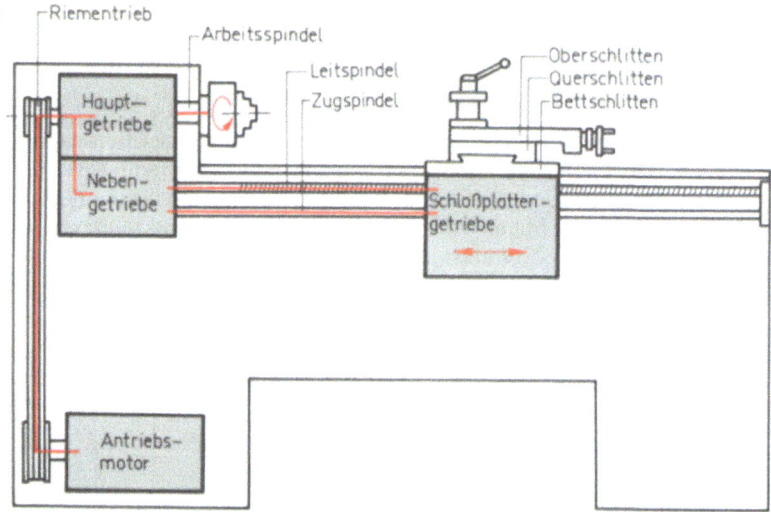

11.65 Antrieb und Kraftfluß bei einer Leit- und Zugspindeldrehmaschine

Beispiel 11.2 **Antrieb einer Säulenbohrmaschine** (11.66). Bei der Säulenbohrmaschine wird die Bohrspindel maschinell, der Vorschub des Bohrmaschinenkopfes wahlweise maschinell oder von Hand mittels Handkurbel angetrieben. Der Tisch wird nur von Hand verstellt. Der Kraftfluß verläuft vom Motor über einen Riementrieb ins Haupt- und Nebengetriebe (bei maschinellem Vorschub).

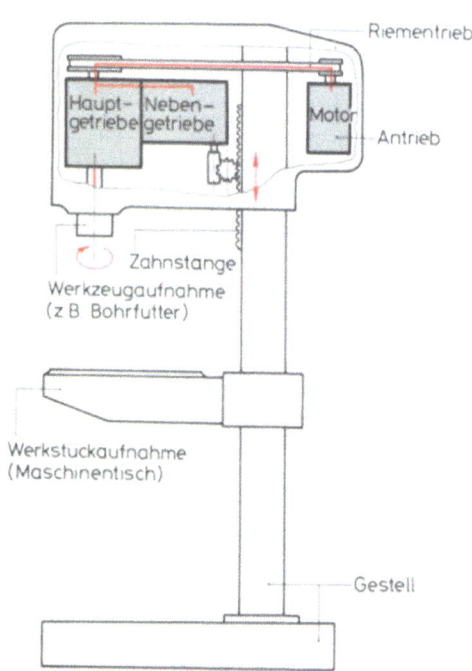

11.66
Antrieb und Kraftfluß bei einer Säulenbohrmaschine

Die Funktionsgruppen Werkzeug- und Werkstückaufnahme sind je nach Art der Werkzeugmaschine verschieden und können sehr vielseitig sein. Die Aufnahme bedeutet zugleich Festspannen gegen die an der Wirkstelle auftretenden Kräfte.

Werkzeuge werden von Werkzeughaltern aufgenommen, die auf Schlitten befestigt sind (z. B. bei der Drehmaschine), oder aber von Arbeitsspindeln (Bohrmaschine, Fräsmaschine).

Werkstücke spannt man z. B. in Maschinenschraubstöcke, die auf den Maschinentischen von Bohr-, Fräs- oder Stoßmaschinen befestigt werden (**11**.67). Größere Werkstücke, für die die Spannlänge des Maschinenschraubstocks nicht ausreicht, oder Werkstücke, die wegen ihrer Form nicht eingespannt werden können, spannt man direkt auf dem Maschinentisch fest.

11.67 Maschinenschraubstock

Bei der Drehmaschine nimmt die Arbeitsspindel die Werkstücke durch besondere Spannfutter auf. Diese Spannfutter (z. B. Dreibacken- und Vierbackenfutter, **11**.68) haben verstellbare Backen. So lassen sich Werkstücke der unterschiedlichsten Durchmesser zentrisch und sicher einspannen. Bei längeren Werkstücken fixiert man auch das andere Werkstückende, damit es nicht schlägt oder sich verbiegt. Das geschieht mit einer Körnerspitze, die vom Reitstock aufgenommen wird und in eine vorher hergestellte kegelige Zentrierbohrung an der Stirnseite des Werkstückendes faßt.

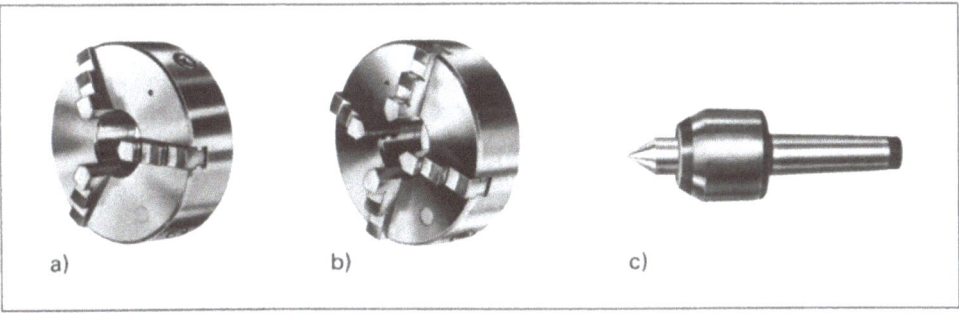

11.68 Spannen des Werkstücks auf der Drehmaschine
   a) Dreibackenfutter für zylindrische Werkstücke
   b) Vierbackenfutter für Werkstücke, die sich wegen ihrer Form nicht mit a) spannen lassen (z. B. Vierkant- und Achtkantkörper)
   c) mitlaufende Körnerspitze zur Unterstützung langer Werkstücke

Spannmittel erfüllen ihre Aufgabe nur, wenn sie das Werkzeug oder Werkstück so gut festhalten, daß sie sich während des Spanvorgangs nicht bewegen oder rutschen. Man erreicht dies durch Kraftschluß oder Formschluß (s. Abschn. 13.1).

Bei kraftschlüssigen Spannverbindungen ist die durch Spannkraft erzeugte Reibkraft zwischen den sich berührenden Flächen des Spannmittels und z. B. des Werkstücks groß genug, um ein Bewegen oder Verrutschen des Werkstücks zu verhindern.

Bei formschlüssigen Spannverbindungen verhindern Form und Gegenform von Spannmittel und Werkzeug bzw. Werkstück ein Rutschen oder Bewegen. Dies wird beim Spannen eines Vierkantkörpers im Vierbackenfutter einer Drehmaschine deutlich, wenn man sich vorstellt, daß ein Verdrehen sogar dann noch ausgeschlossen wird, wenn sich die Spannbacken geringfügig lösen.

> Spannmittel nehmen Werkzeuge oder Werkstücke auf und halten sie in ihrer Lage sicher fest. Durch Kraft- oder Formschluß verhindern sie ein Verrutschen oder Bewegen.

11.5.2 Bohren

Beim Zusammenbau von Maschinen, Motoren und Vorrichtungen oder beim Aufbau von technischen Anlagen verwendet man Verbindungselemente wie Schrauben, Stifte oder Niete. Um diese Elemente aufzunehmen, aber auch um Achsen oder Wellen zu lagern und Kolben zu führen, braucht man zylindrische Löcher – Bohrungen, die man durch Bohren herstellt.

> Das Bohren ist ein spanendes Arbeitsverfahren zur Herstellung zylindrischer Löcher (Bohrungen).

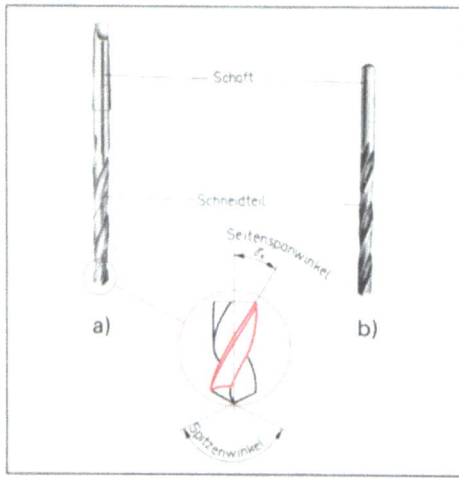

11.69 Aufbau des Wendelbohrers
a) Wendelbohrer mit kegeligem Schaft (DIN 345)
b) Wendelbohrer mit zylindrischem Schaft (DIN 338)

Als Werkzeug zum Bohren dient in der Metallwerkstatt vorwiegend der Wendelbohrer, auch Spiralbohrer genannt. (Der Name Spiralbohrer ist vom Wort her falsch, weil die Spannuten wendelförmig und nicht spiralförmig verlaufen.) Der Wendelbohrer besteht aus einem Schneidteil und einem Schaft zur Aufnahme des Werkzeugs. Der Schaft kann zylindrisch oder kegelig ausgeführt sein – je nachdem, ob der Bohrer in ein Dreibacken-Bohrfutter oder in eine Kegelhülse gespannt werden soll (**11.**69). Zwei wendelförmige Nuten im Schneidteil sorgen für die Spanabfuhr und heißen daher Spannuten. Vergleicht man sie mit den „Kerben" eines Gewindes, erkennt man eine „Steigung", die beim Wendelbohrer durch den Seitenspanwinkel γ_x (Drallwinkel) festgelegt und je nach Festigkeit des zu zerspanenden Werkstoffs unterschiedlich groß gewählt wird.

Werkzeugtypen. Nach DIN 1414 unterscheidet man nach der Größe des Seitenspanwinkels die drei Werkzeugtypen N (für normale), H (für harte) und W (für weiche Werkstoffe).

Auch der Winkel an der Bohrerspitze (Spitzenwinkel) ist werkstoffabhängig. Tabelle **11.**70 gibt einige Beispiele für die richtige Bohrerwahl.

Tabelle **11.**70 **Werkzeugtyp und Spitzenwinkel beim Bohren mit dem Wendelbohrer**

Werkzeugtyp	Spitzenwinkel	Werkstoff
N	118°	Stahl und Stahlguß bis 700 N/mm², Gußeisen, Temperguß, mittelharte Cu-Legierungen
	130°	Stahl und Stahlguß über 700 N/mm²
	140°	nichtrostende Stähle
H	118°	mittelharte und härtere Cu-Zn-Legierungen
	140°	Austenitische Stähle, Magnesiumlegierungen
W	118°	Zinklegierungen, Lagermetalle
	140°	langspanende Al-Legierungen, Kupfer

Wendelbohrer werden aus niedriglegierten Werkzeugstählen (SS = Schnellschnittstahl) oder hochlegierten Werkzeugstählen (HSS = Hochleistungs-Schnellschnittstahl) hergestellt. Besonders verschleißfest sind Wendelbohrer mit eingelöteten Hartmetallschneiden an der Spitze.

Bohrvorgang. Die kreisförmige Schnitt- und die geradlinige Vorschubbewegung des Bohrers ergeben eine schraubenförmige Wirkbewegung, mit der er in den Werkstoff eindringt (**11**.71). Wendelbohrer haben fünf Schneiden: zwei Hauptschneiden, zwei Nebenschneiden und eine Querschneide (**11**.72). Sie wirken alle beim Spanungsvorgang mit.

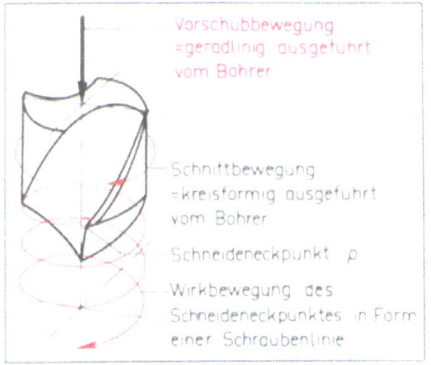

11.71 Bewegungen des Wendelbohrers beim Eindringen in den Werkstoff

11.72 Bezeichnungen am Wendelbohrer

Beim schraubenförmig spanenden Eindringen des Bohrers in den Werkstoff sind alle fünf Bohrerschneiden im Einsatz.

Haupt- und Nebenschneiden. Die hauptsächliche Spanarbeit leisten die beiden Hauptschneiden. Sie schälen den Werkstoff gleichmäßig in einer bestimmten Schichtdicke ab, die vom Bohrervorschub bestimmt wird. Die beiden Nebenscheiden trennen nur noch geringe Spanmengen an der Lochwandung ab und sind somit für die Oberflächenqualität der Bohrungswandung verantwortlich.

Die Querschneide liegt zwischen den Hauptschneiden und ermöglicht deren Angreifen zu Beginn des Bohrvorgangs. Aufgrund ihrer Form wirkt die Querschneide schabend. Daß ihre Zerspanungsleistung nur sehr gering ist, liegt nicht nur an der Schabwirkung, sondern auch an ihrer niedrigen Schnittgeschwindigkeit. Das können wir uns durch die Eigenart von Umfangsgeschwindigkeiten erklären, die von außen nach innen immer kleiner werden, bis sie in der Mitte einer Drehbewegung den Wert Null erreichen.

Schnittgeschwindigkeit (s. Abschn. 10.1.5)

Die Schnittgeschwindigkeit beim Bohren ist eine Umfangsgeschwindigkeit. Sie nimmt von außen nach innen ab und wird berechnet nach der Formel

$v_c = \pi \cdot d \cdot n$ in m/min bzw. m/s.

Die Größe der Schnittgeschwindigkeit ist für das Bohrergebnis sehr wichtig. Sie richtet sich nach der Bohrerausführung (SS, HSS oder Hartmetallschneiden) und dem zu bearbeitenden

Werkstoff. Auch die Größe des Bohrervorschubs f (in mm je Bohrerumdrehung) sowie die Art der Kühlung und Schmierung entscheiden über Bohrerverschleiß und Bohrungsqualität.

Die sich aus dieser Tabelle ergebenden Werte werden an der Bohrmaschine eingestellt: der Vorschub in mm je Bohrerumdrehung direkt, die Schnittgeschwindigkeit indirekt über die Drehfrequenz der Bohrspindel. Damit man die richtige Drehfrequenz nicht jedesmal durch Umstellungen der Gleichung $v_c = \pi \cdot d \cdot n$ mit $n = \dfrac{v_c}{\pi \cdot d}$ ausrechnen muß, haben die Maschinenhersteller meist Schaubilder an der Maschine angebracht (11.73): Bohrerdurchmesser und vorgegebene Schnittgeschwindigkeit führen hier gleich zur richtigen Auswahl der Drehfrequenz.

Bei stufenlos einstellbaren Maschinen stellt man die ermittelte Drehfrequenz genau ein, bei abgestuften Maschinen wählt man die nächstliegende Drehfrequenz.

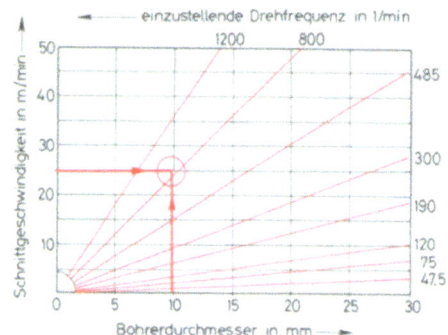

11.73 Drehfrequenz n in Abhängigkeit von Schnittgeschwindigkeit und Bohrer-⌀
Ablesebeispiel:
$v_c = 25$ m/min, $d = 10$ mm,
$n = 800$ **1/min**
Rechenkontrolle:
$$n = \frac{v_c}{d \cdot \pi} = \frac{25 \text{ m/min}}{0{,}01 \text{ m} \cdot 3{,}14} = \mathbf{796\ 1/min}$$

Schnittgeschwindigkeit und Vorschub beim Bohren sind abhängig
- vom Werkstoff des Bohrers: Sie nehmen mit wachsender Festigkeit zu,
- vom Werkstoff des Werkstücks: Sie verringern sich mit seiner wachsenden Festigkeit,
- von der Drehfrequenz des Bohrers.

Um gleiche Schnittgeschwindigkeiten zu erzielen, muß man für Bohrer mit kleineren Durchmessern größere Drehfrequenzen einstellen als für Bohrer mit größeren Durchmessern.

Winkel an der Bohrerschneide. Außer Spitzen- und Querschneidenwinkel hat der Wendelbohrer wie alle spanenden Werkzeuge Frei-, Keil- und Spanwinkel. Alle diese Winkel werden beim Wendelbohrer an den nach außen gelegenen Kanten (an der Bohrerseite) gemessen und deshalb nach DIN 1412 Seitenfrei-, Seitenkeil- und Seitenspanwinkel genannt (11.74).

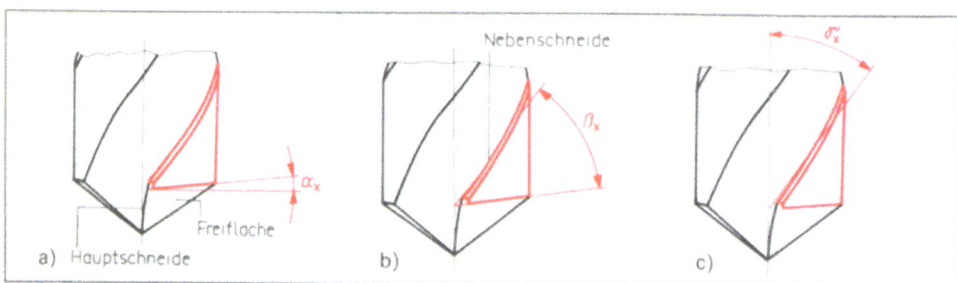

11.74 Winkel an der Bohrerschneide
a) Seitenfreiwinkel α_x, b) Seitenkeilwinkel β_x, c) Seitenspanwinkel γ_x

Auch beim Wendelbohrer ist die Summe von Seitenfrei-, Seitenkeil- und Seitenspanwinkel = 90°. Der Seitenspanwinkel ist immer positiv.

Wirtschaftliches Bohren. Bei allen gewerbsmäßigen Arbeiten müssen Überlegungen zur Wirtschaftlichkeit angestellt werden. Wirtschaftlichkeit verlangt, daß ein Werkstück bei feststehenden Qualitätsanforderungen kostengünstig hergestellt wird. Die Wirtschaftlichkeit bei allen spanenden Arbeitsverfahren wird beeinflußt durch Maschinen-, Werkzeug- und Lohnkosten. Sie hängen ab von der Schnittgeschwindigkeit, von Vorschub und Schnittkraft, Spanleistung und Standzeit des Werkzeugs. Alle diese Größen kann der Facharbeiter mit den Einstellwerten der Maschine selbst kontrollieren. Schnittgeschwindigkeit und Vorschub wurden bereits besprochen. Wie beeinflussen die anderen drei Faktoren die Kosten?

Schnittkraft. Bei den spanenden Verfahren treten an der Wirkstelle durch die Schnittbewegung (Schnittkraft) und die Vorschubbewegung (Vorschubkraft) Zerspankräfte auf.

> Zerspankraft F = Resultierende der Schnittkraft F_c und der Vorschubkraft F_f bei spanenden Arbeitsverfahren

Abhängig ist die Schnittkraft

– von der Zerspanbarkeit des Werkstoffs,
– von der Form des Werkzeugs, besonders von den Schneidenwinkeln (**11.75**)
– von der Schnittgeschwindigkeit.

Die Schnittkraft F_c nimmt beim Erhöhen der Schnittgeschwindigkeit geringfügig ab. Die Vorschubkraft F_f ist z. B. beim Bohren mit größeren Bohrerdurchmessern wegen der schabenden Wirkung der Querschneiden sehr groß. Sie läßt sich verringern, indem man die Querschneide durch Ausspitzen (Ausschleifen der Spannuten an der Bohrerspitze) verkürzt oder mit einem kleineren Bohrerdurchmesser vorbohrt. Neben einer erheblichen Krafteinsparung ergeben sich hieraus zwei weitere wichtige Vorteile: Verringerung der reinen Bohrzeit (Hauptnutzungszeit) und deutliche Verbesserung der Werkzeugstandszeit.

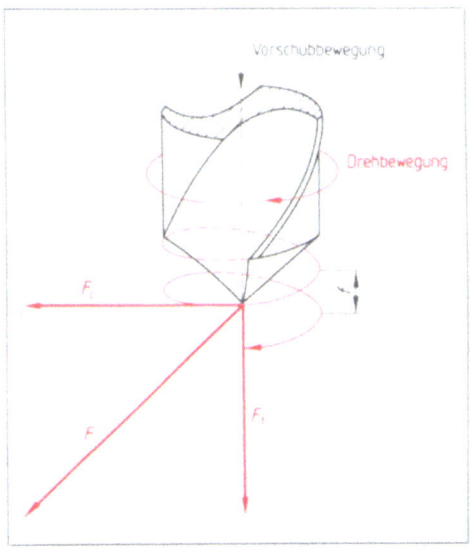

11.75 Schnittkraft beim Bohren
F_c = Schnittkraft F_f = Vorschubkraft
F = Zerspankraft f = Bohrervorschub

Die Standzeit ist ein Maß für den Werkzeugverschleiß. Sie entscheidet darüber, wie oft ein Werkzeug gewechselt bzw. ein- und ausgespannt werden muß. Abhängig ist die Standzeit von der Schnittkraft, von der Schnittgeschwindigkeit, vom Werkstoff des Werkzeugs und Werkstücks, von den Schneidenwinkeln und von der beim Spanen entstehenden Wärme.

> Unter der Standzeit T versteht man die Zeitspanne, die ein Schneidkeil bis zum Erreichen eines vorgegebenen Standmerkmals spanend im Eingriff bleiben kann (s. Abschn. 11.5.4.3).

Bohrmaschinen

Tisch- und Säulenbohrmaschine sind die gebräuchlichsten Bohrmaschinen für normale Bohrarbeiten in der Werkstatt (**11.76 a, b**).

Ständerbohrmaschine. Für große Vorschubkräfte (die z. B. von der Querschneidenlänge abhängen und mit wachsendem Bohrerdurchmesser zunehmen) eignet sich der nicht genügend biegesteife Aufbau der Säulenbohrmaschine nicht mehr. Hier verwendet man massivere Ständerbohrmaschinen, die eine geringere Aufbiegung (Aufbäumung) zulassen (**11.76 c**).

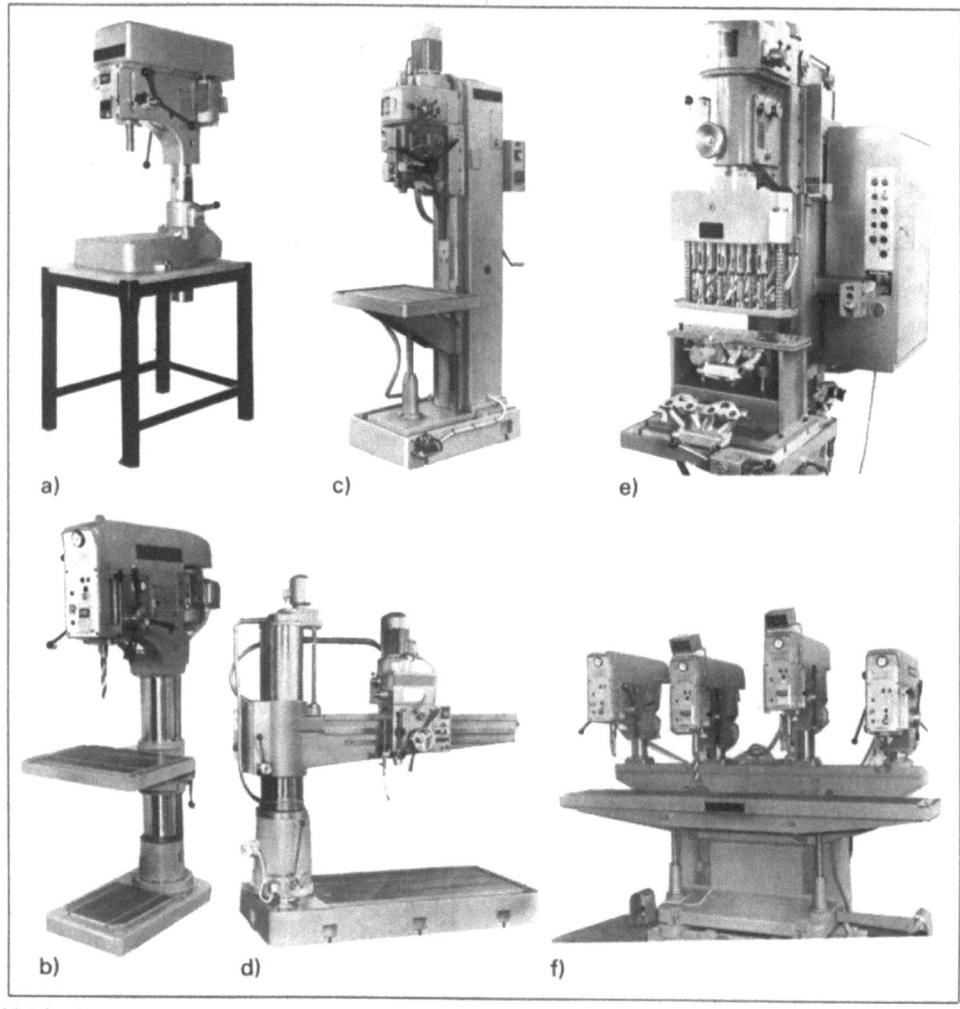

11.76 Bohrmaschinen
  a) Tischbohrmaschine (Handvorschub, für Bohrlochdurchmesser bis zu ca. 25 mm in St 60)
  b) Säulenbohrmaschine (Hand- oder Maschinenvorschub wahlweise, für Bohrlochdurchmesser bis zu etwa 50 mm in St 60)
  c) Ständerbohrmaschine (Maschinenvorschub, für Bohrlochdurchmesser bis zu ca. 75 mm in St 60)
  d) Radialbohrmaschine, e) Bohrmaschine mit Gelenkspindelbohrkopf, f) Reihenbohrmaschine

Radialbohrmaschine (Schwenk-, Auslegerbohrmaschine). Größere und sperrige Werkstücke lassen sich auf den Bohrtischen der genannten Bohrmaschinen nicht spannen. Für solche Werkstücke nimmt man Maschinen mit schwenkbarem Ausleger, an dem der Bohrkopf in radialer Richtung verstellbar angeordnet ist (**11.76 d**).

Mehrspindelbohrköpfe gibt es in starrer und in verstellbarer Ausführung als Gelenkspindelbohrköpfe. Sie ermöglichen die gleichzeitige Herstellung bis zu 70 Bohrungen an einem Werkstück und eignen sich deshalb vor allem für die Serien- und Massenfertigung (**11.76 e**).

Reihenbohrmaschinen sind aus mehreren hintereinander angeordneten Tisch-, Säulen- oder Ständerbohrmaschinen aufgebaut (**11.76 f**). Sie führen mehrere Arbeitsvorgänge nacheinander aus. Die Arbeitsvorgänge können auch verschiedenartig sein (z. B. Bohren, Senken, Gewindeschneiden oder Bohren und Reiben).

Unfallverhütung

Maschinen mit rotierenden Spindeln wie auch Bohrmaschinen sind besonders gefährlich. Sie können lose getragene Kleidungsstücke oder langes Haar erfassen und aufwickeln. Auch Bedienungsfehler können zu schweren Verletzungen führen. Deshalb:

- Bedienungsvorschriften des Maschinenherstellers beachten!
- Vor Inbetriebnahme der Maschine elektrische Sicherheit prüfen (Kabel, Stecker usw.)!
- Werkzeug und Werkstück sorgfältig und sicher spannen! Spannschlüssel vor dem Einschalten der Maschine aus dem Bohrfutter entfernen.
- Nur enganliegende Kleidung tragen! Lange Haare durch Haarnetz oder feste Kopfbedeckung sichern! Bei spröden Werkstoffen Schutzbrille aufsetzen!
- Kühlschmiermittel nicht auf den Werkstattboden tropfen oder spritzen lassen (Rutschgefahr)!
- Bohrspäne nicht mit der Hand, sondern mit Pinsel, Handfeger oder Haken entfernen!
- Bei Arbeiten an der Bohrmaschine nicht ablenken lassen!

11.5.3 Senken und Reiben

Das Bohren ist in vielen Fällen nur das erste von zeitlich aufeinanderfolgenden Trennverfahren. Die durch Bohren (aber auch z. B durch Gießen oder Schmieden) vorgefertigten zylindrischen Löcher (Bohrungen) müssen meist noch nachgearbeitet werden.

Eine Nachbearbeitung durch Senken ist z. B. erforderlich, wenn beim Bohren ein Grat entstanden ist oder wenn Verbindungselemente wie Schrauben, Niete, Stifte dies notwendig machen. Da die Genauigkeit der Bohrung und die Oberflächengüte der Bohrungswandung oft nicht ausreichen, ist in vielen Fällen (z. B. beim Einbau von Paßstiften) eine Nachbearbeitung durch Reiben erforderlich.

Senken ist ein spanendes Arbeitsverfahren mit zwei- oder mehrschneidigen Werkzeugen, die ähnlich wie Wendelbohrer arbeiten. Senkarbeiten werden mit Bohr- und Fräsmaschinen durchgeführt.

Der Zerspanungsvorgang beim Senken ist ähnlich wie beim Bohren. Da die zerspante Querschnittsfläche aber nur kreisringförmig ist, müssen zum Senken nur wesentlich geringere Vorschubkräfte aufgewendet werden. Der an der Bohrmaschine einzustellende Vorschub kann dagegen größer sein. Die Schnittgeschwindigkeit ist allerdings nur etwa halb so groß wie beim Bohren zu wählen, um Rattermarken zu vermeiden.

> Das Senken ist ein spanendes Arbeitsverfahren zur Nachbearbeitung vorgefertigter zylindrischer Löcher.

Die Senkwerkzeuge, Senker genannt, dienen zur Herstellung von

- zylindrischen Bohrungen (Bohrungserweiterung = Aufsenken, z. B. mit dem Wendelsenker),
- Planflächen (Auflage- oder Anlauffläche, z. B. mit Flachsenkern),
- Formbohrungen (z. B. mit Kegelsenkern).

Kegelsenker werden mit verschiedenen Spitzenwinkeln für Durchmesser von etwa 4 bis 100 mm hergestellt (**11.77**). Wie die Wendelbohrer haben sie zur Aufnahme zylindrische oder kegelige Schaftform.

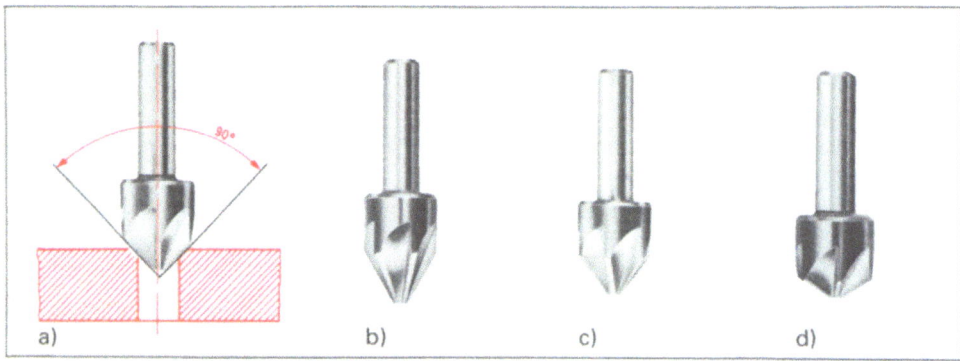

11.77 Kegelsenker
a) 90°-Spitzenwinkel: Entgraten gebohrter oder gegossener Löcher
b) 60°-Spitzenwinkel: Aussenkungen für Senkschraubenköpfe und Kernlöcher bei Innengewinden
c) 75°-Spitzenwinkel: Aussenkungen für Senknietköpfe
d) 120°-Spitzenwinkel: Aussenkungen für Blechnietköpfe

Wendelsenker entsprechen im Aufbau dem Wendelbohrer. Da sie nicht ins Volle bohren, haben sie keine Querschneide. Mit drei oder vier Spannuten (statt der zwei beim Wendelbohrer) ergibt sich durch die entsprechende Anzahl von Führungsfasen eine bessere Führung in der Bohrung (**11.78**a). Die Nebenschneiden erzeugen eine bessere Oberflächengüte (in Schlichtqualität) mit wesentlich geringerer Rauhtiefe als beim Bohren mit dem Wendelbohrer.

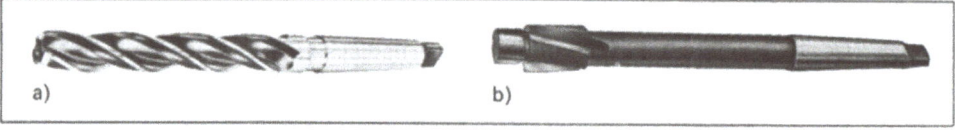

11.78 a) Wendelsenker mit 3 Spannuten, b) Flachsenker mit Führungszapfen (**Zapfensenker**)

Flachsenker in verschiedenen Ausführungen spanen vorwiegend mit der Stirnseite. Flachsenker, die ausschließlich Planflächen bearbeiten, haben keine Nebenschneiden. Andere Bauarten, die vor allem zur Herstellung von Vertiefungen oder Auflageflächen von Schraubenköpfen dienen, haben feste oder auswechselbare Führungszapfen (Zapfensenker), wodurch eine genau zentrische Senkung gewährleistet wird (**11.78**b).

Alle Senkerarten werden vorwiegend aus HSS (Hochleistungsschnellschnittstahl) hergestellt. Größere Senker haben z.T. Hartmetallschneiden und sind als Aufstecksenker ausgeführt.

> **Arbeitsregeln und Unfallverhütung**
>
> Außer den entsprechenden Arbeits- und Unfallverhutungsvorschriften beim Bohren gelten für das Senken ergänzend folgende Regeln:
> - Keine Senker mit ausgebrochenen Schneiden verwenden, da sonst Rattermarken entstehen können und Bruchgefahr wegen ungleichmäßiger Kraftverteilung besteht.
> - Das Nachschleifen von mehrschneidigen Senkwerkzeugen ist nur maschinell mit besonderen Vorrichtungen möglich. Da alle Schneiden gleichzeitig schneiden müssen, sind beim Nachschliff größte Genauigkeit und Sorgfalt erforderlich.
> - Beim Herstellen von Senkungen für Schraubenkopfe, Nietkopfe usw. DIN-Normen beachten (Tabellenbuch).
> - Halbe Drehfrequenz und größeren Vorschub als beim Bohren wahlen. Kuhlen und Schmieren wie beim Bohren.

Reiben. Das Reiben ist eine Schlichtbearbeitung von vorgefertigten Bohrungen, um die Maßhaltigkeit, Formgenauigkeit und Oberflächengüte der Bohrungswandung zu verbessern. Das ist z. B. erforderlich bei paßgenauen Sitzflächen für Paßschrauben oder -stifte sowie bei Lagerungen von Wellenzapfen.

> Reiben ist ein spanendes Schlichtverfahren zum Nachbearbeiten vorgefertigter Bohrungen (Maß-, Form- und Oberflachenverbesserung).

Die Spanabnahme ist beim Reiben nur noch gering und wird durch die vorher festgelegte Bearbeitungszugabe bestimmt.

Die Bearbeitungszugabe entsteht dadurch, daß die z. B. durch Bohren vorgefertigten Bohrungen auf Untermaß vorgefertigt werden (**11.79**).

Tabelle 11.79 Untermaß für durch Bohren vorgefertigte Bohrungen in Stahl

Fertigdurchmesser	Untermaß (auf Durchmesser bezogen)
bis 10 mm	etwa 0,2 mm
bis 20 mm	0,2 bis 0,3 mm
bis 30 mm	0,3 bis 0,4 mm
über 30 mm	0,4 bis 0,5 mm

Die Reibwerkzeuge heißen **Reibahlen**. Sie arbeiten mit mehreren am Werkzeugumfang angeordneten Schneidzähnen, die entweder gerade (geradegenutet) oder wendelförmig (wendelgenutet) verlaufen (**11.80**). Reibahlen mit gerader Verzahnung werden bevorzugt, weil sie besser nachzuschleifen und ihre Durchmesser leichter zu messen sind. Wendelförmig verzahnte Ahlen werden eingesetzt, wenn man geradverzahnte nicht verwenden kann (z. B. beim Aufreiben von Bohrungen mit Längsnuten, bei denen ihre Zähne einhaken würden). Rechtsschneidende wendelverzahnte Reibahlen arbeiten mit Linksdrall (Drall = Verdrehung), damit sie sich nicht selbst in die Bohrung hineinziehen.

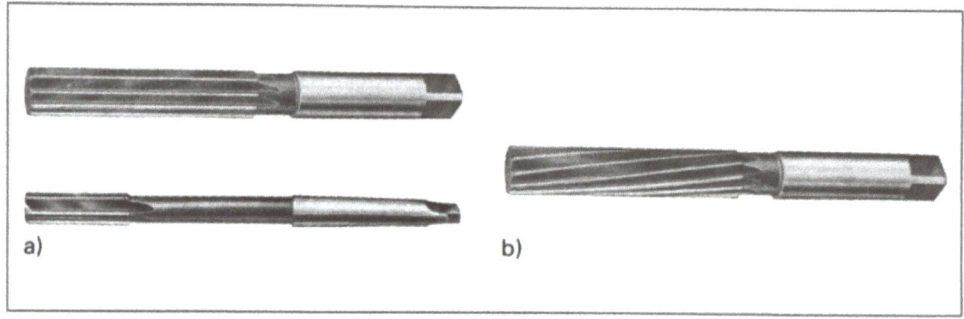

11.80 Reibahlen
  a) mit geraden Zähnen (Handreibahle mit Vierkantzapfen und Maschinenreibahle mit Kegelschaft)
  b) mit wendelförmigen Zähnen (Handreibahle mit Vierkantzapfen, Linksdrall – rechtsschneidend)

Die Zähne der Reibahlen entstehen durch Ausfräsen der Nuten. Nach dem Härten werden sie so hinterschliffen, daß noch eine schmale Führungsfase stehen bleibt. Die Anzahl der Schneiden, die sich nach dem Ahlendurchmesser richtet, ist für feste und verstellbare Reibahlen unterschiedlich. Feste haben 6 bis 18, verstellbare Reibahlen 6 bis 12 Schneiden. Den Abstand von Schneide zu Schneide, die Teilung t, wählt man ungleichmäßig und vermeidet dadurch Rattermarken. Damit der Reibahlendurchmesser jedoch noch genau meßbar ist, liegen sich jeweils zwei Schneiden gegenüber. Dies ist besonders bei nachstellbaren oder nachgeschliffenen Reibahlen wichtig (**11.81**).

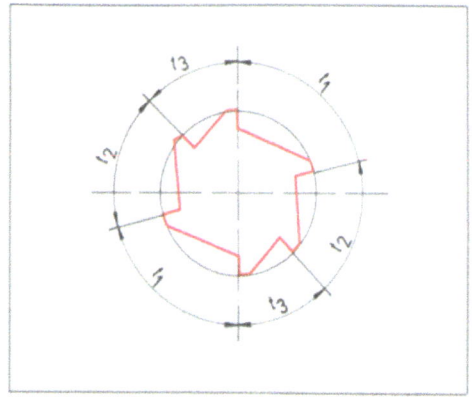

11.81 Ungleichmäßige Zahnteilungen t_1, t_2, t_3 bei Reibahlen

11.82 Anschnitt der Reibahle

Reibahlen haben wie Wendelbohrer einen **Schneidteil** und einen Schaft. Man unterscheidet Hand- und Maschinenreibahlen.

Handreibahlen werden wie Gewindebohrer von Hand mit einem Windeisen gedreht und haben am Ende einen Vierkantzapfen. Der Schneidteil ist erheblich länger als bei **Maschinenreibahlen**, die mit zylindrischem oder (meist) kegeligem Schaft in Bohr- oder Fräsmaschinen gespannt werden. Bei allen Reibahlen ist der **Anschnitt** (Anfang des Schneidteils) kegelig ausgeführt, um ein Einführen des Werkzeugs in das vorgefertigte Bohrloch und ein Angreifen der Zähne zu ermöglichen (**11.82**). Weil Maschinenreibahlen maschinell genau geführt werden, brauchen sie nur einen kurzen Anschnitt. Bei Handreibahlen sorgt der wesentlich längere Anschnitt für eine gute Führung und erschwert ein Verkanten der Reibahle in der Bohrung. Der auf den Anschnitt folgende Schneidenteil hat vorwiegend nur noch glättende Wirkung.

Reibahlen werden überwiegend aus HSS oder mit eingesetzten Hartmetallschneiden hergestellt (Tabelle **11**.83).

Tabelle **11**.83 **Beispiele für besondere Reibahlenarten**

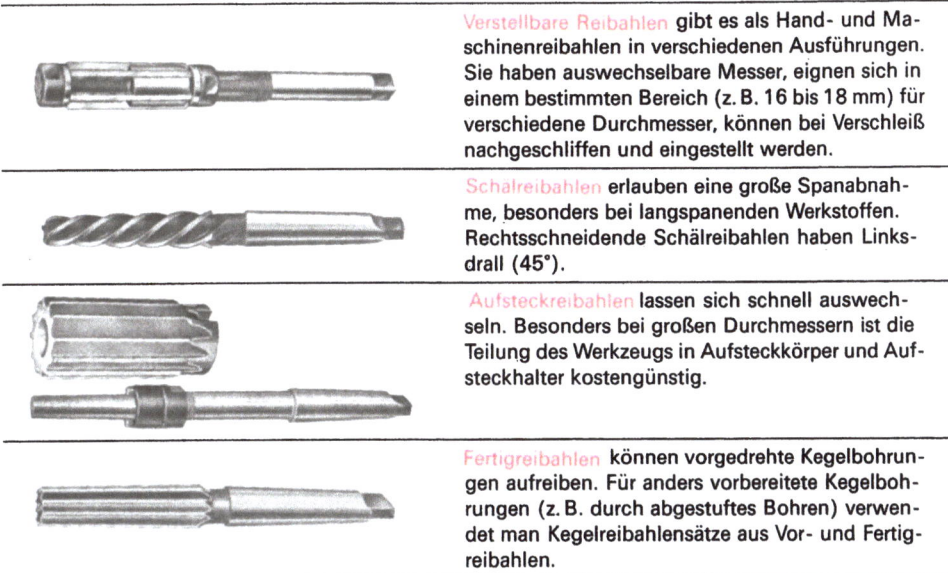

Verstellbare Reibahlen gibt es als Hand- und Maschinenreibahlen in verschiedenen Ausführungen. Sie haben auswechselbare Messer, eignen sich in einem bestimmten Bereich (z. B. 16 bis 18 mm) für verschiedene Durchmesser, können bei Verschleiß nachgeschliffen und eingestellt werden.

Schälreibahlen erlauben eine große Spanabnahme, besonders bei langspanenden Werkstoffen. Rechtsschneidende Schälreibahlen haben Linksdrall (45°).

Aufsteckreibahlen lassen sich schnell auswechseln. Besonders bei großen Durchmessern ist die Teilung des Werkzeugs in Aufsteckkörper und Aufsteckhalter kostengünstig.

Fertigreibahlen können vorgedrehte Kegelbohrungen aufreiben. Für anders vorbereitete Kegelbohrungen (z. B. durch abgestuftes Bohren) verwendet man Kegelreibahlensätze aus Vor- und Fertigreibahlen.

Vorgang beim Reiben. Da die Bearbeitungszugabe für das Reiben nur wenige Zehntel Millimeter beträgt, muß die Bohrung sorgfältig und genau vorgefertigt werden. Die Reibahlenzähne haben meist einen Spanwinkel von $\gamma = 0°$ oder negative Spanwinkel bis zu $-5°$. Sie haben daher schabende Wirkung und tragen nur noch feine Späne ab. Die wie beim Wendelbohrer zur Führung dienenden Führungsfasern sorgen zusätzlich für eine Glättung der bearbeitenden Bohrungswandung und tragen damit zur hohen Oberflächengüte bei (**11**.84). Beim Herausziehen der Reibahle aus der Bohrung muß die Richtung der Schnittbewegung beibehalten werden, damit sich noch in den Spannuten vorhandene Späne nicht zwischen Fase und Bohrungswandung verklemmen und Riefen verursachen. Auf keinen Fall darf die Reibahle in entgegengesetzter Richtung gedreht werden, weil man dadurch Werkstück und Werkzeug beschädigen würde. Während des Reibvorgangs muß wie beim Bohren ein geeignetes Kühlschmiermittel verwendet werden.

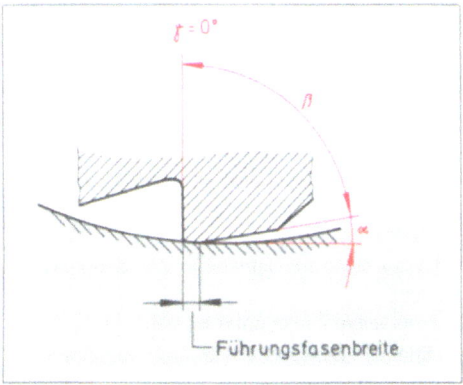

11.84   Schneidenwinkel

Arbeitsregeln und Unfallverhütung

Auch für das Reiben gelten entsprechend die Unfallverhütungsvorschriften wie beim Bohren. Reibwerkzeuge sind Feinbearbeitungswerkzeuge, deren Arbeitsergebnis wesentlich von ihrer Handhabung und Beschaffenheit abhängt. Deshalb:

- Vor Reibbeginn Untermaß der vorgefertigten Bohrung und der Reibahlendurchmesser genau nachmessen (Meßschraube). Eine zu große Bearbeitungszugabe führt zu frühzeitigem Verschleiß oder Beschädigung der Reibahle.
- Nur einwandfreie Reibahlen verwenden.
- Das Reiben mit Handreibahlen erfordert besondere Sorgfalt, besonders beim Einsetzen des Werkzeugs in die Bohrung.
- Reibahlen niemals entgegen der Schneidrichtung drehen.
- Als Drehfrequenz zum Reiben etwa $1/4$ bis $1/2$ der entsprechenden Wendelbohrerdrehfrequenz wählen.
- Kühlschmiermittel wie beim Bohren verwenden.
- Reibahlen nur auf besonderen Werkzeugschleifmaschinen nachschleifen.

Aufgaben zu 11.5.1 bis 11.5.3

1. Was versteht man unter einer Werkzeugmaschine?
2. Warum ist eine elektrische Handbohrmaschine keine Werkzeugmaschine?
3. Erläutern Sie die Arbeitsbewegungen der Werkzeugmaschinen nach DIN 6580.
4. Skizzieren Sie die Arbeitsbewegungen für eine Bohrmaschine und für eine Drehmaschine.
5. Aus welchen vier Funktionsgruppen besteht eine Werkzeugmaschine?
6. Welche Bedingungen muß ein Maschinengestell erfüllen?
7. Welche Aufgaben haben Führungen und Lager bei Werkzeugmaschinen?
8. Nennen und erläutern Sie zwei Beispiele für Führungen (z. B. bei der Drehmaschine).
9. Erläutern Sie die Funktionsgruppe Antrieb bei der Drehmaschine und bei der Säulenbohrmaschine.
10. Wozu dient ein Getriebe in Werkzeugmaschinen?
11. Was versteht man unter Bohren?
12. Erläutern Sie den Aufbau des Wendelbohrers.
13. Unterscheiden Sie die Werkzeugtypen nach DIN 1414.
14. Skizzieren Sie die fünf Schneiden des Wendelbohrers und erläutern Sie ihre Aufgabe.
15. Was versteht man unter Schnittgeschwindigkeit beim Bohren?
16. Beschreiben Sie den Bohrvorgang.
17. Wovon hängt die Größe der Schnittgeschwindigkeit beim Bohren ab?
18. Wie lautet die Berechnungsformel der Schnittgeschwindigkeit?
19. Wovon hängt die Größe des Bohrervorschubs ab?
20. Nennen und erläutern Sie die Winkel an der Bohrerschneide.
21. Was versteht man unter der Zerspankraft?
22. Nennen Sie wenigstens vier Bohrmaschinenarten und erläutern Sie ihre Verwendung.
23. Welche Vorteile bieten Mehrspindelbohrköpfe in der Serien- und Massenfertigung?
24. Wie können Sie Unfälle an Bohrmaschinen verhüten? Begründen Sie Ihre Aussagen.
25. Was versteht man unter Senken und Reiben?
26. Erläutern Sie die hauptsächlichen Unterschiede zwischen Senken und Bohren.
27. Warum kann man Senkwerkzeuge nur mit besonderen Maschinen nachschleifen?
28. Welche Aufgabe hat der Anschnitt von Reibahlen?
29. Warum wird die Teilung t bei Reibahlen ungleichmäßig gewählt?
30. Erläutern Sie den Spanungsvorgang beim Reiben.
31. Nennen und erläutern Sie Beispiele für besondere Reibahlenarten.

11.5.4 Drehen

Kaum eine Maschine ist ohne Drehteile vorstellbar. Wichtige Bauteile wie Wellen, Achsen, Bolzen, Stifte, Hülsen, Scheiben und Spindeln werden durch Drehen hergestellt oder vorgearbeitet.

Das Drehen ist das vielseitigste und meistverwendete spanende Arbeitsverfahren. Er dient zur Herstellung der unterschiedlichsten Werkstückformen, die alle ein gemeinsames Merkmal haben: Ihre Querschnittsfläche ist kreis- oder kreisringförmig. Solche Werkstücke, die z. B. zylindrische, kegel- oder kugelförmige, aber auch zusammengesetzte Formen haben können, bezeichnet man als rotations- oder **drehsymmetrisch**.

Die kreisförmige Schnittbewegung wird durch das (z. B. im Drei- oder Vierbackenfutter) eingespannte Werkstück ausgeführt. Die Spanabnahme erfolgt durch ein einschneidiges Werkzeug, den Drehmeißel. Mit Hilfe von Schlitten läßt er sich längs oder quer zur Werkstück-(dreh-)achse bewegen, woraus sich **Anstell-, Zustell- und Vorschubbewegung** ergeben (s. a. Abschn. 11.5.1).

> Drehen ist ein maschinell spanendes Arbeitsverfahren zur Herstellung drehsymmetrischer Werkstückformen mit einem einschneidigen Werkzeug (Drehmeißel)

Lang- und Plandrehen. Je nachdem, ob der Drehmeißel seine Vorschubbewegung längs oder quer zur Werkstückachse (= Drehachse) ausführt, spricht man von Längs- oder Langdrehen bzw. vom Quer- oder Plandrehen (**11**.85). Durch Langdrehen erhält man genaue zylindrische Außenflächen, durch Plandrehen ergeben sich ebene Stirnflächen.

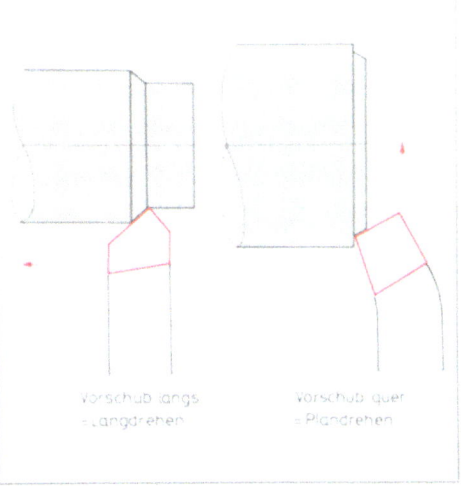

11.85 Lang- und Plandrehen

11.5.4.1 Drehmeißel

Winkel an der Drehmeißelschneide. Der Drehmeißel ist ein einschneidiges Werkzeug. Um die Schneidenform und ihre Wirkungsweise festzulegen, sind neben den uns bekannten Freiwinkel α, Keilwinkel β und Spanwinkel γ (**11**.86 auf S. 194) noch der Eckenwinkel ε (epsilon = griech. Buchstabe e), der Neigungswinkel λ (lambda = griech. Buchstabe l) und zum Einstellen des Drehmeißels der Einstellwinkel $\varkappa$ (kappa = griech. Buchstabe k) wichtig (**11**.87). Die Werte dieser Winkel beeinflussen z. B. die Spanleistung, die Standzeit und die Oberflächengüte.

Die richtige Auswahl von Frei-, Keil- und Spanwinkel hängt von der jeweiligen Paarung von Werkstück- und Schneidenwerkstoff ab. Richtwerttabellen (Tabellenbuch) geben die dazu jeweils günstigsten Winkelbereiche an.

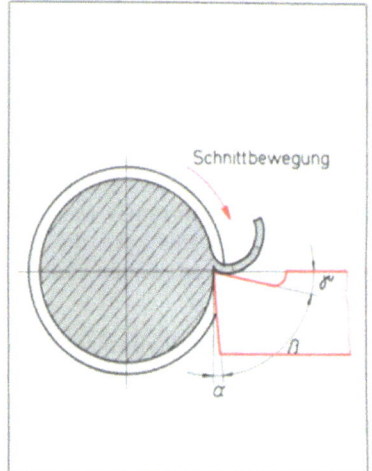

11.86 Frei-, Keil- und Spanwinkel an einem Stechdrehdmeißel

11.87 Winkel am Drehmeißel (gerader rechter Meißel)

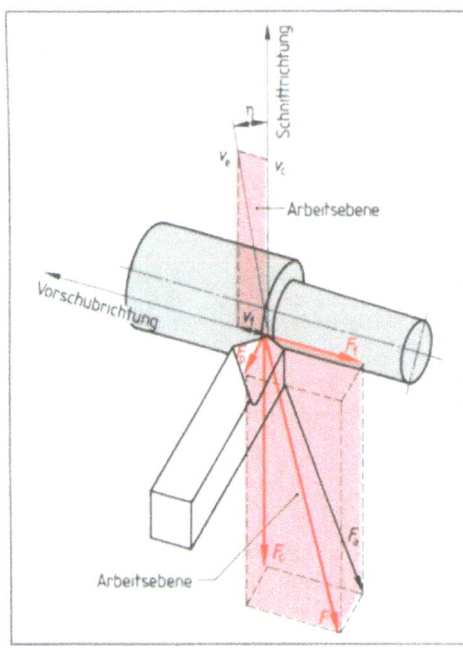

11.88 Zerspankraft und ihre Komponenten beim Langdrehen

F = Zerspankraft
F_c = Schnittkraft
F_f = Vorschubkraft
F_p = Passivkraft (Rückkraft)
F_a = Aktivkraft

Kräfte am Drehmeißel. Die an der Wirkstelle zwischen Werkstück und Meißelschneide beim Drehen auftretende Zerspankraft F wird durch die Winkel an der Meißelschneide räumlich in drei Komponenten zerlegt: In die Schnittkraft F_c, Vorschubkraft F_f und Passivkraft F_p (**11.88**).

Die Schnittkraft F_c wirkt (tangential) in Richtung der Schnittbewegung und versucht, den Drehmeißel an seiner Schneide nach unten zu drücken. Ihre Gegenkraft wirkt nach oben gegen das Werkstück.

Die Vorschubkraft F_f ist dem Vorschub entgegengerichtet und versucht, den Meißel seitlich wegzudrücken. Ihre Gegenkraft drückt das Werkstück axial in das Futter.

Läßt man die Passivkraft F_p aus der Betrachtung heraus (sie versucht den Meißel in den Halter zu drücken bzw. biegt lange Werkstücke durch), kommt man zu einer aus nur noch zwei Komponenten resultierenden Kraft: der Aktivkraft F_a.

Die Aktivkraft F_a setzt sich aus Schnitt- und Vorschubkraft zusammen und liegt in der von Schnitt- und Vorschubrichtung festgelegten Arbeitsebene.

Vorschubkraft und Rückkraft sind abhängig von der Größe des Einstellwinkels $\varkappa$.

Bauarten von Drehmeißeln. Um der Vielfältigkeit der Drehharbeiten gerecht zu werden, gibt es verschiedene Bauarten von Drehmeißeln. Man unterscheidet sie nach **Verwendung**, nach **Lage der Hauptschneiden** zum Werkstück bzw. nach Vorschubrichtung, nach der Lage des Schneidkopfes zum Schaft und nach der **Art der Schaft- und Schneidenwerkstoffe**.

Außen- und Innendrehmeißel werden für die Bearbeitung von außen- oder innenliegenden Drehteilformen verwendet.

Schrupp- und Schlichtdrehmeißel. Für große Spanleistung verwendet man Schruppdrehmeißel, für nur noch geringe Spanabnahme Schlichtdrehmeißel.

Rechte und linke Drehmeißel werden nach DIN so bezeichnet, weil ihre Hauptschneiden beim Blick von vorn auf den Meißelkopf rechts bzw. links liegen. Rechte Drehmeißel arbeiten mit Vorschub von rechts nach links, linke von links nach rechts.

Gerade, gebogene und abgesetzte Drehmeißel erleichtern die Bearbeitung unterschiedlich gut zugänglicher Bearbeitungsstellen.

Als Schneidenwerkstoffe verwendet man für Drehmeißel legierte Werkzeugstähle (HSS), die eine Warmhärte bis etwa 560°C haben, sowie Hartmetalle oder oxidkeramische Schneidstoffe mit Warmhärten von 900°C bzw. bis zu 1300°C.

Aufbau von Drehmeißeln. Drehmeißel bestehen oft aus mehreren zusammengefügten Teilen. Dadurch können Schneiden- und Schaftwerkstoffe unterschiedlich gewählt werden (**11.89**).

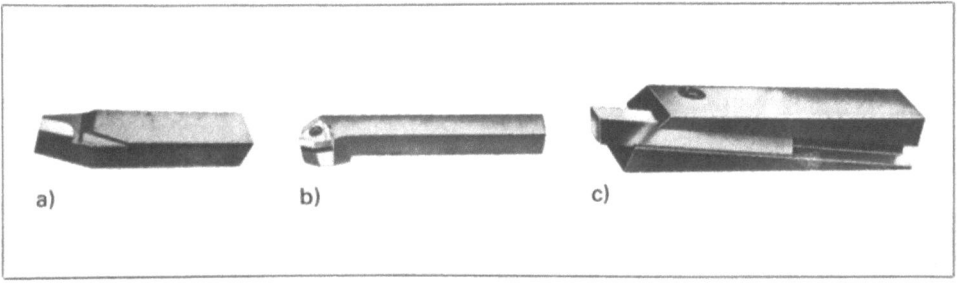

11.89 Aufbau von Drehmeißeln
   a) aufgelötete Schneidplatte (Hartmetall)
   b) aufgeschraubte Wendeschneidplatte (Hartmetall)
   c) festgeklemmter Drehling (HSS oder Hartmetall, Schneidenform kann beliebig angeschliffen werden)

Hartmetallschneidplatten (HM) werden entweder aufgelötet (Hartlötung) oder z.B. als Wendeschneidplatten geklemmt oder aufgeschraubt. Wendeschneidplatten sind besonders wirtschaftlich, da sie durch Wegfall des Nachschleifens Arbeits- und Rüstzeit einsparen. Je nach Ausführung werden ihre bis zu 8 Hauptschneiden im Halter so oft gedreht oder gewendet, bis die letzte Schneide abgenutzt ist. Anschließend werden sie durch neue ersetzt und weggeworfen.

Drehlinge werden ganz aus Hartmetall (HM) oder gehärtetem Schnellarbeitsstahl (HSS) hergestellt. Sie bieten den Vorteil, daß sie sich nachschleifen, aber auch kostengünstig austauschen lassen. Drehlinge mit rechteckigem, rundem oder dreieckigem Querschnitt werden in entsprechend geformten Meißelhaltern (fest)geklemmt.

Meißelhalter und Meißelschäfte werden aus vergüteten Baustählen (z.B. St 70) hergestellt.

Die wichtigsten Drehmeißelformen und -bauarten sind nach DIN bzw. ISO genormt, wobei sich die ISO-Norm nur auf hartmetallbestückte Drehmeißel bezieht (**11.90**).

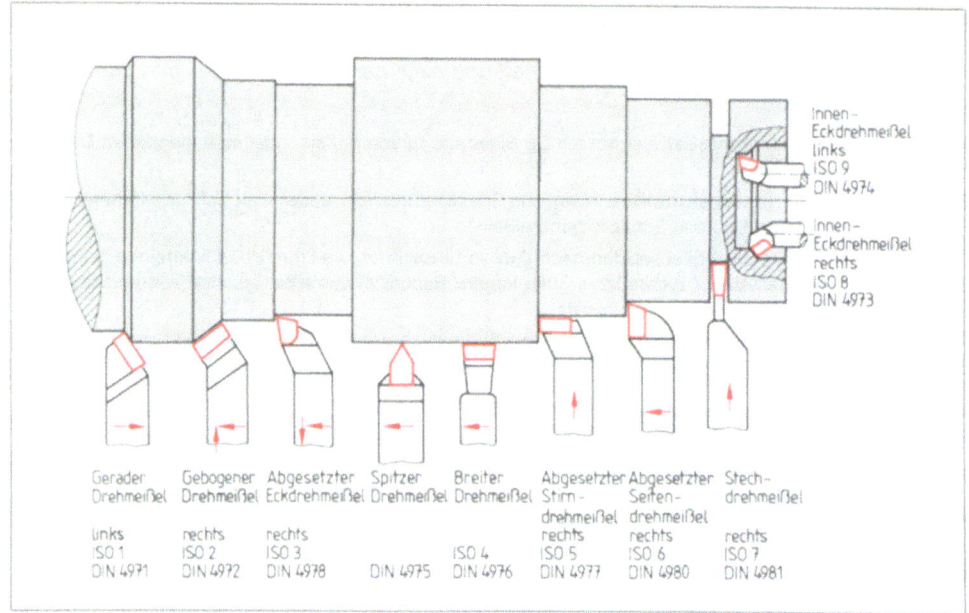

11.90 Genormte Drehmeißel

11.5.4.2 Bauteile der Drehmaschine

Der Aufbau der Drehmaschine wird durch die Anforderungen bestimmt (s. Abschn. 11.5.1), z. B.

- durch die Ausführung der Arbeitsbewegungen,
- durch die Aufnahme (Spannen) von Werkstück und Werkzeug(en),
- durch die geforderte Genauigkeit,
- durch die Größe des zu bearbeitenden Werkstücks,
- durch den Einsatz für Einzel- oder Massenfertigung.

Für den Bereich der Werkstatt und der Produktion gibt es die verschiedensten Bauarten von Drehmaschinen, die zum Teil nach Erfordernissen einer kostengünstigen Produktion hochautomatisiert sind. So gibt es **Drehautomaten** mit selbständigem Fertigungsablauf (ohne Bedienung, nur noch Überwachung durch den Facharbeiter). **Senkrechtdrehmaschinen**, bei denen die Arbeitsspindel vertikal arbeitet (Karusseldrehmaschine), sind auf den ersten Blick nur schwer als Drehmaschinen zu erkennen. Das Prinzip der Drehmaschine ist aber bei allen diesen Bauarten gleich: Das Werkstück wird in eine Drehbewegung versetzt, und ein oder mehrere Werkzeuge sorgen für die Spanabnahme. In diesem Grundlagenband soll es daher zunächst um das Arbeitsprinzip der Drehmaschinen gehen, nicht um spezielle Maschinen.

Aufbau und Aufgaben der wichtigsten Bauteile lassen sich am besten am Beispiel der Leit- und Zugspindel-Drehmaschine erklären, die im Werkstattbereich häufig zu finden ist (**11.91**). Diese sehr vielseitige Drehmaschine wird auch als Universaldrehmaschine bezeichnet. Ihren Namen hat sie daher, daß wahlweise die Leitspindel (Gewinde) oder die Zugspindel für den Transport des Werkzeugschlittens sorgen.

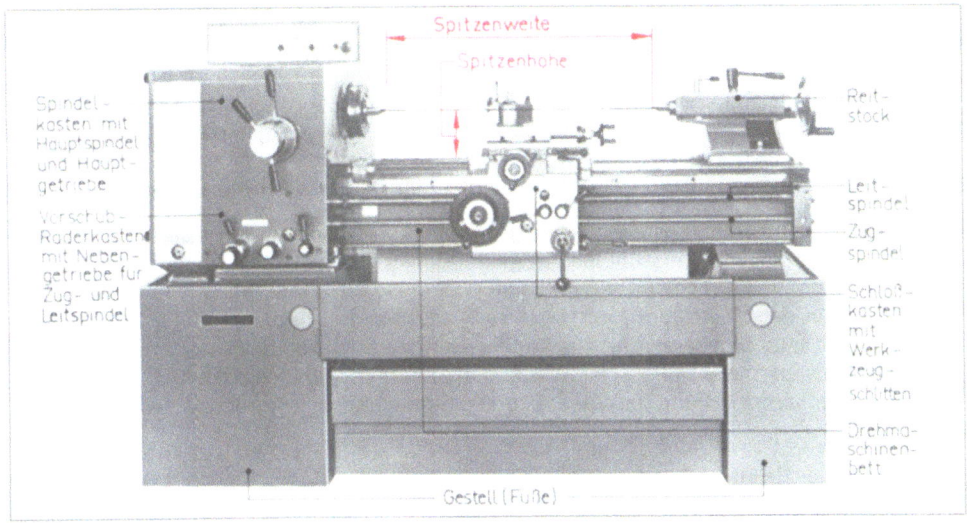

11.91 Leit- und Zugspindel-Drehmaschine (Universaldrehmaschine)

Gestell und Drehmaschinenbett sind die tragenden Teile, die alle beweglichen und festen Funktionsgruppen aufnehmen (s. Abschn. 11.5.1).

Der Spindelkasten enthält die (meist über Keilriemen durch den Fußmotor angetriebene) Hauptspindel und das Hauptgetriebe. Das Hauptgetriebe sorgt für die nötige Drehfrequenz. Gleichzeitig treibt es das ihm nachgeschaltete Nebengetriebe an, das im Vorschubräderkasten eingebaut ist.

Vorschubräderkasten. Das hier eingebaute Nebengetriebe – auch Vorschubgetriebe genannt – sorgt für den Antrieb der Zug- und Leitspindel (**11**.92). Durch eine sehr feine Getriebeabstufung sind viele Vorschübe einstellbar. (Die Maschine **11**.91 hat z. B. 60 Einstellmöglichkeiten im Bereich von 0,026 bis 0,888 mm.)

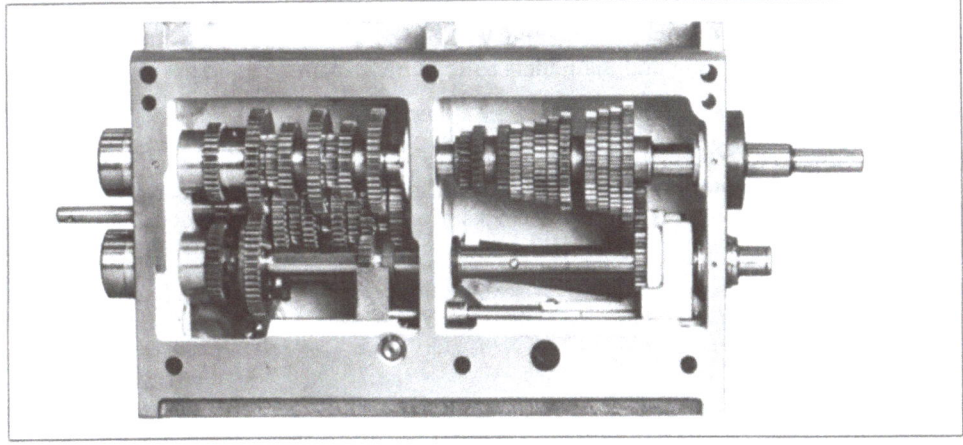

11.92 Vorschubräderkasten mit Vorschubgetriebe

Leit- und Zugspindel. Die Leitspindel dient nur für den Gewindevorschub (= Steigung des zu schneidenden Gewindes) beim Gewindeschneiden. Die Zugspindel sorgt bei allen anderen Dreharbeiten für den Längs- und Quervorschub. Obwohl sich im Betrieb der Maschine meist beide Spindeln drehen, treibt jeweils nur eine den Werkzeugschlitten an. Die Verbindung der antreibenden Spindel mit dem Werkzeugschlitten stellen das im Schloßkasten eingebaute Getriebe und die Schloßmutter her. Die Schloßmutter ist eine geteilte Mutter, die das Gewinde der Leitspindel umschließen kann. Ist sie geöffnet, läuft die Leitspindel „leer".

Der Werkzeugschlitten besteht aus drei gegeneinander beweglichen Einzelschlitten, nämlich aus dem auf dem Drehmaschinenbett gleitenden Bettschlitten, dem quer zum Bettschlitten geführten Querschlitten und dem wieder in Längsrichtung beweglichen Oberschlitten, der den Werkzeughalter trägt. Bett- und Querschlitten können wahlweise von Hand oder mit maschinellem Vorschub angetrieben werden; der Oberschlitten läßt sich nur von Hand bewegen. Mit Hilfe einer Winkelskala kann der Oberschlitten z. B. zum Kegeldrehen aus der Längsrichtung geschwenkt und genau eingestellt werden (s. Abschn. 11.5.1, Bild **11.63**).

Reitstock. Der Reitstock hat mehrere Aufgaben. Er kann z. B. Werkzeuge wie Bohrer oder Reibahlen aufnehmen, dient aber auch als Gegenhalter des Werkstücks.

Spitzenweite und Spitzenhöhe sind maßgeblich für die Abmessungen der zu bearbeitenden Werkstücke. Sie sind daher wichtige Kennwerte der Leit- und Zugspindel-Drehmaschinen.

11.5.4.3 Einflußgrößen auf die Zerspanung

Zu den wichtigsten Einflußgrößen auf die Zerspanung beim Drehen gehören Schnittiefe a, Vorschub f, Schnittgeschwindigkeit v_c und Standzeit T. Sie sind sowohl untereinander abhängig als auch vom Werkstoff der Meißelschneide oder des Werkstücks. Sie ergeben sich aus den an der Drehmaschine eingestellten Betriebswerten.

Die Schnittiefe a (in mm) ist der Wert, der von Schnitt zu Schnitt zugestellt wird und die Spandicke ergibt (Zustellbewegung).

Der Vorschub f (in mm) ist der Weg, den der Drehmeißel während einer Werkstückumdrehung in Vorschubrichtung (also beim Langdrehen in Längs, beim Plandrehen in Querrichtung) zurücklegt. Der Vorschub ergibt die Spanbreite.

Das Produkt aus Vorschub f und Schnittiefe a ergibt den Spanungsquerschnitt A.

Beispiel 11.3 Vorschub $f = 0{,}5$ mm, Schnittiefe $a = 3$ mm.
Spanungsquerschnitt $A = f \cdot a = 0{,}5 \text{ mm} \cdot 3 \text{ mm} = 1{,}5 \text{ mm}^2$

Die Schnittgeschwindigkeit v_c (in m/min) ist die an der Meißelschneide wirksame Umfangsgeschwindigkeit. Sie hängt von der eingestellten Drehfrequenz und dem Durchmesser ab.

Der rechnerische Zusammenhang zwischen Schnittgeschwindigkeit v_c, Drehdurchmesser d und Drehfrequenz n ergibt sich aus der Formelgleichung

$$v_c = d \cdot \pi \cdot n \quad \text{in m/min.}$$

Da sich die Schnittgeschwindigkeit an der Drehmaschine nur indirekt über die Drehfrequenz der Arbeitsspindel (Werkstück) einstellen läßt, ist für den Dreher die nach n umgestellte Formelgleichung

$$n = \frac{v_c}{d \cdot \pi} \quad \text{in } 1/\text{min}$$

von besonderer Bedeutung. Nach der Wahl einer für die Dreharbeit geeigneten Schnittgeschwindigkeit kann er damit die an der Maschine einzustellende Drehfrequenz n berechnen.

Beim Plandrehen verringert sich der Drehdurchmesser ständig. Hier wird der größte Drehdurchmesser für die Ermittlung der richtigen Drehfrequenz zugrunde gelegt, weil die Schnittgeschwindigkeit dabei den Höchstwert hat.

Beispiel 11.4 Eine Welle soll mit der Schnittgeschwindigkeit $v_c = 50$ m/min übergedreht werden. Der Drehdurchmesser beträgt $d = 100$ mm. Gesucht ist die an der Maschine einzustellende Drehfrequenz n der Arbeitsspindel.

Lösung
$$n = \frac{v_c}{\pi \cdot d}$$
$$n = \frac{50\,\text{m/min}}{\pi \cdot 100\,\text{mm}} = \frac{50\,000\,\text{mm/min}}{\pi \cdot 100\,\text{mm}} = \mathbf{159}\,\frac{1}{\text{min}}$$

Also ist die Drehfrequenz $n = 160$ 1/min einzustellen.

Anstatt die Drehfrequenz zu berechnen, kann man sie auch aus Diagrammen oder Tabellen ablesen. Die Drehmaschinenhersteller haben meist entsprechende Tafeln an den Maschinen angebracht, die die an den Maschinen einstellbaren Drehfrequenzen enthalten (Drehfrequenzschaubilder, s. a. Bild **11**.97).

Richtwerttabellen. Die richtige Wahl der Schnittiefe, des Vorschubs und der Schnittgeschwindigkeit erfordert viel Erfahrung. Je nachdem, ob geschruppt oder geschlichtet werden soll, ist die Schnittiefe groß oder klein zu wählen. Auch der Vorschub ist beim Schruppen größer als beim Schlichten. Die Schnittgeschwindigkeit ist beim Schlichten höher als beim Schruppen. Sie ist abhängig vom Schneidenwerkstoff auf der einen Seite und vom zu zerspanenden Werkstoff auf der anderen Seite. Eine Erleichterung bieten deshalb Richtwerttabellen (Tabellenbuch), die in umfangreichen Versuchsreihen entstanden sind und Anhaltswerte für den jeweils zu zerspanenden Werkstoff und den Meißelschneidenwerkstoff (z. B. HSS oder Hartmetall) geben.

Standzeit. Die Wahl der Zerspanungsgrößen wirkt sich auch auf die Werkzeugstandzeit T aus. Wirtschaftliche Überlegungen führen dazu, jeweils Werte von a, f und v_c für HSS- oder Hartmetall-Schneiden anzugeben, bei denen ein bestimmter (noch geduldeter) Werkzeugverschleiß erreicht wird.

Verschleißmarkenbreite. Die Schneidenabnutzung wird in Versuchen durch Messen der Verschleißmarkenbreite V_B (als wichtiges Standmerkmal) ermittelt (11.93). Man mißt dabei die Zeit bis zum Erreichen einer vorgegebenen Größe, die sich noch nicht nachteilig auf das Arbeitsergebnis auswirkt.

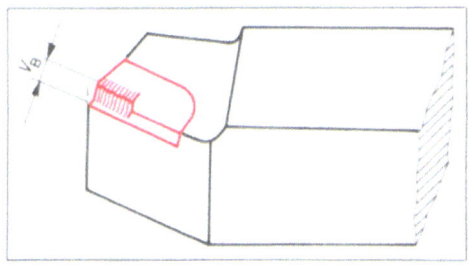 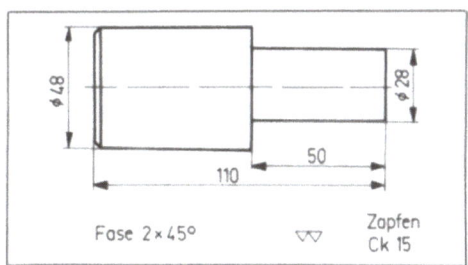

11.93 Verschleißmarkenbreite V_B als wichtiges Standmerkmal

11.94 Beispiel für eine einfache Dreharbeit: Zapfen aus Ck 15

Der geduldete Schneidenverschleiß führt zur Vorgabe der Standzeit T, die nun als tatsächliche Einsatzzeit des Werkzeugs fest eingeplant werden kann. Das ist für die Serien- und Massenfertigung von besonderer Bedeutung. Die Standzeit wird zu diesem Zweck in Minuten angegeben, z. B. $T = 60, 120, 240$ oder 480 min (s. Abschn. 11.5.2).

11.5.4.4 Planung einer Fertigungsaufgabe – Arbeitsplanung

Am Beispiel eines Zapfens sollen die Überlegungen aufgezeigt werden, die eine Dreharbeit von den Vorbereitungen bis zur Fertigstellung des Drehteils begleiten (**11**.94 auf S. 199).

Tabelle **11**.95 **Arbeitsstufen beim Drehen eines Zapfens**

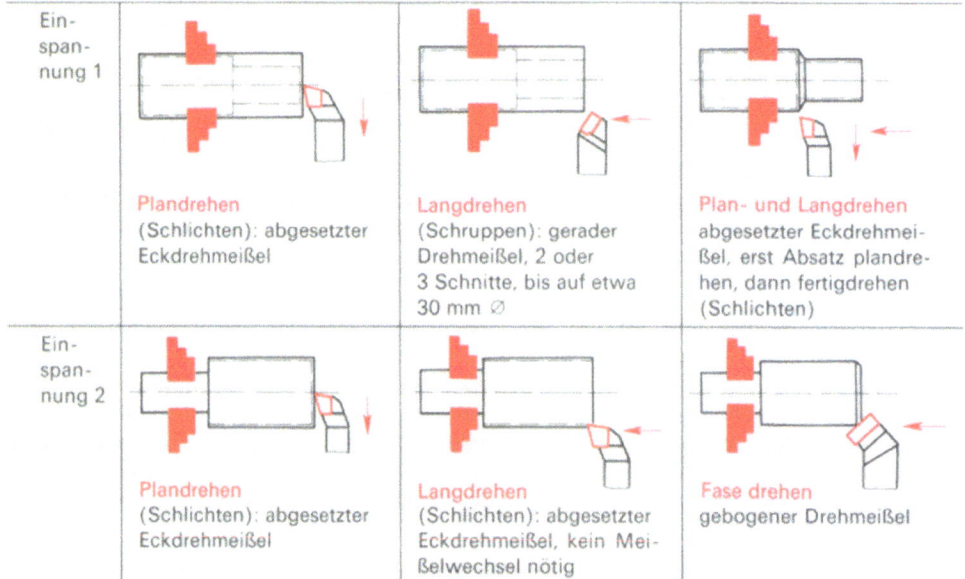

Vorbereitung. Ausgangsprodukt jeder Dreharbeit ist der Rohling. Wenn wir ihn nicht angeliefert bekommen, müssen wir ihn uns selbst beschaffen, wozu die Zeichnung Anhaltspunkte liefert. Aus der Zeichnung entnehmen wir den größten Durchmesser (48 mm) und die Länge (110 mm) des Zapfens sowie die Werkstoffangabe „Ck 15". (Es handelt sich um einen Edelstahl mit einer Mindestzugfestigkeit von etwa 750 N/mm².) Der **Zapfen** soll allseitig geschlichtet werden. Daraus folgt, daß der Rohling etwas größer sein muß. Wir wählen die Rohmaße $d = 50$ mm und $l = 113$ mm und sägen den Rohling z. B. mit der Hubsäge vom Stangenmaterial ab. (Gegebenenfalls können wir ihn so beim Werkstofflager bestellen.)

Nun ist zu überlegen, in welche Teilschritte (Arbeitsstufen) wir den Arbeitsvorgang zerlegen und welche Werkzeuge wir brauchen. Wir fertigen uns dazu einen Arbeitsplan an, der so aussehen kann wie das Bild **11**.95. In jedem Fall sollte man aus einem solchen Plan die genaue Folge der Arbeitsvorgänge ersehen können.

Wie der für das Beispiel ausgeführte Plan zeigt, werden hier drei verschiedene Meißel gebraucht: ein abgesetzter rechter Eckdrehmeißel für Plan- und Langdrehen (Schlichten), ein gerader rechter Drehmeißel für Langdrehen (Schruppen) und ein gebogener rechter Drehmeißel für die 45°-Fase. (Die Fase ließe sich z. B. auch durch Verstellen des Oberschlittens mit einem anderen Meißel herstellen.)

Aus der Werkstoffestigkeit von 750 N/mm² entnehmen wir, daß für die Dreharbeit z. B. Meißel aus Schnellarbeitsstahl oder auch hartmetallbestückte Meißel geeignet sind. Wir wählen daher diejenigen Meißel, die zur Verfügung stehen oder leichter zugänglich sind.

Vor dem Drehbeginn müssen wir noch „rüsten" (d.h. Werkstück und Werkzeuge spannen und einrichten) und die Einstelldaten der Maschine (Betriebsdaten) heraussuchen.

Rüsten. Bei Verwendung eines Vierfach-Meißelhalters können die drei nötigen Meißel auf einmal gespannt und genau auf Mitte eingerichtet werden. („Auf Mitte" heißt, daß die Hauptschneide genau auf der Höhe der Werkstücklängsachse bzw. der Arbeitsspindeldrehachse stehen muß.) Genau kann man die Höhe mit Hilfe der Reitstock-Körnerspitze einstellen. Die Meißel sollen außerdem kurz und am Schaft fest aufliegend gespannt werden, um Rattermarken durch Federn oder Schwingungen zu vermeiden.

Das Werkstück wird im Dreibackenfutter gespannt. Es soll bei der ersten Einspannung um etwa 60 mm aus dem Futter herausragen. (Bearbeitungslänge 50 mm + etwa 10 mm als Sicherheitszuschlag, damit der Meißel nicht das Futter beschädigen kann.)

Einstelldaten. Zur Wahl der Schnittgeschwindigkeits-, Schnittiefe- und Vorschubwerte verwenden wir eine Richtwerttabelle wie **11**.96 (Tabellenbuch).

Aus den gewählten Schnittgeschwindigkeiten ermitteln wir die einzustellenden Drehfrequenzen mit Hilfe des Drehfrequenz-Schaubilds an der Maschine (z. B. **11**.97).

Tabelle **11**.96   Richtwerte für Drehmeißel aus Schnellarbeitsstahl (Ausschnitt)

Werkstoff	Zugfestigkeit R_m in N/mm²	Schnittiefe a in mm	Vorschub f in mm	Schnittge- schwindigkeit v_c in m/min	Standzeit T in min
...					
Einsatz- und Vergütungs- stähle	700 bis 900	0,5	0,1	45 bis 30	60
		3	0,5	30 bis 22	
		10	1,5	18 bis 12	
...					

Wir entnehmen
- für Schlichten
  $a = 0,5$ mm, $f = 0,1$ mm, $v_c = 40$ m/min;
- für Schruppen: (Langdrehen, 3 Schnitte, z. B. 4, 3, 3 mm Schnittiefe)
  $a = 3$ mm, $f = 0,5$ mm, $v_c = 25$ m/min.

Erst nach diesen Überlegungen und Vorbereitungen kann mit dem eigentlichen Drehvorgang begonnen werden. Zwar ist dieses Vorgehen sehr zeitaufwendig, doch schont es Maschine und Werkzeuge – und vermeidet Ausschuß!

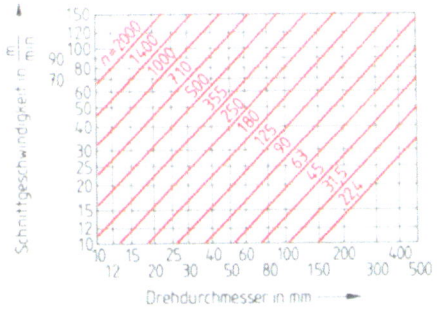

11.97   Drehfrequenz-Schaubild an einer Drehmaschine

Arbeitsregeln und Unfallverhütung. Die wichtigsten Gründe für Unfälle an Drehmaschinen sind Leichtsinn, Unachtsamkeit oder Unkenntnis der Gefahren, die vom Betrieb der

Maschine ausgehen. Nicht selten sind schwere und schwerste Verletzungen, die Invalidität oder sogar den Tod zur Folge haben. Nur wer die nachfolgenden Regeln beherzigt, hilft mit, unnötige Risiken für Gesundheit und Leben zu vermeiden.

Unfallverhütung

- Enganliegende Kleidung tragen. Krawatten, Schals oder offen getragenes langes Haar sind in der Nähe von rotierenden Spindeln oder Werkstücken lebensgefährlich.
- Nicht in umlaufende Werkstücke hineingreifen.
- Putzen und Schmieren bei laufender Maschine unterlassen. Zum Entfernen der Späne Haken oder Handfeger verwenden.
- Beim Drehen spröder Werkstoffe Gesichtsschutz verwenden. (Schutz gegen abspringende Werkstoffteilchen.)
- Spannschlüssel nicht im Futter stecken lassen.
- Prüfen und Messen nur bei stillstehender Maschine.
- Bei Umbauten oder Abnahme von Schutzvorrichtungen und Verkleidungsteilen der Maschine immer Hauptschalter auf „Aus".
- Reparaturen und Arbeiten an der Elektrik sind ausschließlich Aufgaben für den Fachmann – nicht für den Dreher!

Aufgaben zu Abschnitt 11.5.4

1. Was versteht man unter „Drehen"?
2. Erläutern Sie die Dreh-Arbeitsbewegungen.
3. Skizzieren Sie die Winkel an der Drehmeißelschneide.
4. Skizzieren Sie die Kräfte am Drehmeißel und erläutern Sie sie.
5. Welcher Zusammenhang besteht zwischen dem Einstellwinkel x und der Passivkraft F_p?
6. Welche Bauarten von Drehmeißeln kennen Sie?
7. Welche Schneidenwerkstoffe verwendet man für Drehmeißel?
8. Nennen und erläutern Sie die wichtigsten Bauteile der Leit- und Zugspindel-Drehmaschine.
9. Nennen und erläutern Sie die vier wichtigsten Einflußgrößen auf die Zerspanung.
10. Berechnen Sie die an der Maschine einzustellende Drehfrequenz für einen Drehdurchmesser von $d = 120$ mm bei einer Schnittgeschwindigkeit von $v_c = 30$ m/min.
11. Schildern Sie die Überlegungen und Vorbereitungen, die eine Dreharbeit begleiten.
12. Nennen und erläutern Sie mindestens fünf Regeln zur Unfallverhütung.

11.5.5 Hobeln und Stoßen

Durch Hobeln und Stoßen werden ebene oder gekrümmte Flächen spanend bearbeitet. (Mit besonders geformten Werkzeugen können auch Innen- oder Außenprofile hergestellt werden.) Beide Verfahren haben das gleiche Arbeitsprinzip. Nach DIN unterscheidet man sie nach ihren Arbeitsbewegungen (**11.98**):

Beim Hobeln führt das Werkstück die Schnittbewegung aus. Es wird dazu durch den Maschinentisch hin- und herbewegt.
Beim Stoßen wird die Schnittbewegung dagegen vom Werkzeug durch den Stößel ausgeführt.

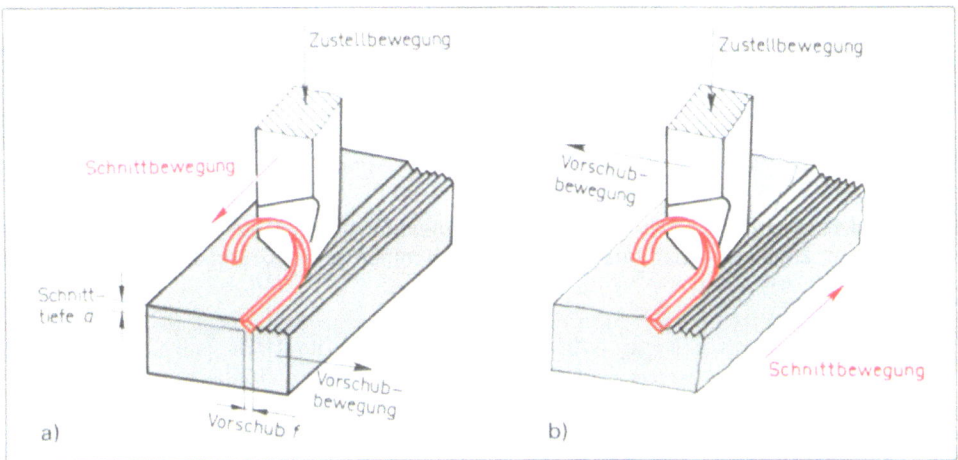

11.98 Hobeln und Stoßen
   a) Stoßen (Waagerechtstoßen)
      kleinere Bearbeitungslänge
      kleine und mittlere Werkstücke
   b) Hobeln
      größere Bearbeitungslänge
      größere und schwerere Werkstücke

Die Arbeitsverfahren Hobeln und Stoßen sind am ehesten mit dem spanenden Meißeln vergleichbar. Der Hauptunterschied liegt darin, daß die für den Schnitt erforderliche Vortriebskraft maschinell gleichmäßig und genau geführt aufgebracht wird, nicht schlagartig und unterbrochen durch Hammerschläge.

Beim Stoßen gleitet das Werkzeug – ein einschneidiger Stoßmeißel – geradlinig unter gleichmäßigem Druck über das Werkstück und hebt einen Span ab. Damit ist der Schnittvorgang zunächst beendet. Vor einer weiteren Spanabnahme wird die Meißelschneide durch Kippen des Meißels leicht angehoben (damit sie das Werkstück nicht berührt) und zurück in die Ausgangslage gebracht (Rück- oder Leerhub). Nach seitlicher Tischverstellung um den Vorschub f wird der Meißel wieder heruntergekippt und kann einen neuen Span abnehmen (Arbeitshub). Dieser Vorgang wiederholt sich so oft, bis die gesamte Werkstückbreite bearbeitet ist. Ein weiterer Bearbeitungsgang wird durch die Zustellung des Meißels um den Wert der Schnittiefe a ermöglicht.

Beim Hobeln und Stoßen werden ebene oder gekrümmte Flächen durch einschneidige Werkzeuge (Meißel) maschinell spanend bearbeitet. Die Schnittbewegung ist geradlinig unterbrochen (Arbeitshub und anschließender Leerhub), sie wird beim Hobeln durch das Werkstück, beim Stoßen durch das Werkzeug ausgeführt.

Unfallverhütung
- Zum Schutz gegen umherfliegende Späne Schutzhauben oder Schutzgitter verwenden.
- Beim Bearbeiten spröder Werkstoffe außerdem Schutzbrille tragen.
- Beim Reinigen und Einrichten der Maschinen grundsätzlich Hauptschalter auf „Aus"!
- Bei Waagerechtstoßmaschinen braucht der hin- und hergehende Stößel in beiden Hubrichtungen Platz. Daher den Raum vor und hinter der Maschine entsprechend freihalten und absichern.

11.5.6 Fräsen

Das Fräsen ist neben dem Drehen eines der vielseitigsten spanabhebenden Arbeitsverfahren. Es dient zum Bearbeiten ebener oder gekrümmter Innen- und Außenflächen, zum Herstellen von Nuten, Gewinden, Zahnrädern usw. Beim Fräsen führt – wie beim Bohren – das Werkzeug die kreisförmige Schnittbewegung aus; Vorschub- und Zustellbewegung leistet das Werkstück.

Fräser sind mehrschneidige Werkzeuge, deren Schneiden an der Mantel- oder Stirnfläche von zylindrischen, kegeligen oder sonstigen rotationssymmetrischen Grundkörpern angeordnet sind.

> Fräsen ist ein maschinell spanendes Arbeitsverfahren mit kreisförmiger Schnittbewegung zum Bearbeiten ebener oder gekrümmter Innen- oder Außenflächen.
>
> Die Fräswerkzeuge (Fräser) sind mehrschneidig und haben geometrisch bestimmte Schneidenform.

Fräsverfahren. Man unterscheidet Walz-, Stirn-, Gegenlauf- und Gleichlauffräsen. Walz- und Stirnfräsen unterscheiden sich durch die Lage der Werkzeugachse zur bearbeiteten Werkstückoberfläche.

Beim Walzfräsen (Umfangsfräsen) arbeitet das Werkzeug, der Walzenfräser, mit seiner Achse parallel zur Bearbeitungsfläche. Er zerspant den Werkstoff durch Schneiden, die an seiner Mantelfläche (Umfang) regelmäßig angeordnet sind (**11.99 a**). Dieses Verfahren wird auch kurz „Walzen" genannt.

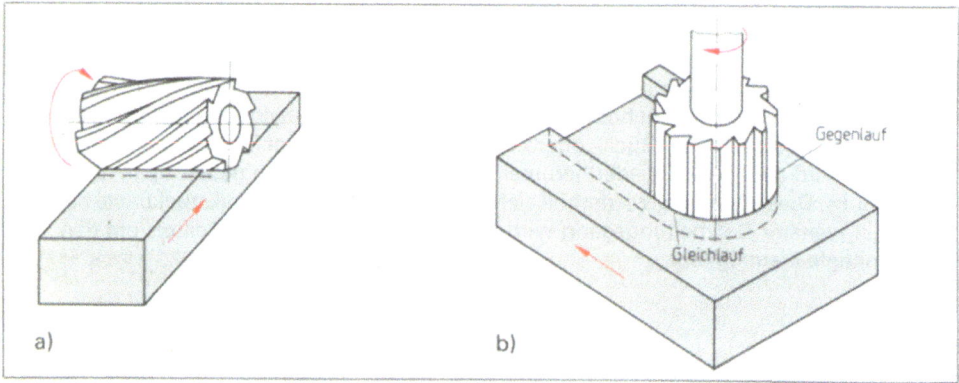

11.99 a) Walzfräsen, b) Walzstirnfräsen

Beim Stirnfräsen steht die Werkzeugachse senkrecht zur bearbeitenden Werkstückfläche. Die Werkzeuge haben daher Schneiden an ihrer Stirnfläche und heißen Stirnfräser. Beim Stirnfräsen sind zwei Vorschubrichtungen möglich: in axialer Richtung (in Richtung der Werkzeugachse) oder in radialer Richtung (quer zur Werkzeugachse).

Bei axialer Vorschubrichtung spant das Werkzeug mit den Schneiden an seiner Stirnfläche. Es entstehen zylindrische Ausfräsungen mit ebener Grundfläche.

Bei radialer Vorschubrichtung sind zusätzlich zu den Schneiden an der Stirnfläche Schneiden am Umfang erforderlich. Solche Werkzeuge arbeiten wie Walzen- und Stirnfräser in einem und werden Walzenstirnfräser genannt. Das Verfahren heißt folgerichtig Walzstirnfräsen oder auch Umfangsstirnfräsen (**11.99 b**).

Walzfräsen
- ist Spanen mit den am Werkzeugumfang angeordneten Fräserschneiden bei parallel zur bearbeiteten Werkstückfläche liegender Werkzeugachse.

Stirnfräsen
- ist Spanen mit den an der Werkzeugstirnfläche angeordneten Fräserschneiden bei senkrecht zur bearbeiteten Werkstückfläche stehender Werkzeugachse und Vorschub in axialer Richtung.

Walzstirnfräsen
- ist Spanen mit den an Umfang und Stirnfläche angeordneten Fräserschneiden bei senkrecht zur bearbeiteten Werkstückfläche stehender Werkzeugachse und radialer Vorschubrichtung.

Gegenlauf- und Gleichlauffräsen. Die Vorschubbewegung des Werkstücks kann beim Fräsen der durch die Fräserumdrehung erzeugten Schnittbewegung entweder entgegengerichtet oder gleichgerichtet sein (**11**.100).

Beim Gegenlauffräsen sind Schnitt- und Vorschubbewegung entgegengesetzt, beim Gleichlauffräsen gleichgerichtet.

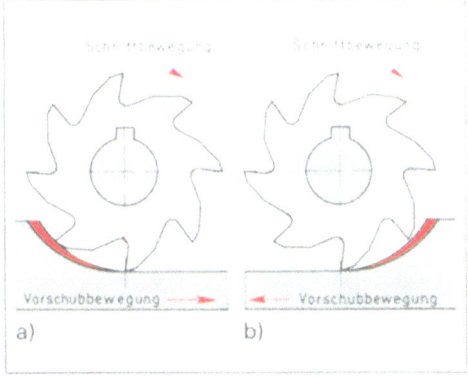

11.100 Gegen- und Gleichlauffräsen
a) Gegenlauf, b) Gleichlauf

Beim **Walzstirnfräsen** (s. auch Bild **11**.99b) kann man von kombiniertem Gegen- und Gleichlauffräsen sprechen, da hier jeweils eine Werkzeugseite im Gegenlauf spant, während die gegenüberliegende im Gleichlauf arbeitet. Beim **Walzfräsen** (Umfangsfräsen) ist die Unterscheidung beider Verfahren besonders wichtig, weil sie z. B. die Qualität des Arbeitsergebnisses und die Werkzeugstandzeit beeinflussen. Bei beiden Verfahren entstehen **kommaförmige** Späne, jedoch aus verschiedenen Richtungen (**11**.100).

Beim Gegenlauffräsen gleiten die Fräserzähne zunächst eine kurze Zeit auf der Arbeitsfläche, bevor sie in den Werkstoff eindringen und den Kommaspan von seinem dünnen Ende her abschälen.

Beim Gleichlauffräsen trifft die jeweils zum Eingriff kommende Schneide in voller Spanstärke auf die Werkstückoberfläche und läuft allmählich und stoßfrei aus. Das Werkstück neigt dazu, sich durch den Schnittwiderstand in den Fräser hineinziehen zu lassen.

Geeignete Maschinen bringen beim Gleichlauffräsen bessere Arbeitsergebnisse als beim Gegenlaufverfahren. Auch wird die Werkzeugstandzeit (bis zu siebenmal) größer als beim Gegenlauffräsen, da die Schneiden sofort in den Werkstoff eindringen und nicht durch anfängliches Aufgleiten so schnell stumpf werden. Durch die Kommaform der Späne ist auch die Schnittkraft während des Spanungsvorgangs unterschiedlich groß, was zu Schwingungen von Werkzeug und Werkstück und damit die **Rattermarken** führen kann (besonders bei größeren Schnittiefen). Auch diese Gefahr ist beim Gleichlauffräsen geringer, weil der Schnittdruck schräg nach unten gerichtet ist (beim Waagerechtfräsen), also den Maschinentisch auf seine Führungen preßt und ihn nicht anzuheben versucht.

> Gleichlauffräsen (Walzfräsen) ergibt bessere Arbeitsergebnisse und höhere Werkzeugstandzeiten als Gegenlauffräsen, setzt aber eine spielfreie Vorschubbewegung voraus.

Fräswerkzeuge. Da die Fräser mehrschneidig sind, stehen die Schneiden nicht wie beim Dreh-, Hobel- und Stoßmeißel während des Spanungsvorgangs dauernd im Schnitt, sondern nur kurzzeitig im Vergleich zur Fräserumdrehungszeit. Die Spanleistung verteilt sich dadurch gleichmäßig auf die Schneidkeile. Da sich die einzelnen Schneiden jeweils nach dem Schnitt wieder abkühlen können, unterliegen sie außer mechanischen Wechselbelastungen auch zum Teil erheblichen Temperaturschwankungen, die sich nachteilig auf die Standzeit auswirken. Kühlschmiermittel mildern diese Temperaturschwankungen und sind bei den meisten Werkstoffen für eine gute Standzeit erforderlich.

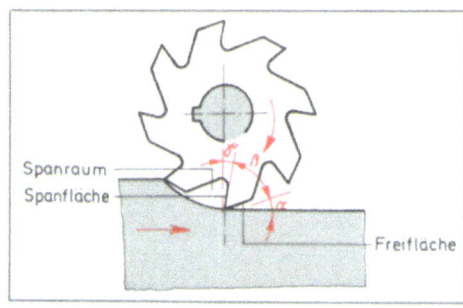

Winkel an der Fräserschneide. Wie bei allen bisher besprochenen spanabhebenden Werkzeugen finden wir auch beim Fräser die für die Schneidengeometrie maßgeblichen Winkel Freiwinkel α, Keilwinkel β und Spanwinkel γ (**11.101**). Ihre Größe ist z. B. abhängig von der Art des Fräsverfahrens, vom zu bearbeitenden Werkstoff und vom Schneidenwerkstoff.

Werkzeugtypen. Ähnlich wie beim Wendelbohrer unterscheidet man auch bei den Fräswerkzeugen die Werkzeugtypen N, H und W (nach DIN 1836).

11.101 Winkel an der Fräserschneide (spitzgezahnter Fräser)

α = Freiwinkel
β = Keilwinkel
γ = Spanwinkel

Der Typ N wird für Werkstoffe mit bis zu etwa 800 N/mm² Mindestzugfestigkeit eingesetzt.

Der Typ H dient zur Bearbeitung von Werkstoffen höherer Festigkeit.

Auch die Anzahl der Schneiden wächst mit der Festigkeit des zu zerspanenden Werkstoffs: Typ N hat meist zwischen 6 und 10, Typ H zwischen 10 und 18 Schneiden.

Der Typ W – 4 bis 8 Schneiden – dient zum Zerspanen weicher Werkstoffe, z. B. Leichtmetalle oder Kupfer.

Fräserarten. Eine Einteilung der Fräserarten ist nach verschiedenen Gesichtspunkten möglich. Man kann dabei von der Zahnform ausgehen oder von der Fräserform und seiner Verwendung. Nach der Zahnform unterscheidet man spitzgezahnte und hinterdrehte (bzw. hinterschliffene) Fräser. Außerdem gibt es Fräser mit eingesetzten Zähnen.

Bei den spitzgezahnten Fräsern entstehen die Lücken zwischen den Zähnen (die Spanräume) durch Fräsen. Sie heißen spitzgezahnt, weil sie einen positiven Spanwinkel haben.

Hinterdrehte Fräser haben keinen Spanwinkel und sind Formfräser, da sie vorwiegend zur Herstellung bestimmter Formen, wie z. B. von Radien oder Zahnflanken (Zahnräder) verwendet werden.

Bei Fräsern mit eingesetzten Zähnen handelt es sich meist um hartmetallbestückte Werkzeuge. Die Zähne bestehen entweder ganz (Hartmetallplatten, Wendeschneidplatten) oder teilweise aus Hartmetall und können z. B. geklemmt oder eingelötet sein. Hartmetallbestückte Fräser (z. B. Messerköpfe) ermöglichen große Schnittiefen und hohe Schnittgeschwindigkeiten.

Tabelle **11.102** zeigt Beispiele für verschiedene Fräserformen und ihre Anwendungsmöglichkeiten.

Tabelle **11**.102 **Fräserformen**

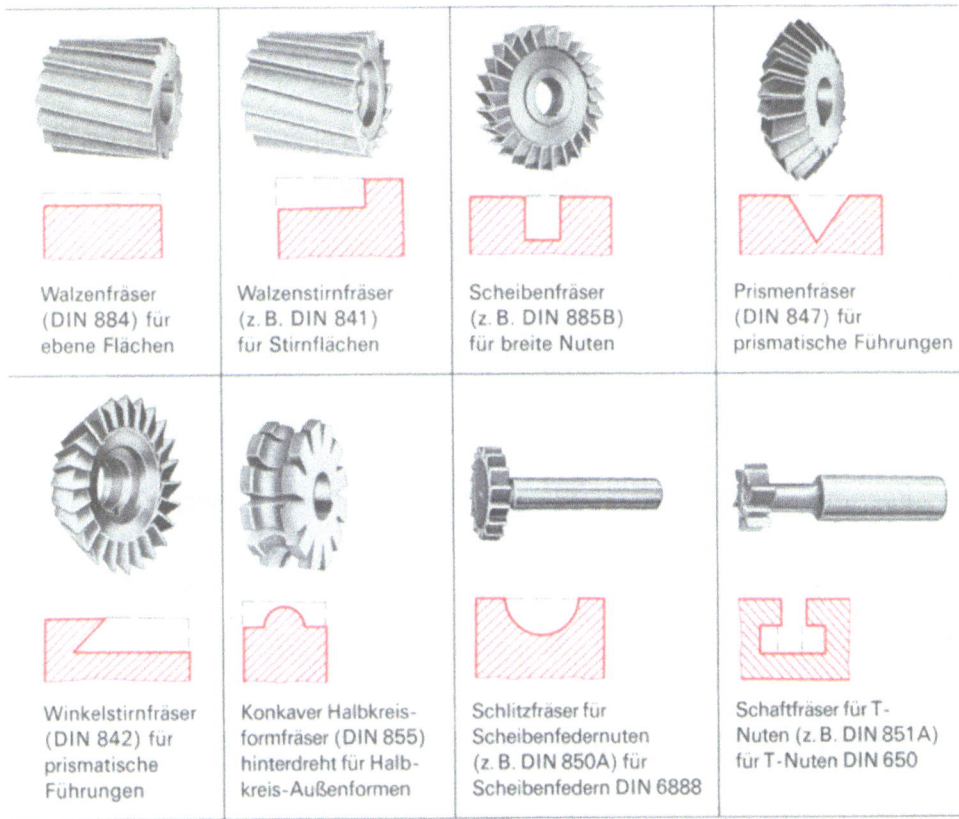

| Walzenfräser (DIN 884) für ebene Flächen | Walzenstirnfräser (z. B. DIN 841) für Stirnflächen | Scheibenfräser (z. B. DIN 885B) für breite Nuten | Prismenfräser (DIN 847) für prismatische Führungen |
| Winkelstirnfräser (DIN 842) für prismatische Führungen | Konkaver Halbkreisformfräser (DIN 855) hinterdreht für Halbkreis-Außenformen | Schlitzfräser für Scheibenfedernuten (z. B. DIN 850A) für Scheibenfedern DIN 6888 | Schaftfräser für T-Nuten (z. B. DIN 851A) für T-Nuten DIN 650 |

Fräsmaschinen. Für die vielfältigen Fräsaufgaben gibt es unterschiedliche Bauarten, z. B. Waagerechtfräsmaschinen (Horizontalfräsmaschinen), Senkrechtfräsmaschinen (Vertikalfräsmaschinen) und Universalfräsmaschinen. Sie haben ihren Namen nach der Lage der Arbeitsspindel.

Bei der Waagerechtfräsmaschine liegt sie waagerecht (horizontal), weshalb diese Maschinenbauart vorwiegend für Walzfräsarbeiten geeignet ist.

Die Senkrechtfräsmaschine, bei der die Frässpindel senkrecht (vertikal) arbeitet, wird dagegen vorwiegend für Walzstirnfräsen eingesetzt.

Die Universalfräsmaschine ist eine Kombination beider Maschinentypen und daher „universal" verwendbar. Sie ist sowohl für Walzfräsen, Stirnfräsen und Walzstirnfräsen geeignet, da sie über zwei Spindeln (eine waagerechte, eine senkrechte) verfügt und durch einfachen Umbau von einer Senkrechtin eine Waagerechtfräsmaschine umgebaut werden kann (**11**.103 auf S. 208).

Arbeitsregeln und Unfallverhütung. Die richtige Bedienung von Fräsmaschinen ist wegen ihrer Vielseitigkeit nicht einfach. Es ist daher unbedingt notwendig, sich auch von der scheinbar einfachsten Fräsarbeit genau mit der Bedienungsanleitung des Maschinenherstellers vertraut zu machen. Nur Gefahren, die man kennt, kann man wirkungsvoll begegnen.

Für die Arbeit mit Fräsmaschinen gelten ähnliche Unfallverhütungsvorschriften wie beim Bohren oder Drehen (vgl. Unfallverhütungs- und Arbeitsregeln bei diesen beiden Verfahren).

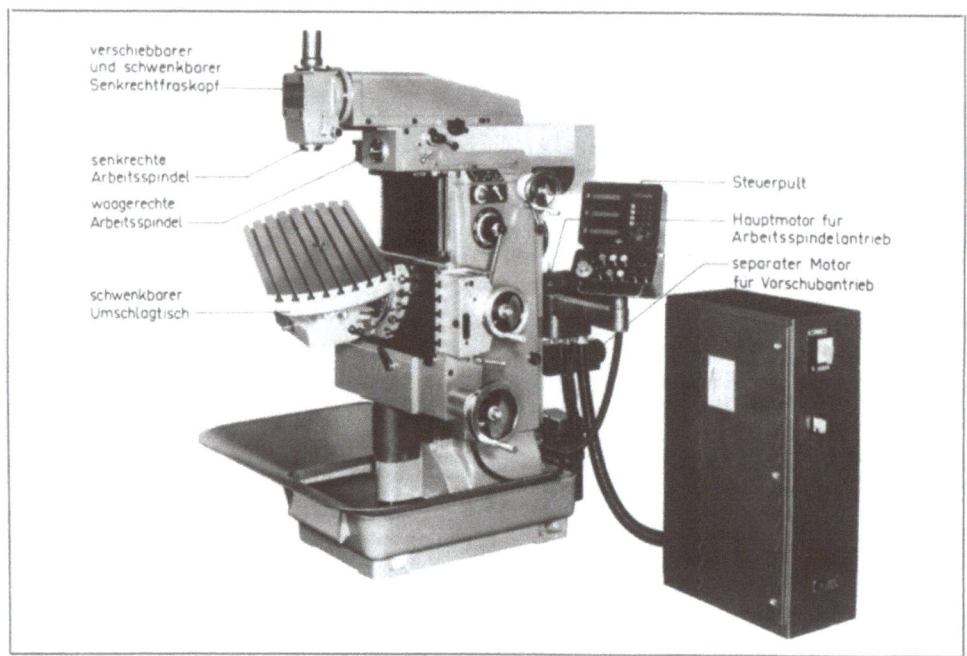

11.103 Universalfräsmaschine mit senkrechter und waagerechter Arbeitsspindel

---

Unfallverhütung

- Enganliegende Kleidung, gegebenenfalls bei spröden Werkstoffen Schutzbrille tragen.
- Fräserschneiden sind messerscharf. Nie mit den Fingern in die Nähe rotierender Werkzeuge kommen. Späne z. B. mit dem Pinsel entfernen, nicht mit der Hand.
- Messungen nur bei völlig abgeschalteter Maschine durchführen.
- Beim Umbau der Maschine und beim „Rüsten" Hauptschalter stets auf „Aus"!
- Keine Schutzvorrichtungen entfernen.

Aufgaben zu Abschnitt 11.5.5 und 11.5.6

1. Was versteht man unter Hobeln und Stoßen?
2. Wodurch unterscheiden sich diese Verfahren?
3. Was versteht man unter Fräsen?
4. Was versteht man unter Walzfräsen, Stirnfräsen und Walzstirnfräsen?
5. Wodurch unterscheiden sich Gegenlauf- und Gleichlauffräsen?
6. Warum erhält man beim Gleichlauffräsen bessere Arbeitsergebnisse?
7. Warum ergibt Gleichlauffräsen auch bessere Werkzeugstandzeiten?
8. Nennen und erläutern Sie die drei Werkzeugtypen für Fräswerkzeuge nach DIN 1836.
9. Nach welchen Gesichtspunkten können die verschiedenen Fräswerkzeuge unterschieden werden?
10. Nennen Sie die wichtigsten Unterschiede zwischen Waagerecht-, Senkrecht- und Universalfrasmaschinen.
11. Nennen und erläutern Sie die Unfallverhütungsregeln für den Umgang mit Fräsmaschinen.

12 Umformen

> Unter Umformen versteht man die spanlose Verformung eines Werkstucks ohne Aufhebung des Stoffzusammenhangs.

12.1 Naturwissenschaftliche und technologische Grundlagen

Formänderungsvermögen. Ob sich ein Werkstoff für die Umformung eignet, hängt von seiner Fähigkeit zur plastischen Formänderung ab. Größe und Art der Formänderung, die ein Werkstoff ohne Schaden zu nehmen erfahren kann, bezeichnet man als sein Formänderungsvermögen.

Einige Werkstoffe lassen sich unter Einwirkung äußerer Kräfte zwar erheblich verformen, gewinnen aber auch nach Rücknahme der Belastung ihre ursprüngliche Form vollständig oder fast vollständig zurück. Sie sind besonders elastisch und daher nicht oder nur sehr schlecht umformbar. Gut umformbar sind dagegen Werkstoffe mit großem Formänderungsvermögen und der Fähigkeit, ihre Form unter Einwirkung äußerer Kräfte bleibend zu verändern. Diese Werkstoffe zeigen ein plastisches Verhalten (s. Abschn. 3.1.2).

Die meisten in der Technik wichtigen Werkstoffe, die für ein Umformen in Frage kommen (z. B. Stahl oder Kupfer), verhalten sich jedoch nicht rein elastisch. Damit sie sich bleibend (plastisch) verformen, müssen sie über den anfangs elastischen Bereich hinaus beansprucht werden, ohne daß jedoch die Bruchbelastung erreicht wird (**12.1**).

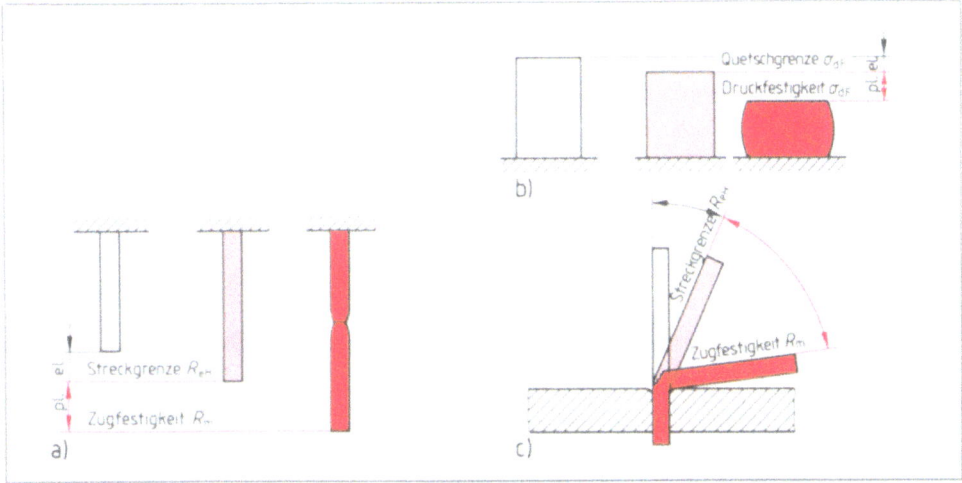

12.1 Umformen im plastischen Bereich (el. = elastischer, pl. = plastischer Bereich)
a) Zugumformen, b) Druckumformen, c) Biegeumformen

Einen Maßstab für die Verformbarkeit eines Werkstoffs liefert die Bruchdehnung. Ihren Wert ermittelt man beim Zugversuch (s. Abschn. 8.2.1) als bleibende Längenänderung im Augenblick des Zerreißens. Angegeben wird dieser Wert in Prozent der Anfangslänge.

Vorgänge im Werkstoff. Die bleibende Formänderung läßt sich durch Verschiebungen von Stoffteilchen im Werkstoffgefüge erklären. Neben einigen Kunststoffen eignen sich besonders Metalle für das Umformen. Sie sind in festem Zustand kristallin aufgebaut. Ihre Atome sind in Raumgittern angeordnet. Die wichtigsten Gittertypen sind das kubisch-flächenzentrierte (kfz), das kubisch-raumzentrierte (krz) und das hexagonale (hx) Raumgitter (**12.2**, s. a. Abschn. 2.1). Innerhalb dieser Gitter gibt es Ebenen, in denen die Atome besonders dicht

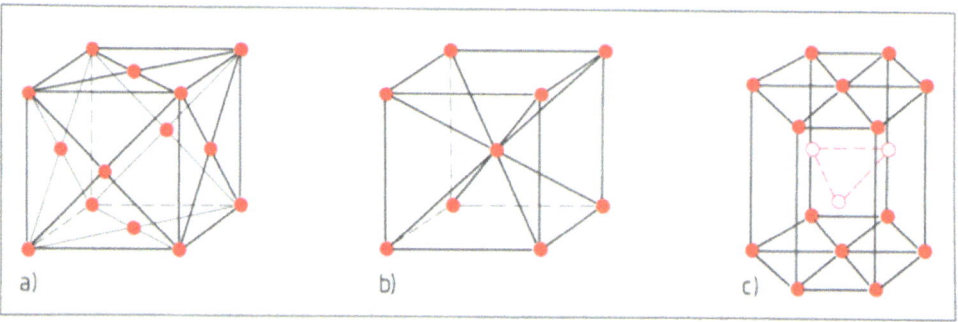

12.2 Kristallgitterformen der Metalle
a) kubisch-flächenzentriertes Gitter (kfz), b) kubisch-raumzentriertes Gitter (krz), c) hexagonales Gitter (hx)

zueinander angeordnet sind. Über diese Ebenen sind Verschiebungen am leichtesten möglich. Man nennt sie daher G l e i t e b e n e n. Lage und Zahl der Gleitebenen (und damit die Umformbarkeit) hängen vom Gittertyp ab:

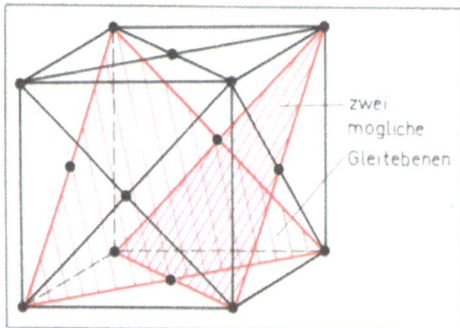

Werkstoffe mit kfz-Kristallgitter haben die meisten Gleitebenen und damit die beste Umformbarkeit (z. B. Aluminium, Blei, Gold, Kupfer, Nickel, Silber, Eisen bei Temperaturen über 911 °C). Bild **12.3** zeigt zwei von insgesamt acht möglichen Gleitebenen in kfz-Gittertyp.

Werkstoffe mit krz-Gitter haben keine so ausgeprägten Gleitebenen wie solche mit kfz-Gitter, jedoch sind Gleitungen jeweils in allen denjenigen Gitterebenen möglich, in denen eine Raumdiagonale enthalten ist (z. B. Eisen unter 911 °C, Chrom, Wolfram, Vanadium).

Werkstoffe mit hx-Gitter lassen sich am schlechtesten umformen, da sie hauptsächlich nur in der Grund- und Deckfläche Gleitungen zulassen (z. B. Magnesium, Zink, Titan).

12.3 Kubisch-flächenzentriertes Gitter mit zwei eingezeichneten Gleitebenen, gebildet durch je drei Flächendiagonalen

Die Richtung der Gleitung innerhalb der Gleitebenen ist von den auf den Werkstoff einwirkenden äußeren Kräften abhängig. Bild **12.4** zeigt eine Gleitung aufgrund von Druckkräften. Die Atome sind jedoch nicht immer regelmäßig im Gitter angeordnet. Es gibt Baufehler im Gitter, z. B. Besetzungslücken oder Versetzungen (**12.5**). Sie erleichtern den Umformvorgang, weil durch die im Werkstoff auftretenden Spannungen zunächst die Fehler verschoben werden. Dabei wandern die Atome um jeweils einen Atomabstand. Das kann sich oft wiederholen, bis die Baufehler an die Grenzen der Werkstoffkörner gelangen (**12.6**).

Kaltumformen. Werkstoffe können kalt oder nach Erwärmen auf eine bestimmte Arbeitstemperatur umgeformt werden (Kalt- bzw. Warmumformen). Ohne Anwärmen formt man vor

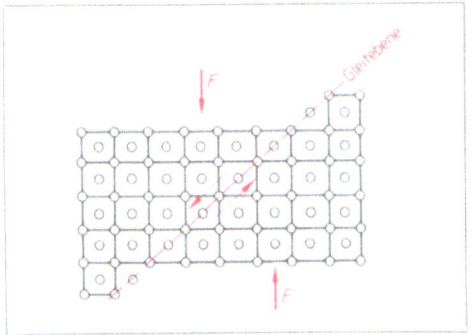
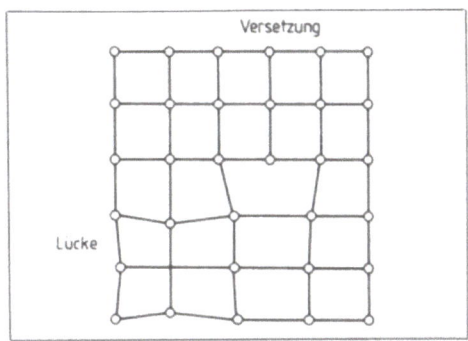

12.4 Abgleiten der Atome auf einer Gleitebene bei plastischer Verformung

12.5 Baufehler im Gitter

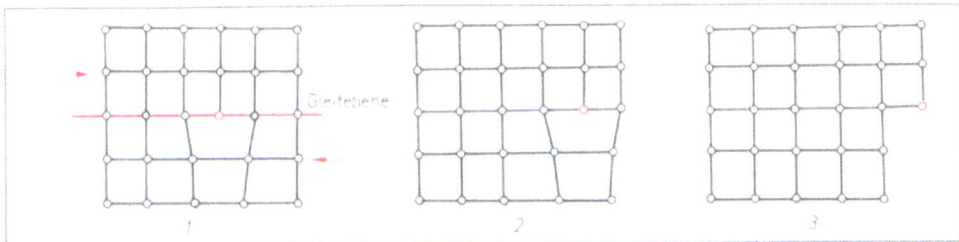

12.6 Wandern einer Versetzung während des Umformens

allem Halbzeuge mit geringem Querschnitt um, wie Bleche, Rohre, Stäbe oder Profile. Beim Kaltumformen nehmen die Gleitmöglichkeiten im Werkstoff mit wachsendem Verformungsgrad ab. Dadurch steigt der Kraftbedarf. Bei großem Umformungsgrad werden schließlich nach Ausnutzen aller Gleitmöglichkeiten Werkstoffkörner zerteilt, so daß sich ein feinkörnigeres Gefüge ergibt.

Formänderungswiderstand. Jeder Werkstoff setzt dem Umformen Widerstand entgegen. Dieser Formänderungswiderstand hängt vor allem vom Gefüge des Werkstoffs ab. Weichgeglühte Metalle lassen sich leichter kalt verformen, die zuvor schon (durch Hämmern, Walzen, Ziehen oder Biegen) umgeformt worden sind.

> Beim Kaltumformen ist der Formänderungswiderstand größer als beim Warmumformen. Er nimmt in dem Maße zu, wie die Gleitmöglichkeiten abnehmen.

Kaltumformung bewirkt Verfestigung und Versprödung des Metallgefüges. Verfestigung und Versprödung steigen mit dem Verformungsgrad (Kaltverfestigung).

Warmumformen. Jeder Werkstoff hat einen bestimmten Temperaturbereich, in dem er unter geringstem Arbeitsaufwand am besten verformbar ist. Beim Warmumformen ergeben sich auch keine großen Spannungen im Werkstück, da bei nicht zu großer Umformgeschwindigkeit immer wieder neue Gleitmöglichkeiten im Gefüge entstehen. So lassen sich z. B. aus einem wenige Meter langen Rohblock mehrere hundert Meter Blech auswalzen.

> Warmumformung bewirkt ein spannungsarmes und gleichmäßiges Gefüge.

Gliederung der Umformverfahren. Es gibt verschiedene Möglichkeiten, die zahlreichen Umformverfahren aufzugliedern. Dafür sind unterschiedliche Gesichtspunkte maßgeblich: Nach der Höhe der Arbeitstemperatur unterscheidet man – wie schon besprochen – Kalt- und Warmumformen. Nach Form und Abmessungen des Werkstücks betrachtet, ergeben sich Blech- und Massivumformverfahren (z. B. Blöcke, Stangen). Geht man dagegen von den äußeren Kräften bzw. Belastungen aus, die auf den Werkstoff einwirken, erhält man nach DIN 8582 die fünf Verfahrensgruppen

- Zug-Umformen,
- Druck-Umformen,
- Zug-Druck-Umformen,
- Biege-Umformen,
- Schub-Umformen.

Tabelle **12.**7 gibt einen Überblick über die wichtigeren Umformverfahren nach dieser Einteilung.

Mit Einführung der DIN 8582 haben sich auch die Bezeichnungen für einige Verfahren geändert. Wir werden im folgenden zur besseren Verständlichkeit in solchen Fällen die bisherigen Bezeichnungen in Klammern mitführen.

Tabelle **12.**7   Übersicht über die wichtigsten Umformverfahren nach DIN 8582

Zug-Umformen	Druck-Umformen	Zug-Druck-Umformen	Biege-Umformen	Schub-Umformen
Längen	Walzen	Durchziehen	Freies Biegen	Verschieben
Weiten	Freiformen	Tiefziehen	Gesenkbiegen	
	Gesenkformen	Drücken	Schwenkbiegen	Verdrehen
	Eindrücken	Kragenziehen	Rollbiegen	
Tiefen	Durchdrücken	Knickbauchen		

12.2 Biegen

Das Biegen – ein Arbeitsverfahren vorwiegend für Bleche, aber auch für Rohre und Profile – ist eines der häufigsten Umformverfahren. Ein Versuch soll uns deutlich machen, was beim Biegen mit dem Werkstoff passiert.

Versuch 12.1 In einen Flachstahlstab werden drei Reihen Löcher gebohrt. Biegt man ihn über die hohe Kante, verändern die äußeren und die inneren Bohrungen ihre Form (**12.8**): Die Bohrungen in der äußeren Reihe werden langgezogen (gestreckt), die in der inneren Reihe zusammengedrückt (gestaucht). Die Bohrungen in der mittleren Reihe bleiben unverformt.

Der Versuch zeigt uns, daß die Biegekräfte im Werkstück Stauch- und Streckvorgänge bewirken. Die Werkstoffteilchen werden dadurch zusammengedrückt oder auseinandergezogen.

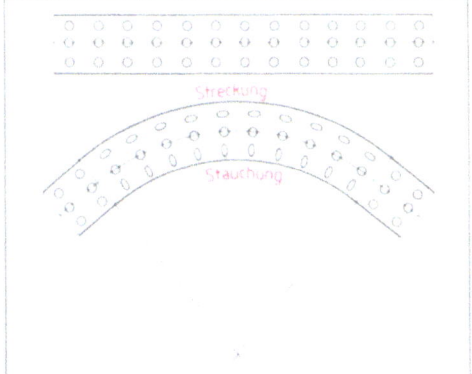 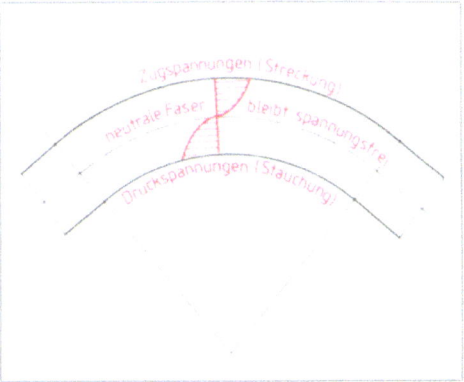

12.8 Biegen einer Flachstahlprobe über die hohe Kante

12.9 Spannungsverteilung im Biegewerkstück

Neutrale Faser. Beim Biegen werden also die äußeren Fasern des Werkstoffs gestreckt, die inneren gestaucht. Dazwischen liegt ein neutraler Bereich, in dem die Werkstoffteilchen nicht verformt werden. Er heißt neutrale Faser. Stauchung und Streckung sind die Folge von Druck- und Zugspannungen (**12.9**). Diese Spannungen nehmen zur neutralen Faser hin ab. In der neutralen Faser selbst gibt es keine Spannungen mehr. Die Lage der neutralen Faser hängt ab von der Querschnittsform des zu biegenden Werkstücks. Sie verläuft (in der Regel) durch den Schwerpunkt der Querschnittsfläche. Bei einigen Querschnittsformen (z. B. bei rechteckigen, quadratischen, kreis- und kreisringförmigen) liegen Schwerpunkt und damit auch die neutrale Faser in der Mitte – bei anderen (z. B. dreieckigen) dagegen nicht.

Gestreckte Länge. Da sich die Werkstücklänge in der neutralen Faser beim Biegen nicht verändert, ist die Länge der neutralen Faser gleich der Rohlänge des Biegeteils. Damit läßt sich die Rohlänge eines Biegeteils z. B. aus den Maßen einer Fertigungszeichnung berechnen.

> Biegen ist ein Umformen durch Biegekräfte, wodurch das Werkstück außen gestreckt und innen gestaucht wird.
>
> Die neutrale Faser verläuft durch den Schwerpunkt der Querschnittsfläche, ist spannungsfrei und wird weder gestreckt noch gestaucht.
>
> Die gestreckte Länge ist die verschnittfreie Länge des Werkstückzuschnitts vor dem Biegen und entspricht der Länge der neutralen Faser.

Querschnittslage und Biegewiderstand. Bei einem Werkstück mit rechteckigem Querschnitt ist es nicht gleichgültig, ob es über die flache oder hohe Kante gebogen wird. Ein dünner Blechstreifen läßt sich z. B. sehr leicht über die flache Kante biegen, während ein Biegen über die hohe Kante vielleicht schon nicht mehr möglich ist. Der Kraftbedarf hängt nämlich ab

- von der Entfernung der Werkstoffteilchen von der neutralen Faser,
- von der Anzahl der Werkstoffteilchen, die gestreckt oder gestaucht werden,
- von Art und Behandlungszustand des Werkstoffs.

Beim Biegen über die hohe Kante liegen die Werkstoffteilchen größtenteils weiter von der neutralen Faser entfernt als beim Biegen über die flache Kante. Mit zunehmender Entfernung aber müssen sie mehr gestreckt oder gestaucht werden. Damit steigt der Kraftbedarf.

> Biegen über die flache Kante = geringerer Kraftbedarf
> Biegen über die hohe Kante = höherer Kraftbedarf

Werkstoffe geringerer Festigkeit (z. B. Blei, Zinn) lassen sich leichter biegen als solche mit größerer Festigkeit (z. B. Stahl). Sie haben einen kleineren Biegewiderstand.

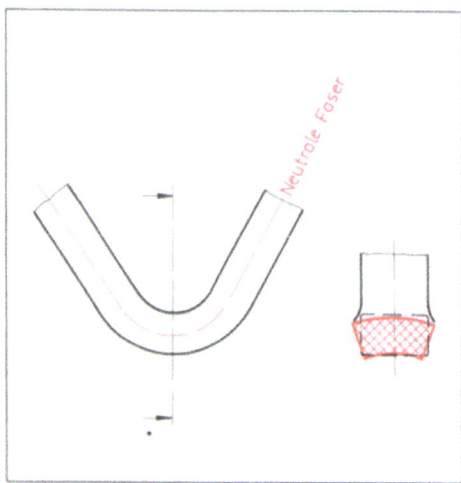

12.10 Querschnittsveränderung beim Biegen mit kleinem Biegeradius

Querschnittsform und Biegeradius ändern sich. Mit dem Strecken und Stauchen ändert sich auch die Querschnittsform des Werkstücks. Da das Werkstoffvolumen weder zu- noch abnimmt, wird der Querschnitt im Streckungsbereich verjüngt, in der Stauchzone dagegen verbreitert (**12.**10). Während diese Querschnittsveränderungen bei flachen Querschnitten und großen Biegeradien kaum ins Gewicht fallen, können sie bei hochkant gebogenen Werkstücken erheblich sein. Ein zu eng gebogenes Werkstück wird jedoch zerstört, wenn die äußeren Fasern über ihre Zugfestigkeit hinaus belastet werden. Daher ist beim Biegen stets ein Biegeradius einzuhalten, der das Bauteil nicht gefährdet. Für den Werkstattgebrauch liest man den jeweils kleinsten zulässigen Biegeradius in Tabellen ab.

Biegewinkel und Rückfederung. Aufgrund des zunächst elastischen Verhaltens der meisten metallischen Werkstoffe muß man beim Festlegen des Biegewinkels die Rückfederung berücksichtigen. Um einen bestimmten Winkel am Biegeteil zu erhalten, wird daher – je nach Werkstoffart – ein um einen Erfahrungswert größerer Biegewinkel gewählt (**12.**11). Dies muß man auch bei der Herstellung von Biegevorrichtungen und Hilfseinrichtungen zum Biegen (z. B. Biegeklötze) berücksichtigen. Bei der Herstellung von Rundungen und Radien kann die Rückfederung durch engeres Biegen ausgeglichen werden (**12.**12).

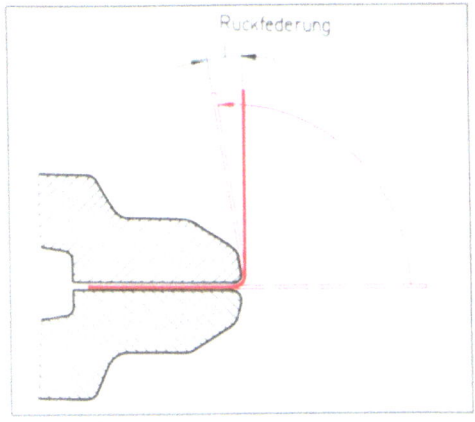
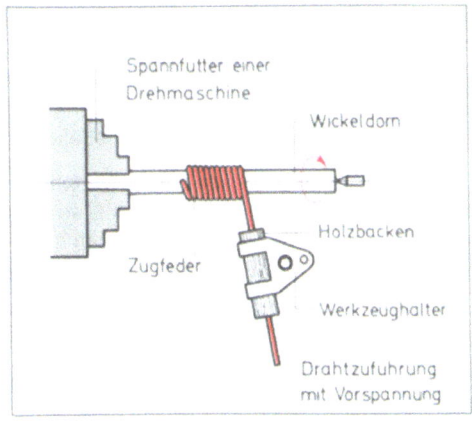

12.11 Überbiegen eines Blechs zum Ausgleich für die Rückfederung

12.12 Wickeln einer Schrauben-Zugfeder auf der Drehmaschine

12.2.1 Biegen von Blechen

Bleche sind Walzwerkerzeugnisse. Geliefert werden z. B. Stahlbleche je nach Dicke als Feinblech (bis 2,75 mm), Mittelblech (bis 4,75 mm) oder Grobblech (über 4,75 mm) in Tafeln (Platinen) oder aufgerollt in großen Längen.

Walzrichtung. Für die Weiterverarbeitung der Bleche durch Biegeumformen ist die Walzrichtung und damit der Faserverlauf wichtig. Man erkennt sie meist an den feinen, parallellaufenden Riefen der Blechoberfläche, die beim Walzvorgang entstehen.

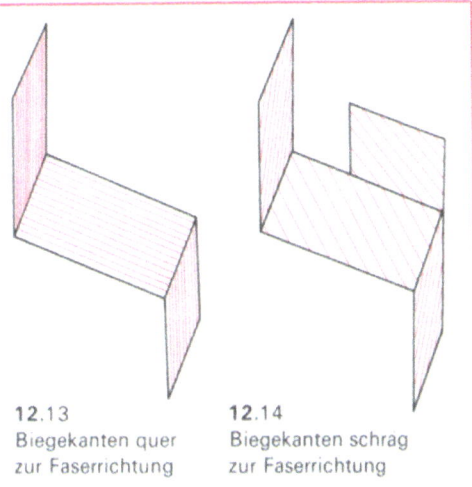

Regeln für das Biegen von Blechen
- Biegekanten nicht parallel zur Faserrichtung wählen.
- Bei nur einer Biegung oder mehreren parallelen Biegekanten ist die Biegung quer zur Faserrichtung am günstigsten (**12.13**).
- Bei mehreren sich kreuzenden Biegerichtungen Biegekanten so legen, daß sie schräg zur Faserrichtung verlaufen (**12.14**).

12.13 Biegekanten quer zur Faserrichtung

12.14 Biegekanten schräg zur Faserrichtung

Diese drei Regeln können gelegentlich dazu führen, daß optimale Blechzuschnitte mit geringem Verschnitt nicht möglich sind. Dann müssen festigkeitsbedingte und wirtschaftliche Überlegungen gegeneinander abgewogen werden.

Blechbiegeverfahren. Nach dem Werkstofffluß unterscheidet man freie und gebundene Biegeverfahren. Beim freien Biegen ist der Werkstofffluß unbehindert von Werkzeug- oder Vorrichtungsflächen. Beim gebundenen Biegen (Gesenk- und Schwenkbiegen) bestimmen genau geformte Werkzeugwandungen Form und Fluß des Werkstoffs (s. Abschn. 12.1, Gliederung der Umformverfahren, Tabelle **12.**7).

Gesenk- und Schwenkbiegen (Abkanten) gehören zu den häufigsten Biegeverfahren. Der Einsatz von Vorrichtungen und Maschinen erlaubt eine sehr genaue Fertigkeit gewichtsparender Blechprofile aus streifenförmigen Blechzuschnitten.

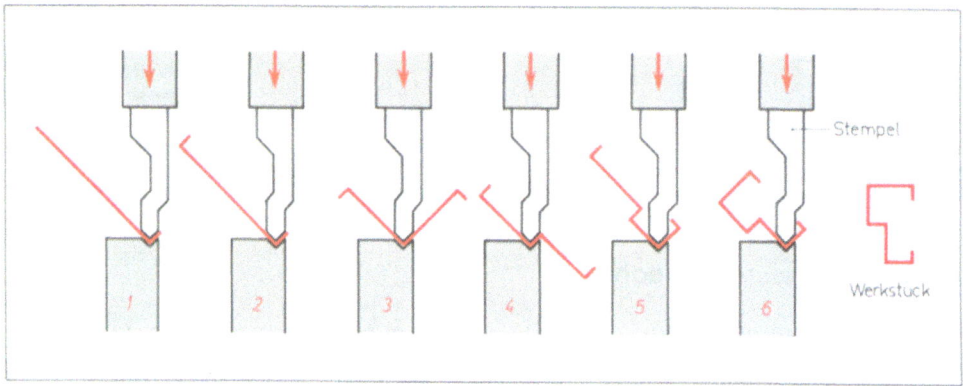

12.15 Arbeitsstufen zur Gesenkprofilherstellung auf einer Gesenkbiegemaschine (Abkantpresse)

12.16 Gesenkbiegemaschine (Abkantpresse)

Gesenkbiegemaschinen (Abkantpressen) sind wirtschaftlich in Hinsicht auf die Vielzahl möglicher Profilformen. Meist stellt man ein Profil ohne Werkzeugwechsel in mehreren Arbeitsschritten her und legt das Werkstück nach jedem Arbeitsgang neu ein (**12.**15). Kleinere Gesenkbiegemaschinen werden mechanisch, größere hydraulisch angetrieben (**12.**16).

Schwenkbiegemaschine (Abkantbank oder -maschine, **12.**17). Im Gegensatz zur Gesenkbiegemaschine wird hier das Blech fest eingespannt (**12.**18). Das geschieht zwischen unterer Einspannschiene (Unterwange, verbunden mit dem Tisch) und oberer Einspannschiene (Oberwange), die mit zwei Spindeln oder ölhydraulisch zugestellt wird. Durch Schwenken der Biegewange kantet man das Blech um einen vorher eingestellten Winkel. Zusätzliche Rund- und Formstäbe zwischen Ober- und Unterwange sowie auswechselbare Spannschienen helfen beim Herstellen aufwendigerer Profilformen.

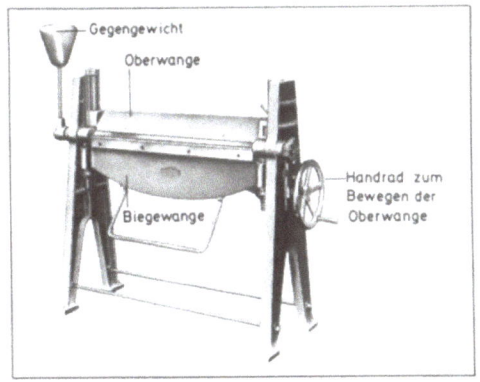

12.17 Schwenkbiegemaschine (Abkantmaschine, -bank)

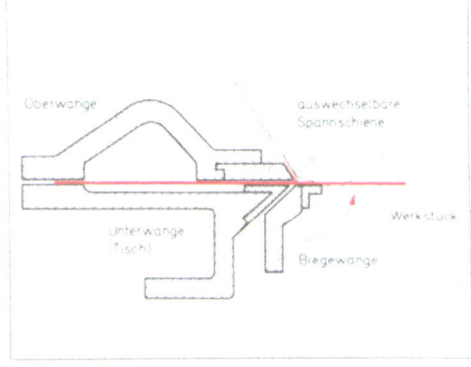

12.18 Wirkungsweise einer Schwenkbiegemaschine

> Gesenkbiegen ist gebundenes Biegen von Blechprofilen im Gesenk mit auswechselbaren Gesenken und Werkzeugen.
>
> Schwenkbiegen ist gebundenes Biegen von Blechprofilen mit einer schwenkbaren Biegewange.

12.2.2 Biegen von Formstahl

Formstähle (wie Winkel-, U- oder T-Stahl) erfordern eine besondere Vorbereitung für den Biegevorgang.

Bei scharfkantigem Biegen muß der in der Biegeebene liegende Schenkel oder Steg entsprechend dem Biegewinkel ausgeklinkt werden (**12.**19). Nach dem Biegen schließt man die Schnittkanten durch eine Schweißnaht.

Beim Rundbiegen (oder bei großem Biegeradius) von Formstahl läßt sich das Werkstück maschinell durch entsprechend profilierte Formbiegewalzen biegen. Beim maschinellen Runden von Winkel- oder T-Profilen nimmt die obere Walze die Stegform auf, so daß sich das

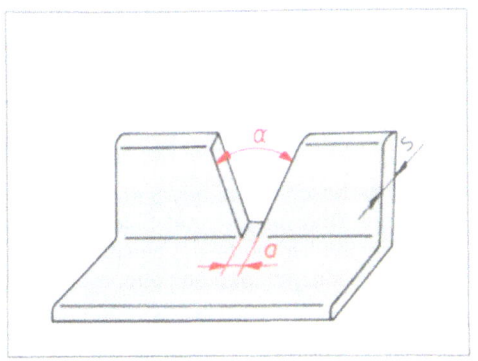

12.19 Ausklinken eines Winkelstahls vor dem Biegen
α = Biegewinkel, $a \approx s \cdot 1/2$

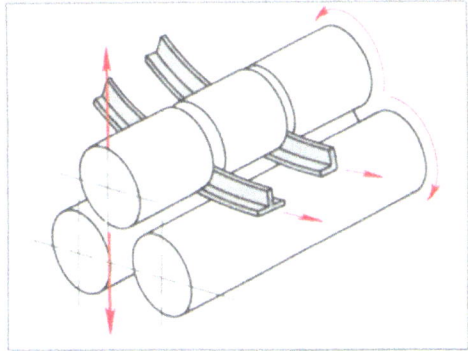

12.20 Maschinelles Runden von L- und T-Profilen bei großem Biegeradius

Profil nicht verwindet (**12**.20). Der gewünschte Biegeradius wird durch die obere Walze eingestellt. Um Doppel-T-Profile zu biegen, muß man bei engem Biegeradius den innenliegenden Flansch heraustrennen. Beide Teile werden getrennt gebogen und nach entsprechender Verkürzung des innenliegenden Abschnitts wieder miteinander verschweißt (**12**.21).

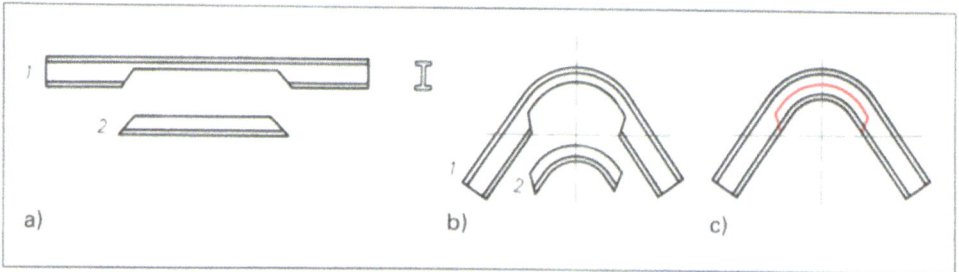

12.21 Biegen von Doppel-T-Profil bei kleinem Biegeradius
a) *2* herausgetrennt, b) *1* und *2* getrennt gebogen, *2* entsprechend gekürzt, c) *1* und *2* verschweißt

12.2.3 Biegen von Rohren

Gebogene Rohre begegnen uns als wichtige Bauteile in der Fahrzeugindustrie, dem Flugzeug- und Schiffbau sowie Stahlleichtbau, der Chemotechnik, dem Kessel- und Apparatebau. Wir unterscheiden Metall- und Kunststoffrohre.

Metallrohre werden kalt oder warm gebogen – je nach Werkstoff, Abmessungen und Beanspruchung des Biegeteils.

Thermoplastische Kunststoffrohre (d. h. Kunststoffe, die beim Erwärmen plastisch verformbar werden) können nur warm gebogen werden.

Rohre verhalten sich beim Biegen anders als Profile mit Vollquerschnitt. Rohre sind Hohlprofile. Ihre Werkstoffasern können sich während des Biegens nicht an innenliegenden Fasern „abstützen". Sie falten sich daher und knicken leicht. Um diese Faltenbildung oder Knickung (besonders auf der gestauchten Seite) sowie unerwünschte Querschnittsveränderungen (bei Rundrohr ovalförmig) zu verhindern, gibt man den Fasern eine „Abstützmöglichkeit" beim Strecken und Stauchen. Man füllt dazu die Rohre mit trockenem Sand, schmelzenden Mitteln (Kunstharz, Paraffin, Blei) oder einer Schraubenzugfeder.

Das Füllen mit Sand wird vorwiegend für das Warmbiegen von Stahlrohren angewendet. Der Füllsand muß trocken sein. Somit kann sich in dem mit Stopfen verschlossenen Rohr Wasserdampf bilden, der einen oder beide Stopfen geschoßartig austreibt (plötzlicher Druckanstieg) und eine große Unfallgefahr bedeutet.

Das Füllen mit schmelzbaren Mitteln ist vorteilhaft bei besonders dünnwandigen Rohren und kleinen Durchmessern. Man gießt die Schmelze ins Rohr und schmilzt sie nach dem Biegen wieder heraus. Für dieses Verfahren eignen sich vor allem Mittel mit einem niedrigen Schmelzpunkt, z. B. Paraffin. Damit sie nicht an der Rohrinnenwandung ankleben, spült man die Rohre vorher mit Schlammkreide aus.

Andere Hilfsmittel – z. B. bei größeren Biegeradien – sind zum Rohrinnendurchmesser passende Textil- oder Drahtseile, Kabel oder auch Schrauben(zug)federn. (Schraubendruckfedern eignen sich nicht so gut, weil sie mit weniger Windungen auf einer vergleichbaren Länge auch schlechter abstützen.) Diese Mittel lassen sich zwar leicht ins Rohr einbringen, doch nach dem Biegen oft nur schwer wieder herausziehen oder ausstoßen. Reichliches Einfetten vorher kann die Arbeit hierbei erleichtern.

Biegen mit Vorrichtungen und Maschinen. In der Serien- und Massenfertigung wird der Einsatz zeit- und arbeitssparender Vorrichtungen und Maschinen für das Rohrbiegen wirtschaftlich. Je nach Wandstärke biegt man mit oder ohne innere Abstützung der Rohrwandungen, z. B. durch einen in den Rohrquerschnitt eingebrachten Stützdorn. Bei geschweißten Rohren ist die Schweißnaht empfindlicher gegen Strecken und Stauchen als der übrige Rohrwerkstoff. Deshalb muß die Schweißnaht stets in der Ebene der neutralen Faser liegen (**12.**22).

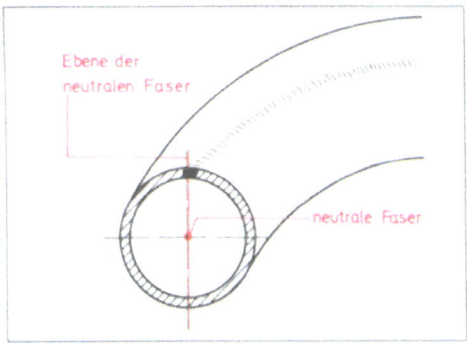

12.22 Lage der Schweißnaht geschweißter Rohre beim Biegen

Biegen ohne Stützdorn. Hierzu bietet sich z. B. die hydraulische Rohrbiegemaschine an. Entsprechend dem Rohrdurchmesser hat sie verschiedene Formstücke für die gewünschten Biegeradien (**12.**23).

Biegeradius. Wie beim Biegen von Blechen oder Stäben darf man auch bei Rohren einen „kleinsten zulässigen Biegeradius" nicht unterschreiten. Nur so lassen sich Faltenbildungen an der Innenseite und zu große Dickenverringerung bzw. Einschnürung auf der Außenseite vermeiden. Die Größe des kleinsten zulässigen Biegeradius hängt ab vom Werkstoff, dem Rohrdurchmesser d und davon, ob kalt oder warm gebogen wird. Tabelle **12.**24 gibt dazu einige Beispiele.

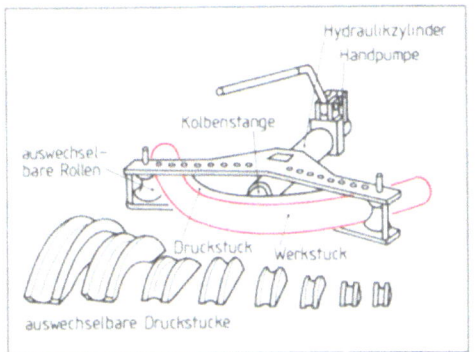

12.23 Hydraulische Rohrbiegemaschine mit Handpumpe zum Biegen ohne Stützdorn

Tabelle **12.24 Kleinster zulässiger Biegeradius** (Beispiele)

Werkstoff	Verfahren	kleinster Biegeradius
Stahl	warm (helle Rotglut, etwa 900°C)	$r = 2 \cdot d$
	kalt	$r = 10 \cdot d$
Kupfer	kalt	$r = 3 \cdot d$
Thermoplast (z. B. PVC)	warm	$r = 3 \cdot d$

Regeln für das Biegen von Rohren

— Rohre mit geeigneten Mitteln füllen oder Vorrichtung bzw. Biegemaschine benutzen.
— Biegeradius so groß wie möglich wählen, kleinsten zulässigen Biegeradius niemals unterschreiten.
— Bei geschweißten Rohren muß die Schweißnaht in der Ebene der neutralen Faser liegen.

12.2.4 Biegen und Richten

Durch Richten lassen sich unerwünschte Formabweichungen von Fertigteilen und Halbzeugen korrigieren. Ob man kalt oder warm richtet, hängt ab vom Werkstoff, den Abmessungen, dem Grad oder Umfang der Formabweichung. Meist richtet man sofort nach dem Fertigungsprozeß (z. B. einen Träger unmittelbar nach dem Durchlauf durchs letzte Walzgerüst, ein ausgewalztes Feinblech vor dem Aufhaspeln). In der Werkstatt oder im weiterverarbeitenden Betrieb wird das Richten erforderlich, wenn Halbzeuge unsachgemäß gelagert wurden.

Kaltrichten von Blechen. Unerwünschte Formabweichungen bei Blechen sind z. B. Knickungen, Verwindungen, Wellungen oder Verbeulungen. Man kann sie kalt von Hand oder maschinell korrigieren.

Durch Richten von Hand (meist auf der Richtplatte) lassen sich geringe Unebenheiten oder Beulen dünner Zink-, Kupfer-, Aluminium, Messing- und Weißmetallbleche mit einem Holz- oder Gummihammer richten (spannen). Für alle anderen Bleche benutzt man Spannhämmer aus Stahl. Ihre schwach ballige Bahn (leicht gewölbte Fläche) hinterläßt im Blech keine scharfkantigen Werkzeugabdrücke.

Bei einer Beule ist das Blech örtlich zu lang. Der umgebende Bereich muß deshalb gestreckt werden. Das geschieht durch kreis- oder spiralförmig um die Beule herumgeführte Hammerschläge. Weil das Blech zum Rand hin immer mehr gestreckt werden muß, wird auch der Abstand der Schlagkreise enger (**12**.25).

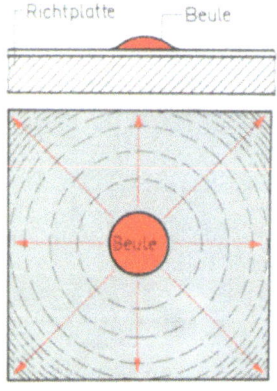
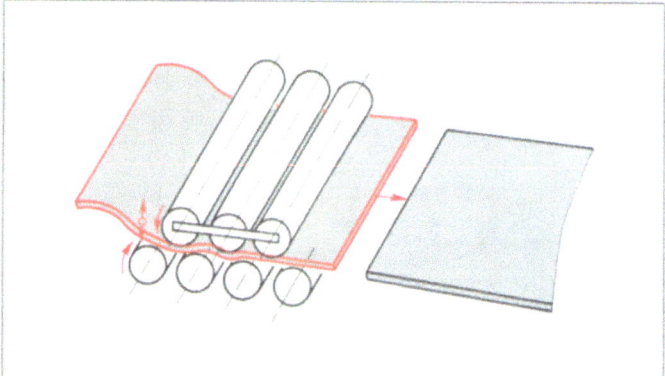

12.25 Beseitigen einer Beule aus einem Blech durch Streckung: Hammerschläge kreisförmig um die Beule herumgeführt

12.26 Richten einer Blechtafel auf der Rollenrichtmaschine

Maschinell werden großflächige Formabweichungen (z. B. Wellungen) oder Beulen in dickeren Blechen beseitigt. Wellige Bleche lassen sich durch versetzt angeordnete Walzenpaare auf der Rollenrichtmaschine richten (**12**.26). Dickere Bleche (bis über 40 mm) richtet man zwischen parallelen Bahnen in hydraulischen Pressen.

Warmrichten eignet sich sowohl für Bleche ab auch für Stäbe und Profile. Dazu dient die Flamme eines Schweißbrenners, mit der – je nach Art bzw. Ziel der Formkorrektur – die Wärme als Wärmepunkt, -keil oder -straße eingebracht wird (**12.**27). Zunächst dehnt sich die erwärmte Fläche noch mehr aus, wird dabei aber durch die kalten Randzonen behindert. So bauen sich Druckspannungen auf. Man erwärmt so lange, bis der Werkstoff teigig wird. Dann verschieben sich aufgrund der Druckspannungen die Werkstoffteilchen untereinander. Der Werkstoff wird dadurch gestaucht. Nach dem Abkühlen und dem damit verbundenen Schrumpfen ist die behandelte Zone kürzer geworden.

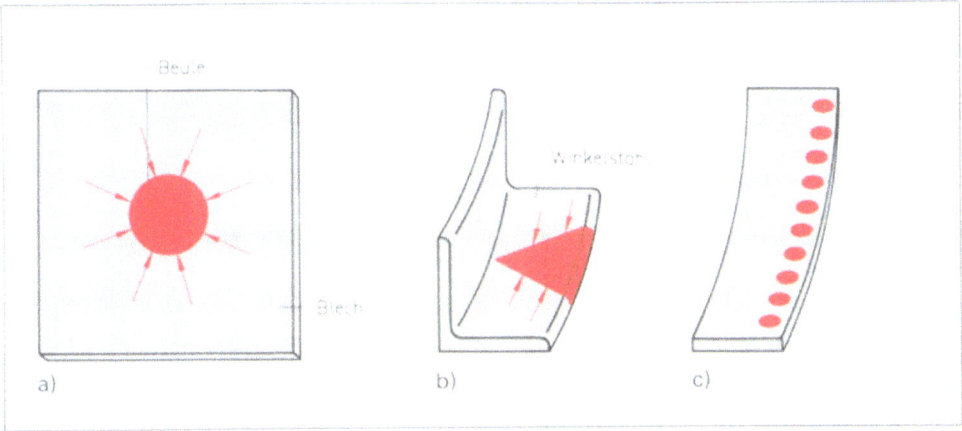

12.27 Warmrichtverfahren
 a) Wärmepunkt, b) Wärmekeil, c) Wärmestraße

Unfallverhütung. Beim Biegen wirken große Kräfte. Um Unfälle zu verhindern, sind folgende Vorschriften genau zu beachten:

Unfallverhütung

Bei Arbeiten mit Biegemaschinen und -vorrichtungen
- Sicherheitsvorschriften des Herstellers beachten (Bedienungs- bzw. Betriebsanleitung).
- Hände nie in unmittelbare Nähe von beweglichen Teilen (Rollen, Walzen) oder Gesenken bringen,
- keine Schutzvorrichtungen abbauen.

Beim Warmbiegen oder -richten
- Sicherheitsvorschriften im Umgang mit Schweißgeräten oder anderen Wärmequellen befolgen.

Beim Biegen und Richten von Hand
- auf sichere Unterlage und ggf. sichere Einspannmöglichkeit des Werkstücks achten.
- nur einwandfreie Werkzeuge benutzen.

Anweisungen des Sicherheitsbeauftragten befolgen (den es in jedem Betrieb gibt) und im Zweifelsfall seinen Rat einholen.

Aufgaben zu Abschnitt 12.1 und 12.2

1. Was versteht man unter Umformen?
2. Welche Eigenschaften muß ein Werkstoff haben, damit er sich umformen läßt?
3. Warum läßt sich Stahl wesentlich besser warm umformen als kalt?
4. Erklären Sie den Begriff der neutralen Faser.
5. Geben Sie die Lage der neutralen Faser im Werkstückquerschnitt mit Beispielen an.
6. Ein Flachstahlstab soll einmal über die flache und einmal über die hohe Kante gebogen werden. Warum ist der Kraftbedarf unterschiedlich?
7. Warum soll man den Biegeradius so groß wie möglich wählen?
8. Erklären Sie die Bedeutung der Walzrichtung beim Biegen von Blechen.
9. Warum werden Rohre vor dem Biegen (z. B. mit Sand) gefüllt?
10. Warum muß der Füllsand beim Warmbiegen von Rohren trocken sein?
11. Nennen Sie weitere Möglichkeiten, Rohre zu füllen.
12. Wo muß die Schweißnaht beim Biegen eines geschweißten Rohres liegen? Warum?
13. Warum müssen Werkstücke gerichtet werden?
14. Schildern Sie zwei Möglichkeiten, eine Beule aus einer Blechtafel zu beseitigen.
15. Aus Flachstahl (20 mm breit, 10 mm dick) soll hochkant ein Ring mit 600 mm Außendurchmesser gebogen werden. Die Enden werden stumpf verschweißt. Wie lang ist der verlustfreie Zuschnitt?
16. Nennen und erläutern Sie wenigstens drei Regeln zur Unfallverhütung.

12.3 Schmieden

Das Schmieden zählt zu den Warmumformverfahren. Das Werkstück erhält seine Form durch Einwirkung von Schlag- oder Druckkräften (Schmiedehämmer, -pressen). Die Werkstoffasern werden nicht unterbrochen bzw. getrennt, sondern nur umgelenkt, gestreckt, gestaucht oder verdichtet. Deshalb bietet das Schmieden gegenüber den spanenden Verfahren Vorteile (**12.**28):

– kaum Werkstoffverlust, daher höhere Wirtschaftlichkeit;
– günstigere Festigkeits- und Zähigkeitseigenschaften, daher größere Dauerbelastbarkeit.

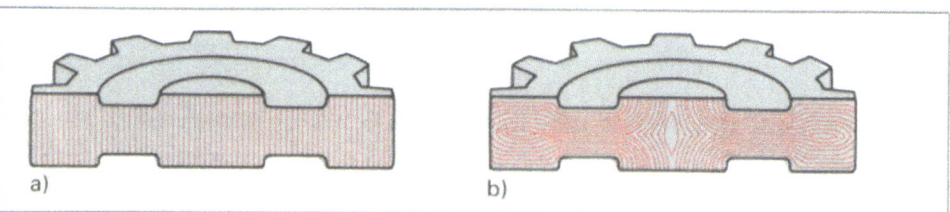

12.28 Faserverlauf in Zahnradrohlingen
a) spanend hergestellt, b) geschmiedet

Das Erwärmen des Werkstoffs beim Schmieden setzt den Formänderungswiderstand herab und verbessert damit die plastische Verformbarkeit (s. Abschn. 12.1).

> Schmieden ist ein Warmumformen des Werkstoffs unter Einwirkung von Schlag- oder Druckkräften.

Schmiedbar sind die meisten in der Technik verwendeten Metalle und ihre Knetlegierungen wie Kupfer, Kupfer-Zinn-Legierungen (Bronzen), Kupfer-Zink-Legierungen (Messinge), Aluminium und seine Legierungen – vor allem aber Stahl. Die Schmiedbarkeit von Stahl hängt vor allem ab

- von der Werkstoffzusammensetzung,
- von der Schmiedetemperatur und
- von der Umformgeschwindigkeit.

Stahlzusammensetzung. Den größten Einfluß auf die Schmiedbarkeit des Stahls hat der Kohlenstoffgehalt. Mit zunehmendem Kohlenstoffgehalt nehmen Festigkeit und Härte des Stahls zu, aber seine Schmiedbarkeit ab. Ab 1,7% Kohlenstoffgehalt ist der Stahl nicht mehr schmiedbar. Am besten lassen sich kohlenstoffarme Stähle schmieden.

> Je niedriger der Kohlenstoffgehalt, desto besser ist der Stahl schmiedbar.

Aber auch im Stahl vorhandene Eisenbegleiter wie Schwefel, Phosphor und Silizium beeinflussen die Schmiedbarkeit. Zu hohe Phorsphorgehalte (über 0,25%) verursachen beim Umformen ohne Anwärmen Kaltbrüchigkeit. Schwefelgehalte über 0,2% verringern die Verformbarkeit im warmen Zustand und verursachen Rotbrüchigkeit. Beim Umformen im rotwarmen Zustand besteht die Gefahr der Rißbildung. Deshalb sollen die Anteile von Schwefel und Phosphor im Stahl zusammen nicht mehr als 0,1% betragen. Auch größere Siliziumgehalte vermindern die Schmiedbarkeit.

Schmiedetemperatur. Je höher die Schmiedetemperatur ist, desto geringer ist der Widerstand des Stahls gegen das Umformen, und um so stärker läßt sich der Stahl verformen. Für das Schmieden liegt die unterste Erwärmungsgrenze bei heller Rotglut (800 bis 900°C), die obere für harten Stahl bei Gelbglut (1000 bis 1100°C) und für weichen Stahl bei Weißglut (1200 bis 1300°C). Zwischen 300 und 500°C (blaue Anlauffarbe) darf Stahl nicht geschmiedet werden, weil er hier besonders spröde ist und beim Umformen bricht (Blaubrüchigkeit).

Überhitzter Stahl ist infolge zu langen Verweilens auf einer zu hohen Temperatur grobkörnig und spröde geworden, ohne sich chemisch zu verändern. Erst nach einer entsprechenden Wärmebehandlung (s. Abschn. 7.2) kann man ihn wieder verwenden.

Verbrannter Stahl hat sich bei sehr hohen Temperaturen (1200°C und mehr) durch Einwirkung der Luft oder der Flammengase chemisch verändert (Bildung von Eisenoxiden). Er ist unbrauchbar.

Tabelle **12.**29 gibt einen Überblick über die Temperaturbereiche für das Schmieden von Stahl.

Tabelle **12.**29 **Schmiedetemperaturen für Stahl** (Beispiele)

Kohlenstoffgehalt in %	Anfangschmiedetemperatur in °C	Endschmiedetemperatur in °C
0,1 bis 0,3	1300	950
0,5 bis 0,9	1200	850
1,0	1050	800
legierte Stähle	etwa 1250	etwa 1000

Umformgeschwindigkeit. Beim Schmieden mit Hand- oder Maschinenhammer wird der Werkstoff durch viele kurze Schläge umgeformt (hohe Umformgeschwindigkeit), auf der Schmiedepresse dagegen durch gleichmäßigen Druck (geringere Umformgeschwindigkeit). Von der Umformgeschwindigkeit hängt der Formänderungswiderstand des Werkstoffs ab.

> Je größer die Umformgeschwindigkeit, desto größer auch der Umformwiderstand (Formänderungswiderstand) des Werkstoffs.

Wärmequellen. Das offene Schmiedefeuer ist heute noch in jeder Schmiede zu finden. Gegenüber dem einfachen Schmiedeherd (meist an der Wand) bietet das freistehende Schmiedefeuer den Vorteil, daß auch längere Stücke erwärmt werden können. Als Brennstoff dienen Koks oder eine gut backende Steinkohle von kleiner Korngröße, geringem Schwefelgehalt und wenig Aschebildung. Vorteilhafter sind gasbetriebene oder elektrische Schmiedefeuer (Prinzip der Widerstandsschweißmaschine). Sie sind umgehend betriebsbereit, erwärmen das Werkstück schneller, verursachen weniger Verzunderung und keinen Rauch, und sie brauchen kein Kohlenlager.

Während sich die verschiedenen Schmiedefeuer nur für kleinere Werkstücke eignen, werden größere Schmiedestücke stets in (geschlossenen) Flammöfen erwärmt. Je nach Bauart und Größe beheizt man sie mit Kohle, Öl oder Gas. Zu unterscheiden sind Glüh- und Schweißofen. Der Glühofen erwärmt bis zur Rotglut, der Schweißofen bis zur Weißglut.

Schmiedeverfahren. Je nachdem, ob das Schmiedestück frei oder in einem Gesenk geschmiedet wird, spricht man von Freiform- und Gesenkschmieden. Beides ist von Hand oder maschinell möglich.

Beim Freiformschmieden schlägt der Schmied das Werkstück mit dem Hammer in die gewünschte Form. Besonders bei aufwendigeren Schmiedearbeiten muß er das Werkstoffverhalten genau kennen, um die Qualität des Werkstücks in Aussehen, Gefüge, Haltbarkeit usw. zu beeinflussen. Dazu gehören z.B.:

- Bemessung der Schlagkraft und Anzahl der Schläge,
- wiederholtes Anwärmen, um stets im günstigsten Temperaturbereich zu arbeiten,
- Aufteilen in Arbeitsstufen und Wahl geeigneter Werkzeuge.

Dabei muß der Schmied berücksichtigen, daß z. B. bei jedem neuen Erwärmen ein bestimmter Werkstoffverlust durch Verzunderung oder Abbrand entsteht, oder daß sich der erwärmte Werkstoff beim Abkühlen zusammenzieht. Diese Schwindung beträgt bei Stahl je nach Zusammensetzung 1 bis 1,5% seines Volumens.

Werkzeuge zum Freiformschmieden sind Amboß, Amboßhilfswerkzeuge, verschiedene Hämmer und Hilfshämmer sowie Schmiedezangen mit besonderen Maulformen.

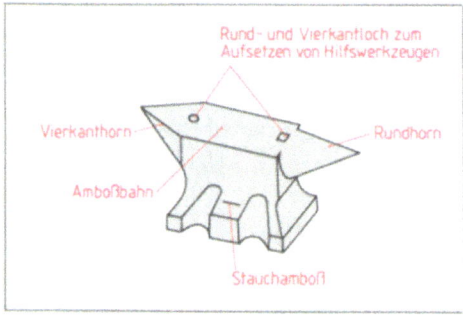

12.30 Amboß

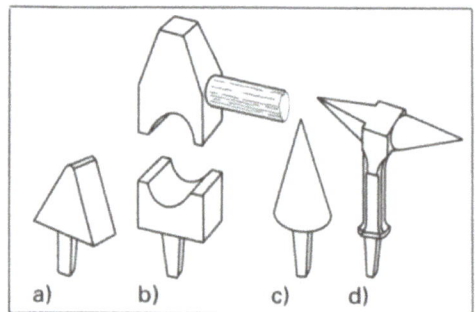

12.31 Amboßhilfswerkzeuge
a) Abschrot, b) Gesenk, c) Spitzstöckel, d) Sperrhorn

Der Amboß besteht aus zähem gegossenen Stahl und hat eine aufgeschweißte gehärtete Amboßbahn (**12**.30). Er dient als Unterlage für das Schmiedestück und zur Aufnahme der Schlagwirkung des Hammers.

Amboßhilfswerkzeuge erleichtern dem Schmied besondere formgebende Arbeiten. Dazu gehören Abschrot, Gesenk, Spitzstöckel, Sperrhorn (**12**.31). Sie werden in die vorgesehenen Löcher der Amboßbahn gesteckt.

Der Handhammer (Schmiedehammer) wiegt 1 bis 2 kg und hat einen etwa 400 mm langen Holzstiel. Die obere abgerundete Schneide heißt Finne, die untere etwas gewölbte quadratische Fläche heißt Bahn.

Zuschlag- oder Vorschlaghämmer sind größer (5 bis 15 kg, Stiellänge 600 bis 800 mm) und werden vom Gehilfen, dem Zuschläger, geschwungen.

Auch nach der Form gibt es unterschiedliche Hämmer. Läuft die Finne parallel zur Stielrichtung, handelt es sich um einen Kreuz(schlag)hammer. Hilfshämmer wie Setzhammer, Schlichthammer und Schrotmeißel sind Hilfswerkzeuge (**12**.32). Sie werden zwischen Werkstück und Schlaghammer gehalten. Zum Lochen schließlich benutzt der Schmied Lochdorn oder Durchschlag.

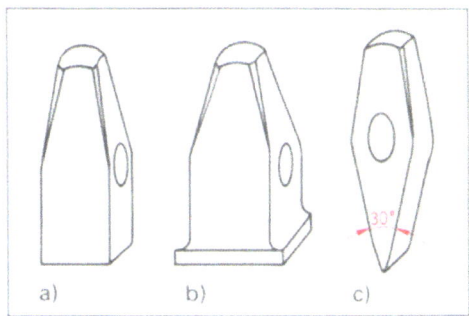

12.32 Schmiedehilfshämmer
a) Setzhammer
b) Schlichthammer
c) Schrotmeißel (Warmschrot)

Zangen dienen zum Festhalten der angewärmten Werkstücke und haben dazu unterschiedliche Maulformen. Um die Hand nicht zu ermüden, sind die Griffe lang und federnd ausgebildet.

Tabelle **12**.33 zeigt die wichtigsten Schmiedearbeiten.

Tabelle **12**.33 Die wichtigsten Schmiedearbeiten

Beim Strecken wird der Werkstoff vorwiegend in Längsrichtung des Schmiedestücks verdrängt. Das Stück wird daher länger, der Querschnitt verringert sich. Strecken kann man mit der Finne des Kreuzhammers oder über dem Amboß.	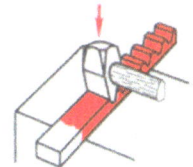
Durch Schlichten mit dem Schlichthammer auf der Amboßbahn werden Unebenheiten am Schmiedestück (z. B. durch vorheriges Strecken verursacht) geglättet.	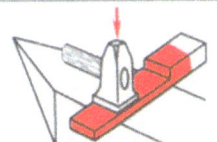
Beim Absetzen sind meist scharfe, rechtwinklige Absetzflächen erwünscht. Einfaches Strecken eignet sich dazu nicht, weil der Hammer ausweicht. Man setzt daher auf der Amboßkante oder mit Hilfe des Setzhammers ab. Bei zwei- oder vierseitigem Absetzen verwendet man Amboßkante und Setzhammer.	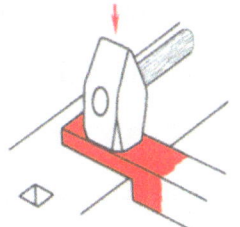

Fortsetzung s. nächste Seite

Tabelle 12.33, Fortsetzung

Durch Stauchen wird der erwärmte Querschnitt vergrößert, wobei sich gleichzeitig die Länge kürzt. Stauchen dient zum Herstellen einfacher Verdickungen an stabförmigen Werkstücken. Dabei wird nur die zu stauchende Stelle erwärmt. Die so vorgebildeten Köpfe oder Bunde (Bund = Stauchung zwischen den Enden) werden in der Lochplatte (massive Platte mit vielen unterschiedlich geformten Einstecklöchern) oder in offenen Rund-, Vierkant- oder Sechskantgesenken auf dem Amboß fertiggeschmiedet.

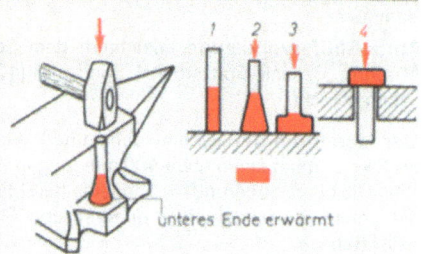

Zum Spalten dient der Schrotmeißel (Warmschrot). Beim Spalten in Walzfaserrichtung besteht beim Aufbiegen die Gefahr des Weiterreißens. Dies verhindert man, indem man die Spaltung vorher durch Lochen am Spaltende begrenzt. Um einer Beschädigung von Werkzeug und Amboßbahn vorzubeugen, ist eine Unterlage erforderlich.

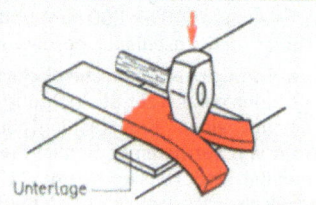

Zum Lochen verwendet man einen Lochdorn, dessen Schaft leicht kegelig geformt und daher gut herauszuziehen ist. Der Kopf hat eine ballige Form mit abgerundeten Ecken. Dünne Schmiedestücke lassen sich in einem Arbeitsgang auf der Lochplatte lochen. Dickere werden erst vorgelocht, gewendet und dann fertiggelocht.

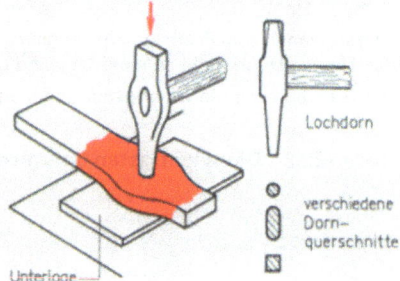

Durch Abschroten mit dem auf der Amboßbahn angebrachten Abschrot lassen sich schwächere Querschnitte (Draht, Bandstahl usw.) auch ohne Erwärmung trennen. Dickere Werkstücke trennt man in warmem Zustand mit dem Schrotmeißel (Warmschrot).

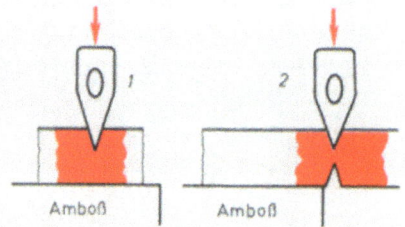

Biegen. Läßt sich aus konstruktiven Gründen der kleinste zulässige Biegeradius für ein Biegeteil nicht einhalten, kann man es warm biegen oder schmieden (s. Abschn. 12.2).

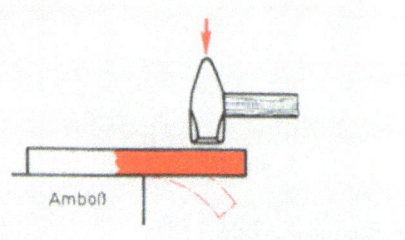

Gesenkschmieden. Während einzelne oder in geringer Stückzahl herzustellende Schmiedestücke von Hand nach der Schablone freiformgeschmiedet werden, lohnt es von einer bestimmten Stückzahl an (meist ab 50), ein Gesenk anzufertigen. Allerdings entscheidet nicht allein die Kostenkalkulation über den Einsatz von Gesenken. Vielmehr sind auch andere wichtige Vorteile gegenüber dem Freiformschmieden von Hand zu nennen:

- gleichbleibendes Gewicht, große Form- und Maßgenauigkeit,
- geringe Nacharbeit und schnellere Herstellung.

Das Gesenk ist meist eine zweiteilige Stahlform, in die die Gegenform des herzustellenden Werkstücks (Gravur) genau eingearbeitet ist (**12**.34).

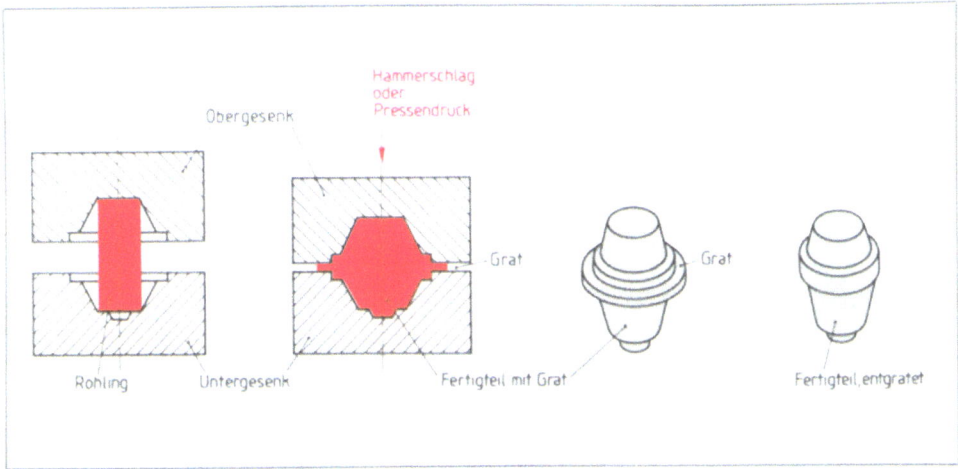

12.34 Schmieden einer Nabe im Gesenk

Beispiele für gesenkgeschmiedete Werkstücke findet man in vielen Bereichen der Technik. Bild **12**.35 zeigt den Werdegang einer Pleuelstange eines Kraftfahrzeugmotors. Die aufgeschnittene Darstellung eines Dieselmotors (**12**.36) läßt die vielfältigen Verwendungsmöglichkeiten von Gesenkschmiedestücken erkennen.

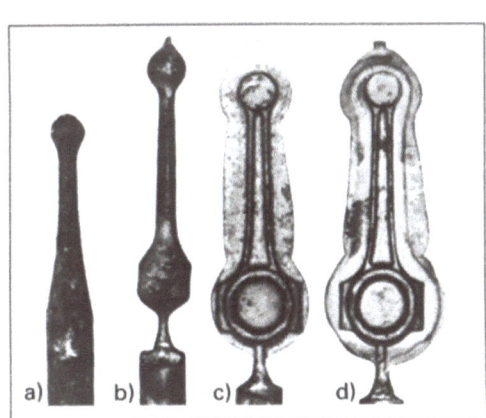

12.35
Arbeitsstufen beim Gesenkschmieden einer Pleuelstange
a) Erste Zwischenformung für die Massenverteilung
b) Zweite Zwischenformung für die Massenverteilung
c) Querschnittsvorbildung
d) Endformung

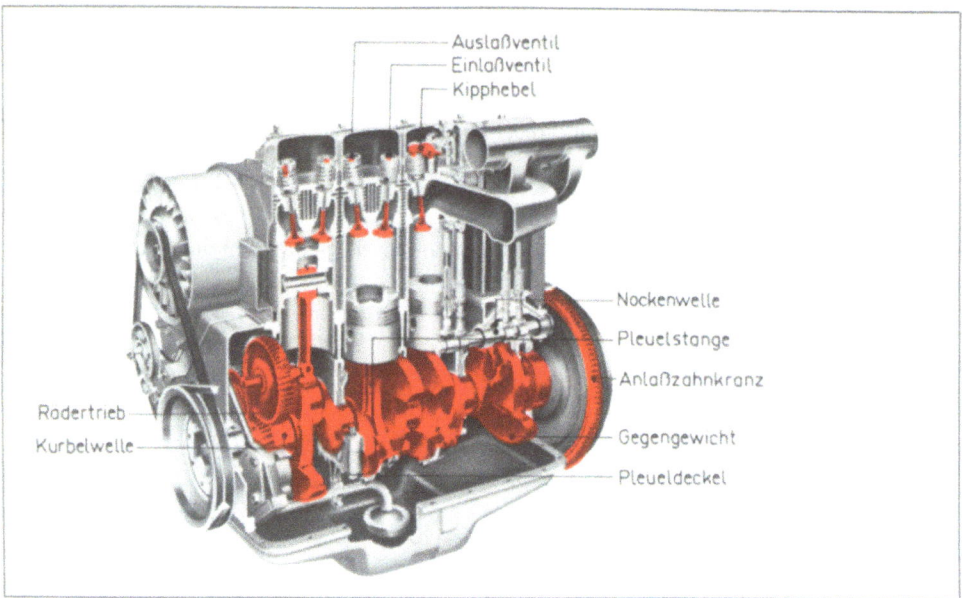

12.36 Verwendung von Gesenkschmiedeteilen in einem luftgekühlten Dieselmotor

---

Unfallverhütung

Auf sichere Unterlage des Werkstücks und eigenen sicheren Stand achten.

Nur einwandfreie Werkzeuge verwenden, zum Festhalten des Werkstücks die richtige Zange mit der passenden Maulform auswählen.

Beim Erwärmen Bedienungsanleitung und Sicherheitsvorschriften für den Betrieb der Wärmequellen einhalten.

Bei Verwendung von Maschinen

– Hände niemals in unmittelbare Nähe von beweglichen Teilen oder Gesenken bringen,
– keine Schutzvorrichtungen abbauen,
– Sicherheitsvorschriften des Maschinenherstellers beachten.

Anweisungen des Sicherheitsbeauftragten befolgen, im Zweifelsfall seinen Rat einholen.

Aufgaben zu Abschnitt 12.3

1. Was versteht man unter Schmieden?
2. Welche Vorteile haben geschmiedete Werkstücke gegenüber spanend hergestellten?
3. Wovon hängt die Schmiedbarkeit von Stahl vor allem ab?
4. Warum sollen Sie die vom Werkstoffhersteller angegebenen Schmiedetemperaturen einhalten?
5. Wodurch unterscheiden sich Schmiedefeuer und Flammöfen?
6. Welchen Einfluß hat die Umformgeschwindigkeit auf den Formänderungswiderstand des Werkstoffs?
7. Erläutern Sie den Unterschied zwischen Freiform- und Gesenkschmieden.
8. Nennen Sie Arbeitsbeispiele für Freiformschmieden.
9. Was versteht man unter Amboßhilfswerkzeugen? Nennen Sie Beispiele.

13 Fügen

13.1 Merkmale und Einteilung der Verfahren

Fügen bezeichnet nach DIN 8580 eine Hauptgruppe von Fertigungsverfahren für das Zusammenbringen (Verbinden) von zwei oder mehr Werkstücken oder von Werkstücken mit formlosem Stoff. Dabei wird der Zusammenhalt an den Fügestellen geschaffen oder vermehrt.

> Zweck des Fügens ist die Übertragung von Kräften und Bewegungen von einem Fügeteil auf das andere.

Die Einteilung der Fügeverfahren geschieht nach den technologischen Grundverfahren, nach der Lösbarkeit der entstandenen Verbindung oder nach der physikalischen Wirkungsweise der Verbindung.

Die technologischen Grundverfahren ergeben folgende Gruppen:

- **Fügen durch An- und Einpressen** nutzt die elastische Eigenschaft der Fügeteile und verbindet sie durch Reibungskräfte.

    Beispiele 13.1 Schrauben, Keilen, Längspressen, Schrumpfen, Klemmen (**13.1** a)

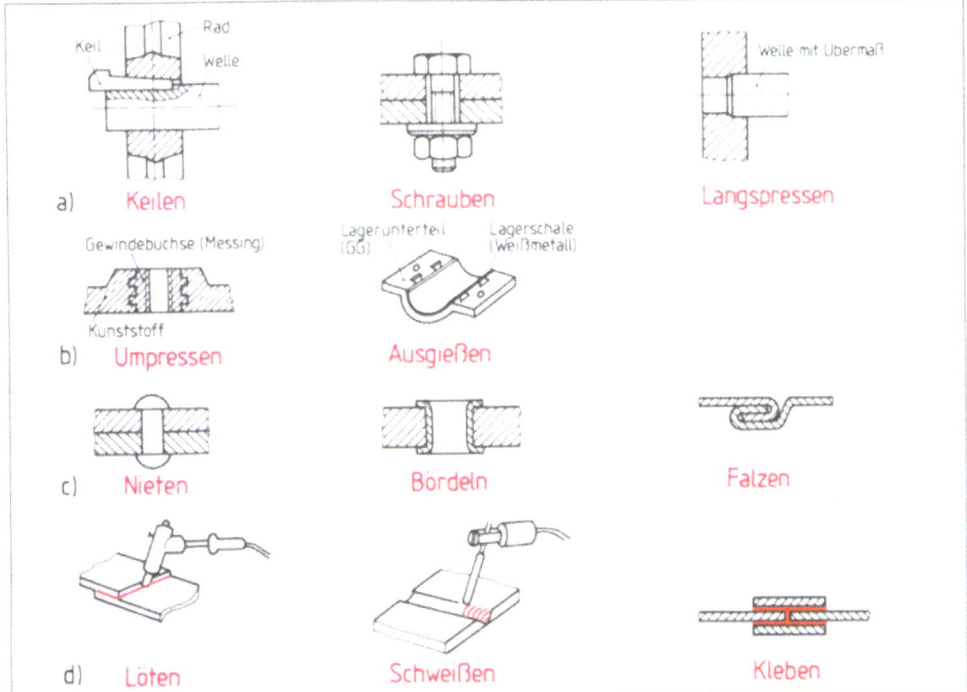

13.1 Technologische Grundverfahren des Fügens
   a) An- und Einpressen, b) Urformen, c) Umformen, d) Stoffverbinden

- **Fügen durch Urformen** verbindet Werkstücke durch hinzugefügten formlosen Stoff.

    Beispiele 13.2 Ausgießen eines Lagers, Umpressen einer Gewindebuchse mit Kunststoff (**13.1** b)

- **Fügen durch Umformen** verbindet die Teile formschlüssig durch einen Umformvorgang, wie Biegen oder Stauchen.

    Beispiele 13.3 Nieten, Bördeln, Falzen (**13.1** c)

- **Fügen durch Stoffverbinden** verbindet den Werkstoff der Teile mit Wärme und/oder Druck, mit oder ohne Zusatzwerkstoff.

    Beispiele 13.4 Schweißen, Löten, Kleben (**13.1** d)

- **Fügen durch Zusammenlegen und durch Füllen**

    Beispiele 13.5 Ineinanderschieben (z. B. Schwalbenschwanzführung), Einhängen (z. B. Zugfeder), Einfüllen (z. B. Kugeln in Wälzlager).

Lösbarkeit ist ein weiteres Unterscheidungsmerkmal der Fügeverbindungen. Man unterscheidet lösbare und unlösbare Verbindungen.

- **Lösbare Verbindungen** sind jederzeit zu lösen, ohne daß die Verbindungselemente oder die verbundenen Teile zerstört werden. Das Fügen und Zerlegen der Verbindung erfordert nur geringen Aufwand an Arbeitskraft und -zeit. Bei Reparaturanfälligkeit können Teile öfter ausgewechselt werden. Teile der Verbindung sind wiederverwendbar.
- **Unlösbare Verbindungen** lassen sich lösen, wenn die Verbindungselemente oder die verbundenen Teile zerstört werden. Diese Verbindungsart erfordert gegenüber der lösbaren Verbindung geringere Fertigungskosten und schützt gegen unbeabsichtigtes Lockern und Lösen der Verbindung.

Nach der physikalischen Wirkungsweise unterteilt man die Verbindungen in stoffschlüssige, formschlüssige und kraftschlüssige Verbindungen (**13**.2).

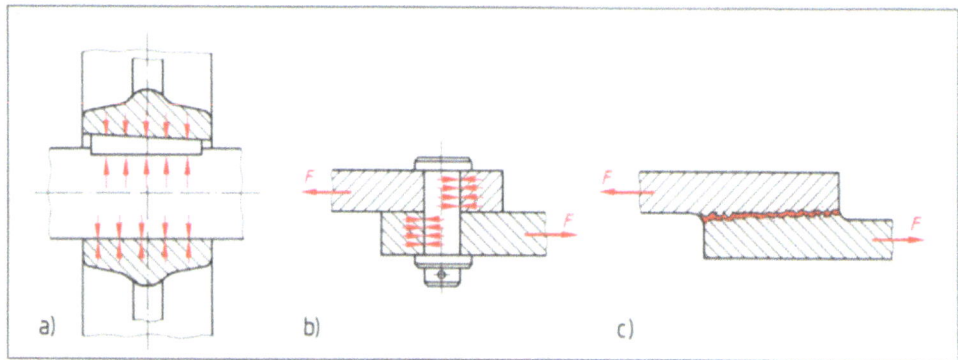

13.2 Physikalische Wirkungsweise von Verbindungen
  a) Kraftschluß, b) Formschluß, c) Stoffschluß

- **Stoffschlüssige Verbindungen** entstehen durch innige Verbindung der Werkstoffe der Fügeteile (Ineinanderschmelzen), gegebenenfalls mit Hilfe eines Zusatzstoffs. Die von außen angreifenden Kräfte werden durch die Molekularkräfte (Kohäsion und Adhäsion) der Verbindung übertragen. Zu diesen Verbindungen gehören Schweiß-, Löt- und Klebeverbindungen.
- **Formschlüssige Verbindungen** übertragen Kräfte und Kraftmomente durch das Ineinandergreifen der Werkstückformen an der Verbindungsstelle. Das erreicht man durch besondere Gestaltung der zu verbindenden Teile oder durch das Einbringen von Verbindungselementen. Zu den formschlüssigen Verbindungen zählen Feder-, Bolzen-, Stift-, Bördel-, Falzverbindungen.

- **Bei kraftschlüssigen Verbindungen** erfolgt die Übertragung durch Reibungskräfte. Deshalb heißen sie auch reibschlüssige Verbindungen. Zur Erzeugung der Reibungskraft (Haftkraft) werden Flächen der zu verbindenden Teile durch Keilkräfte oder elastische Verspannung der Teile fest zusammengepreßt. Kraftschlüssig sind Schrauben-, Niet-, Keil-, Klemm-, Preß- und Schrumpfverbindungen.

Es gibt Verbindungen, die je nach Ausführung sowohl form- als auch kraftschlüssig sein können (z. B. Schraubenverbindungen, Nietverbindungen).

13.2 Schraubenverbindungen

13.2.1 Aufbau und Anwendungsbereich

Mit einer Schraubenverbindung werden Maschinenteile fest, aber lösbar verbunden, indem ein Außengewinde (Bolzengewinde) und ein Innengewinde (Muttergewinde) ineinandergreifen. Diese Gewinde sind entweder in Verbindungselemente, Schrauben und Muttern (mittelbare Verbindung) oder in die zu verbindenden Maschinenteile selbst eingeschnitten (unmittelbare Verbindung). Oft verwendet man nur einen Schraubenbolzen (z. B. Stiftschraube) und als Gegenstück ein Werkstück mit entsprechendem Muttergewinde (**13.3**). Außen- und Innengewinde müssen in Größe und Form übereinstimmen. Größe und Form werden durch maßlich festgelegte (genormte) Gewindeprofile bestimmt, um die Austauschbarkeit zu gewährleisten.

Schraubenverbindungen haben im Maschinenbau einen fast unbegrenzten Anwendungsbereich, besonders wenn eine relativ rasche Montage oder Demontage der Teile zur Reparatur oder Instandhaltung gefordert werden. Deshalb ist die Schraubenverbindung trotz der aufwendigen Herstellung ihrer Verbindungselemente gegenüber den stoffschlüssigen Verbindungen (z. B. Schweißen) weit verbreitet.

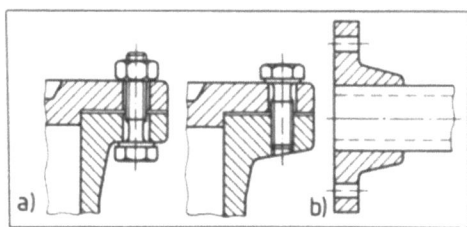

13.3 Unmittelbare und mittelbare Verbindung
  a) Durchsteck- und Einziehschraube, mittelbar
  b) Rohr-Flansch-Verbindung, unmittelbar

13.2.2 Gewindearten

Die Gewindearten unterscheidet man

- **nach dem Verwendungszweck:** Befestigungsgewinde dienen zur Herstellung fester, aber lösbarer Verbindungen, Bewegungsgewinde werden zur Umwandlung von Drehbewegungen in Längsbewegungen verwendet.
- **nach dem Gewindeprofil:** Spitzgewinde für Befestigungsschrauben verhindern infolge der größeren Reibung ein selbständiges Lösen der Schraubenverbindung; Trapez-, Sägen- und Rundgewinde erfüllen für Bewegungsschrauben unterschiedliche Aufgaben.
- **nach dem Drehsinn beim Einschrauben:** Rechtsgewinde (Uhrzeigersinn) wird normalerweise verwendet, während Linksgewinde zur Befestigung sich drehender Teile eingesetzt wird, wenn sich durch die Drehung ein Rechtsgewinde lösen würde (**13.4**a, b auf S. 232).
- **nach der Gangzahl (Anzahl der Gewindegänge):** Eingängiges Gewinde für geringere Steigung, vorwiegend Befestigungsschrauben; mehrgängiges Gewinde für schnelle Längsbewegung (große Steigungen), z. B. Spindeln an Pressen (**13.4**c).

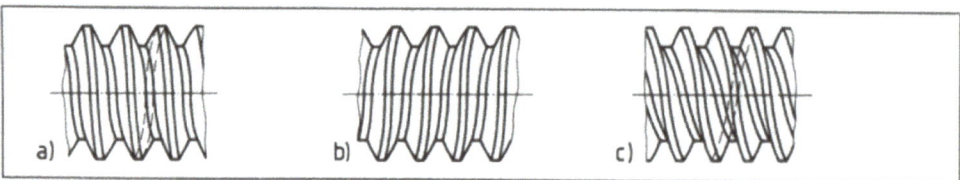

13.4 a) Rechtsgewinde, eingängig, b) Linksgewinde, c) Rechtsgewinde, zweigängig

Die Hauptabmessungen eines Gewindes enthält Tabelle **13**.5, die genormten Gewindearten Tabelle **13**.6.

Tabelle **13**.5 **Gewindebezeichnungen**

	Bolzen	Mutter
Außendurchmesser	d	D
Flankendurchmesser	d_2	D_2
Kerndurchmesser	d_3	D_1
Gewindetiefe	h_3	
Steigung	P	
Flankenwinkel	α	

Je größer P, desto größer auch h_3.

Tabelle **13**.6 **Gewindearten**

Bezeichnung/Normung	Gewindeprofil	Merkmale und Verwendung
Metrisches ISO-Gewinde nach DIN 13 (z.B. M12) Nenndurchmesser $d = 12$ mm	a)	meist verwendetes Normalgewinde (Regelgewinde), Spitzgewinde für Befestigungsschrauben
Metrisches ISO-Feingewinde nach DIN 13 (z.B. M48 × 1,5) Nenndurchmesser $d = 48$ mm Steigung $P = 1,5$ mm	b)	geringere Steigung (= ger. Gewindetiefe) als Normalgew.; Sicherheit gegen selbsttätiges Lösen; Verschraubungen an dünnwandigen Rohren, Hülsen, Hohlwellen, Fotoobjektive
Whitworth-Rohrgewinde nach DIN 259 (z.B. R 3/4 Außengewinde für Rohr-Nennweite) (Innendurchmesser 3/4 inch)	c)	druckdichte Verbindungen bei Rohren (Gas, Wasser), Fittings, Armaturen; nur geringe Schwächung des Rohrquerschnitts
Metrisches Trapezgewinde nach DIN 103 (z.B. Tr 24 × 5) Nenndurchmesser $d = 24$ mm Steigung $P = 5$ mm	d)	Bewegungsgewinde für Spindeln bei wechselnder axialer Belastung (z.B. Leitspindeln, Spindeln von Pressen, Schraubstöcken)
Metrisches Sägengewinde nach DIN 513 (z.B. S 24 × 5) Nenndurchmesser $d = 24$ mm Steigung $P = 5$ mm	e)	Bewegungsgewinde zur Aufnahme größerer Kräfte in einer axialen Richtung (z.B. Hub- und Druckspindeln für Pressen)
Rundgewinde nach DIN 405 (z.B. RD 40 × 1/6, Rd 40 × 5 mm) Nenndurchmesser $d = 40$ mm Steigung $P = 1/6$ inch bzw. 5 mm	f)	unempfindlich gegen Verschleiß und grobe Verschmutzung, für stoßartige Belastung (z.B. Lasthaken, Glühlampenfassung, Kupplungen für Schienenfahrzeuge)

13.2.3 Wirkungsweise einer Schraubenverbindung

Kräfte im Gewinde. Das Gewinde ist eine Einkerbung besonderer Form (Gewindeprofil), die auf einer Schraubenlinie um einen Zylinder (Bolzen) verläuft. Die Schraubenlinie entspricht einer auf einen Zylinder aufgewickelten schiefen Ebene mit der Steigung P als Höhe h und dem Zylinderumfang $d \cdot \pi$ als Länge l (**13.7**). Beim Anziehen der Schraube wird die Mutter durch die vom Schraubenschlüssel aufgebrachte Umfangskraft F_U diese schiefe Ebene hinaufgeschoben. Dabei entsteht im Schraubenbolzen eine in Achsrichtung wirkende Spannkraft F_V (Vorspannung). Sie versucht die Mutter mit ihrer Teilkraft F_H (Hangabtriebskraft) die schiefe Ebene wieder herunterzuschieben. Ihre andere Teilkraft F_N (Normalkraft) preßt die Gewindeflanken von Schraube und Mutter aufeinander und verursacht die Reibkraft F_R (**13.8**).

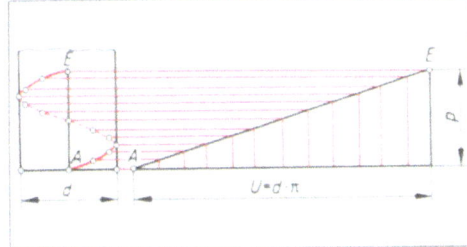

13.7 Schraubenlinie – schiefe Ebene

Ist die Hangabtriebskraft F_H kleiner als F_R, kann die Spannkraft die Mutter nicht verschieben: Das Gewinde löst sich nicht selbsttätig, sondern ist selbsthemmend. Die zwischen den Gewindegängen wirkende Reibkraft ist um so größer, je geringer die Steigung des Gewindes P (Höhe der schiefen Ebene) und je größer die Neigung der Gewindeflanken zur Schraubenachse ist. Deshalb ist die Selbsthemmung bei Spitzgewinde größer als z. B. bei Trapezgewinde. Befestigungsgewinde muß immer selbsthemmend sein. Es ist deshalb ein Spitzgewinde mit geringer Steigung (**13.8a**). Bewegungsschrauben haben dagegen eine große Gewindesteigung, weil dann die Normalkraft F_N und damit die Reibkraft F_R kleiner sind. Sie wirken nicht selbsthemmend – Schrauben bzw. Muttern lassen sich leicht lösen und bewegen (**13.8b**).

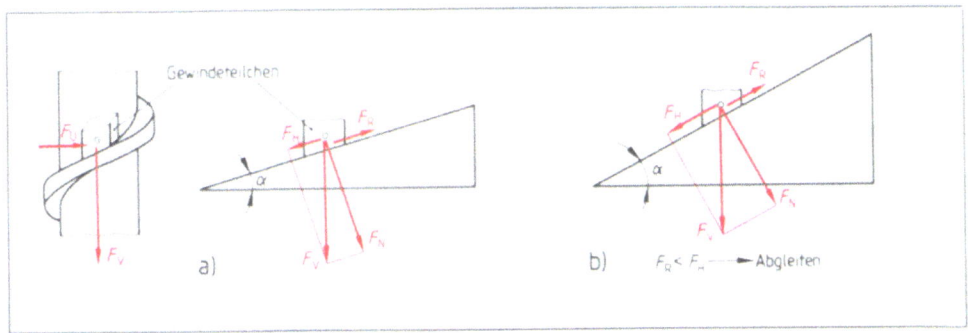

13.8 Kräfte an der Schraube
a) $F_R > F_H \rightarrow$ Selbsthemmung, b) $F_R < F_H \rightarrow$ Abgleiten

Anziehkraft. Beim Anziehen der Mutter gleiten zuerst die Gewindeflanken von Mutter und Bolzen leicht aufeinander. Sobald Mutter und Schraubenkopf an den zu verbindenden Werkstücken anliegen, dient die aufgebrachte Anziehkraft am Schraubenschlüssel zum Überwinden der Auflagerreibung und zum Dehnen des Schraubenbolzens.

Wirkt die Anziehkraft F_A auf einer Umdrehung des Schraubenschlüssels $2 \cdot \pi \cdot r$, verrichtet sie die Anzieharbeit $W_A = F_A \cdot 2 \cdot \pi \cdot r$. Bei dieser Umdrehung wird die Mutter mit der Spannkraft F_V um die Steigung P verschoben und dabei die Spannarbeit $W_V = F_V \cdot P$ verrichtet (**13.9**).

Nach dem Satz von der Erhaltung der Arbeit (Kraft · Kraftweg = Last · Lastweg) gilt: Anzieharbeit = Spannarbeit, also $F_A \cdot 2 \cdot r = F_V \cdot P$. Daraus ergibt sich die Anziehkraft F_A.

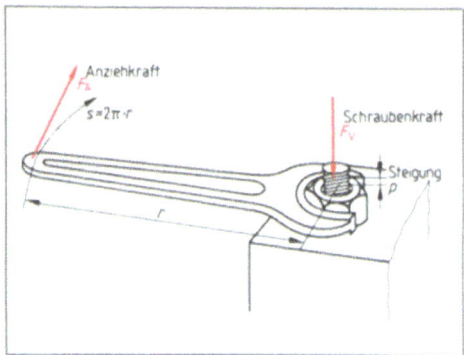

$$\text{Anziehkraft } F_A = F_V \cdot \frac{P}{2 \cdot \pi \cdot r}$$

F_V Spannkraft
P Gewindesteigung
$2\pi r$ Weg der Anziehkraft bei 1 Umdrehung des Schraubenschlüssels

Bei Berücksichtigung der Reibung im Gewinde und zwischen der Auflagefläche von Mutter bzw. Schraubenkopf und Werkstück ist die erforderliche Anziehkraft drei- bis viermal größer als der berechnete Wert.

13.9   Anziehen einer Schraubenmutter

Beispiel 13.6   Beim Anziehen einer Durchsteckschraube M 20 (Steigung $P = 2{,}5$ mm) soll die Spannkraft auf $F_V = 5000$ N begrenzt sein. Wie groß ist die am Schraubenschlüssel aufzuwendende Kraft, wenn der Schlüssel einen Hebelarm von 200 mm hat?

Lösung   Die Anziehkraft ist

$$F_A = F_V \cdot \frac{P}{2\pi r} = 5000\,\text{N} \cdot \frac{2{,}5\,\text{mm}}{2\pi \cdot 200\,\text{mm}} = 9{,}95\,\text{N} = \mathbf{10\,N}.$$

Das Ergebnis zeigt, daß mit einer kleinen Anziehkraft eine große Spannkraft erzielt wird.

Die Anziehkraft darf nicht beliebig gesteigert werden (z. B. durch Verlängern des Schraubenschlüssels mit einem aufgesteckten Rohr), weil sonst das Gewinde abgeschert oder der Schraubenschaft bleibend gedehnt wird. Zur Begrenzung der Anziehkraft verwendet man Schraubenschlüssel, deren Hebel und Schlüsselweiten genormt sind, oder Drehmomentenschlüssel.

Spannwirkung und Beanspruchung der Schraube. Der Schraubenschaft wird beim Anziehen durch die aufgebrachte Spannkraft gedehnt (Vorspannkraft F_V), also auf Zug beansprucht. Sein elastisches Bestreben, die ursprüngliche Länge wieder anzunehmen, bewirkt, daß Schraubenkopf und Mutter die zu verbindenden Teile zusammenpressen und ein Abheben der Teile verhindern. Die auftretenden Reibungskräfte F_R zwischen Schraubenkopf, Mutter, Unterlegscheibe und den verbundenen Teilen verhindern auch ein Verschieben der Teile. Die Schraubenverbindung wirkt also durch Kraftschluß (**13.10**).

> Schraubenverbindungen sind lösbare Verbindungen und wirken durch Kraftschluß, der durch Vorspannung der Schraube erzielt wird.

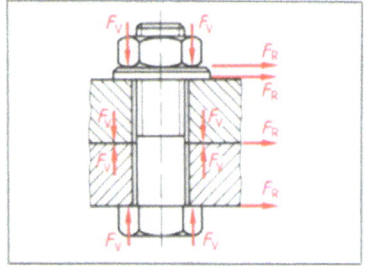

13.10   Kräfte an einer Schraubenverbindung

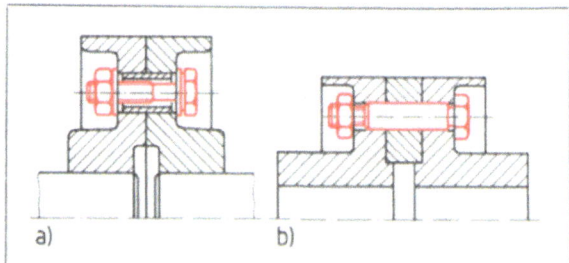

13.11   Querbelastete Schraubenverbindung
a) Scherbuchse, b) Paßschraube

Bei ungenügender Vorspannung und größeren Betriebskräften quer zur Schraubenachse können die verbundenen Teile infolge des Spiels zwischen Schraubenschaft und Durchgangsbohrung verschoben werden und die Schraube auf Scherung beanspruchen. Die Schraubenverbindung würde dann formschlüssig wirken, was vermieden werden soll. Zwischen den zu verbindenden Bauteilen muß deshalb durch die Vorspannung eine so große Reibung erzeugt werden, daß keine Scherwirkung auftreten kann. Sind Scherkräfte unvermeidlich (z. B. querbelastete Schraubenverbindung), verwendet man Scherbuchsen oder Paßschrauben (**13.11**).

13.2.4 Schrauben- und Mutterarten

Für die unterschiedlichen Aufgaben und Ausführungen von Schraubenverbindungen verwendet man ausschließlich genormte Schrauben und Muttern.

Bei Schrauben sind die wichtigsten Grundformen Kopfschrauben, Stiftschrauben, Gewindestifte und Stopfen.

Kopfschrauben unterscheidet man nach der Kopfform (z. B. Sechskant-, Zylinderkopf), nach der Bedienungsform (z. B. Innensechskant, Schlitz) oder nach der Ausführungsform der Schraubenverbindung (z. B. Durchsteck-, Einzieh-, Paßschraube; **13.**12 a bis f).

Stiftschrauben bleiben ständig mit ihrem Einschraubende im Muttergewinde eines Maschinenkörpers eingeschraubt. Zum Abnehmen angeschraubter Teile (z. B. Deckel) ist nur die Mutter zu lösen, so daß das Gewinde im Maschinenkörper geschont und nicht beschädigt wird. Die Einschraubtiefe richtet sich nach der Werkstoffestigkeit des Maschinenkörpers. Das Einschraubende ist kegelig angefast, das Mutterende hat eine Linsenkuppe (**13.**12 g).

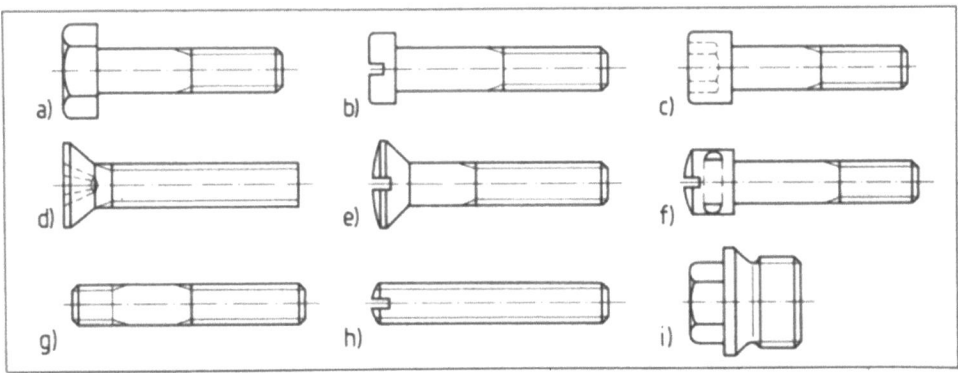

13.12 Schraubenarten
a) Sechskantschraube mit Schaft, b) Zylinderschraube mit Schlitz, c) Zylinderschraube mit Innensechskant, d) Senkschraube mit Kreuzschlitz, e) Linsensenkschraube mit Schlitz, f) Kreuzlochschraube mit Schlitz, g) Stiftschraube, h) Gewindestift, i) Verschlußschraube mit Bund und Außensechskant

Gewindestifte sichern Lagerbuchsen, Handräder, Stellringe u. a. gegen Verschieben oder Verdrehen. Sie sind auf ihrer ganzen Länge mit Gewinde und am Ende mit einem Schlitz oder Innensechskant zum Anziehen versehen. Die Gewindeenden können als Kegel, Zapfen oder Spitze ausgebildet sein (**13.**12 h).
Stopfen werden zum Verschluß von z. B. Öleinfüll- oder Ablaßöffnungen verwendet. Die Abdichtung wird mit einem Bund, Dichtring oder kegeligen Gewinde erreicht (**13.**12 i).
Sonderschrauben gibt es für bestimmte Verwendungszwecke, z. B. selbstschneidende Blechschrauben für die Befestigung von Blechverkleidungen, Steinschrauben zur Befestigung von Maschinenunterteilen auf Mauerwerk (Fundamentschrauben).

Mutterarten richten sich in ihrer Form vor allem nach der Zugänglichkeit beim Anziehen. Mit den üblichen Schraubenschlüsseln werden Sechskant- und Vierkantmuttern angezogen. Ist nur wenig Raum vorhanden, verwendet man z. B. Schlitz-, Kreuzloch- oder Nutmuttern. Für häufiges Lösen der Verbindung eignen sich Flügel- und Rändelmuttern. Ringmuttern dienen als Transportösen z. B. bei Elektromotoren (**13**.13), Kronenmuttern zur Sicherung gegen Lösen der Verbindung.

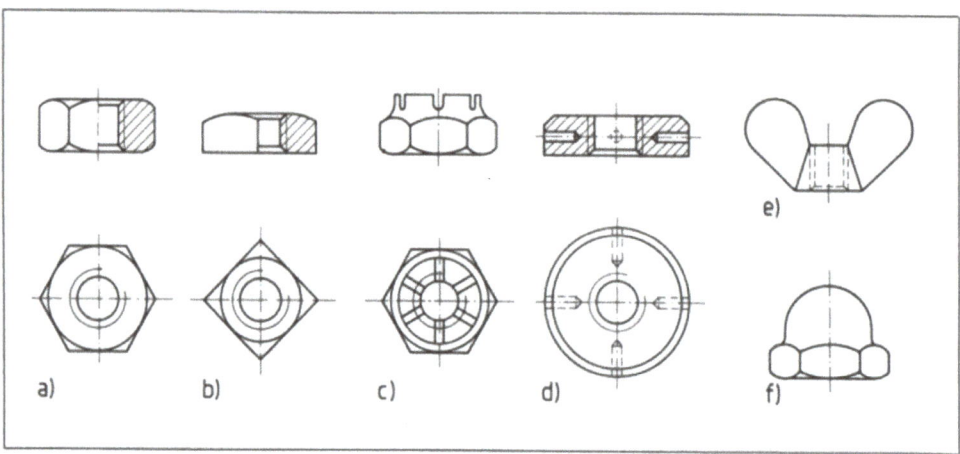

13.13 Muttern
    a) Sechskantmutter, b) Vierkantmutter, c) Kronenmutter, d) Kreuzlochmutter, e) Flügelmutter, f) Hutmutter

Werkstoffe und Festigkeit von Schrauben und Muttern. Schrauben werden durch die Vorspannung und die hinzutretende Betriebsspannung hauptsächlich auf Zug beansprucht. Sie dürfen sich unter der Belastung nicht bleibend verformen. Deshalb sind Mindeszugfestigkeit und Mindeststreckgrenze ihre wichtigsten Werkstoffeigenschaften. Für die Verwendung der Muttern ist die Mindestzugfestigkeit von Bedeutung. Diese Werkstoffeigenschaften sind für Schrauben und Muttern in Festigkeitsklassen genormt und werden durch Kurzzeichen angegeben.

Festigkeitsklassen für Schrauben (DIN ISO 898) bestehen aus zwei durch einen Punkt getrennten Zahlen. Die erste Zahl gibt mit 100 multipliziert die Mindestzugfestigkeit in N/mm², das Produkt aus beiden Zahlen mit 10 multipliziert die Mindeststreckgrenze in N/mm² an.

Beispiel 13.7 Sechskantschraube DIN 931 – M 12 × 60 – 5.6
        M 12 × 60 = metrisches ISO-Gewinde mit Nenndurchmesser 12 mm und Nennlänge 60 mm
        5.6 = Mindestzugfestigkeit $5 \cdot 100 \triangleq 500$ N/mm²
        Mindeststreckgrenze $5 \cdot 6 \cdot 10 \triangleq 300$ N/mm²

Für Schrauben gibt es 12 Festigkeitsklassen, die bestimmten Werkstoffen entsprechen, z. B. 3.6 – St 34; 4.6 – St 37; 5.6 – St 50; 8.8 – C 35, C 45; 12.9 – 42 Cr Mo 4. Ab Festigkeitsklasse 8.8 spricht man von hochfesten Schrauben.

Festigkeitsklassen für Muttern werden durch eine Zahl angegeben, die mit 100 multipliziert die Mindestzugfestigkeit in N/mm² angibt. Schrauben und Muttern sollen die gleiche Festigkeitsklase haben.

13.2.5 Schraubensicherungen und Schraubwerkzeuge

Im Kraftfahrzeug- und Flugzeugbau, bei Schienenfahrzeugen und in der Fördertechnik treten stoßartige Belastungen, Schwingungen und Erschütterungen auf, die auch selbsthemmende Schraubenverbindungen lockern und lösen können. Schraubensicherungen haben die Aufgabe, dies zu verhindern. Man unterscheidet formschlüssige, kraftschlüssige und stoffschlüssige Schraubensicherungen.

Formschlüssige Schraubensicherungen verhindern durch besondere Formgebung der Sicherungselemente das Lösen der Verbindung und genügen höchsten Sicherheitsanforderungen (**13**.14).

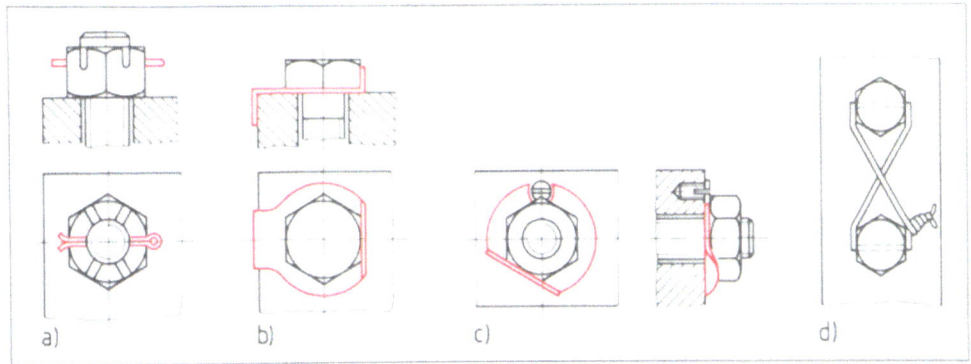

13.14 Formschlüssige Schraubensicherungen
a) Kronenmutter mit Splint, b) Sicherungsblech, c) Sicherungsblech mit Nase, d) Sicherung mit Draht

Bei kraftschlüssigen Schraubensicherungen wird durch zusätzliches Verspannen von Schraube und Mutter mit Hilfe z. B. von Gegenmuttern, Federringen, Zahnscheiben die Reibung zwischen den Gewindegängen vergrößert. Die Sicherung ist einfach herzustellen, gibt aber nicht in jedem Fall volle Sicherheit gegen Lösen der Verbindung (**13**.15a bis e).

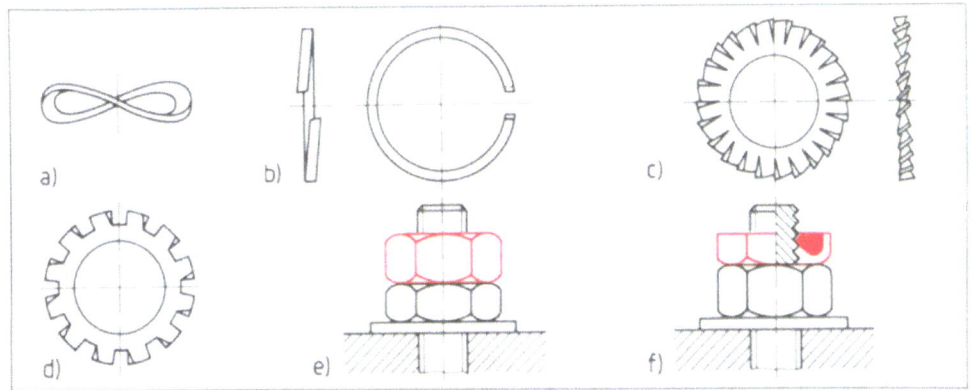

13.15 Kraft- und stoffschlüssige Schraubensicherungen
a) Federscheibe, b) Federring, c) Fächerscheibe, d) Zahnscheibe, e) Kontermutter, f) Sicherungsmutter

Bei stoffschlüssigen Schraubensicherungen werden Schraube und Mutter durch einen zusätzlichen Stoff miteinander verbunden (z. B. durch Kleben, Löten, Schweißen). Sie werden verwendet, wenn die Verschraubung nicht mehr gelöst zu werden braucht oder beim Lösen eine Beschädigung der Verbindungselemente unwesentlich ist (**13**.15 f).

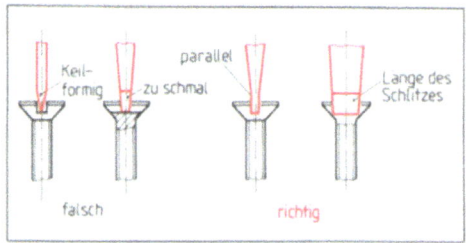

13.16 Nur passende Schraubendreher verwenden!

Schraubwerkzeuge zum Verspannen und Lösen der Schraubenverbindungen sind Schraubendreher und Schraubenschlüssel.

Schraubendreher dienen zum Anziehen von Schlitzschrauben. Ihre Klinge muß in Größe (Breite und Dicke) und in der Form (Schlitz oder Kreuzschlitz) auf den Schraubenkopf genau abgestimmt sein. Sonst besteht die Gefahr, daß der Schraubendreher abgleitet (Unfallgefahr) oder die Schlitzschraube beschädigt wird (**13**.16). Zum maschinellen Eindrehen gibt es Elektroschraubwerkzeuge, deren Rutschkupplung das Kraftmoment begrenzt.

Schraubenschlüssel gibt es in unterschiedlichen Größen (Schlüsselweite) und Formen (**13**.17). Ist die Mutter bzw. Schraube von der Seite zugänglich und Platz für die Drehung vorhanden, verwendet man zum Ansetzen Gabel- (Maul-) und Ringschlüssel. Steckschlüssel und Innensechskantschlüssel nimmt man, wenn Schrauben bzw. Muttern nur in Achsrichtung zugänglich sind. Sonderformen benutzt man für bestimmte Mutterarten (z. B. Hakenschlüssel für Nutmuttern, Stiftschlüssel für Zweiloch- oder Kreuzlochmuttern). Bei Drehmomentschlüsseln läßt sich das erforderliche Kraftmoment einstellen, so daß die richtige Vorspannkraft erzielt wird.

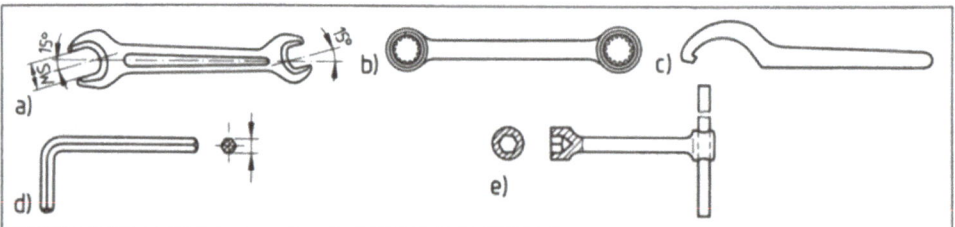

13.17 Schraubenschlüssel a) Gabel-, b) Ring-, c) Haken-, d) Innensechskant-, e) Steckschlüssel

---

Arbeitsregeln und Unfallverhütung

- Fügeflächen reinigen und entgraten, Werkstücke zueinander ausrichten.
- Gewindebohrungen und Schrauben von Spänen und Schmutz reinigen, um Beschädigung des Gewindes zu vermeiden.
- Schrauben überkreuz und stufenweise anziehen, um Verspannen der Bauteile zu vermeiden.
- Schraubendreher müssen in Größe und Form zum Schraubenkopf passen. Die Benutzung eines falschen Schraubendrehers führt zur Beschädigung des Schraubenschlitzes.
- Schraubenschlüssel mit der richtigen Schlüsselweite verwenden. Bei zu großer Schlüsselweite besteht Unfallgefahr durch Abrutschen des Schraubenschlüssels. Schrauben und Muttern können beschädigt werden.
- Verlängern des Hebelarms bei Schraubenschlüsseln (z. B. durch Aufstecken eines Rohres) ergibt Überbeanspruchung der Schraube (Bruchgefahr) und Beschädigung des teuren Werkzeugs.

Aufgaben zu Abschnitt 13.1 und 13.2

1. Auf welchen technologischen Grundverfahren beruht das Fügen?
2. Erklären Sie anhand von Beispielen die Merkmale von lösbaren und unlösbaren Verbindungen.
3. Erklären Sie die Wirkungsweise von form-, stoff- und kraftschlüssigen Verbindungen.
4. Was versteht man unter einer unmittelbaren und mittelbaren Schraubverbindung?
5. Nennen Sie Einsatzbeispiele für a) Bewegungsgewinde, b) Sägengewinde, c) Linksgewinde und d) mehrgängiges Gewinde.
6. Welches sind die Hauptabmessungen eines Gewindes?
7. Nennen Sie Merkmale und Anwendungsbereiche folgender Gewinde: a) M 40 × 1, b) R 1/2, c) Tr 30 × 60, d) Rd 45 × 5.
8. Welcher Zusammenhang besteht zwischen der Gewindesteigung und der Selbsthemmung einer Schraube?
9. Erklären Sie, warum mit einer geringen Anziehkraft eine große Vorspannkraft in der Schraube erzeugt wird.
10. Erklären Sie die Kraftschlußwirkung bei einer Schraubenverbindung.
11. Warum sollen bei Schraubenverbindungen Scherkräfte vermieden werden?
12. Nach welchen Merkmalen unterscheidet man die Schraubenarten? Nennen Sie Verwendungsbeispiele.
13. Was bedeutet die Bezeichnung Sechskantschraube DIN 931 – M 10 × 50 – 8.8?
14. In welchen Fällen sind Schraubensicherungen erforderlich?
15. Geben Sie je zwei Beispiele für kraft- und formschlüssige Schraubensicherungen.

13.3 Keilverbindungen

Aufbau und Anwendungsbereich. Durch Keile werden Maschinenteile (z. B. Riemenscheiben, Kupplungen, Kurbeln) mit Achsen oder Wellen lösbar verbunden. Der Keil als Verbindungselement hat eine zur Bauchfläche geneigte Rückenfläche. Die Größe der Neigung bezeichnet man als Anzug. Bei genormten Keilen beträgt die Neigung 1 : 100; d. h. die Keilhöhe ändert sich auf einer Keillänge von 100 mm um 1 mm (**13**.18). Der Keil wird zwischen die zu verbindenden Maschinenteile in die Nuten von Welle und Nabe eingetrieben und spannt die Teile gegeneinander. Es entsteht eine kraftschlüssige (reibschlüssige) Verbindung zwischen der Welle und der dem Keil gegenüberliegenden Nabenseite, auch Spannungsverbindung mit Anzug genannt (**13**.19).

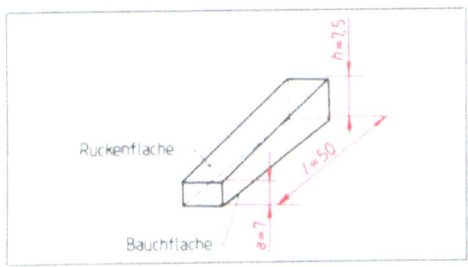

13.18 Längskeil

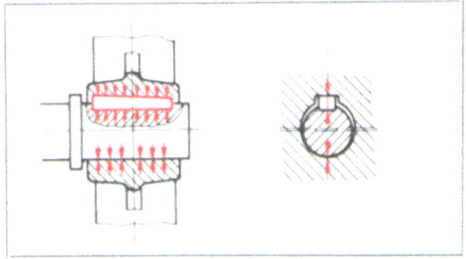

13.19 Längskeilverbindung mit Einlegekeil (Spannungsverbindung mit Anzug)

Keilverbindungen sind kraftschlüssige (reibschlüssige), lösbare Verbindungen (Spannungsverbindungen mit Anzug).

Beim Eintreiben des Keils wird die Radnabe wegen des Spiels von der Welle angehoben, und das Rad läuft nicht mehr völlig rund. Dadurch entstehen Unwuchten, die bei höherer Drehfrequenz zu großen Fliehkräften führen und Schwingungen in der Maschine verursachen. Keilverbindungen werden deshalb zur Befestigung von Maschinenteilen auf langsamlaufenden Wellen von Land- und Baumaschinen sowie in der Fördertechnik eingesetzt, wo keine Rundlaufgenauigkeit gefordert wird, aber große stoßartige oder wechselnde Drehkräfte zu übertragen sind.

Wirkungsweise und Beanspruchung. Der Keil gehört zu den einfachen, kraftumformenden Maschinen und entspricht physikalisch dem Prinzip der Schiefen Ebene (s. Abschn. 10.1.7).

Er formt die Eintreibkraft F_E in die senkrecht zur Bauch- und Rückenfläche wirkenden Normalkräfte F_N um, die größer als F_E sind (**13.20**). Diese Kräfte verspannen die Maschinenteile und erzeugen Reibung zwischen dem Keil und den Auflageflächen. Die Normalkräfte (und damit die Klemmwirkung) sind um so größer, je geringer die Neigung des Keils ist. Befestigungskeile haben daher eine geringe Neigung, um große Keil- und Klemmwirkung zu erreichen. Die geringe Neigung verhindert auch, daß sich der Keil von selbst löst (Selbsthemmung, s. Abschn. 13.2.3). Zum Lösen solcher Keilverbindungen muß der Keil herausgeschlagen werden. Beim Eintreiben wird der Keil an der Bauch- und Rückenfläche auf Flächenpressung beansprucht. Diese Flächenpressung bzw. die dadurch auftretende Reibung muß so groß sein, daß die Betriebskräfte aufgenommen werden können, ohne daß sich die verspannten Teile gegeneinander verschieben und der Keil auf Abscherung beansprucht wird (**13.21**).

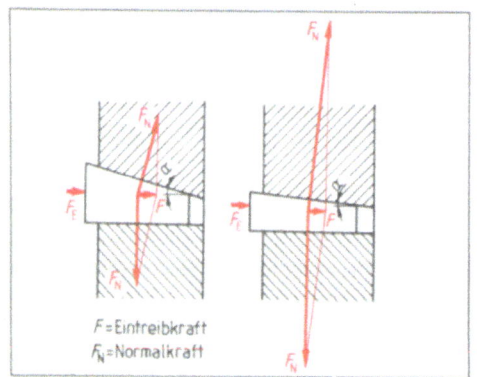 

13.20 Kraftzerlegung am Keil in Abhängigkeit von der Neigung

13.21 Beanspruchung des Keils

Keilarten. Die gebräuchlichsten Befestigungskeile sind Längskeile. Ihre Keilachse liegt beim Einbau parallel zur Wellenachse. Längskeile werden unterschieden nach Art der Keilauflage in Nuten-, Flach-, Hohl- und Tangentialkeile (**13.22**) und nach Art des Einbaus in Treib- und Einlegekeile (**13.23**).

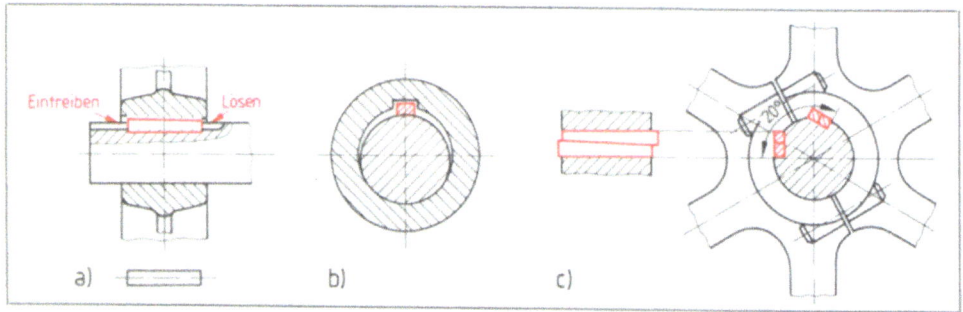

13.22 Keilarten a) Nutenkeil, b) Flach- und Hohlkeil, c) Tangentialkeile

Nutenkeile werden in die gefräste Wellennut und die meist durch Räumen oder Stoßen hergestellte Nabennut eingetrieben. Sie übertragen große, auch stoßartige und wechselnde Kraftmomente.

Flach- und Hohlkeile übertragen nur geringe Kraftmomente. Der Hohlkeil ist auf seiner Bauchseite der Wellenrundung angepaßt, so daß sich eine Wellenbearbeitung erübrigt. Der Flachkeil liegt auf einer sehr einfach zu fertigenden Abflachung der Welle.

Tangentialkeile können große stoßartige und wechselnde Kraftmomente übertragen und werden bei Maschinenteilen mit großem Durchmesser verwendet (z. B. geteilten Schwungrädern). Sie werden paarweise um 120° versetzt tangential zum Wellenumfang angeordnet.

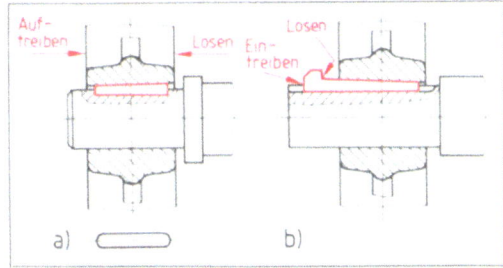

13.23 Einbauarten der Keile
a) Treibkeil (Nasenkeil), b) Einlegekeil

Treibkeile sind die am häufigsten verwendeten Längskeile. Sie werden durch Hammerschläge auf das dicke Keilende zwischen Nabe und Welle getrieben. Nasenkeile haben eine bessere Aufschlagfläche und können von derselben Seite aus gelöst werden, von der aus sie eingetrieben worden sind. Nabe und Welle verändern beim Eintreiben des Keils ihre Lage kaum.

Einlegekeile werden in die mit Langlochfräsern hergestellten Wellennuten eingepaßt. Statt des Keils werden die Räder mit den Naben auf den Keil aufgetrieben. Die axiale Lage der Nabe läßt sich dabei nicht genau vorbestimmen. Auch das Auftreiben großer Naben ist schwierig. Jedoch wird das Anstauchen der Treibkeile vermieden.

Arbeitsregeln für den Ein- und Ausbau der Keile

– Keile vor dem Einbau mit Gleitsitz in die Wellennut einpassen.
– Anzug des Keils und der Nabennut müssen übereinstimmen; das wird durch probeweises leichtes Eintreiben des Keils festgestellt. Rückenfläche des Keils vorher mit Tusche oder Kreide einreiben.
– Der Keil muß auf der ganzen Rückenfläche tragen, sonst wird die Nabe einseitig angezogen und verkantet.
– Keil und Nut vor dem Eintreiben leicht ölen oder fetten.
– Den Keil mit kräftigen Hammerschlägen eintreiben, ohne daß Keil, Nut, Welle oder Nabe beschädigt werden.
– Zum Lösen und Austreiben des Keils Keiltreiber, bei Nasenkeilen Keilzieher benutzen.

13.4 Federverbindungen

Aufgabe. Federn haben die Aufgabe, umlaufende Maschinenteile drehsicher und lösbar mit der Welle zu verbinden. Sie übertragen als Verbindungselement die Drehkräfte und -bewegungen von der Welle auf die Nabe. Federverbindungen sind also Mitnehmerverbindungen und dienen weniger zur Befestigung. Ihre Hauptanwendungsgebiete sind wegen der hohen Rundlaufgenauigkeit der Werkzeugmaschinenbau und der Fahrzeugbau. Genau umlaufende Teile wie Zahnräder, Schalträder, Kupplungsteile und Werkzeuge (Fräser, Schleifscheiben) werden deshalb durch Federn mit Wellen bzw. Spindeln verbunden.

Beanspruchung. Federn übertragen die Umfangskräfte der Welle allein durch Formschluß auf die Nabe. Sie haben parallele Flächen und keinen Keilanzug, wodurch die einseitige Verspannung der Maschinenteile, wie sie bei der Keilverbindung auftritt, entfällt und eine hohe Rundlaufgenauigkeit gewährleistet wird.

> Federverbindungen sind lösbare, formschlüssige Mitnehmerverbindungen ohne Anzug mit großer Rundlaufgenauigkeit.

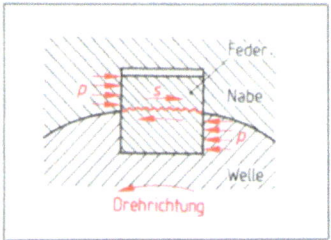

13.24 Beanspruchung einer Federverbindung
  p Flächenpressung
  s Abscherung

Im Gegensatz zur Keilverbindung treten beim Stillstand der Maschine in der Federverbindung keine (Reibungs-) Kräfte auf. Bei laufender Maschine werden die Feder durch die Kraftübertragung an den Flanken auf Flächenpressung und der Querschnitt auf Scherung beansprucht (**13.24**). Stoßartige Belastung und häufiger Drehrichtungswechsel führen infolge des seitlichen Spiels zwischen Nut und Feder zur Verformung der Federflanken und damit zur Lockerung der Verbindung. Federverbindungen eignen sich deshalb nur für e i n e Drehrichtung.

Die Feder wird in die Nuten von Welle und Nabe eingepaßt. Verbleibt das Rad stets an gleicher Stelle, müssen die Flanken der Feder mit enger Passung fest in der Wellen- und Nabennut sitzen (Paßfeder). Soll das Rad axial verschoben werden (z. B. Schalträder), muß zwischen der Federflanke und der Nabennut Spiel vorhanden sein (Gleitfeder). Die Nabennut muß so tief sein, daß sich Nutgrund und Paßfederrücken nicht berühren.

Federarten. Federn sind in Form und Größe genormt (DIN 6885). Man unterscheidet Paßfedern, Gleitfedern und Scheibenfedern (**13.25**).

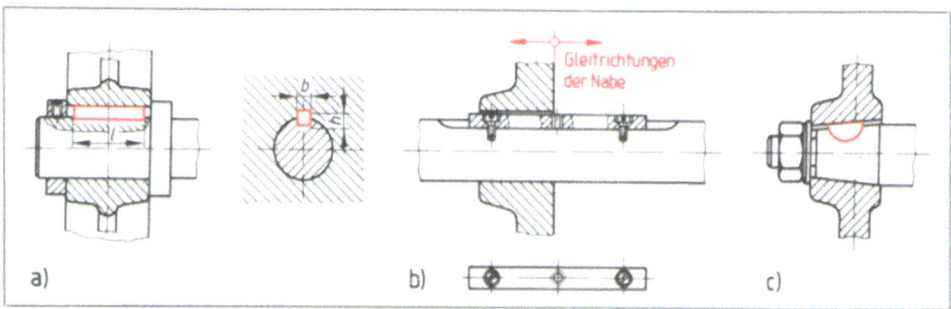

13.25 Federverbindungen
  a) Paßfeder, b) Gleitfeder, c) Scheibenfeder

Paßfedern sind vorwiegend rundstirnig, weil sich die Wellennut mit einem Langlochfräser einfach herstellen läßt. Sie ergeben eine starre Mitnehmerverbindung mit großer Rundlaufgenauigkeit. Die Nabe muß dabei gegen axiales Verschieben durch Wellenbund mit Gewindezapfen und Mutter oder Stellringe gesichert werden. Längere Paßfedern werden durch Halteschrauben gegen Herausfallen gesichert.

Gleitfedern ermöglichen außer der Mitnahme auch ein axiales Verschieben der Nabe, wie es z. B. bei Schaltgetrieben, Kupplungsscheiben, Schaltmuffen erforderlich ist. Kürzere Gleitfedern werden in die Wellennut eingepreßt und seitlich verstemmt. Längere Gleitfedern sichert man gegen Herausfallen mit Halteschrauben. Sie haben in der Mitte eine Gewindebohrung, in die beim Ausbau die Halteschraube als Abdrückschraube geschraubt werden kann.

Scheibenfedern haben die Form eines Kreisabschnitts und stellen sich von selbst auf den Anzug der Nabennut ein. Scheibenfedern und Wellennut lassen sich leicht und kostengünstig herstellen. Man verwendet Scheibenfedern zur Lagesicherung oder als Mitnehmerverbindung von Naben oder Werkzeugen auf Kegelzapfen. Der Wellen- bzw. Zapfenquerschnitt wird jedoch durch die Wellennut stark geschwächt, so daß Scheibenfederverbindungen nur für kleinere bis mittlere Kraftmomente eingesetzt werden.

Profilwellenverbindungen können bei großer Rundlaufgenauigkeit größere Kraftmomente als Federverbindungen – auch bei wechselnder Drehrichtung – übertragen. Diese formschlüssigen Wellen-Naben-Verbindungen werden in hochbeanspruchten Getrieben eingesetzt (z. B. in der Kraftfahrzeugtechnik und im Werkzeugmaschinenbau). Zu ihnen gehören Keilwellen, Zahnwellen und Polygonprofilwellen. Die teure Herstellung wird durch die Vorteile aufgewogen.

Bei Keilwellen ist auf dem Umfang eine gerade Zahl von Mitnehmern mit parallelen Seitenflächen (wie Federn) eingefräst. Weil diese „Federn" keinen Anzug haben, ist die Bezeichnung Keilwelle irreführend. Keilwellen werden durch Formfräsen im Teilverfahren oder Abwälzfräsen, die Nutenbohrung durch Räumen hergestellt. Vorteilhaft ist die gleichmäßige Kraftverteilung auf den Umfang und daß die Welle nicht durch einzelne Nuten geschwächt wird (**13.26 a**).

Zahnwellen mit Evolventenflanken tragen auf dem Umfang Zähne wie Zahnräder mit großer Zähnezahl. Sie dienen zur lösbaren und verschiebbaren oder festen Verbindung von Welle und Nabe. Ihre besonderen Vorteile sind die wirtschaftliche Herstellung und die große Mitnehmerzahl, wodurch sie große Kraftmomente und stoßweise Belastung übertragen.

Polygonprofilwellen. Das Polygonprofil der Welle (wie auch der Nabe) wird auf einer Sonderschleifmaschine mit einem schwingenden Schleifspindelstock hergestellt, der sich mit der Werkstückdrehung bewegt. Vorteilhaft sind die geringeren Fertigungskosten bei hoher Herstellungsgenauigkeit und genauer Zentrierung. Der Platzbedarf ist geringer als bei den anderen Wellen. Es lassen sich auch Bauteile mit kleineren Abmessungen bei gleicher Belastbarkeit verwenden. Durch den Fortfall von Kanten und Ecken ist die Gefahr von Dauerbrüchen und Härterissen stark herabgesetzt (**13.26 b**).

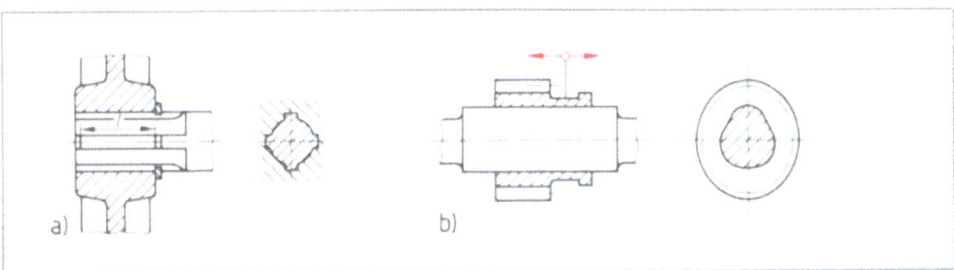

13.26 Mitnehmerverbindungen
  a) Nabenverbindung mit Keilwelle
  b) Polygonprofilwelle mit verschiebbarem Zahnrad

Aufgaben zu Abschnitt 13.3 und 13.4

1. Warum sind Keilverbindungen kraftschüssige Verbindungen?
2. Wie groß ist die genormte Keilneigung?
3. Warum wird für Befestigungskeile eine geringe Neigung gewählt?
4. Warum werden Maschinenteile mit Keilen nur auf langsamlaufenden Wellen befestigt?
5. Erläutern Sie mit einer Skizze die Kraftumformung (Eintreibkraft-Normalkräfte) an einem Keil.
6. Welche Beanspruchungsarten treten bei einer Keilverbindung auf?
7. Vergleichen Sie die Wirkungsweise eines Keils mit der einer Schraube.

8. Welche Vor- und Nachteile bietet die Befestigung mit Hohl- und Flachkeilen?
9. Worin unterscheiden sich Wellen-Naben-Verbindungen mit Einlegekeilen oder Treibkeilen?
10. Nennen Sie Arbeitsregeln für den Ein- und Ausbau von Längskeilen.
11. Welche Unterschiede bestehen zwischen einer Federverbindung und einer Keilverbindung?
12. Warum verwendet man als Mitnehmerverbindung für Welle und Zahnrad keine Keile, sondern Federn?
13. Wie wirken sich stoßartige Belastung und häufiger Drehrichtungswechsel auf eine Federverbindung aus?
14. Welche Beanspruchungsarten treten bei einer belasteten Federverbindung auf?
15. Welche Passungen wählt man bei Paßfedern und Gleitfedern?
16. Welche Aufgaben haben Gleitfedern?
17. Warum werden Scheibenfederverbindungen nur für geringe Kraftmomente eingesetzt?
18. Wie werden Keilwellen und Polygonprofilwellen hergestellt?
19. Warum dienen Profilwellen für hochbeanspruchte Getriebe?
20. Welche Vorteile bietet die Verwendung von Polygonprofilwellen?

13.5 Stiftverbindungen

Aufgaben. Im Maschinenbau werden Maschinenteile auch häufig durch Stifte (formschlüssig oder lösbar) verbunden. Die Stiftverbindungen erfüllen dabei sehr unterschiedliche Aufgaben, nach denen die Stifte auch benannt werden.

Verbindungsstifte (Befestigungsstifte) werden verwendet, wenn das Verbinden der Bauteile durch andere Verbindungselemente wie Schrauben oder Keile unzweckmäßig ist (z. B. wenn kein Spanndruck erforderlich oder die Fertigung der Verbindung unwirtschaftlich ist). Stiftverbindungen sind schnell und wirtschaftlich herzustellen, erfordern nur geringen Platzbedarf und schwächen den Querschnitt der zu verbindenden Teile nicht wesentlich. Anwendungsbeispiele sind das Befestigen von Handrädern, kleinen Zahnrädern, Hebeln, Ringen und Kurbeln auf Wellen (**13**.27).

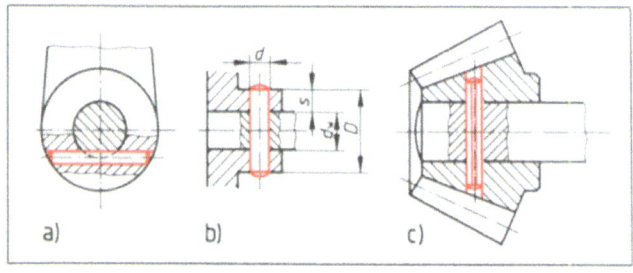
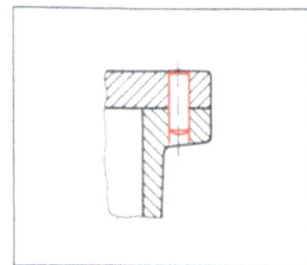

13.27 Verbindungsstifte
 a) Hebelbefestigung mit Zylinderstift
 b) Nabenverbindung mit Zylinderstift (Querstift)
 c) Verbindung von Zahnrad und Welle mit Kerbstift

13.28 Paßstift zum Zentrieren eines Deckels

Paßstifte sichern die genaue Lage zweier Teile zueinander, wie es z. B. bei Deckeln und Betriebekästen, bei Teilen von Vorrichtungen und Schneidwerkzeugen oder bei Anschlägen erforderlich ist (**13**.28). Die zu verbindenden Teile sind gegen Verschieben gesichert und passen auch nach mehrmaligem Lösen und Ausbau wieder genau zusammen. Bei Schraubverbindungen, in denen keine Paßschrauben verwendet werden können, legen Paßstifte oder Paßringe die Lage fest, während die Teile mit Durchsteck- oder Stiftschrauben verbunden werden. Paßstifte zeichnen sich durch besondere Genauigkeit, Härte und Oberflächengüte aus. Sie werden vor dem Einschlagen leicht eingefettet und in die durch Reiben feinstbearbeiteten Bohrungen eingepaßt.

Scherstifte dienen als Sicherung von teuren und empfindlichen Maschinenteilen oder Maschinen gegen Überbeanspruchung. Sie sind z. B. bei Arbeitsmaschinen zwischen dem Antrieb und den Arbeitselementen (Kupplungen, Arbeitsspindeln, Kranhaken) eingebaut und scheren bei Überlastung ab, so daß der Kraftfluß unterbrochen und das Werkzeug bzw. Werkstück u. a. nicht beschädigt wird. Nachdem die Ursache der Überlast beseitigt worden ist, baut man einen neuen Scherstift ein.

Die Stiftarten unterscheidet man nach der Form, die vom Verwendungszweck bestimmt wird. Die gebräuchlichsten genormten Stifte sind in Tab. **13**.29 aufgeführt.

Tabelle **13**.29   **Stiftarten**

Stiftart	Ausführung/Verwendung	Bemerkungen zum Einbau
Zylinderstifte DIN 7	Stifte für 3 Toleranzfelder genormt, an den unterschiedlichen Stiftenden erkennbar:	Stiftenden und Werkstoff müssen so gewählt werden, daß beim Ein- und Herausschlagen kein Verbiegen oder Anstauchen möglich ist. Paßstifte erfordern ein Aufreiben der Bohrung auf Paßmaß, höhere Fertigungskosten.
	– glatte Enden, Toleranzfeld h 11, Nietstift	
	– Kegelkuppe, Toleranzfeld h 8, Verbindungsstift	
	– Linsenkuppe, Toleranzfeld m 6, Paßstift	
DIN 6325	– Kegelansatz, Toleranzfeld m 6, gehärtet und geschliffen, Paßstift für hohe Ansprüche Werkstoffe: St50K, 9SMnPb28K oder 45S20K, blankgezogen	

Fortsetzung s. nächste Seite

Tabelle 13.29, Fortsetzung

Stiftart	Ausführung/Verwendung	Bemerkungen zum Einbau
Kegelstifte DIN 1, DIN 7977 1:50	Ausführung geschliffen oder gedreht genormtes Kegelverhältnis 1:50 Form- und kraftschlüssige Verbindung, wo höchste Präzision notwendig ist, sowie für Zentrierungen. Mit Gewindezapfen oder Innengewinde zum Ausziehen Werkstoffe wie Zylinderstifte	Bohrungen stufenweise aufbohren und mit Kegelreibahle aufreiben. Durch saugendes Haften in der Bohrung sind Kegelstifte schwer zu lösen.
Kerbstifte DIN 1473, DIN 1471	Stifte mit drei eingewalzten Kerben am Umfang, die sich beim Einschlagen plastisch und elastisch verformen. Für geringe Zentrieransprüche, aber festen Sitz beim Verbinden oder Befestigen von Teilen. Werkstoff u. a. 9 SMnPb28K, auch Kunststoff	Bohrungen werden ohne Nacharbeit mit Wendelbohrer hergestellt. Für Massenfertigung geeignet, niedrige Einbaukosten. Verbindung kann begrenzte Male gelöst und wieder hergestellt werden.
Spannhülsen (Spannstifte), DIN 1481	Geschlitzte Hülse mit Übermaß Zur Vermeidung von Passungsarbeit, zur Aufnahme von Schubkräften, zur Zentrierung (**13.30**) Werkstoff: Federstahl 55Si7	Bohrungen mit Wendelbohrer ohne Nacharbeit hergestellt, niedrige Herstellungskosten. **13.30** Schraubenverbindung mit Spannhülse zur Aufnahme von Schubkräften

Arbeitsregeln
- Zu verbindende Bauteile säubern und mit Schraubzwinge oder Feilkloben zusammenspannen.
- Waagerechte Lage der Werkstücke beim Bohren überprüfen.
- Bohrungen durch Ausblasen säubern, Stifte vor dem Eintreiben einfetten.
- Stifte senkrecht in die Bohrung einsetzen und mit wenigen Hammerschlägen eintreiben.
- Handhammer muß der Größe der Stifte entsprechen.
- Hammerschläge müssen senkrecht auf die Stiftkuppe wirken, damit der Stift nicht verkantet, angestaucht oder verbogen wird.
- Bei Paßstiften für Grundlöcher eine Längskerbe anschleifen, damit die Luft aus der Bohrung entweichen kann.

13.6 Nietverbindungen

13.6.1 Aufgaben und Beanspruchung

Durch Nieten werden Bauteile unlösbar miteinander verbunden. Die Teile können sich entweder gegeneinander bewegen (lose Nietung, Gelenk) oder sind fest miteinander verbunden (feste Nietung). An Nietverbindungen werden sehr unterschiedliche Anforderungen gestellt. Im Stahlbau (Hoch-, Brückenbau) und in der Fördertechnik (Kranbrücken, Drehkräne) müssen die Nietverbindungen fest sein, um große Kräfte aufnehmen zu können. Im Apparate- und Behälterbau kommt es dagegen auf eine dichte Nietverbindung an, während im Druckbehälterbau (besonders im Dampfkesselbau) feste und dichte Nietverbindungen gefordert werden. Außer Metallen werden auch nichtmetallische Werkstoffe genietet (z. B. Leder, Kunststoffe, Bremsbeläge).

Das Nieten hat heute gegenüber dem Schweißen an Bedeutung verloren, weil Schweißen eine leichtere, werkstoffsparende Bauweise mit geringerem Arbeitsaufwand ermöglicht. Nietverbindungen werden dort bevorzugt eingesetzt, wo die Werkstoffqualität durch die Wärmeeinwirkung beim Schweißen leidet (Leichtmetallbau, Flugzeugbau) oder ungleichartige Werkstoffe zu verbinden sind.

Die Wirkungsweise und Beanspruchung einer Nietverbindung hängt davon ab, ob die Niete warm oder kalt verarbeitet werden. Der Niet besteht im unverarbeiteten Zustand aus dem Setzkopf und dem Nietschaft, aus dessen Ende durch Stauchen der Schließkopf entsteht (**13**.31).

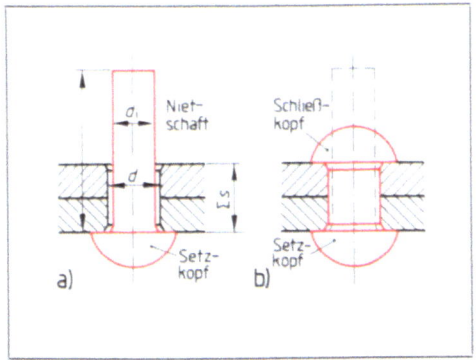

13.31 Nietbezeichnungen
a) unverarbeiteter, b) geschlagener Niet

13.32 Nietbeanspruchung
a) Kaltnieten, b) Warmnieten

Kalt- und Warmnieten. Das Kaltnieten wird für Stahlniete bis 10 mm Durchmesser sowie Leichtmetall- und Kupferniete angewendet, weil die Schlagwirkung ausreicht, um einen Schließkopf ohne Versprödung des Werkstoffs zu bilden. Der gestauchte Nietschaft füllt die gesamte Bohrung aus und überträgt die Kräfte in der Verbindung vor allem durch Formschluß. Der Niet wird dabei auf Abscherung, die Bohrungswandung auf Lochleibung (Flächenpressung) beansprucht (**13**.32a). Stahlniete mit $\emptyset > 10$ mm werden warm verarbeitet (Hellrotglut), weil die Erwärmung des Werkstoffs den Umformwiderstand herabsetzt. Beim Erkalten schrumpft der Nietschaft in Längs- und Querrichtung. Die Nietköpfe pressen mit großer Kraft die Bauteile aufeinander und verursachen große Reibungskräfte zwischen den Bauteilen.

Dadurch können größere Kräfte übertragen werden als bei der Kaltnietung. Die Verbindung wirkt kraftschlüssig. Der Nietschaft liegt infolge der Querschrumpfung nicht an der Lochwandung an (**13**.32b).

> Nietverbindungen sind unlösbare Verbindungen. Kaltnietungen wirken durch Formschluß, Warmnietungen durch Kraftschluß (Reibschluß).

Nietwerkstoffe müssen gute Verformbarkeit (Dehnung) aufweisen, damit sich der Nietschaft gut stauchen und der Schließkopf leicht formen läßt. Außerdem müssen sie ausreichende Festigkeitseigenschaften haben. Weil die Dehnung in der Regel mit steigender Festigkeit abnimmt, muß der Nietwerkstoff beiden Forderungen gerecht werden. Als Nietwerkstoffe dienen Nietstähle (z. B. MN St 34, U St 36-1, R St 36-2 und R St 44-2), Kupfer und Kupfer-Zink-Legierungen (Cu 99, CuZn 37), Aluminium Al 99,9 und Kunststoffe.

13.6.2 Nietformen

Niete werden benannt nach der Art des Werkstoffs (Stahl-, Kupferniet), nach der Form, besonders des Kopfes (z. B. Halbrund-, Linsen-, Hohlniet), und nach dem Einsatzgebiet (Stahlbau-, Kessel-, Blechniet). Die wichtigsten Nietformen und ihr Anwendungsgebiet zeigt Tab. **13**.33.

Tabelle **13**.33 **Nietformen**

Nietformen	Anwendungsgebiet/Bemerkungen
Halbrundniet DIN 124 DIN 660	Festnietung im Stahlbau; Fest- und Dichtnietung im Kesselbau, dabei durch größere Kopfform höhere Klemmwirkung Schließkopf entweder als Halbrund- oder Senkkopf
Senkniet DIN 661	Metallbau-, Ausrüstungstechnik, Leichtmetallbau, für glatte Nietstellen Schließkopf entweder als Halbrundkopf oder als Senkkopf
Linsenniet DIN 662	Trittbleche, Leisten, Beschläge
Flachsenkniet DIN 675	Riemen, Ledergurte, Kunststoffe, Gewebe durch große Auflagefläche des Kopfes geringere Gefahr des Ausreißens
Rohrniet DIN 7340	für empfindliche Werkstoffe, Leder, Pappe, Kunststoffe, Spielwaren, ineinandergreifende Rohre, Elektrotechnik, Fernmeldetechnik (z. B. zum Durchführen von Leitungen)
Hohlniet DIN 7339	Blindniet nur für einseitig zugängliche Nietstellen Spreizdorn mit Sollbruchstelle wird durch den hohlen Nietschaft gegen den Blechschließer gezogen und bildet mit kegeligem Teil den Schließkopf.
Sprengniet (Thermoniet)	Blindniet, nur für einseitig zugängliche Nietstellen Sprengkapsel wird mit erwärmten Döpper gezündet und spreizt das hohle Schaftende zum Schließkopf.

13.6.3 Herstellen einer Nietverbindung

Nahtformen. Die Nietverbindungen werden als Überlappungs- oder (Doppel-)Laschennietung hergestellt. Bei mehrreihigen Nietungen können die Niete parallel oder im Zickzack angeordnet sein. Man unterscheidet auch ein- oder mehrschnittige Niete. So sind bei einer Doppellaschennietung die Niete zweischnittig, weil jeder Niet zweimal abgeschert werden muß, bevor die Verbindung zerreißt (**13.34**, **13.35**).

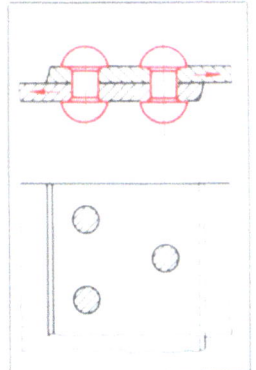
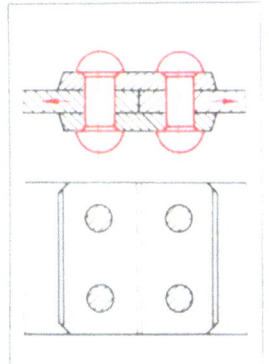
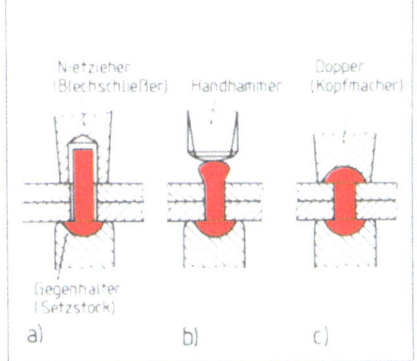

13.34 Zweireihige Überlappungsnietung, einschnittig

13.35 einreihige Doppellaschennietung, zweischnittig

13.36 Nietvorgang
a) Schließen der Bleche, b) Anstauchen und Anschrägen, c) Fertigformen

Ausführung. Die Nietlöcher werden möglichst in einem Arbeitsgang in die zusammengespannten Teile gebohrt und dann angesenkt, um Kerbwirkungen zu vermeiden. Die Niete zieht man kalt oder warm in die Löcher ein und legt den Setzkopf in einen Gegenhalter (Setzstock). Mit Hilfe des Nietziehers (Blechschließer) drückt man die Teile fest zusammen. Durch senkrecht geführte kraftige Schläge mit dem Handhammer wird der Nietschaft gestaucht und durch schräge Hammerschläge der Schließkopf vorgeformt. Mit dem Kopfsetzer (Döpper), der eine halbkugelförmige, polierte Vertiefung hat, wird dann der Schließkopf durch einen sehr kräftigen Schlag fertiggeformt (**13.36**).

Nach den Nietwerkzeugen unterscheidet man die Handnietung mit dem Handhammer oder Elektrowerkzeugen (z. B. Drucklufthammer) und die Maschinennietung (Nietpressen), mit der die Nietarbeit beschleunigt und mechanisiert werden kann.

Aufgaben zu Abschnitt 13.5 und 13.6

1. Welche Aufgaben haben Stifte zu erfüllen?
2. Warum werden beim Verbinden von Maschinenteilen durch Schrauben oft zusätzlich Stifte eingebaut?
3. Welche Vorteile bietet die Verwendung von Kerbstiften?
4. Nennen Sie Anwendungsbeispiele für den Einsatz von Stiftverbindungen.
5. Welche Aufgaben erfüllen Nietverbindungen?
6. Vergleichen Sie die Vorteile und Nachteile einer Nietverbindung und einer Schweißverbindung.
7. Beschreiben Sie die Wirkungsweise und Beanspruchung einer kalt- und einer warmgenieteten Verbindung.
8. Welche Eigenschaften müssen Nietwerkstoffe aufweisen?
9. Was versteht man unter einer zweischnittigen Nietverbindung?
10. In welchen Bereichen werden Nietungen bevorzugt eingesetzt?

13.7 Lötverbindungen

13.7.1 Merkmale und Anwendung

Löten ist das Verbinden metallischer Werkstücke mit Hilfe eines geschmolzenen Zusatzmetalls (Lot), dessen Schmelzpunkt niedriger ist als die Schmelzpunkte der zu verbindenden Grundwerkstoffe. Der Zusammenhalt wird dadurch bewirkt, daß das Lot in den Lötspalt zwischen die beiden erwärmten, aber festen Bauteile fließt, sie benetzt und beim Erstarren stoffschlüssig und unlösbar miteinander verbindet.

> Durch Löten wird eine unlösbare stoffschlüssige Verbindung metallischer Werkstoffe mit Hilfe eines geschmolzenen Zusatzmetalls (Lot) hergestellt. Die Schmelztemperatur des Lotes liegt unterhalb der der erwärmten, aber festbleibenden Grundstoffe.

Weich- und Hartlöten. Nach der Schmelztemperatur des Lotes unterscheidet man Weichlöten (Lotschmelztemperatur bis 450 °C) und Hartlöten mit einer Lötschmelztemperatur über 450 °C. Bei Lotschmelztemperaturen oberhalb 900 °C spricht man auch von Hochtemperaturlöten.

Anwendung findet das Löten, wenn keine Gefügeänderungen oder Wärmespannungen im Grundwerkstoff auftreten sollen und keine besonders hohen Anforderungen an die Festigkeit und Wärmeempfindlichkeit der Verbindung gestellt werden. Besonderes Einsatzgebiet ist das Verbinden von Hartmetallschneidplättchen mit Werkzeughaltern aus Stahl, von Stahl mit Stahl, Stahl mit NE-Metallen und NE-Metallen untereinander. Lötverbindungen finden wir in der Feinwerktechnik, für leitende Verbindungen in der Elektrotechnik, bei der Herstellung von Haushaltsgeräten, Werkzeugen, Kühlern und bei Reparaturarbeiten.
Der Lötvorgang ist mechanisier- und automatisierbar und läßt sich kostengünstig in der Massenfertigung einsetzen.

13.7.2 Herstellen einer Lötverbindung

Das Herstellen einer Lötverbindung verläuft in mehreren Schritten.

Das Reinigen der Lötstelle ist die wichtigste Voraussetzung für eine einwandfreie haltbare Lötung. Die Lötstelle muß metallisch rein, d. h. frei von Schmutz, Farbresten, Fett oder Zunder sein. Gereinigt wird mechanisch (durch Bürsten, Feilen, Schaben, Schleifen) oder chemisch durch Beizen in Säuren.

13.37 Wirkung des Flußmittels
 a) Lot auf Oxidschicht: Oberflächenspannung größer als Benetzung
 b) Lot auf metallisch reiner Fläche: Benetzung

Durch Auftragen eines Flußmittels werden die Oxidschichten auf dem Werkstück und dem Lot aufgelöst und durch das flüssige Lot von der Lötstelle verdrängt, so daß die metallisch reine Werkstückoberfläche vom Lot benetzt werden kann. Das Flußmittel verhindert außerdem die Neubildung von Oxidschichten, die beim Lötvorgang durch die Erwärmung der Teile entstehen können (**13.37** und **13.38**).

Tabelle 13.38 Flußmittel zum Weich- und Hartlöten nach DIN 8511 (Auswahl)

Flußmittel	Bestandteile/Lieferform	Hinweise für die Verwendung
Lötwasser	Zinkchlorid $ZnCl_2$ in wäßriger Lösung (2.9)	zum Weichlöten von Kupfer, Kupferlegierungen, Weißblech korrodierende Flußmittelreste sorgfältig abspülen
Salzsäure	HCl mit Wasser verdünnt (1:1,5) Flüssigkeit	zum Weichlöten stark oxidierter Oberflächen wie Zinkbleche, verzinkte Teile korrodierende Flußmittelreste sorgfältig abspülen
Lötfette	organische, mild wirkende Säuren oder Zinkchlorid, Ammoniumchlorid (Salmiak) organisch zubereitet mit Fetten, Mineralölprodukten als Flüssigkeit, Paste oder Flußmittel-Lot-Gemische	zum Weichlöten von Blei und Bleilegierungen zum Weichlöten von Kupfer und Cu-Legierungen, Kühlerbau, Klempnerarbeiten, Armaturen, Metallwaren bedingt korrodierend, Rückstände ggf. mit geeignetem Reinigungsverfahren beseitigen
Kolophonium	aus natürlichem Harz (Baumharz) als Pulver, Lot-Flußmittel-Gemisch oder Flußmittelseele in Weichloten	zum Weichlöten von Kupfer, Kupferlegierungen, Blei, Elektrogerätebau, Metallwaren, Elektrotechnik keine Korrosion der Grundwerkstoffe, Rückstände können auf der Lötstelle verbleiben
Borax	Natriumtetraborat ($Na_2B_4O_7 \cdot 10H_2O$)	zum Hartlöten bis 850 °C
Borsäure oder Borax-Borsäure-Gemisch	Borsäure (H_3BO_3)	zum Hartlöten oberhalb 850 °C
Borverbindungen z. B. mit Fluoriden	und andere Borverbindungen mit Zusatz anderer Salze als Flüssigkeit, Pulver, Paste	zum Hartlöten von 550 °C bis 800 °C

Das Erwärmen der Werkstücke an der Lötstelle muß bis auf die Arbeitstemperatur erfolgen, damit das Lot während des gesamten Lötvorgangs zum Schmelzen und zum Fließen gebracht wird, die Fügeflächen benetzen, sich ausbreiten und mit dem Grundwerkstoff verbinden kann.

Ist die Arbeitstemperatur zu niedrig, erstarrt das Lot vorzeitig (Kaltlötung) und ergibt eine Klebenaht mit geringer Festigkeit. Bei zu hoher Arbeitstemperatur entsteht eine körnige, spröde Lötnaht, und es besteht Gefahr, daß Legierungsbestandteile des Lotes verbrennen oder die Werkstücke durch Überhitzung Schaden leiden.

Beim Ansetzen an die Lötstelle wird das Lot durch Kapillarwirkung in den Lötspalt hineingesaugt. Wir kennen diese Kapillarwirkung von engen Röhrchen, Rissen und Spalten aus dem Alltag (z. B. von porösem Mauerwerk). Die Saugkraft läßt sich in besonderen Probekörpern nachweisen und macht deutlich, daß die Saugwirkung um so größer ist, je enger der Spalt ist (13.39). Die günstigste Spaltbreite beim Löten liegt bei 0,05 mm bis 0,25 mm. Bei größerer Spaltbreite verringert sich die Festigkeit der Verbindung. Das flüssige Lot dringt an den Korngrenzen des Werkstückgefüges, Haarrissen und Riefen in die Oberfläche ein und verklammert beim Erstarren durch Adhäsionskräfte die Verbindungsflächen miteinander. An der

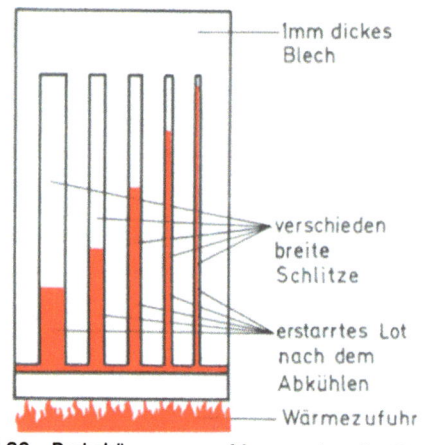
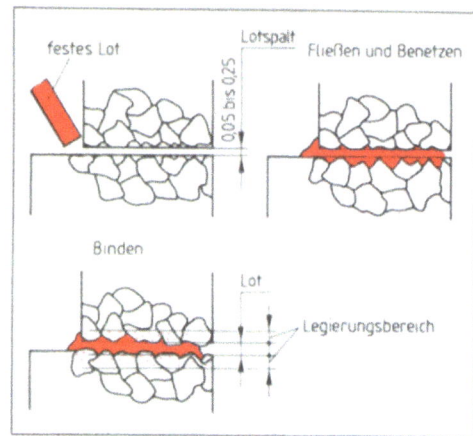

13.39 Probekörper zum Messen der Kapillarwirkung

13.40 Lötvorgang

Grenzfläche zwischen Lot und Grundwerkstoff kommt es zur Diffusion (Eindringen, Vermischen) und Legierungsbildung. Die Festigkeit der Lötverbindung ist um so größer, je stärker die Legierungsbildung und je schmaler der Lötspalt sind (**13.**40).

Durch Reinigen der Lötstelle (gründliches Abspülen) entfernt man anhaftende Flußmittelreste, die korrodierend wirken (z. B. von Lötwasser, Salzsäure). Flußmittel auf der Grundlage natürlicher Harze (Kolophonium) und anderer organischer Verbindungen rufen bei NE-Metallen keine Korrosion hervor und können auf der Lötstelle verbleiben.

Tabelle **13.**41 gibt einen Überblick über die Weich- und Hartlote.

Tabelle **13.41 Weich- und Hartlote** (Auswahl)

Lotgruppe DIN	Kurzzeichen	Arbeitstemperatur	Grundwerkstoffe	Anwendungsbeispiele
Weichlote nach DIN 1707 Blei-Zinnlote	L-PbSn8Sb L-PbSn20Sb L-PbSn40(Sb)	305 °C 270 °C 235 °C	Stahl, Kupfer, Kupferlegierungen, Zinklegierungen	Kühlerbau, Schmierlot, Lötungen allg. Art, Karosseriebau, Verzinnung, Zinkblechlötungen
Zinn-Bleilote	L-Sn50Pb L-Sn60Pb	215 °C 190 °C	Stahl, Kupfer, Kupferlegierungen	Kupferrohre, Feinlötungen, Elektroindustrie, gedruckte Schaltungen
Sonderweichlote	L-SnAg5	235 °C	Kupfer, Kupferlegierungen	Kupferrohre für Heizung und Warmwasser, Kälteindustrie
Hartlote nach DIN 8513 und DIN 8512 Kupferlote	L-Cu L-SCu	1100 °C	Stahl, unlegiert	Gerätebau, Werkzeuge (Hartmetall auf Stahl)

Fortsetzung s. nächste Seite

Tabelle 13.41, Fortsetzung

Lotgruppe DIN	Kurzzeichen	Arbeits- temperatur	Grundwerk- stoffe	Anwendungsbeispiele
(Messinglote)	L-Ms60	900 °C	Stahl, Gußteile, Kupfer- und Nik- kellegierungen	Rohrleitungsbau, Fahrzeugbau, Instandsetzung
Silberhaltige Lote	L-Ag49	690 °C	Hartmetall auf Stahl, Wolfram und Molybdän- werkstoffe	Schneidwerkzeuge, Edelmetallwaren
Leichtmetall- lote	L-AlSi12	590 °C	Aluminium, Al-Legierungen, Gußstücke nur aus GAlSi12	Bleche, Profile, Drähte

13.7.3 Lötverfahren und Lötgeräte

Das Erwärmen der Lötstelle auf Arbeitstemperatur kann auf verschiedene Weise erfolgen und kennzeichnet das einzelne Lötverfahren.

Beim Kolbenlöten, angewendet beim Weichlöten, werden Lötkolben aus Kupfer (Hammer- oder Spitzkolben) auf offener Flamme, Elektrolötkolben durch elektrische Energie und Gaslötkolben durch Brenngase erwärmt. Vor dem Löten wird die Kolbenschneide mit Salmiakstein gereinigt und verzinnt. Der Kolben dient zum Erwärmen der Lötstelle und zum Schmelzen des Lotes.

Beim Flammlöten erfolgt die Erwärmung durch Lötlampe oder Lötpistole. Die Lötlampe, mit Benzin oder Spiritus beheizt, verwendet man zum Weichlöten dickerer Werkstücke, längerer Lötnähte und bei Montagearbeiten. Lötpistolen arbeiten mit Brenngasen (Stadtgas, Propangas) unter Zugabe von Druckluft und dienen ebenso wie Schweißbrenner (Acetylen-Sauerstoffflamme) zum Hartlöten.

Lötbadlöten ist ein Tauchlöten, bei dem die zu verbindenden Teile in ein Bad aus flüssigem Lot getaucht werden. Dieses Verfahren nutzt man beim Weichlöten und Hartlöten von Schwermetallen.

Induktionslöten und Widerstandslöten nutzen den elektrischen Strom zur Erwärmung. Dabei wird die Erwärmung der Bauteile durch die Induktionswirkung hochfrequenter Wechselströme in Spulen oder durch elektrischen Widerstand bewirkt. Diese Verfahren finden wir vor allem in der Massenfertigung.

Ofenlöten im Vakuum oder in Schutzgas schirmt die Fügeteile von den schädlichen Einflüssen der Atmosphäre bei höheren Temperaturen ab.

Aufgaben zu Abschnitt 13.7

1. In welchen Bereichen wendet man das Löten an?
2. Wie unterscheiden sich Weichlöten und Hartlöten?
3. Warum ist das Reinigen der Lötstelle wichtig?
4. Welche Aufgaben erfüllen die Flußmittel?
5. Nennen Sie Flußmittel zum Weich- und Hartlöten.
6. Welche Folgen hat eine zu niedrige oder zu hohe Arbeitstemperatur?
7. Welche naturwissenschaftlichen Erscheinungen zwischen Lot und Grundwerkstoff bewirken die Verbindung?
8. Welcher Zusammenhang besteht zwischen Lötspaltbreite, Kapillarwirkung und Festigkeit der Verbindung?
9. Welche Lote werden zum Weichlöten und zum Hartlöten verwendet?
10. Kennzeichnen Sie Lötverfahren im Hinblick auf die Erwärmung der Lötstelle.

13.8 Schweißverbindungen

13.8.1 Bedeutung und Verfahren

Durch Schweißen mit oder ohne Zusatzwerkstoffe werden meist artgleiche Werkstoffe unlösbar und stoffschlüssig miteinander verbunden. Die Grundwerkstoffe werden durch Wärmezufuhr in einem örtlich begrenzten Bereich (Schweißzone) plastisch verformbar oder flüssig gemacht und verbinden sich mit oder ohne Kraftaufwand.

Bedeutung. Durch die Vielfalt der Verfahren für die unterschiedlichsten Fertigungsaufgaben und die hohe Qualität der Verbindungen hat das Schweißen andere Fertigungsverfahren (z. B. Nieten, Gießen) aus vielen Anwendungsbereichen verdrängt. Die Schweißverbindung ergibt sich durch direktes Verschmelzen der Grundwerkstoffe, Verbindungselemente entfallen. Das bedeutet eine erhebliche Einsparung an Masse (Gewicht). Schweißverbindungen lassen sich kostengünstig ohne aufwendige Vorarbeiten (Bohren, Montage) herstellen und weisen eine hohe Festigkeit und Steifigkeit auf, ohne daß der Querschnitt der zu verbindenden Teile geschwächt wird. Durch Schweißen lassen sich unkompliziert z. B. Maschinenteile, Behälter und Maschinenrahmen in Verbundbauweise (Zellenbauweise) fertigen, die sonst nur durch kostenaufwendigere Fertigung hergestellt werden können. Praktisch wird in fast jedem metallverarbeitenden Betrieb geschweißt. Die großen Anwendungsbereiche sind der Stahlbau (Brücken, Krane, Masten), Kessel-, Behälter- und Schiffbau.

> Schweißen ergibt unlösbare und stoffschlüssige Verbindungen.

Die Schweißverfahren unterscheidet man nach dem Zweck in Verbindungs- und Auftragsschweißen (Beschichten), nach dem Werkstoff der zu verbindenden Teile in Metall- und Kunststoffschweißen und nach Art der Fertigung in Handschweißen, mechanisches und automatisches Schweißen. Nach DIN 1910 benennt man die Schweißverfahren nach dem Ablauf des Schweißvorgangs (Preß- oder Schmelzschweißen) und nach der Art des Energieträgers, der die erforderliche Schweißwärme liefert (z. B. Lichtbogen, elektrischer Widerstand, Gas). Die gebräuchlichsten Schweißverfahren nennt Tabelle **13.42**.

Tabelle **13.42** Die gebräuchlichsten Schweißverfahren und ihre Anwendung

Verfahren	Vorgang	Anwendung
Schmelzschweißen	Die Werkstücke werden im schmelzflüssigen Zustand ohne Kraftanwendung meist mit Schweißzusatz verbunden.	
Gasschmelzschweißen	Schweißteile werden durch eine Stichflamme verbunden, die durch Verbrennung eines Brenngas-Sauerstoffgemischs entsteht.	Dünnbleche und Rohrleitungsbau bis 6 mm Wanddicke, allgemein für Stahl bis 0,25% C-Gehalt, Panzern (Beschichten), Reparaturschweißungen
Lichtbogenschmelzschweißen mit Metalllichtbogen-, Schutzgas-, Unterpulverschweißen	Schweißteile werden durch einen elektrischen Lichtbogen verschmolzen, der meist zwischen einer Elektrode und den Werkstücken gezogen wird.	sehr breite Anwendung bei Eisenwerkstoffen und NE-Metallen Behälter- und Kesselbau, Stahlkonstruktionen, Bleche, Rohre, Profile

Fortsetzung s. nächste Seite

Tabelle **13**.42, Fortsetzung

Verfahren	Vorgang	Anwendung
Preßschweißen	Die Werkstücke werden unter Anwendung von Kraft meist bei örtlich begrenzter Erwärmung bis zum teigigen Zustand miteinander verbunden.	
Widerstandspreß-schweißen mit Punkt-, Rollennaht-, Buckel-, Abbrennstumpf-, Preßstumpfschweißen	Die Berührungsflächen zweier Werkstücke werden durch elektrischen Widerstand (Übergangswiderstand) erwärmt und durch Druck verbunden.	Massenfertigung von Ringen, Kettengliedern, Wellen, Profilverbindungen Karosseriebau, Feinwerktechnik

13.8.2 Gasschmelzschweißen

Beim Gasschmelzschweißen erzeugt man die erforderliche Schweißtemperatur durch Verbrennen eines Brenngas-Sauerstoff-Gemisches mit einem Schweißbrenner. Durch die heiße Stichflamme des Brenners (gebündelte Flamme) werden die Werkstoffränder der Stoßkanten aufgeschmolzen und mit oder ohne Zugabe von Schweißdraht miteinander verschießt. Weil die Schweißstelle eine Zeit vorgewärmt werden muß, bevor der Werkstoff schmilzt, ergibt sich eine breite Wärmezone. Diese große Wärmestreuung schränkt die Anwendung des Gasschmelzschweißens ein, so daß es hauptsächlich beim Schweißen dünner Bleche, von Rohrleitungen, zum Auftragsschweißen (Beschichten) und zu Reparaturarbeiten eingesetzt wird.

13.8.2.1 Brenngas und Sauerstoff

Acetylen ist wegen seiner hohen Flammentemperatur, seiner großen Verbrennungsgeschwindigkeit und Flammenleistung das am häufigsten verwendete Brenngas. In besonderen Fällen (z. B. Thermisches Trennen, Beschichten) werden mitunter auch Wasserstoff, Propan oder Erdgas eingesetzt (**13**.43).

Tabelle **13**.43 **Eigenschaften der Brenngase**

Eigenschaft	Acetylen C_2H_2	Propan C_3H_8	Erdgas (Methan CH_4)
Flammentemperatur in °C	3200	2800	2700
Flammenleistung in kJ/cm^2 · s	42,7	10,3	8,5
Verbrennungsgeschwindigkeit in cm/s	1350	370	330
Zündtemperatur in °C	335	510	645
Explosionsgrenzen in Luft in Vol.-%	2,4 bis 80	2,0 bis 9,5	4,0 bis 17,0

Acetylen ist ein farbloses, ungiftiges Gas mit einem stechenden Geruch. Gewonnen wird es aus der chemischen Reaktion von gebranntem Kalk (Calciumcarbid) mit Wasser oder großtechnisch aus Kohlenwasserstoff-Verbindungen (z. B. Methan). Schon bei einem Druck von 2 bar neigt Acetylen zur Explosion, doch kann es ohne Explosionsgefahr in Aceton gelöst werden (1 l Aceton löst bei einem Druck von 1 bar 25 l Acetylen).

In Acetylenflaschen aus nahtlos gezogenem Stahlrohr mit Flaschenvolumen von 40 l wird Acetylen in Aceton gelöst für Verbrauchszwecke gespeichert. Die Normalflasche enthält 16 l Aceton, das bei einem Druck von 15 bar 6000 l Acetylen gelöst hat (16 · 25 · 15 = 6000). Weil Acetylen ab 2 bar zerfällt, ist die Flasche mit einer porösen Masse (Calciumhydrosilikat) gefüllt, deren Poren das Aceton mit dem gelösten Acetylen aufsaugen und so eine gefahrlose Speicherung bei diesem hohen Druck ermöglichen (**13.44**).

Beim Öffnen des Flaschenventils löst sich das Acetylen aus dem Aceton wie Kohlensäure aus Mineralwasser. Damit beim Entspannen des Acetylens kein Aceton mitgerissen wird, dürfen aus der Flasche nur 500 l Acetylen je Stunde aus senkrecht stehenden bzw. schrägstehenden Flaschen entnommen werden.

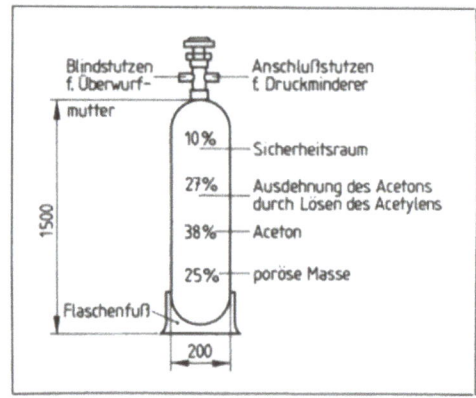

13.44 Acetylenflasche

Kennzeichen der Acetylenflasche sind der gelbe Kennfarbenanstrich und für den Anschluß des Druckminderventils ein R 3/4 – Linksgewinde oder Bügelverschluß.

Sauerstoff ist nicht brennbar, aber zu jeder Verbrennung erforderlich. Er wird im Luftverflüssigungsverfahren gewonnen und in Stahlflaschen, die in Form und Größe der Acetylenflasche gleichen, unter Druck gespeichert. Normalflaschen mit einem Volumen von 40 l enthalten bei einem Fülldruck von 150 bar 6000 l Sauerstoff. Es gibt auch Leichtstahlflaschen mit 50 l Volumen und einem Fülldruck von 200 bar, also mit 10 000 l Gasfüllung.

Kennzeichen der Sauerstoffflasche sind der blaue Kennfarbenanstrich und ein Anschlußgewinde für den Druckminderer von R 3/4 – Rechtsgewinde.

13.8.2.2 Geräte und Zubehör

Druckminderer setzen den hohen Flaschendruck der Schweißgase auf den jeweiligen Arbeitsdruck herab und halten ihn während der Schweißarbeit auch bei nachlassendem Flaschendruck. Der Flaschendruck des Acetylens wird meist mit einem einstufigen Druckminderventil direkt von 15 bar auf den Arbeitsdruck von 0,2 bar bis 0,6 bar vermindert. Zum Entspannen des Sauerstoffs dienen dagegen zweistufige Druckminderer. In einer fest eingestellten Stufe verringert sich der Flaschendruck von 150 bar auf etwa 40 bar. In der zweiten Stufe erreicht man den Arbeitsdruck von etwa 2,5 bar. Der Arbeits-

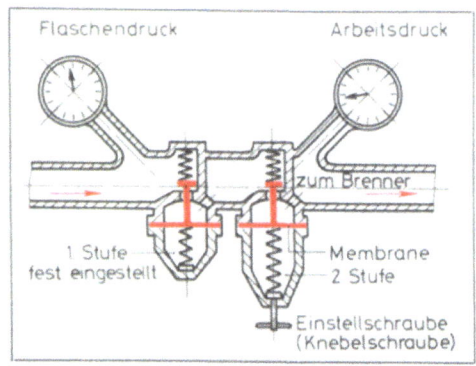

13.45 Druckminderventil (zweistufig)

druck wird an der Einstellschraube der 2. Stufe eingestellt und an einem Druckmesser (Arbeitsmanometer) abgelesen. Ein zweites Manometer gibt den Flaschendruck an (**13**.45).

Schläuche, Schlauchanschlüsse. Sauerstoffschläuche (blau gefärbt) und Brenngasschläuche (rot gefärbt) führen die Schweißgase von Druckminderer zum Schweißbrenner. Wegen der unterschiedlichen Druckbelastung dürfen sie nicht verwechselt werden. Druckminderer und Brenner sind mit Schlauchtüllen versehen, auf denen die aufgeschobenen Schläuche mit Klemmen gegen Abziehen gesichert werden.

Im Schweißbrenner werden Brenngas und Sauerstoff in einem bestimmten Verhältnis gemischt und dann an der Brennerspitze (Schweißdüse) in einer Stichflamme verbrannt. Am gebräuchlichsten ist ein Saugbrenner. Er arbeitet nach dem Injektorprinzip. Der Sauerstoff strömt unter dem Arbeitsdruck von 2,5 bar in eine Druckdüse und verläßt sie wegen einer Verengung des Düsenendes mit hoher Geschwindigkeit. Dadurch entsteht in der Saugdüse, die die Druckdüse ringförmig umgibt, ein Unterdruck. Das mit dem geringen Druck von 0,5 bar in die Saugdüse eingeführte Acetylen wird durch diesen Unterdruck angesaugt und vermischt sich unter Wirbelbildung in der Mischkammer und im Mischrohr mit dem Sauerstoff (**13**.46). Zum Zünden der Schweißflamme an der Schweißdüse müssen zuerst das Sauerstoffventil, dann das Brenngasventil geöffnet werden, um eine zu stark rußende Flamme zu vermeiden. Nach dem Entzünden reguliert man das Mischungsverhältnis beider Schweißgase mit den unabhängig voneinander wirkenden Ventilen. Beim Abstellen verfährt man aus gleichem Grund in umgekehrter Reihenfolge: zuerst das Brenngas-, dann das Sauerstoffventil.

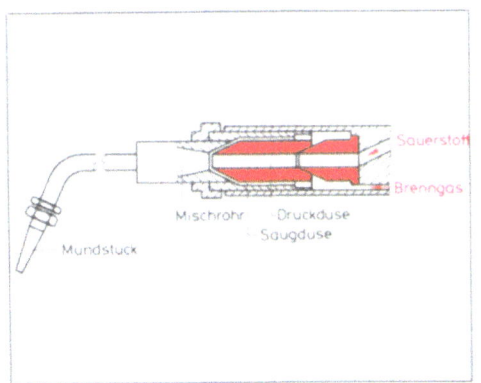

13.46 Schweißbrenner (Saugbrenner)

13.47 Neutrale Schweißflamme
1 Acetylen-Sauerstoff-Gemisch
2 Flammenkegel
3 Schweißzone, reduzierend
4 Streuflamme, oxidierend

Schweißflamme. Jede Schweißflamme hat drei Bereiche: einen hellen Flammenkegel, eine geschlossene Verbrennungszone (Schweißzone) mit der höchsten Temperatur und eine Streuflamme (**13**.47). An Form und Aussehen der Schweißflamme kann man erkennen, ob sich das Brenngas mit dem Sauerstoff in einem für den Schweißvorgang erforderlichen Verhältnis gemischt haben und verbrennen. Je nach Einstellung des Mischungsverhältnisses ist die Schweißflamme neutral, reduzierend oder oxidierend.

Die neutrale Flamme entsteht bei einem Mischungsverhältnis Acetylen : Sauerstoff = 1 : 1. Es bildet sich ein scharf begrenzter, 2 bis 5 mm langer, weißer Flammenkegel aus unvollständig verbrannten Gasen, weil der zugeführte Sauerstoff für eine vollständige Verbrennung nicht ausreicht. Erst in der Schweißzone erfolgt eine vollständige Verbrennung mit Hilfe des Luftsauerstoffs aus der Umgebung. Diese reduzierende

Wirkung in der Schweißzone verhindert eine Oxidbildung im Schweißbad und auf dem Werkstück während des Schweißvorgangs. Die neutrale Flamme eignet sich deshalb am besten für das Schweißen von Stahl und Kupfer.

Eine reduzierende Flamme entsteht bei Acetylenüberschuß und zeigt einen langen, unscharfen und weißen Flammenkegel. In diesem Fall ist nicht genügend Sauerstoff zum vollständigen Verbrennen des Acetylens vorhanden. Die Flamme enthält einen größeren Anteil unverbrannter Bestandteile, z.B. Kohlenstoff. Beim Schweißen von Stahl dringt der Kohlenstoff ins Schmelzbad ein und bewirkt eine Aufkohlung, so daß die Schweißnaht hart und spröde wird. Stahl darf deshalb nicht mit Acetylenüberschuß geschweißt werden. In manchen Fällen schweißt man aber Leichtmetalle mit reduzierender Flamme, um eine Oxidbildung zu verhindern.

Die oxidierende Flamme brennt mit Sauerstoffüberschuß. Sie zeigt einen farblosen, kurzen und scharfen Flammenkegel. Der überschüssige Sauerstoff verbindet sich bei der hohen Temperatur der Flamme begierig mit allen Stoffen der Umgebung. Beim Schweißen von Stahl würden im Schweißbad Kohlenstoff und Eisenbestandteile oxidieren (verbrennen) und Schlackeneinschlüsse bilden, die die Qualität der Schweißnaht herabsetzen. Stahl darf deshalb nicht mit oxidierender Flamme geschweißt werden.

Schweißdrähte dienen als Schweißzusatzwerkstoff zum Ausfüllen der Schweißfuge, wenn der Grundwerkstoff der zu verbindenden Teile nicht ausreicht, um die Naht zu bilden. Gasschweißdrähte sollen die gleiche oder zumindest ähnliche Zusammensetzung und die gleichen Eigenschaften aufweisen wie der Grundwerkstoff, damit eine gleichartige Verbindung der Schweißteile hergestellt wird. Zum Schutz gegen Korrosion sind sie verkupfert. Gasschweißstäbe für das Verbindungsschweißen von unlegiertem und niedriglegiertem Stahl sind in DIN 8554 nach gewährleisteter Kerbschlagzähigkeit in Schweißstabklassen I bis VII eingeteilt. Sie tragen neben der Einprägung der Klasse eine Kennfarbe und werden in Längen von 1000 mm und mit Durchmessern von 2 bis 6 mm geliefert.

13.8.2.3 Schweißausführung

Die Nahtvorbereitung, Nahtarten und -formen richten sich nach der Lage der Schweißteile (Stoßart) und Werkstückdicke (**13.48**).

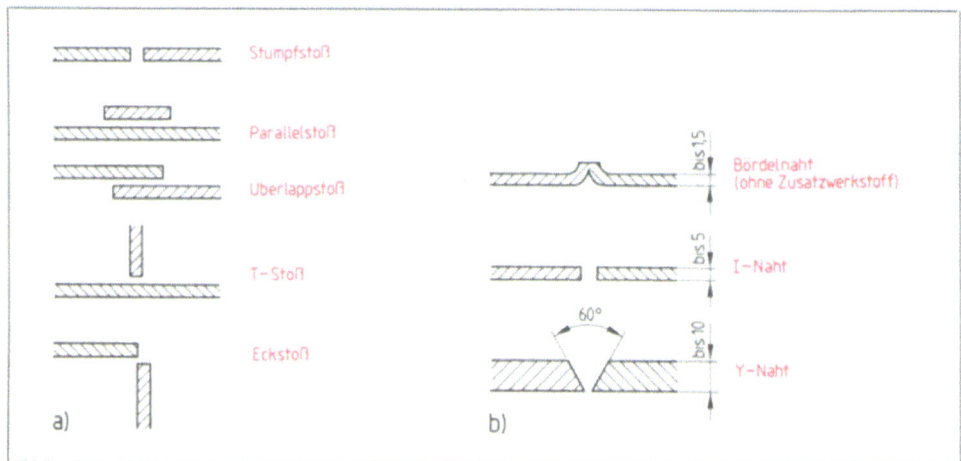

13.48 Stoßarten und Nahtformen für das Gasschmelzschweißen
a) Schweißstöße, b) Nahtformen bei Stumpfstößen

Schweißarten. Beim Gasschmelzschweißen unterscheidet man das Nach-Links-(NL-) Schweißen und das Nach-Rechts-(NR-)Schweißen (**13.49**).

Beim NL-Schweißen wird der Schweißdraht tupfend in Schweißrichtung vor der Schweißflamme geführt. Der Brenner wird bei Stahl ruhig, bei Aluminium, Kupfer und ihren Legierungen wegen der hohen Wärmeleitfähigkeit pendelnd bewegt. Die Streuflamme streicht dabei über die noch offene Schweißfuge und wärmt sie vor. Es ergibt sich eine breite Wärmezone mit ständigem Wärmeabfluß, die das Schweißen dünner Bleche (bei Stahl bis 3 mm, bei NE-Metallen bis 8 mm Dicke) ermöglicht, ohne daß die Bleche infolge eines Wärmestaus durchbrennen. Für dickere Bleche eignet sich das NL-Schweißen nicht, weil die Beobachtung des Nahtgrunds und das Durchschweißen erschwert sind.

Beim NR-Schweißen folgt der Schweißdraht dem Brenner in Schweißrichtung nach. Während der Brenner ruhig und geradlinig geführt wird, führt der Schweißdraht eine kreisende Bewegung im Schmelzbad aus, um Schlacken hochzuschwemmen. Dabei schmilzt er ab und bildet die Schweißraupe. Weil die Flamme auf das Schmelzbad gerichtet ist und sich außerdem durch die fertige Raupe Wärme staut, wird die gesamte Flammenwärme an der Schweißstelle konzentriert. Dadurch lassen sich dickere Bleche (bei Stahl ab 4 mm, bei NE-Metallen ab 8 mm Dicke) in der Nahtwurzel gut aufschmelzen und durchschweißen. Die über die Raupe streichende Streuflamme schützt das Schmelzbad vor Oxidation und bewirkt durch das Nachglühen der Raupe eine Gefügeverbesserung der Schweißnaht. Das NR-Schweißen ist wegen guter Wärmeausnutzung und sparsameren Gasverbrauch wirtschaftlicher als das NL-Schweißen.

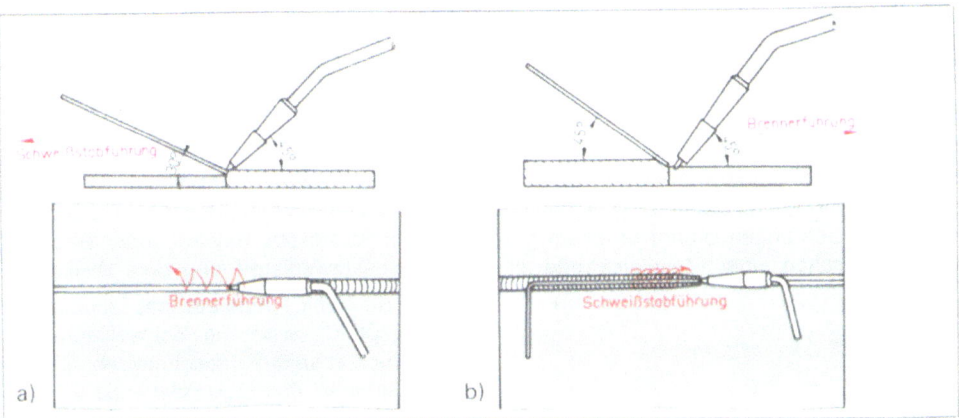

13.49 Schweißvorgang
   a) Nachlinksschweißen, b) Nachrechtsschweißen

Arbeitsregeln und Unfallverhütung beim Gasschmelzschweißen

- Gasflaschen gegen Umfallen sichern und vor Stoß, Wärme- und Kälteeinwirkung schützen.
- Glycerin, Öle und Fette von Sauerstoffarmaturen fernhalten – Explosionsgefahr!
- Dichtheit der Schläuche und Schlauchanschlusse prüfen – ausströmende Gase bedeuten Explosionsgefahr!
- Beim Schweißen stets Schutzbrille und Schutzkleidung tragen.
- Brennereinsatz immer passend zur Blechdicke wählen.
- Vor dem Zünden des Brenners zuerst das Sauerstoffventil, dann das Brenngasventil öffnen. Beim Abstellen des Brenners umgekehrte Reihenfolge: Acetylenventil – Sauerstoffventil.
- Stahl nur mit neutraler Schweißflamme schweißen.
- Zum Entfernen von Spritzern Brennermundstück auf Holz anstreichen.
- Auf saubere Schweißeinsätze achten. Schmutzige und heiße Mundstücke führen zu Flammenrückschlag im Brenner.

Aufgaben zu Abschnitt 13.8.1 und 13.8.2

1. Wie unterscheiden sich Schmelzschweißen und Preßschweißen?
2. Auf welche Anwendungsgebiete ist das Gasschmelzschweißen beschränkt?
3. Welche Aufgaben erfüllen das Aceton und die poröse Masse in der Acetylenflasche?
4. Wie unterscheiden sich die Anschlüsse für Druckminderer bei Acetylen- und Sauerstoffflaschen?
5. Erklären Sie die Wirkungsweise eines Schweißbrenners (Saugbrenners).
6. Was ist beim Entzünden und Abstellen der Schweißflamme zu beachten?
7. Welchen Einfluß hat das Schweißen a) mit Acetylenüberschuß, b) mit Sauerstoffüberschuß auf die Schweißnaht bei Stahl?
8. Welche Vorteile bietet das Nach-Links-Schweißen?
9. Warum wird das Nach-Rechts-Schweißen für das Schweißen dickerer Bleche eingesetzt?
10. Welche Regeln zur Unfallverhütung sind beim Gasschmelzschweißen zu befolgen?

13.8.3 Lichtbogenschmelzschweißen

13.8.3.1 Merkmale

Das Metall-Lichtbogenschweißen, besonders das Lichtbogenhandschweißen, ist das am häufigsten eingesetzte Schmelzschweißverfahren mit einem umfassenden Anwendungsbereich. Der Lichtbogen brennt in einem geschlossenen Stromkreis (Gleich- oder Wechselstrom) zwischen einer Metallelektrode als Schweißzusatzwerkstoff und dem Werkstück.

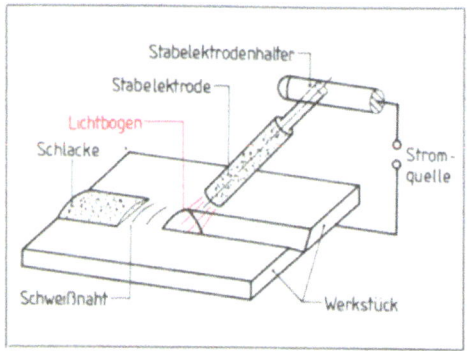

Durch die hohe Temperatur des Lichtbogens (bis 4200°C) wird die Schweißzone am Werkstück schnell aufgeschmolzen. Gleichzeitig schmilzt das Elektrodenende tropfenförmig ab und füllt die Schweißfuge (13.50).

Nach dem Erstarren bildet das Schweißgut mit dem Grundwerkstoff eine innige stoffschlüssige Verbindung. Die Vorteile des Lichtbogenschweißens sind die hohe Wärmekonzentration auf die Schweißstelle, die das Schweißen großer Querschnitte ermöglicht, die hohe Abschmelzleistung und die große Schweißgeschwindigkeit.

13.50 Lichtbogenhandschweißen

Vorgänge im Lichtbogen. Beim Schweißen mit Gleichstrom sind die Elektrode mit dem Minuspol und das Werkstück mit dem Pluspol der Schweißstromquelle verbunden. Obwohl nach Einschalten einer Spannung von 40 bis 70 V anliegt (Leerlaufspannung), kann noch kein Strom fließen, weil die Luft zwischen Elektrode und Werkstück bei Raumtemperatur nicht leitet. Der Lichtbogen wird durch kurzes Aufsetzen oder Anstreichen der Elektrode auf das Werkstück gezündet und durch Abheben gezogen. Beim Zünden fließt ein hoher Kurzschlußstrom, der die Berührungsstelle und die umgebende Luft stark erwärmt (13.51). In der erhitzten Luft werden die vorhandenen Gasatome in Ionen und Elektronen aufgespalten und wandern je nach ihrer elektrischen Ladung zum Pluspol (Elektronen) oder Minuspol (Ionen). Diese Aufspaltung der Gasatome der Luft, Ionisation genannt, überbrückt die Luftstrecke zwischen Elektrode und Werkstück und macht sie leitend (13.52). Die aus der Elek-

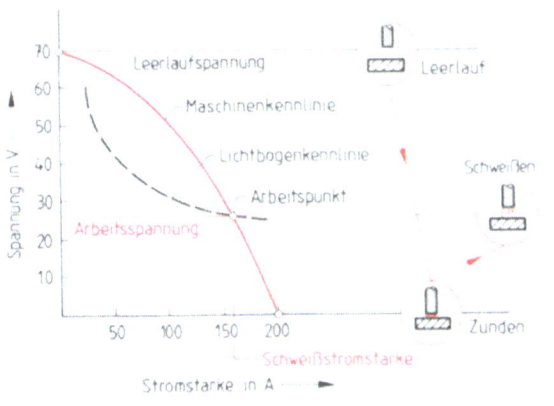
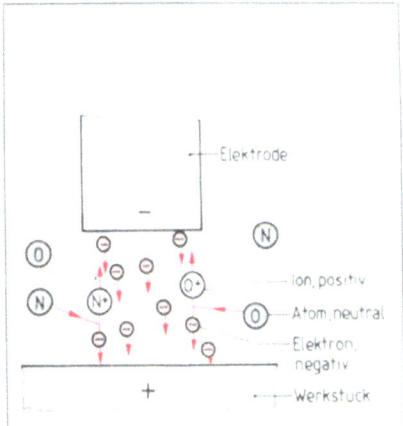

13.51 Spannung und Strom beim Lichtbogenschweißen   **13.**52 Ionisierung der Luft im Lichtbogen

trode austretenden Elektronen fließen zum Werkstück, prallen dort mit hoher Geschwindigkeit auf und erhitzen es auf Temperaturen bis 4200°C, so daß der Werkstoff schmilzt. Die positiven Gasionen werden von der Elektrode (Minuspol) angezogen und erwärmen ihre Spitze bis auf 3500°C, die dadurch in Tropfen abschmilzt. Erst wenn die Länge des Lichtbogens zu groß wird oder die Spannung abfällt, reißt der Lichtbogen ab und muß neu gezündet werden. Die Länge des Lichtbogens soll etwa dem Kerndrahtdurchmesser der Elektrode entsprechen.

Blaswirkung. Die Elektrode und das Werkstück sind wie jeder stromdurchflossene Leiter von Magnetfelder in Form von Kreisen umgeben. Verdichten sich die Kraftlinien des Magnetfelds an einer Stelle, üben sie eine Kraftwirkung auf den Lichtbogen aus, die ihn von der Verdichtung weg- und sogar ausbläst. Diese unerwünschte Blaswirkung tritt besonders am Anfang und am Ende einer Schweißnaht oder einer Werkstückkante auf und kann z. B. durch Neigen der Elektrode oder Verlegen der Anschlußklemme am Werkstück vermindert werden (**13**.53).

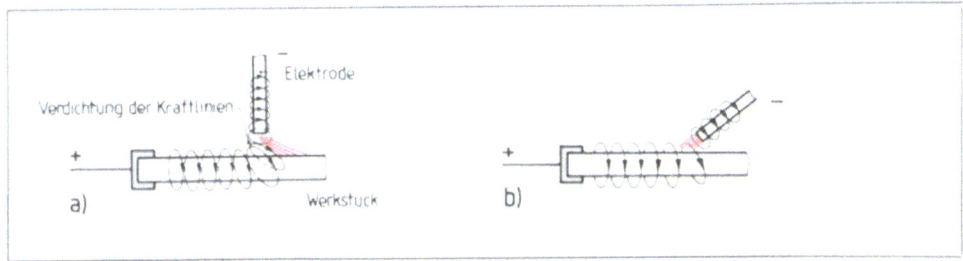

13.53   Blaswirkung des Lichtbogens
  a) Blasen des Lichtbogens,
  b) Abschwächen der Blaswirkung durch schräggehaltene Elektrode

Gleichstrom und Wechselstrom werden gleichermaßen für das Lichtbogenschweißen verwendet. Beim Gleichstromschweißen schließt man das Werkstück an den Pluspol an, weil die höhere Temperatur des Lichtbogens am Pluspol eine bessere Einbrandtiefe erzielt. Beim Wechselstromlichtbogen ist die Temperatur an Elektrode und Werkstück gleich, weil die

Polarität ständig wechselt. Das Halten des Lichtbogens ist bei Verwendung von Wechselstrom schwieriger, weil er ständig unterbrochen wird. Man verwendet hier Elektroden mit einer Umhüllung aus ionisierbaren Stoffen, die beim Abschmelzen der Elektrode den Lichtbogen stabilisieren.

13.8.3.2 Schweißelektroden, Nahtformen

Schweißelektroden sind stabförmige Schweißzusatzwerkstoffe, die beim Schweißen stromführend abschmelzen und die Schweißfuge füllen. Man unterscheidet nach dem Zweck Elektroden für Verbindungsschweißen und für Auftragsschweißen, nach der Zusammensetzung legierte und unlegierte Elektroden und nach dem Aufbau nackte und umhüllte Elektroden. Zum Lichtbogenhandschweißen verwendet man fast nur umhüllte Stabelektroden, weil beim Schweißen mit nackten Elektroden das Schmelzbad nicht gegen die Atmosphäre geschützt ist und Stickstoff oder Sauerstoff aufnimmt.

Die Umhüllung der Stabelektroden besteht aus mineralischen oder organischen Stoffen, die mit der Metallelektrode abschmelzen, den Lichtbogen durch Ionisation stabilisieren und eine Schutzgasatmosphäre um die Schweißstelle bilden. Außerdem ersetzen die Umhüllungsstoffe verbrannte Bestandteile des Schmelzbads und bilden eine gleichmäßige Schlacke, die die Schmelze reinigt und die Schweißnaht gegen Luftzutritt und zu schnelles Abkühlen schützt.

Die Normung der Stabelektroden für das Verbindungsschweißen von Stahl nach DIN 1913 erleichtert die Auswahl und Anwendung der Elektroden für das Lichtbogenhandschweißen. Grundlage der Normung und Kurzbezeichnung ist die Einteilung der Elektroden in 12 Klassen, in denen Umhüllungstyp, Schweißposition und Stromeignung (Stromart, Polung) festgelegt sind. Die Kurzbezeichnung wird durch Kennziffern für Festigkeit und Kerbschlagzähigkeit ergänzt.

Beispiel 13.8

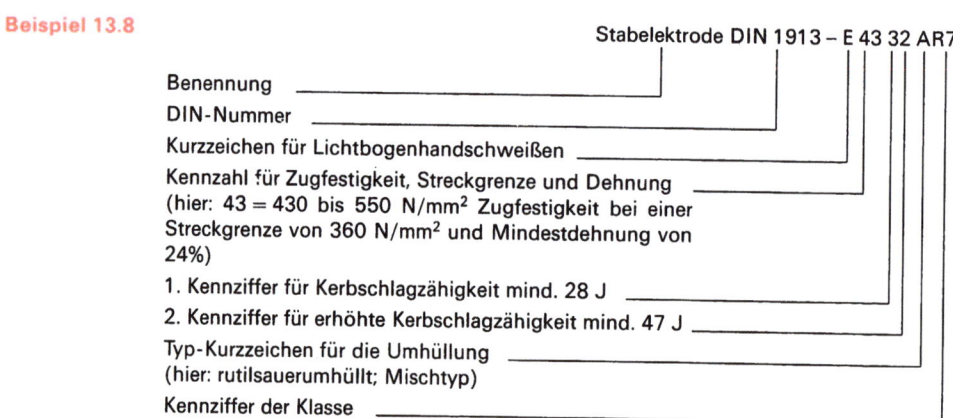

Schweißstoß und Schweißnähte gleichen denen für das Gasschmelzschweißen (**13.**48). Weil beim Lichtbogenschweißen aber auch größere Querschnitte verschweißt werden, kann man beim Stumpfstoß unter mehr Nahtformen auswählen als beim Gasschmelzschweißen. Die Auswahl der Nahtform richtet sich nach der Beanspruchung der Verbindung, der Werkstoffart und -dicke sowie dem Schweißverfahren. Aus wirtschaftlichen Gründen bevorzugt man die Nahtform, die die geringsten Vorbereitungen erfordert (**13.**54).

Tabelle 13.54 **Nahtformen für Stumpfnähte beim Lichtbogenschweißen**

Stoßart	Nahtform/Sinnbild
Stumpfstoß	**Nahtart: Stumpfnaht** — II I-Naht · **Nahtart: Kehlnaht** — ⊿ Kehlnaht
Parallelstoß	V V-Naht · ⚠ Doppelkehlnaht
Überlappstoß	X Doppel-V-Naht · ⊿ Ecknaht
T-Stoß	Y Y-Naht · **Nahtart: Stirnnaht**
Eckstoß	Y U-Naht · III Stirnflachnaht
	⋈ Doppel-U-Naht · Ⅲ Stirnfugennaht

13.8.3.3 Schweißstromquellen

Schweißstromquellen liefern die für das Lichtbogenschweißen erforderlichen niedrigen Spannungen (Leerlaufspannungen bis 100 V) und hohen Stromstärken, indem sie Wechsel- oder Drehstrom von 220 V/380 V aus dem Versorgungsnetz umspannen oder in Gleichstrom umwandeln.

Einstellung der Stromstärke. Die Stromstärke beim Lichtbogenschweißen liegt zwischen 40 und 1000 A. Sie richten sich nach der Schweißaufgabe, Werkstoffart und -dicke, Schweißposition und dem Elektrodentyp. Als Faustformel gilt:

Stromstärke = Kerndraht-$\varnothing$ (in mm) · 30 A, wenn $d < 2{,}5$ mm
Stromstärke = Kerndraht-$\varnothing$ (in mm) · 40 bis 50 A, wenn $d > 3{,}25$ mm

Schweißstromquellen sind Schweißumformer (-generatoren), Schweißgleichrichter und Schweißtransformatoren.

Beim Schweißumformer treibt ein Elektro- oder Verbrennungsmotor einen Gleichstromgenerator an, der die gewünschten Leerlaufspannungen von 50 bis 100 V liefert. Die Schweißstromstärke ist mit einem Regler stufenlos einstellbar. Vorteile sind Verschweißbarkeit aller Elektrodentypen, gleichmäßige Netzbelastung und gegebenenfalls örtliche Unabhängigkeit. Nachteilig sind die hohen Anschaffungskosten, Wartungskosten (umlaufende Teile) und Leerlaufverluste. Aus wirtschaftlichen Gründen werden deshalb Schweißgleichrichter bevorzugt.

Der Schweißgleichrichter besteht aus einem regelbaren Drehstromtransformator, dem ein Gleichrichterteil nachgeschaltet ist. Im Gleichrichter wird der aus dem Transformator kommende niedergespannte Wechselstrom nur in einer Richtung durchgelassen und ergibt einen pulsierenden Gleichstrom. Die Schweißstromstärke wird durch den Transformator geregelt. Als Vorteile sind Verschweißbarkeit aller Elektrodentypen, gleichmäßige Netzbelastung und niedrige Wartungskosten zu nennen. Nachteilig sind die hohen Anschaffungskosten.

Ein Schweißtransformator besteht aus einem Eisenkern, auf dem zwei Wicklungen sitzen. Ein durch die Primärwicklung fließender Wechselstrom ruft in der Sekundärwicklung einen Wechselstrom niederer Spannung und hoher Stromstärke hervor. Die Stromstärke wird durch einen mit Handrad betätigten Streusteg geregelt. Vorteilhaft sind die geringen Anschaffungs- und Wartungskosten (keine umlaufenden Teile) und niedrige Leerlaufverluste. Nachteilig ist, daß nicht alle Elektrodentypen verschweißt werden können (keine nackten und basischumhüllten Elektroden) und die Leerlaufspannung auf 70 V wegen der Gefahren des Wechselstroms begrenzt ist.

Arbeitsregeln und Unfallverhütung beim Lichtbogenschweißen

- Zum Schutz gegen glühende Metall-, Schlackenspritzer und Elektrodenreste Schutzhandschuhe, Schutzkleidung oder Lederschürze tragen.
- Schweißplatz ausreichend lüften.
- Schweißtisch erden. Schweißer soll auf Holz oder Gummimatte stehen (Isolation).
- Richtige Stromstärke einstellen und Lichtbogen möglichst kurz halten.
- Niemals in den Lichtbogen sehen (UV-Strahlung)! Verbrennungsgefahr für Augen, auch bei seitlich ins Auge fallende Strahlen (Verblitzen).
- Abschirmen des Schweißplatzes wegen UV-Strahlung gegenüber anderen Mitarbeitern.
- Benutzen Sie Schutzschild oder -brille gegen UV-Strahlung.
- Vor Elektrodenwechsel und Umklemmen der Schweißleitungen Schweißgeräte/-maschinen ausschalten.
- Beim Auswechseln der Elektrode nie das Werkstück berühren, denn die Leerlaufspannung ist größer als die Schweißspannung (Arbeitsspannung).
- Elektrodenhalter nicht unter die Schulter klemmen.

Aufgaben zu Abschnitt 13.8.3

1. Welche Vorteile hat das Lichtbogenschmelzschweißen gegenüber dem Gasschmelzschweißen?
2. Warum ist der Schweißstromkreis vor dem Zünden des Lichtbogens unterbrochen?
3. Durch welchen Vorgang wird die sonst nichtleitende Luftstrecke zwischen Elektrode und Werkstück für Elektrizität leitend?
4. Welche Ursache hat die Blaswirkung beim Schweißen?
5. Welche Unterschiede treten auf beim Schweißen mit Gleichstrom und mit Wechselstrom?
6. Nach welchen Merkmalen werden Schweißelektroden eingeteilt?
7. Was bedeutet die Kurzbezeichnung Stabelektrode DIN 1913-E 51 32 RR 11?
8. Welche Aufgabe erfüllt die Umhüllung einer Schweißelektrode?
9. Welche Vor- und Nachteile haben Schweißumformer, Schweißgleichrichter und Schweißtransformatoren?
10. Nennen Sie Unfallverhütungsregeln für das Lichtbogenschweißen.

13.9 Klebeverbindungen

Durch Kleben werden Werkstücke mit Hilfe eines Klebstoffs mit oder ohne Druckeinwirkung stoffschlüssig und unlösbar gefügt. Es können artgleiche oder artfremde Werkstoffe miteinander verbunden werden.

> Klebeverbindungen sind stoffschlüssig und unlösbar.

Vorteile der Klebeverbindung sind Gewichtsersparnis, glatte Oberflächen, elektrisch isolierende Eigenschaften und geringe Fertigungskosten. Nachteilig sind die niedrige Belastbarkeit und geringe Temperaturfestigkeit.

Anwendung findet das Kleben im Flugzeug- und Leichtmetallbau, in der Feinwerktechnik, im Maschinen- und Apparatebau, bei Fahrzeugen und im Rohrleitungsbau (**13.55**).

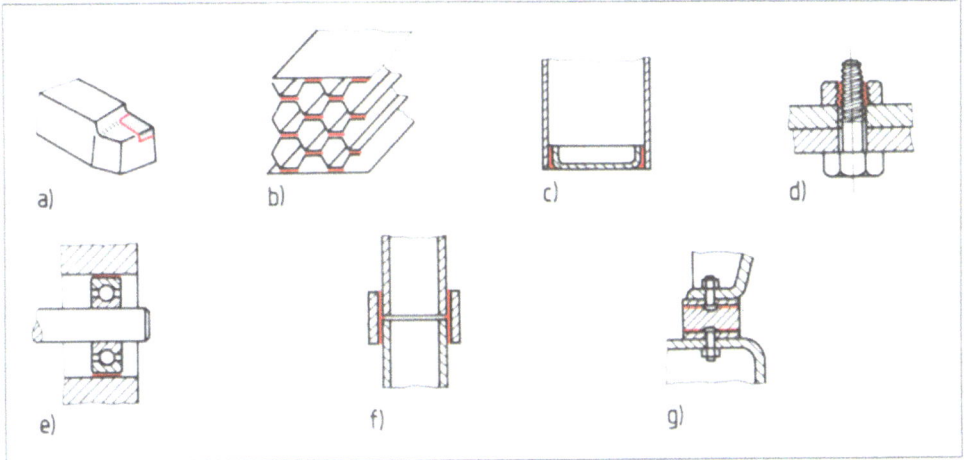

13.55 Anwendungsbeispiele zum Metallkleben
a) Hartmetall-Schneidplättchen auf Werkzeugschaft, b) Beul- und biegefeste Platte, Wabenverbindung (Leichtbauweise), c) Behälterverbindung, d) Schraubensicherung durch Kleben, e) Befestigung eines Wälzlagers, f) Rohrverbindung, g) Gummifeder

Die Klebewirkung beruht darauf, daß in einer sehr dünnen Randschicht zwischen dem dünnen Klebstoffilm und den Fügeteilen Adhäsionskräfte wirken, während die Festigkeit im Klebefilm von der Kohäsion des erhärteten Klebers bestimmt wird (**13.56**; s. Abschn. 2.2.6). Die Adhäsion ist größer als die Kohäsion, wenn der Klebstoff die Klebeflächen vollständig benetzen kann und nicht abperlt. Deshalb ergibt eine sehr dünne Klebschicht, bei der sich die Wirkungsbereiche der Adhäsionskräfte überschneiden, eine bessere Festigkeit oder Verbindung als eine

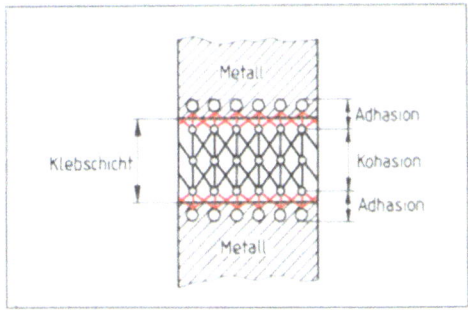

13.56 Adhäsion und Kohäsion bei einer Klebeverbindung

dickere Klebfuge. Um eine einwandfreie Benetzung des Klebstoffs an den Berührungsflächen zu erhalten, müssen die Fügeflächen frei von Verunreinigungen jeder Art sein (Öle, Schmutz, Oxidschichten).

> Die Bindung des Klebstoffs an den Fügeteilen wird durch Adhäsionskräfte verursacht. Sie ist um so größer, je dünner der Klebefilm und je besser die Benetzung des Klebstoffs an den Berührungsstellen sind.

Als Klebstoffe für das Metallkleben verwendet man bestimmte Kunstharze (z. B. Epoxid-, Phenol-, Polyesterharze) und Kunstharzmischungen. Diese Kunststoffe härten nach dem Auftragen auf die Fügeteile aus. Das Aushärten bezeichnet chemische Reaktionen (Polymerisation, Polykondensation, Polyaddition, s. Abschn. 6.3.2), bei denen sich sehr viele Kleinmoleküle des Ausgangsstoffs zu Großmolekülen zusammensetzen und miteinander vernetzen. Dabei bildet sich eine Klebschicht aus hartem Kunststoff (Duroplast), der an den Fügeteilen haftet und sie zusammenhält. Das Aushärten kann von wenigen Minuten bis zu vielen Stunden dauern. Manche Klebstoffart erfordert Druckanwendung und Wärmezufuhr.

Bei den Klebstoffarten unterscheidet man nach der beim Aushärten erforderlichen Temperatur Kaltkleber und Warmkleber, nach der Zusammensetzung Einkomponenten- und Zweikomponentenkleber.

Kaltkleber härten bei Raumtemperatur aus und erfordern nur geringen Anpreßdruck. Die Aushärtezeit ist sehr lang und beträgt bis zu 24 Stunden.

Warmkleber brauchen zum Aushärten Temperaturen von 100°C bis 260°C. Je höher die Temperatur, desto kürzer ist die Aushärtezeit. Bei einigen Klebern muß das Aushärten unter Druck erfolgen.

Einkomponentenkleber enthalten alle zum Aushärten erforderlichen Bestandteile und sind gebrauchsfertig. Sie härten in kurzer Zeit durch Verdunsten des Lösungsmittels aus und lassen sich leicht verarbeiten (ohne Druckanwendung oder Wärmezufuhr).

Zweikomponentenkleber bestehen aus einem Bindemittel und einem Härtemittel. Beim Mischen beider Komponenten beginnt das Aushärten, zuerst langsam, dann schneller werdend. Die Mischung muß deshalb in einer bestimmten Zeit (Topfzeit) verarbeitet werden.

Bei allen Klebstoffarten sind die Verarbeitungsvorschriften der Hersteller genau zu beachten.

Das Herstellen einer Klebeverbindung erfolgt in mehreren Arbeitsstufen. Je sorgfältiger sie durchlaufen werden, desto haltbarer wird die Verbindung.

Das Vorbereiten der Fügeteile soll ein einwandfreies Benetzen der Klebeflächen mit Klebstoff ermöglichen. Die Klebeflächen müssen hierfür frei sein von Verunreinigungen (z. B. Staub, Fett, Oxidschichten). Das Reinigen erfolgt bei Stahl und Eisen mechanisch durch Bürsten, Schmirgeln, Schleifen oder Sandstrahlen. Chemisch gereinigt (z. B. durch Beizen) werden NE-Metalle, Leichtmetalle und ihre Legierungen.

Vorbereiten und Auftragen des Klebers. Während Einkomponentenkleber sofort gebrauchsfertig sind, müssen Zweikomponentenkleber in einem genau einzuhaltenden Verhältnis von Bindemittel und Härtemittel innig gemischt werden. Zähflüssige Kleber werden mit Spachtel, dünnflüssige mit Pinsel aufgetragen, so daß ein gleichmäßiger, dünner und lückenloser Klebfilm entsteht. Bei Zweikomponentenklebern ist die Topfzeit zu beachten. Bei Einkomponentenklebern muß nach dem Auftragen erst das Lösungsmittel verdunsten, bevor gefügt wird.

Fügen und Fixieren der Werkstücke. Die zu verbindenden Teile werden nach Auftragen des Klebers gepaßt und mit leichtem Kontaktdruck gefügt um eine gleichmäßige Klebefuge zu erhalten. Bei längerer Aushärtezeit muß die Lage der Fügeteile gegen Verschieben (z. B. durch Schraubzwingen oder Vorrichtungen) gesichert werden.

Beim Aushärten des Klebers sind die vom Hersteller angegebenen Aushärtetemperatur und -zeit sowie gegebenenfalls der notwendige Anpreßdruck genau einzuhalten.

Schutzmaßnahmen und Unfallverhütung

- Lösungsmittel von Klebern sind meist feuer- und explosionsgefährlich. Offenes Licht und Rauchen sind deshalb beim Verarbeiten dieser Klebstoffe verboten!
- Klebstoffe, Lösungs- und Reinigungsmittel entwickeln beim Verdunsten gesundheitsschädliche Dämpfe. Sie gefährden Augen und Atmungsorgane. Der Arbeitsplatz ist daher gut zu lüften.
- Härtemittel, Lösungsmittel und Kleber können Verätzungen, Entzündungen und Ausschläge verursachen. Bei Berührung mit den Augen besteht Erblindungsgefahr. Deshalb Schutzkleidung, Schutzbrille tragen und Hände gründlich reinigen!
- Die Unfallverhütungsvorschriften der Berufsgenossenschaften sowie die Gebrauchsanweisungen und Gefahrenhinweise der Hersteller sind genau zu beachten.

Aufgaben zu Abschnitt 13.9

1. Welches sind die wichtigsten Vor- und Nachteile des Klebens?
2. Nennen Sie Anwendungsbeispiele für das Metallkleben.
3. Auf welchen physikalischen Erscheinungen beruhen die Klebewirkung und Festigkeit der Klebeverbindung?
4. Welcher Unterschied besteht zwischen Einkomponenten- und Zweikomponentenklebern?
5. Welchen Zweck hat das Vorbehandeln der Klebeflächen?

14 Grundlagen der Steuerungs- und Informationstechnik

Früher überwogen mechanische Steuerungen (z. B. im Maschinenbau und in der Kfz-Technik). Steuerungen wie ABS (Anti-Blockier-System) wurden erst durch elektronische Bauteile möglich. Inzwischen sind elektronische Bauteile wie die Mikroprozessoren (Kernstück eines Mikrocomputers) so preiswert geworden, daß z. B. moderne Kraftfahrzeuge Bordcomputer und Werkzeugmaschinen CNC-Steuerungen haben (CNC = Computer Numerical Control, also Computersteuerung). In diesem Zusammenhang sprechen wir von den „Neuen Technologien".

Neue Technologien – was haben Sie damit zu tun? Sie haben schon erfahren, daß die moderne Fertigungstechnik andere Ansprüche an den zukünftigen Facharbeiter stellt als noch vor 5 bis 10 Jahren. Deshalb wird heute auch anderes Wissen von Ihnen verlangt. Auch wenn Sie später direkt nur wenig mit den Neuen Technologien zu tun haben sollten, sind für Sie Kenntnisse der Zusammenhänge von Fertigungsplanung und -ablauf von Vorteil.

Eine berufliche Tätigkeit, in der man nur weiß, was man unmittelbar für den nächsten oder übernächsten Handgriff braucht, wird stumpfsinnig und langweilig. Vermutlich brauchen Sie sich um einen Arbeitsplatz keine Sorgen zu machen. Aber wo Ihr Arbeitsplatz sein wird, welche Funktion Sie ausüben werden, ob Sie Verantwortung tragen können, das hängt von Ihrem Wissen, Ihrer Qualifikation und Ihrem persönlichen Einsatz ab.

14.1 Grundbegriffe der Steuerungs- und Regelungstechnik

Steuerungs- und Regelungsaufgaben finden wir in allen Bereichen, sowohl im privaten als auch im beruflichen Umfeld. Keine Hausfrau kann z. B. auf die Temperaturregelung Ihrer Waschmaschine verzichten, keine moderne Heizungsanlage wird nur von Hand gesteuert. Doch was sind Steuern und Regeln? Den Unterschied verdeutlichen wir uns am besten an einem Beispiel.

Beispiel 14.1 Sie fahren mit dem Auto und geben Gas. Das Auto wird schneller. Um es wieder zu verlangsamen, nehmen Sie Gas weg. Gasgeben und Gaswegnehmen sind Steuerungsvorgänge.

Nehmen wir nun an, Sie wollten eine bestimmte Geschwindigkeit halten, z. B. 100 km/h auf der Autobahn. Sie beobachten dazu den Tachometer und passen die Stellung des Gaspedals laufend an. Sie wissen auch, daß die Pedalstellung bei einer Steigungsstrecke anders sein muß als in der Ebene oder bei Gefälle. Was Sie nun zu tun haben, ist nicht mehr nur Steuern, sondern Regeln.

Sie haben einen bestimmten Sollwert (nämlich eine Fahrgeschwindigkeit von 100 km/h) festgelegt und wollen ihn einhalten. Dazu müssen Sie ständig Soll- und Istwert vergleichen und die Pedalstellung verändern. Bei Kraftfahrzeugen der gehobenen Klasse gibt es schon eine elektronische Geschwindigkeitsregelung, die die Fahrgeschwindigkeit über die Menge des eingespritzten Kraftstoffs regelt.

> Regeln setzt also Steuern voraus.

Beim Steuern haben wir keine Rückwirkung wie beim Regeln. Man spricht daher von einer offenen Steuerkette. Die Elemente heißen Steuergerät (auch Steuerglied), Stellglied und Steuerstrecke. Steuergerät und Stellglied bilden zusammen die Steuereinrichtung. Dargestellt wird sie meist in einem Blockschaltbild (**14.**1), worin die Elemente in abstrakter Form als rechteckige Blöcke gezeichnet werden. Das Steuergerät (im Beispiel das Gaspedal) betätigt das Stellglied (den Vergaser) und bewirkt über die Stellgröße (die Kraftstoffzufuhr) eine Reaktion der Steuerstrecke (Motor).

Beim Regeln werden vorgegebene Sollwerte in einem Sollwert-Istwert-Vergleicher ständig mit den augenblicklich vorhandenen Istwerten verglichen. Das System wird daher zu einem geschlossenen Regelkreis. Die Elemente verändern sich gegenüber der Steuerkette: Ein Regler und ein Vergleicher (in unserem Beispiel beides der Kraftfahrer) schließen den Wirkungskreis. Bild **14.**2 zeigt das Blockschaltbild, **14.**3 den dazugehörigen Signalflußplan nach DIN, worin die Elemente (Blöcke) vorzugsweise waagerecht hintereinander angeordnet sind.

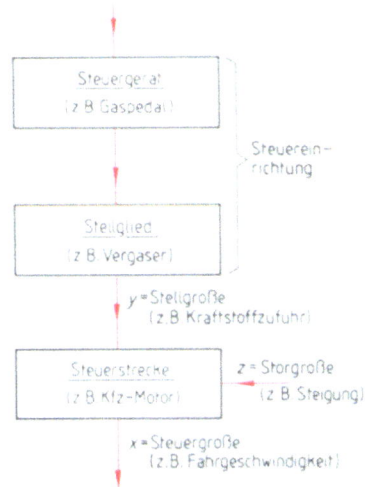

14.1 Offene Steuerkette

Steuern und Regeln sind bewußte und zielgerichtete Eingriffe in ein Wirksystem. Damit es zur gewünschten Veränderung im System kommen kann, sind mindestens ein **Energiestrom** (z. B. mechanisch, elektrisch, pneumatisch oder hydraulisch) und eine **Information** (z. B. Weg- oder Schaltinformation) erforderlich. Signalflußpläne stellen den Wirkzusammenhang zwischen dem Informationssignal und der Veränderung innerhalb des Systems grafisch dar.

Begriffe im Signalflußplan (**14.**2 und **14.**3). Die Führungsgröße w gibt meist den Sollwert an (in unserem Beispiel die angestrebte Fahrgeschwindigkeit), die Stellgröße y beschreibt die die Regelstrecke (z. B. Pkw-Motor) unmittelbar beeinflussende Größe (z. B. die Kraftstoff-

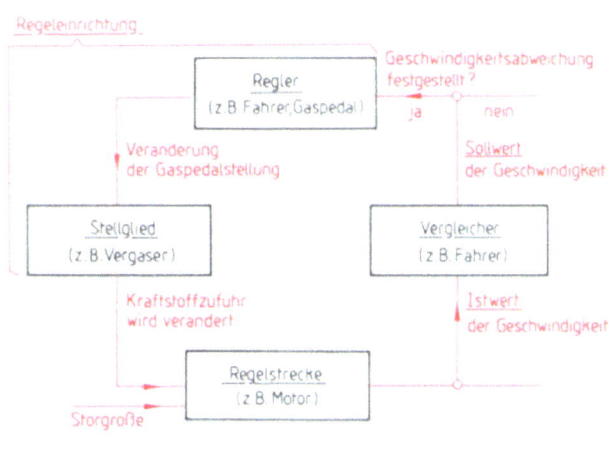

14.2
Geschlossener Regelkreis:
Geschwindigkeitsregelung
durch den Fahrer

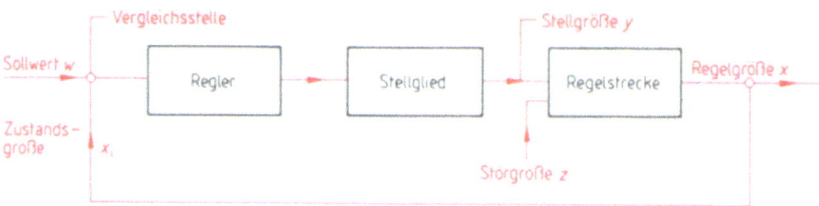

14.3 Signalflußplan

zufuhr). Die Regelgröße x ist die Ausgabegröße der Regelstrecke (z. B. Fahrgeschwindigkeit), die als Zustandsgröße (Istwert) noch mit dem Sollwert verglichen wird. Die Störgröße z (z. B. Steigung oder Gefälle, Wind) wirkt meist unkalkulierbar dem gewünschten Ergebnis entgegen, was überhaupt erst den ständig wiederholten Sollwert-Istwert-Vergleich erforderlich macht.

> Steuern ist ein Vorgang, bei dem eine oder mehrere Eingangsgrößen die Ausgangsgrößen eines Systems beeinflussen, ohne daß eine Rückwirkung entsteht.
>
> Beim Regeln wird die zu regelnde Größe unter ständiger Rückwirkung (Sollwert-Istwert-Vergleich) einem Sollwert angepaßt.

Beispiel 14.2 Die Drehfrequenz (Drehzahl) einer Frässpindel soll konstant 1000/min betragen, sowohl beim Leerlauf als auch im Schnitt.

Die Drehfrequenz des (die Spindel antreibenden) Gleichstrommotors läßt sich über die Spannung feinfühlig anpassen. Dazu muß die Drehfrequenz aber erst erfaßt werden. Das geschieht mit Hilfe eines Tachogenerators, der eine drehfrequenzabhängige Vergleichsspannung erzeugt und mißt. Dreht die Spindel zu langsam, wird die Spannung am Motor erhöht, sonst herabgesetzt.

Die Zusammenhänge in diesem Regelkreis stellen wir wieder in einem Blockschaltbild dar (**14.4**).

Da sich diese drei Schritte ständig wiederholen, kann man auch plötzlich auftretenden (oder sich ständig verändernden) S t ö r g r ö ß e n (z. B. laufende Veränderung der Schnittkraft während des Fräsvorgangs) begegnen.

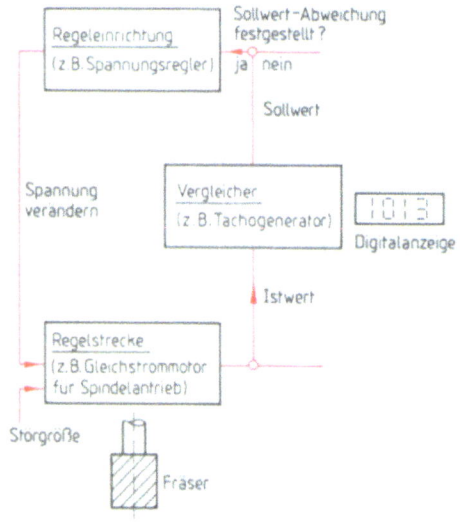

14.4 Drehfrequenz-Regelkreis

> Die wichtigsten Aufgaben einer Maschinen- oder Anlagenregelung kann man in drei Schritte zusammenfassen:
> - Istwert messen,
> - Istwert mit Sollwert vergleichen,
> - gegebenenfalls Abweichung beseitigen.

14.1.1 Fluidische Steuerungen

DIN ISO 1219 faßt die pneumatischen und hydraulischen Steuerungen unter dem Begriff „fluidische Steuerungen" zusammen. Gemeint sind damit von strömenden Stoffen (z. B. Preßluft, Hydrauliköl) betriebene Steuerungen.

14.1.1.1 Pneumatische Steuerungen

Da sich Luft verdichten (komprimieren) läßt, kann man in ihr Energie speichern, denn sie hat das Bestreben, sich wieder zu entspannen. Das nutzt man in der Pneumatik u. a. zum Betreiben von Druckluftmaschinen (z. B. Schrauber) oder zum Steuern und Regeln.

> Pneumatik: Technische Anwendung von Druckluft zum Betrieb von Maschinen, Vorrichtungen, Steuer- und Regeleinrichtungen.

Vor- und Nachteile pneumatischer Steuerungen. Die Vorteile ergeben sich hauptsächlich durch das Medium (Übertragungsmittel) Druckluft:

- Druckluft ist in den meisten Betrieben verfügbar, leicht durch Schlauch- und Rohrleitungen (auch über größere Entfernungen) zu transportieren.
- Rückleitungen sind nicht unbedingt erforderlich, da die Druckluft nach verrichteter Arbeit einfach an die Umgebung abgeblasen wird (wegen des Ölnebels allerdings nur bedingt zulässig).
- Speicherbar in Druckbehältern, geringe Unfallgefahr (Luft ist nicht brennbar).
- Kleine Undichtigkeiten stören selten den Funktionsablauf und sind ungefährlich.
- Druckluft dämpft Stöße; Kräfte und Geschwindigkeiten lassen sich stufenlos einstellen.
- Druckluftzylinder und -motoren nehmen bei Überlastung keinen Schaden. Sie können bis zum Stillstand abgebremst werden.

Zu den Nachteilen der Drucklufsteuerungen zählen der auf etwa 6 bis 10 bar begrenzte Überdruck (was auch Kolbenkräfte und Kraftmomente einschränkt), die Lärmbelästigung beim Abblasen und die fehlende Schmierfähigkeit der nicht aufbereiteten Druckluft.

Anwendungsbeispiele. Im Umfeld von Produktionsanlagen und Werkzeugmaschinen finden wir vielfältige Anwendungen für pneumatische Vorrichtungen oder Steuerungen – vorzugsweise dort, wo es um das Verschieben von Werkstücken, um Spannen oder Festhalten, Umschalt- oder Weiterschaltvorgänge oder auch um Prüfaufgaben geht.

> Pneumatische Steuerungen eignen sich gut für Schalt-, Umsteuer-, Verschiebe- oder Zubringerfunktionen – weniger für Anwendungen mit „Weg-Zeit-Präzision" (z. B. bei Vorschubbewegungen).

14.1.1.2 Hydraulische Steuerungen

Der Unterschied zwischen Hydraulik und Pneumatik liegt im Medium. Hydraulische Antriebe und Steuerungen arbeiten mit Flüssigkeiten, vor allem mit Hydraulikölen. Das Prinzip der Druckfortpflanzung gilt auch hier, also Kraft- und Momentenübertragung durch Drucköl.

> Hydraulik: Technische Anwendung von Drucköl zum Betrieb von Maschinen, Vorrichtungen, Steuer- und Regeleinrichtungen.

Vor- und Nachteile hydraulischer Steuerungen. Die wichtigsten Vorteile der Hydraulik, auch im Vergleich zur Pneumatik:

- Wesentlich höhere Drücke als bei der Pneumatik, bis weit über 300 bar.
- Hydrauliköle sind inkompressibel, d.h. sie verringern selbst unter hohen Drücken ihr Volumen nicht oder kaum meßbar. Dadurch bewirken Hydrauliksteuerungen eine nahezu formschlüssige Kraft- und Bewegungsübertragung.
- Schnelle Richtungsumsteuerung, langsame und doch gleichmäßige Vorschubgeschwindigkeiten sowie große Kräfte und Leistungen bei kleiner Baugröße – von besonderer Bedeutung durch die stufenlose Einstellbarkeit.
- Wegen der schmierenden und korrosionsschützenden Eigenschaft des Hydrauliköls entfällt die Zusatzschmierung.

Dem gegenüber stehen diese Nachteile:

- Anders als bei pneumatischen Steuerungen erhöhen die notwendigen Rückleitungen die Kosten erheblich.
- Undichtigkeiten sind nicht nur unerwünscht, sondern auch gefährlich.
- Die Wartungs- und Instandhaltungskosten sind hoch, die Steuerungselemente (enge Toleranzen) empfindlich gegen verschmutztes Hydrauliköl.
- Temperatur- und Druckschwankungen verändern die Viskosität des Hydrauliköls.

> Hydraulische Steuerungen ermöglichen eine gute „Weg-Zeit-Präzision", da Hydrauliköl Kräfte und Bewegungen nahezu formschlüssig überträgt. Sie sind daher nicht nur für Spann- und Festhalteaufgaben geeignet, sondern z.B. auch für Vorschubbewegungen von Werkzeugschlitten

14.1.1.3 Pneumatische und hydraulische Bauelemente

Darstellung. Pneumatik- und Hydraulikanlagen werden wie in der Elektrotechnik als Schaltpläne gezeichnet. Zur Vereinfachung und zum leichteren Verständnis hat man sich auf die schematische (meist vereinfachtes Schnittbild) und sinnbildliche Darstellung (grafische Symbole) von Schaltungen geeinigt. Die sinnbildliche Darstellung ist genormt (**14**.5), die schematische nicht. Pneumatische und hydraulische Anlagen sind in wesentlichen Teilen vergleichbar. Auch die Sinnbilder ihrer Elemente sind gemeinsam genormt (DIN ISO 1219). Die wichtigsten Elemente unterteilen wir in vier Hauptgruppen:

- **Steuerglieder** (Ventile),
- **Arbeitsglieder** (Zylinder),
- **Sonstige Geräte** (z.B. Filter, Druckanzeiger und Leitungen),
- **Sondergeräte** (z.B. besondere Bauformen von Ventilen und Zylindern).

Steuerglieder sind Ventile. Sie bestimmen Start, Ende, Richtung, Druck und Menge des durchfließenden Mediums. Je nach ihrer Aufgabe teilt man sie in Wege-, Sperr-, Strom- und Druckventile ein.

Tabelle 14.5 Sinnbilder pneumatischer und hydraulischer Anlagen, Beispiele für Wegeventile

Sinnbilder	Durchflußwege	Sinnbilder	Beispiele für Wegeventile
	allgemeine Darstellung eines Ventils mit 2 Schaltstellungen a und b (a, b)		
	ein Durchflußweg		2/2-Wegeventil (gesprochen: 2-Strich-2-Wegeventil = 2 Anschlüsse und 2 mögliche Schaltstellungen), mit Handbetätigung, P gegen A gesperrt
	zwei gesperrte Anschlüsse		2/2-Wegeventil, durch Druck betätigt, mit Rückholfeder, P gegen A offen
	zwei Durchflußwege		3/2-Wegeventil, in beiden Richtungen durch Druck betätigt, P gegen A gesperrt
	zwei Durchflußwege und ein gesperrter Anschluß		3/2-Wegeventil, durch Elektromagneten betätigt, mit Rückholfeder, P gegen A offen
	zwei miteinander verbundene Durchflußwege		4/3-Wegeventil, in beiden Richtungen durch Druck betätigt, alle Leitungen gesperrt
	ein Durchflußweg in Nebenschaltung, zwei gesperrte Anschlüsse		

> Ventile sind die Steuerglieder einer fluidischen Steuerung. Als
> − Wegeventile steuern sie Start, Richtung und Ende des Durchflusses.
> − Sperrventile verhindern sie den Durchfluß in einer Richtung.
> − Stromventile beeinflussen sie die Durchflußmenge.
> − Druckventile dienen sie zur Druckregulierung.

Arbeitsglieder sind in den pneumatischen oder hydraulischen Steuerungen vor allem die Zylinder, die die im Druckmedium (Luft oder Hydrauliköl) gespeicherte Energie in mechanische Arbeit umsetzen. Je nachdem, ob das Medium den Kolben nur in einer oder in zwei Richtungen verschieben kann, spricht man von einfach- oder doppeltwirkenden Zylindern (**14.6**).

Tabelle 14.6 Sinnbilder für Zylinder

Sinnbilder		Sinnbilder	
ausführlich	vereinfacht	ausführlich	vereinfacht
Einfachwirkender Zylinder		**Doppeltwirkender Zylinder**	
Rückhub durch nicht näher bestimmte Kraft		mit einfacher Kolbenstange	
Rückhub durch Feder		mit zweiseitiger Kolbenstange	

> Zylinder sind die Arbeitsglieder einer fluidischen Steuerung. Je nachdem, ob sie in einer oder in zwei Richtungen Arbeit verrichten können, spricht man von einfach- oder doppeltwirkenden Zylindern.
>
> Alle übrigen Zylinder, die sich in Form oder Ausführung von den Standardzylindern unterscheiden, bezeichnet man als Sonderzylinder.

14.1.1.4 Besonderheiten pneumatischer und hydraulischer Steuerungen

Druckluftaufbereitung. Wenn auch Druckluft im Betrieb leicht verfügbar gemacht werden kann, erfordert ein störungsfreier Betrieb doch den Einbau besonderer Bauelemente. Man spricht in diesem Zusammenhang von der Aufbereitung der Druckluft durch Filter und Druckluftöler. Diese Bauteile können einzeln eingebaut oder in Verbindung mit einem Druckregelventil zu einer Aufbereitungseinheit zusammengefaßt werden (**14.7**). Eine Aufbereitungseinheit besteht aus Filter mit Kondensatabscheider, Druckregelventil und Öler. Sie soll möglichst unmittelbar von der Verbrauchsstelle angebracht werden.

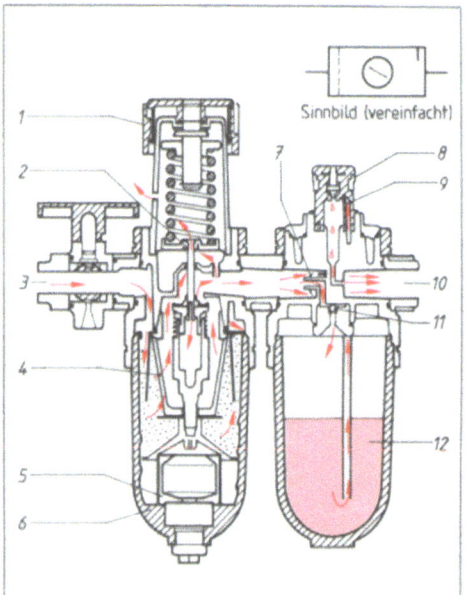

14.7
Schnitt durch eine Aufbereitungseinheit mit Symbol (vereinfacht)
 1 Einstellgriff mit Feststellung (Druckregelung)
 2 Entlüftungsventil
 3 Drucklufteintritt
 4 Filterelement
 5 Ablaßautomatik
 6 Kondensat
 7 Durchflußfühler
 8 Einstellknopf mit Feststellung (Ölzugabe)
 9 Schauglas mit Öldurchgang
10 Druckluftaustritt
11 Rückschlagventil
12 Ölbehälter

> Druckluft bereitet man möglichst unmittelbar vor ihrer Verwendung auf. Dazu dienen Filter und Öler, die meist in Verbindung mit einem Druckregler zu einer Aufbereitungseinheit (früher Wartungseinheit genannt) zusammengefaßt sind.

Die Bauelemente hydraulischer Steuerungen unterscheiden sich von den pneumatischen vor allem dadurch, daß sie höhere Drücke vertragen und dicht sein müssen. Hydrauliköl ist zwar schmierend und korrosionshemmend, Druckregler und Filter sind jedoch in hydraulischen Steuerungen genauso erforderlich wie bei pneumatischen.

Neben Mineralölen mit Zusätzen werden als Hydraulikflüssigkeiten auch synthetische Flüssigkeiten verwendet. Sie dürfen nicht schäumen, sollen eine von der Temperatur möglichst unabhängige Viskosität haben, alterungsarm sein und dürfen Dichtungen und Geräte-Werkstoffe nicht angreifen.

14.1.1.5 Schaltpläne Fluidischer Steuerungen

Schaltpläne stellen den Aufbau und Funktionsablauf fluidischer Steuerungen mit genormten Sinnbildern vereinfacht dar. Sie erleichtern den Zusammenbau und die Fehlersuche. Nach den VDI-Richtlinien 3225 (Hydraulik) und 3226 (Pneumatik) gelten u.a. folgende Gestaltungsregeln:

- Zerlegen der Steuerung (ohne Rücksicht auf ihre tatsächliche räumliche Anordnung) in einzelne, nebeneinanderliegende Steuerketten.
- Zylinder, Ventile, Pumpen, Motoren usw. werden waagerecht in ihrer Ausgangsstellung dargestellt, in Signalflußrichtung von unten nach oben aneinandergereiht und fortlaufend numeriert.
- Bei fluidtechnischen Schaltplänen sollen (wie in der Elektrotechnik) die Leitungen geradlinig gezeichnet werden und sich nach Möglichkeit nicht (bzw. so selten wie möglich) kreuzen.

Bild **14**.8 zeigt ein Beispiel für die sinnbildliche Darstellung (Schaltplan) einer halbautomatischen pneumatischen Zylindersteuerung.

Anschlußbezeichnungen nach der internationalen CETOP-Norm:
1 = Druckanschluß; 2, 4 = Arbeitsanschlüsse;
3, 5 = Abluftanschlüsse (3 mit 2 verbunden);
12, 14 = Steueranschlüsse.

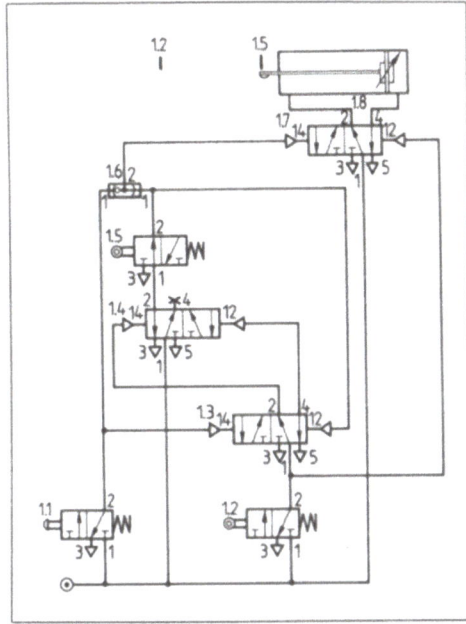

14.8 Halbautomatische pneumatische Zylindersteuerung (Anschlußbezeichnungen nach CETOP). Der Zylinder 1.8 fährt zweimal in Richtung + (nach links) und − (nach rechts), bleibt dann in − (wie Bild) stehen. Erst bei neuer Betätigung von 1.1 wird wieder ein Doppelhub ausgeführt.

14.1.2 Elektrische Steuerungen

Die elektrischen Steuerungen bestehen aus energietechnischen und elektronischen Bauteilen. Die energietechnischen Steuerungselemente, auch elektrische Betriebsmittel genannt, haben schaltbare Kontakte, elektronische Steuerungen wirken kontaktlos.

Zur Elektronik zählt man alle Vorgänge und Bauelemente, die die Bewegung elektrischer Ladungsträger in Halbleitern und Gasen technisch ausnutzen, sowie die „klassischen" Widerstände, Kondensatoren und Spulen. Bei den Werkzeugmaschinen-Steuerungen findet man oft eine Kombination energietechnischer und elektronischer Steuerungselemente. Die elektronischen nehmen jedoch an Bedeutung immer mehr zu.

Vorteile elektrischer Steuerungen sind z.B. die sehr schnelle Signalübermittlung, die einfache Leitungsverlegung (es muß zwar isoliert, aber nicht abgedichtet werden) und die problemlose und kostengünstige Signalübertragung selbst über größere Entfernungen.

> Elektrische Steuerungen bestehen aus kontaktgeschalteten energietechnischen (elektrischen) Betriebsmitteln und elektronischen (kontaktlosen) Bauteilen. Sie sind wartungsarm und kostengünstig.

14.2 Steuerungsarten und Signalsysteme

14.2.1 Begriffe

Bei den Steuerungsarten unterscheidet man Befehlssteuerungen, Grenzwertsteuerungen und Programmsteuerungen.

Bei den Befehlssteuerungen wird das Stellglied unmittelbar oder mit Hilfe eines am Befehlsgeber (Steuerglied) ausgelösten Steuersignals betätigt. Befehlssteuerungen sind meist handbetätigt, können beispielsweise aber auch durch Lichtschranken ausgelöst werden (z. B. als Sicherheitsvorrichtung bei einer Stanze).

Grenzwertsteuerungen haben einen meist einstellbaren Begrenzer. Man verwendet sie überall dort, wo die Steuerstrecke bei Erreichen eines Maximalwerts selbsttätig abgeschaltet werden soll. Auf diese Weise begrenzt man z. B. Wege oder Füllhöhen von Behältern mit Endschaltern (Spülkasten beim WC), Drehfrequenzen mit Fliehkraftschaltern, Drücke mit Druckwächtern oder elektrische Stromstärken mit Bimetall- oder elektromagnetischen Schaltern.

Programmsteuerungen sind wichtige Bestandteile der Automatisierungstechnik. Sie fassen mehrere Steuerungsvorgänge in einem Programm zusammen und werden unterschieden in Zeitplan-, Wegplan- und Ablaufsteuerungen.

Die Zeitplansteuerung läuft zeitabhängig, indem der zeitliche Ablauf mehrerer Steuerungsvorgänge z. B. durch ein festes oder einstellbares Programm festgelegt wird. Programmgeber kann ein motorgetriebener Programmschalter sein (Sie kennen dies von der Waschmaschinensteuerung) oder ein mit Lichtstrahlen abgetasteter Lochstreifen.

Eine Wegplansteuerung steuert beispielsweise den Bearbeitungsablauf eines Werkstücks auf einer Fräsmaschine in Abhängigkeit vom zurückgelegten Weg. Als Hilfsmittel dienen hier z. B. Lochstreifen, die optisch durch Fotowiderstände oder Fotodioden abgetastet werden und elektrische Steuerimpulse auslösen.

Bei der Ablaufsteuerung wird die Folge der einzelnen Steuerungsvorgänge dadurch gesteuert, daß jeweils der vorhergehende den nächsten Steuerungsschritt auslöst.

Signalsysteme. Als Signal bezeichnet man in der Steuerungstechnik die Art der Information, die den Steuerungsvorgang (Regelungsvorgang) auslöst. Man unterscheidet analoge und digitale Signale.

Analoge Signale (analog = gleichwertig, entsprechend) können kontinuierlich (stetig) sein. Sie kennen z. B. die Analoganzeige der Armbanduhr mit den sich stetig bewegenden Stunden- und Minutenzeigern.

Bei digitalen Signalen wird die Änderung der Meßgröße dagegen nicht kontinuierlich, sondern in Stufen (Schritten) wiedergegeben (Digitaluhr mit schrittweiser Anzeige in Ziffern).

Beispiel 14.3   Bild **14.**9 zeigt die Zeitdiagramme eines analogen und eines digitalen Signals. Das analoge Liniendiagramm entsteht durch den sich analog zur messenden Größe (z. B. Spannung) verändernden Zeigerausschlag eines Zeigerinstruments (z. B. Spannungsmeßgerät). Beim digital anzeigenden Meßgerät entsteht dagegen ein Impulsdiagramm, da das Ziffernsignal in Schritten bzw. Stufen angegeben wird.

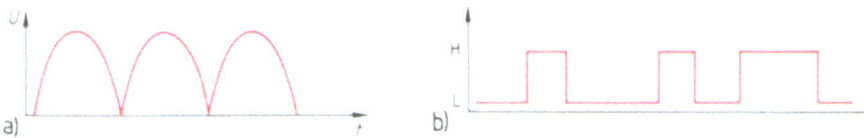

14.9 Zeitdiagramme analoger und digitaler Signale
   a) Liniendiagramm eines analogen Signals,
   b) Impulsdiagramm eines binär-digitalen Signals

> Steuerungsarten werden unterschieden in Befehls-, Grenzwert- und Programmsteuerungen.
> Programmsteuerungen sind Zeitplan-, Wegplan- oder Ablaufsteuerungen.
> Steuerungssignale erfolgen analog oder digital.

Binär-digitales Signalsystem. Bei der modernen digitalen Signalverarbeitung gibt es nur zwei Signalwerte (binär = zweiwertig). Sie heißen Binärsignale und werden durch die Ziffern 0 und 1 bezeichnet.

In Digitalbausteinen werden den beiden Binärsignalen bestimmte Spannungsbereiche zugeordnet. Bei Transistorbausteinen mit einer Betriebsspannung von 12 Volt liegt z. B. der Bereich für das 0-Signal bei 0 bis 2 Volt, der für das 1-Signal bei 8 bis 12 Volt.

Das binär-digitale Signalsystem verwendet man vor allem in logischen Schaltungen (s. Abschn. 14.2.2), so in Anlagen der elektronischen Datenverarbeitung (EDV) sowie in Steuerungs- und Regelungsanlagen (z. B. in speicherprogrammierten Steuerungen, SPS, s. Abschn. 14.2.3).

14.2.2 Logische Schaltungen

Bei logischen Schaltungen verwendet man meist elektronische Bausteine (logische Bausteine, z. B. Transistorbausteine), die die binären Eingangs- und Ausgangssignale 0 und 1 verarbeiten. Wie der Name sagt, werden dabei Eingangs- und Ausgangssignale in einen folgerichtigen (logischen) Zusammenhang gebracht. Man bezeichnet das als logische Verknüpfung und nennt die logischen Bausteine Verknüpfungsglieder oder Gatter.

> Logische Schaltungen sind Verknüpfungsschaltungen logischer Bausteine, die man Verknüpfungsglieder nennt.

Je nach Steuerungsaufgabe werden verschiedene logische Bausteine mit unterschiedlichen Verknüpfungsfunktionen kombiniert.

Logische Bausteine und ihre logische Funktion. Die wichtigsten logischen Verknüpfungsglieder sind das UND-Glied, ODER-Glied, NICHT-Glied, NAND-Glied (engl. **Not-AND**, d.h. NICHT UND) und das NOR-Glied (engl. **Not-OR**, d.h. NICHT ODER). Die logischen Funktionen dieser Verknüpfungsglieder lassen sich am besten mit Hilfe von elektronischen Schaltungen darstellen, wobei die binären Zustände 0 und 1 durch Schalter dargestellt werden: Schalter geschlossen für 1, Schalter geöffnet für 0 (**14.**10).

Tabelle 14.10 Logische Verknüpfungen

Funktion und Symbol nach DIN 40700	Tabelle	Kontaktschaltung
UND (Konjunktion)	E_1 E_2 A 0 0 0 0 1 0 1 0 0 1 1 1	
ODER (Disjunktion)	E_1 E_2 A 0 0 0 0 1 1 1 0 1 1 1 1	
NICHT (Negation)	E A 0 1 1 0	
NAND (NICHT UND)	E_1 E_2 A 0 0 1 1 0 1 0 1 1 1 1 0	
NOR (NICHT ODER)	E_1 E_2 A 0 0 1 1 0 0 0 1 0 1 1 0	

Das UND-Glied dient der UND-Verknüpfung mehrerer Eingangssignale (z. B. E_1 und E_2) und wird auch Konjunktion genannt. Das Ausgangssignal A hat nur dann den Wert 1, wenn alle Eingangssignale E den Wert 1 haben.

Das ODER-Glied dient der ODER-Verknüpfung mehrerer Eingangssignale und heißt auch Disjunktion. Das Ausgangssignal A hat den Wert 1, wenn eines oder mehrere Eingangssignale E den Wert 1 haben.

Das NICHT-Glied dient der Signalumkehr. Es heißt auch Negation (Verneinung) oder Inversion (Umkehrung). Das Ausgangssignal A hat den Wert 0, wenn das Eingangssignal den Wert 1 hat (und umgekehrt).

Das NAND-Glied ist ein UND-Glied mit folgender Signalumkehr. Das Ausgangssignal A hat nur dann den Wert 0, wenn die Eingangssignale E den Wert 1 haben.

Das NOR-Glied ist ein ODER-Glied mit folgender Signalumkehr. Das Ausgangssignal A hat den Wert 0, wenn eines oder mehrere Eingangssignale E den Wert 1 haben.

> Die wichtigsten logischen Funktionen der Verknüpfungsglieder in logischen Schaltungen sind UND, ODER, NICHT, NAND und NOR.

14.2.3 Beispiele für Steuerungsarten: VPS und SPS

Zu den wichtigsten Steuerungsarten (Programmsteuerungen) in der Automatisierungstechnik gehören die verbindungsprogrammierten (VPS) und die speicherprogrammierbaren Steuerungen (SPS, **14.**11). SPS gibt es in den USA schon seit Ende der sechziger, in Europa seit Mitte der siebziger Jahre. Sie sind „komfortable" elektronische Steuerungen. Komfortabel deshalb, weil sie sich durch Programmierung der jeweiligen Steuerungs- bzw. Regelungsaufgabe anpassen lassen.

Bild 14.12 gibt einen Überblick über die gebräuchlichsten digitalen elektronischen Steuerungen. Digital bedeutet, daß die Steuerungs(schalt)glieder nur die zwei Zustände „0 für kein Strom" und „1 für Strom" haben (s. Abschn. 14.3.3.1, Binärcode).

Verbindungsprogrammierte Steuerungen (VPS) arbeiten mit einer festen Geräteverdrahtung. Falls man sie überhaupt umprogrammieren kann, geschieht dies z. B. durch Umstecken der Verbindungsleitungen oder durch Auswechseln der elektronischen Steuerungselemente.

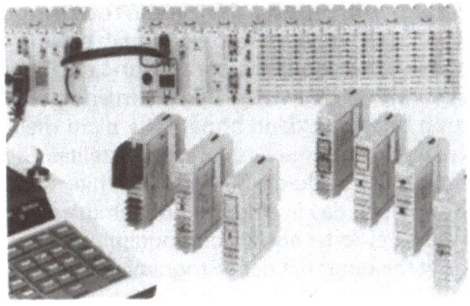

14.11 Speicherprogrammierbare Steuerung im Modulsystem mit Eingabe- und Ausgabebaustein und Programmiergerät

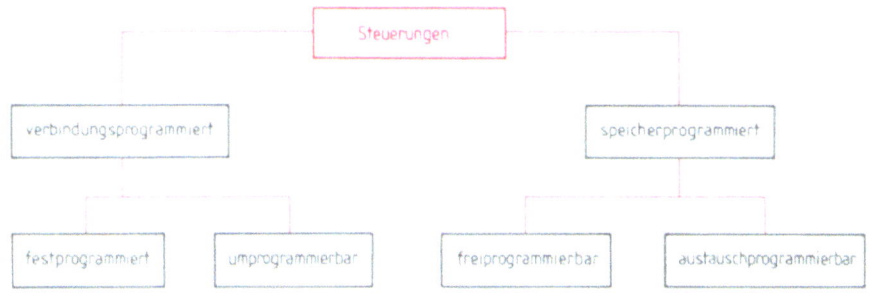

14.12 Übersicht über die Steuerungsarten

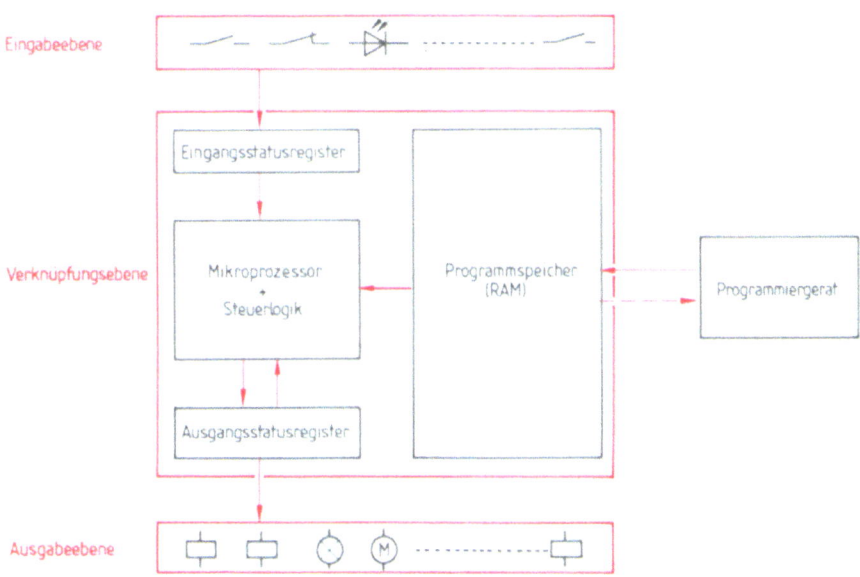

14.13 Aufbau eines SPS in Verbindung mit Programmiergerät

Speicherprogrammierbare Steuerungen (SPS) haben einen Programmspeicher. Er kann freiprogrammierbar als Schreib-Lese-Speicher (RAM = Random Access Memory) oder austauschprogrammierbar als Nur-Lese-Speicher (ROM = Ready Only Memory) ausgeführt sein. Bei den Nur-Lese-Speichern erfolgt die Programmierung mit einer Programmiereinrichtung und kann dann ohne diese nicht mehr beeinflußt werden. Man spricht hier von Austauschprogrammierung. Ein so erstelltes Steuerungsprogramm ist gegen ungewollte Änderungen (z. B. durch Bedienungsfehler oder Stromnetzstörungen) besser geschützt als ein Programm, das in einer freiprogrammierbaren SPS entstanden ist. Moderne SPS sind wahlweise frei- oder austauschprogrammierbar. Bild **14.**13 auf S. 279 zeigt den Aufbau einer SPS in Verbindung mit dem Programmiergerät.

> Speicherprogrammierbare Steuerungen (SPS) sind moderne digitaltechnische Steuerungen. Sie haben freiprogrammierbare (RAM) oder austauschprogrammierbare (ROM) Speicher. Sie eignen sich für anspruchsvolle Steuerungs- und Regelungsaufgaben.

SPS und PC. Speicherprogrammierbare Steuerungen (s. Abschn. 14.4.1) in Verbindung mit dem Personal Computer bieten alle Hilfestellungen des Computers (z. B. menügesteuerte Bedienerführung, Fehlermeldungen). Für Programmierung (und gegebenenfalls SPS-Simulation) steht der gesamte Grafikbildschirm zur Verfügung, nicht mehr ein meist nur kleines Display (Anzeigefenster). Mit der geeigneten Software und entsprechender Schnittstelle (Verbindung zwischen PC und Steuerung) lassen sich z. B. Kontaktpläne erstellen, Steuerungsabläufe simulieren und mit angeschlossener Steuerung durchführen.

14.3 Arbeiten mit Computersystemen

14.3.1 Aufbau eines Computersystems – Prinzip der Informationsverarbeitung

Der Einsatz von Computersystemen für Steuerungsaufgaben erfordert u. a. eine entsprechende computergerechte Aufbereitung der jeweiligen Aufgabe, die Entwicklung eines Computerprogramms. Für standardisierte Steuerungsaufgaben gibt es fertige Anwendersoftware. Zunächst wollen wir uns jedoch etwas näher mit dem Computer selbst und seiner Peripherie (Umgebung) beschäftigen.

Jedes Computersystem besteht im wesentlichen aus zwei zusammenwirkenden Funktionsgruppen, der Hardware und der Software.

Hardware (ursprüngliche amerikanische Wortbedeutung „Eisenartikel") ist in der Computertechnik alles, was „hard" (fest) ist, also die Maschinen. Das sind z. B. der Computer selbst, die Tastatur, der Bildschirm, der Drucker, aber auch einzelne elektronische Bauteile wie das Kernstück des Computers, der Mikroprozessor.

Software („weiche" Ware) sind die Programme, die nötig sind, um mit der Hardware überhaupt etwas anfangen zu können. Der Amerikaner sagt dazu: „Hardware without software is noware". Erst die Vielfalt der Software bestimmt die Leistungsfähigkeit des Computers, ob das Programme für Textverarbeitung, Gehaltsabrechnung, CAD, CAM oder auch Spiele sind. Programme müssen „zum Aufheben" irgendwo gespeichert werden, z. B. auf Datenträgern wie Magnetband oder Diskette.

> Unter Hardware versteht man alle festen Bestandteile des Computersystems.
> Software sind alle Programme, die der Computer zum Lösen bestimmter Aufgaben braucht. Software ist auf Datenträgern gespeichert.

Eingabe-Verarbeitung-Ausgabe (EVA). Das Computersystem verarbeitet nichts anderes als Daten – genau so wie der Mensch, der es geschaffen hat.

Mit Hilfe seiner Sinnesorgane Augen, Nase, Ohren, Hände (Tastsinn) und Zunge (Geschmackssinn) empfängt der Mensch pausenlos Daten aus seiner Umwelt (Daten-Eingabe). Er verarbeitet sie mit Hilfe seines Verstands (Daten-Verarbeitung) und gibt die Verarbeitungsergebnisse in irgendeiner Form (z. B. durch Sprechen, Gesten, Schreiben) wieder an seine Umwelt aus (Daten-Ausgabe). Dieses System nennt man kurz EVA.

Das Computersystem macht es nicht anders. Für die Eingabe hat es einen **Eingabebereich**, z. B. die Tastatur. Nur was dem Computer eingegeben worden ist, kann er verarbeiten. Das geschieht im **Verarbeitungsbereich**, der Zentraleinheit oder CPU (Central Processing Unit). Sie enthält als Kernstück den Mikroprozessor, der die klassischen Funktionen von Steuer- und Rechenwerk vereinigt (**14**.14).

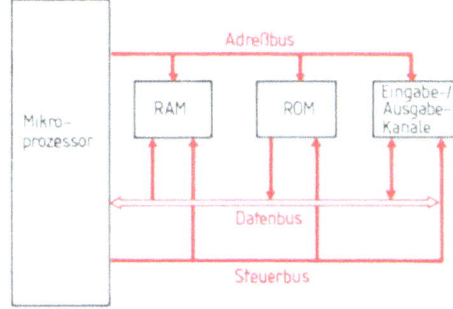

Im Mikroprozessor sind Steuerwerk (die Steuerzentrale der EDV-Anlage) und Rechenwerk (mit Addierwerken und Registern) vereint. Bei modernen Mikrocomputern werden alle Einheiten (CPU, Speicherelemente, Ein- und Ausgabekanäle) als gleichberechtigte Partner an eine gemeinsame Sammelschiene (den **Bus**) angeschlossen. Je nach Informationseinheit unterscheidet man zwischen Adreß-, Daten- und Steuerbus. Das ROM erlaubt nur das Herauslesen von Daten und keine Änderungen. Das RAM ist der Arbeitsspeicher, da er Lesen und Schreiben von Daten ermöglicht. Während alle ROM-Inhalte im Computer fest gespeichert sind, gehen die Daten des RAM-Speichers mit dem Ausschalten verloren: Will man sie erhalten, müssen sie vorher auf Datenträgern abgespeichert werden.

14.14 Blockschaltbild eines Mikrocomputers

In der EDV bezeichnet man alle Geräte, die mit der Zentraleinheit (CPU) verbunden sind, als **Peripherie**. Darunter fallen auch die als Ausgabebereich dienenden Ausgabegeräte wie Bildschirm, Drucker oder Plotter.

Elemente des Computersystems. Bild **14**.15 zeigt einen Personal Computer (PC), bestehend aus Tastatur (Eingabe), Zentraleinheit mit Diskettenlaufwerk und Festplatte (Verarbeitung) und Bildschirm (Ausgabe). Heute neigt man nicht mehr wie früher zu riesigen Rechenzentren oder Zentralcomputern, sondern zu mehreren, auch voneinander unabhängig arbeitenden Einzelarbeitsplätzen (z. B. mit PC). Einzelarbeitsplätze können auch untereinander verbunden werden (Vernetzung), so daß sie Daten austauschen (kommunizieren) können, wobei eine Zentrale jedoch den Gesamtüberblick behält.

14.15 Personalcomputer (PC) mit Festplatte

Eingabeelemente können Tastatur, Grafiktablett (**14.16**) oder auch eine Maus sein. Die Maus heißt so, weil sie auf einer ebenen Fläche hin- und herbewegt wird und bestimmte Befehls-, Bedienungs- oder Bildelemente auf dem Bildschirm steuert.

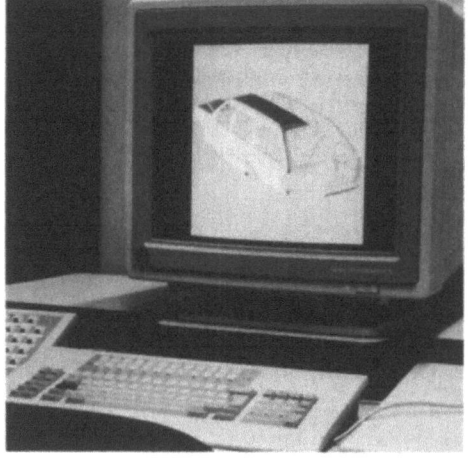

14.16 CAD-Arbeitsplatz mit Tastatur, Grafiktablett und Maus

14.17 Diskette

Die Zentraleinheit (CPU) enthält bei kleineren Anlagen in der Regel Diskettenlaufwerke für flache, kreisrunde Kunststoff-Folienscheiben (in einer Schutzhülle) zur Datenabspeicherung – die Disketten (**14.17**). Disketten haben allerdings nur eine geringe Speicherkapazität. Deshalb verwenden gewerbliche Anwender meist erheblich teurere Festplattenlaufwerke (**14.18**). Sie enthalten staubgeschützt mehrere übereinander angeordnete, zylindrische Metallplatten (Hard Disks), die magnetisierbar beschichtet sind und gegenüber der Diskette ein Vielfaches an Daten speichern können. Auch dauert das Einlesen und Abspeichern der Daten nur einen Bruchteil der sonst nötigen Zeit.

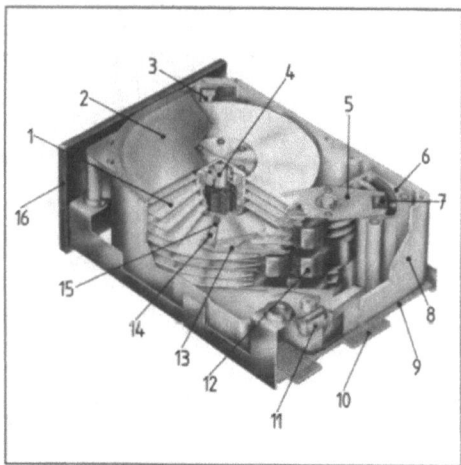

14.18
Festplattenlaufwerk
 1 beschichtete Disks
 2 Abdeckplatte
 3 Luftfilter
 4 Spindel mit integriertem Motor
 5 Aktuatorarm
 6 Gehäuse für den Aktuatormagneten
 7 Erregerspule
 8 Gehäuse
 9 Gedruckte Schaltung für Driveelektronik
10 Interfaceanschluß
11 Aktuatorverriegelung
12 Vorverstärker-Chips
13 Kopf-Arm
14 Kopfbefestigung
15 Schreib-Lese-Kopf
16 Frontplatte

Als **Ausgabegeräte** dienen neben dem Bildschirm, der ja beim Ausschalten der Anlage gelöscht wird, Drucker (**14**.19) oder Plotter (**14**.20). Bei Druckern unterscheidet man die nicht grafikfähigen Typenraddrucker (sie arbeiten wie eine elektronische Schreibmaschine mit festen Typen) und die grafikfähigen Matrix-, Tintenstrahl- oder Laserdrucker. Matrixdrucker haben einen mit mehreren Nadeln (z. B. 9, 18, 24) bestückten Druckkopf, die einzeln angesteuert werden und so als Punktraster Buchstaben oder Grafiken erstellen. Dies geschieht mit einer Druckgeschwindigkeit bis zu 500 Zeichen je Sekunde. Ähnlich arbeitet der teurere Tintenstrahldrucker. Statt der gegen ein Farbband gestoßenen Drucknadeln werden hier feinste Tintentröpfchen direkt aufs Papier geschleudert. Der Ausdruck ist erheblich leiser und vermindert die Geräuschbelästigung am Arbeitsplatz. Laserdrucker zeichnen sich (bei höherem Preis) durch eine enorme Druckgeschwindigkeit (bis über 10 Seiten je Minute) und sehr gute Schrift- und Grafikqualität aus.

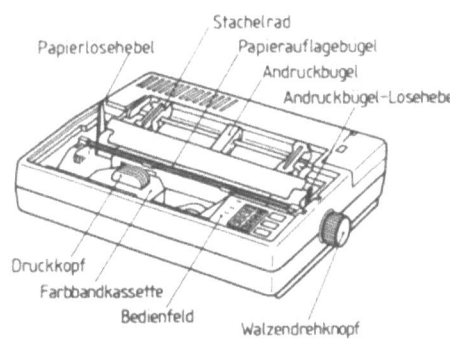

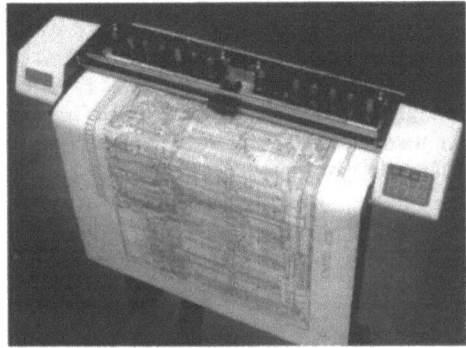

14.19 Matrixdrucker

14.20 Plotter

14.3.2 Einführung in die Computerbedienung

Betriebssystem. Personalcomputer brauchen zum Start ein Betriebssystem, um die vom Benutzer über die Tastatur eingegebenen Befehle zu „verstehen". Die meistverbreiteten PC-Betriebssysteme sind das PC-DOS (IBM) bzw. das MS-DOS (für IBM-kompatible PC). Die Abkürzung DOS bedeutet Disk Operating System (Disketten-Handhabungs-System) und bezieht sich damit auf die in die PC eingebauten Disketten- oder Festplattenlaufwerke.

Im Gegensatz zu einigen Heimcomputern ist das Betriebssystem bei den PC nicht fest im ROM enthalten. Es steht daher auch nicht unmittelbar nach dem Einschalten des Computers zur Verfügung, sondern muß erst von einem Massenspeicher (Datenträger, z. B. Diskette oder Harddisk) geladen werden. Dadurch kann man für unterschiedliche Anwendungen wahlweise unterschiedliche Betriebssysteme (z. B. Unix oder Xenix) laden, ohne daß ein nicht gebrauchtes Betriebssystem Speicherplatz belegt.

Beschäftigen wir uns nun mit den wichtigsten Schritten zur Inbetriebnahme eines PC, der unter DOS arbeitet.

Starten des Systems. Zunächst wird der Computer nach Angabe des Herstellers (Bedienungshandbuch) eingeschaltet. Bei manchen PC müssen Sie z. B. Zentraleinheit und Monitor (Bildschirm) getrennt ein- und ausschalten.

Einige PC-Hersteller schlagen vor, die DOS-Diskette schon vor dem Einschalten in das Diskettenlaufwerk A einzulegen. Sicherer für die Daten auf der Diskette erscheint es uns, dies erst nachher zu tun, da besonders beim Ein- und Ausschalten stärkere Magnetfelder im Netzteil entstehen als während des normalen Betriebs. (Bei PC mit Festplatte brauchen Sie sich darum nicht zu kümmern; sie starten automatisch vom Laufwerk C.) Aus dem gleichen Grund raten wir auch dazu, Disketten grundsätzlich vor dem Ausschalten des Computers (bei nicht leuchtender Kontrollampe des Laufwerks) aus dem Laufwerk herauszunehmen.

Nun können Sie auf dem Bildschirm den Selbsttest der Hardware verfolgen, der automatisch prüft, ob alles in Ordnung ist. Wenn Sie nach unserem Rat die DOS-Diskette bis zu diesem Zeitpunkt noch nicht eingelegt haben, werden Sie nun durch eine entsprechende (blinkende) Fehlermeldung daran erinnert. Nachdem Sie die Diskette richtig herum (Diskettenaufkleber zum Bediener hin und nach oben zeigend) in das Laufwerk A eingelegt und es verriegelt haben, lädt der Computer selbsttätig das DOS.

Diesen Vorgang nennt der Fachmann Booten (engl., gesprochen buten). Der Computer meldet seine Betriebsbereitschaft auf dem Bildschirm durch den Prompt, einen sein aktives Laufwerk bezeichnenden Großbuchstaben (z. B. A), gefolgt vom Zeichen > (mathematisches Zeichen für „größer als"). Erst jetzt kann man mit dem System überhaupt etwas anfangen. Der hinter dem Prompt blinkende Cursor – ein die Eingabestelle markierendes kleines Rechteck am Zeilenfuß – signalisiert die Bereitschaft für eine Eingabe, für die DOS-Befehle (Bildschirmanzeige A >__).

Das DOS bildet die Brücke zu den gewünschten (Anwender-)Programmen. Es verfügt über eine Befehlsbibliothek von über 40 Befehlen zum Handhaben von Datenfiles (Dateien), Entwickeln von Programmen und Ausführen von Anwendungsprogrammen.

Starten des Systems

– Computer einschalten, Selbsttest abwarten.

– DOS-Diskette in Laufwerk A einlegen, Laufwerk verriegeln. (Entfällt bei Festplatte.)

Betriebsbereitschaft wird durch den DOS-Prompt gemeldet.

Umgang mit Files und Directories. Mit den Handhabungsbefehlen kann der Anwender z. B. Files (das sind die Dateien und Programme) kopieren, löschen oder umbenennen. Er kann Disketten formatieren (das bedeutet, sie schreibfähig für den Schreib-Lesekopf zu machen), kopieren oder Directories (das sind die Inhaltsverzeichnisse) auflisten, verändern oder nach verschiedenartigen Gesichtspunkten neu zusammenstellen.

Zu den wichtigsten DOS-Befehlen gehören DATE, TIME, DIR, FORMAT, DISKCOPY, COPY, RENAME, ERASE und TYPE.

DATE und TIME. Im Inhaltsverzeichnis der Disketten (Directory) erscheinen Datum und Uhrzeit der Abspeicherung einer Datei. Damit dies auch stimmt, muß der Computer Datum und Uhrzeit kennen. Wenn er eine batteriegepufferte Uhr hat, merkt er sich diese Daten (auch wenn er ausgeschaltet wurde). Sonst muß man sie ihm nach dem Einschalten über die Befehlswörter DATE und TIME nacheinander mitteilen.

Wie alle DOS-Befehle tippt man sie nach dem auf dem Bildschirm angezeigten Prompt ein. Dabei ist es gleichgültig, ob die Befehlswörter groß oder klein geschrieben werden. Den genauen Eingabemodus erklärt der Computer nach Befehlseingabe selbst.

DIR. Dieser Befehl listet das Inhaltsverzeichnis der Diskette oder Festplatte im gerade aktiven Laufwerk.

Mit DIR/P (/P für Page = Seite) kann man den Bildschirm seitenweise „blättern". Das ist besonders sinnvoll, wenn nicht alle Files untereinander auf einen Bildschirm passen (25 Zeilen). Will man möglichst alle oder soviel Files wie möglich auf einmal betrachten, listet der Befehl DIR/W (/W für Wide = breit) die Files in 5 Spalten nebeneinander. Dabei werden aber die sonst gezeigten Zusatzangaben (Größe der Files, Datum, Uhrzeit) nicht mehr angezeigt.

Die vollständige Anzeige eines Programms oder einer Datei besteht (in 5 Teilen) aus seinem Namen (der bis zu 8 Zeichen lang sein darf), einer bis zu 3 Zeichen langen Erweiterung, der Größenangabe in Bytes (Anzahl der gespeicherten Zeichen) und der Angabe von Speicherdatum und Uhrzeit. Was man beim Listen der Directories nicht sieht, ist der bei der Eingabe sehr wichtige Punkt, der den Filenamen von der Erweiterung trennt. Das Programm mit dem Namen AUTOEXEC und der Erweiterung BAT heißt vollständig AUTOEXEC.BAT. Bild **14**.21 auf S. 286 zeigt die Inhaltsverzeichnisse einer Systemdiskette einmal mit DIR und einmal mit DIR/W aufgelistet.

Zeigt der Prompt A> auf dem Bildschirm, daß gerade das Laufwerk A aktiv ist, listen die genannten Befehle DIR, DIR/P und DIR/W den Inhalt der Diskette in Laufwerk A. Wollen Sie aber wissen, welche Dateien und Programme sich z. B. auf einer Diskette in Laufwerk B befinden, schalten Sie entweder das aktive Laufwerk von A auf B um oder ergänzen die DIR-Befehle durch den Hinweis, welches Laufwerk gelistet werden soll.

Zum Umschalten von Laufwerk A auf B geben Sie hinter dem Prompt B: ein und bestätigen mit der ENTER-Taste (das ist die Taste mit dem abgewinkelten Pfeil). Der Bildschirm zeigt nun Prompt B>, und Sie können die DIR-Befehle wie beschrieben eingeben. Wenn Sie jedoch mit Laufwerk A weiterarbeiten möchten, ist die zweite Möglichkeit besser. Sie ersparen sich dabei das Hin- und Herschalten des aktiven Laufwerks, da A das aktive Laufwerk bleibt. Dazu ergänzen Sie nur den jeweiligen DIR-Befehl um B: – also z. B. DIR/P B: oder DIR/W B:. Wichtig ist, daß Sie das Leerzeichen vor der Laufwerksangabe nicht vergessen.

Wollen Sie nur ganz bestimmte (im Namen oder in der Erweiterung ähnliche) Programme oder Dateien listen, können Sie auch ein Sternchen * (den Joker) für bis zu 8 aufeinander folgende Zeichen verwenden oder ein Fragezeichen ? (Wildcard) für je ein beliebiges Zeichen im Filenamen oder seiner Erweiterung eingeben (s. Abschn. COPY und ERASE). Der Befehl DIR DISK*.COM listet Ihnen z. B. auf der Systemdiskette **14**.18 nur die beiden Programme DISKCOPY.COM und DISKCOMP.COM. Durch Eingabe von DIR *.EXE erhalten Sie alle Files auf dem Bildschirm, die die Erweiterung .EXE haben. Mit DIR B:Brief?.TXT listen Sie dagegen alle .TXT-Files auf Laufwerk B, die mit BRIEF anfangen und einen aus (höchstens) 6 Zeichen bestehenden Namen haben. Das könnten Dateien sein wie BRIEF1.TXT, BRIEF3.TXT, aber auch BRIEFA.TXT oder BRIEFB.TXT.

FORMAT. Mit diesem Befehl formatiert man neue Disketten erstmalig oder bereits beschriebene Disketten neu. Mit FORMAT werden die für das Lesen und Beschreiben mit Daten nötigen Sektoren und Spuren angelegt, ohne die der Computer mit der Diskette nicht arbeiten kann.

Ebenso wie das anschließend besprochene DISKCOPY ist FORMAT ein externer Befehl, zu dem der Rechner erst ein Programm von der Systemdiskette laden muß. Außerdem muß man bei diesem Befehl das Laufwerk (A oder B) angeben, in dem eine Diskette formatiert werden soll. Der Befehl FORMAT B: formatiert beispielsweise (nach Laden des Programms FORMAT.COM) eine neue oder schon beschriebene Diskette im Laufwerk B. Da der Befehl FORMAT ein „gefährlicher" Befehl ist, der Daten vernichten kann, erscheint vor seiner Ausführung immer noch eine Sicherheitsabfrage. Sie muß mit j für ja beantwortet werden, wenn man sicher ist, daß sich die richtige Diskette im Laufwerk befindet. Besondere FORMAT-Befehle sind:

```
dir
   Diskette/Platte im Laufwerk A: ist SYS211120A
   Inhaltsverzeichnis vonA:\

   AUTOEXEC BAT      175   4.07.86   8.29
   ASSIGN   COM      919   3.05.85   9.00
   BACKUP   COM     4554   3.05.85   9.00
   CHKDSK   COM     7156   3.05.85   9.00
   COMMAND  COM    18640   6.05.86  14.11
   COMP     COM     2897   3.05.85   9.00
   DEBUG    COM    12223   3.05.85   9.00
   DISKCOMP COM     2595   3.05.85   9.00
   DISKCOPY COM     2595   3.05.85   9.00
   EDLIN    COM     8215   3.05.85   9.00
   FDISK    COM     4608   3.05.85   9.00
   FORMAT   COM     6649   6.05.86  13.54
   GRAFTABL COM     5728  18.03.86   9.00
   GRAPHICS COM      971   3.05.85   9.00
   HEXDUMP  COM      567   3.05.85   9.00
   KEYBFR   COM     6954   3.05.85   9.00
   KEYBGR   COM     6954   3.05.85   9.00
   KEYBIT   COM     6954   3.05.85   9.00
   KEYBSF   COM     6954   3.05.85   9.00
   KEYBSG   COM     6954   3.05.85   9.00
   KEYBUK   COM     6954   3.05.85   9.00
   MODE     COM     2387   3.05.85   9.00
   MORE     COM     4383   3.05.85   9.00
   PRINT    COM     4787   3.05.85   9.00
   RECOVER  COM     2532   3.05.85   9.00
   RESTORE  COM     4584   3.05.85   9.00
   SYS      COM     3072   3.05.85   9.00
   TREE     COM     1344   3.05.85   9.00
   WRITECHK COM      492   3.05.85   9.00
   EDIT     EXE    29696  19.10.84   9.00
   EXE2BIN  EXE     1649   3.05.85   9.00
   FC       EXE     2653   3.05.85   9.00
   FIND     EXE     6356   3.05.85   9.00
   GWBASIC  EXE    70656   3.05.85   8.59
   LINK     EXE    42330   3.05.85   8.59
   SORT     EXE     1664   3.05.85   9.00
   ANSI     SYS     1559   3.05.85   9.00
   CONFIG   SYS       22   3.07.86   8.06
          38 Dateien    20480 Bytes frei
```

a)

```
A>dir/w

   Diskette/Platte im Laufwerk A: ist SYS211120A
   Inhaltsverzeichnis vonA:\

   AUTOEXEC BAT    ASSIGN   COM    BACKUP   COM    CHKDSK   COM    COMMAND  COM
   COMP     COM    DEBUG    COM    DISKCOMP COM    DISKCOPY COM    EDLIN    COM
   FDISK    COM    FORMAT   COM    GRAFTABL COM    GRAPHICS COM    HEXDUMP  COM
   KEYBFR   COM    KEYBGR   COM    KEYBIT   COM    KEYBSF   COM    KEYBSG   COM
   KEYBUK   COM    MODE     COM    MORE     COM    PRINT    COM    RECOVER  COM
   RESTORE  COM    SYS      COM    TREE     COM    WRITECHK COM    EDIT     EXE
   EXE2BIN  EXE    FC       EXE    FIND     EXE    GWBASIC  EXE    LINK     EXE
   SORT     EXE    ANSI     SYS    CONFIG   SYS
          38 Dateien    20480 Bytes frei
```

b)

14.21
Inhaltsverzeichnis der Systemdiskette
a) Befehl DIR,
b) Befehl DIR/W

FORMAT/S – Formatieren einer Diskette und Übertragen der Systemfiles. Eine mit FORMAT/S formatierte Diskette kann (wie die DOS-Diskette) selbststartend gemacht werden. Dazu müssen Sie sich jedoch vergewissern, ob z. B. das File KEYBGR.COM (der Tastaturtreiber; er kann auch KEYBGR.EXE heißen) und das Stapelfile AUTOEXEC.BAT auf die Diskette übertragen wurden.

FORMAT/V – Durch diesen Befehl erhalten Sie die Möglichkeit, der neu formatierten Diskette einen Namen zu geben, der bis zu 11 Zeichen lang sein darf.

Sie können auch beide Befehle kombinieren. Der Befehl FORMAT B:/S/V formatiert eine Diskette im Laufwerk B, überträgt das System von der (in A befindlichen) Systemdiskette und ermöglicht Ihnen, die Diskette zu benennen (z. B. STARTDISK).

DISKCOPY. Mit diesem (von der Systemdiskette geladenen externen) Befehl kopiert man ganze Disketten. Die Befehlsausführung erfordert die Angabe der Laufwerke, die die Ursprungs- und die Zieldiskette (auf die die Kopie soll) enthalten.

Beispielsweise kopiert die Eingabe DISKCOPY A: B: den vollständigen Inhalt der in Laufwerk A befindlichen Diskette auf die Diskette in Laufwerk B. Die Diskette in Laufwerk B wird dabei im Bedarfsfall (z. B. wenn sie neu ist) automatisch formatiert. Die Daten einer vorher beschriebenen Diskette werden gelöscht. Wie beim Befehl FORMAT erklärt der Computer das genaue Vorgehen bei der Befehlsausführung.

COPY. Mit diesem Befehl können Sie Dateien oder Programme einzeln kopieren, dabei den Namen (bzw. Namen und Erweiterung) beibehalten oder verändern. Beim Beibehalten des Namens und der Erweiterung läßt sich das jeweilige File jedoch nur auf ein anderes Laufwerk oder ein anderes Directory (Verzeichnis) kopieren.

Wollen Sie z. B. das Programm COMMAND.COM von der in Laufwerk A befindlichen Systemdiskette auf eine andere Diskette in Laufwerk B kopieren, müssen Sie COPY COMMAND.COM B: eingeben.

Sie können Files als Sicherheitskopie unter einem anderen Namen nochmals kopieren, auch innerhalb derselben Directory. Das kann sinnvoll sein, wenn Sie z. B. eine Datei verändern und die Ursprungsfassung für alle Fälle erhalten wollen. Die Textverarbeitungssysteme machen das so.

Wenn Sie z. B. an der Stapeldatei AUTOEXEC.BAT etwas verändern wollen, können Sie sie durch Verändern der Erweiterung BAT in SIK unter dem Namen AUTOEXEC.SIK neu abspeichern. Der Befehl dazu lautet COPY AUTOEXEC.BAT AUTOEXEC.SIK. Bestätigung durch ENTER-Taste. Wichtig ist immer, daß Sie die Leerzeichen und Punkte richtig eingeben.

Im Directory-Listing **14.**21 haben Sie gesehen, daß einige Files mit .COM enden, andere z. B. mit .EXE. Diese beiden Gruppen (COM für COMMAND, EXE für EXECUTABLE) sind Programme, die durch Eintippen ihres Namens aufgerufen und gestartet werden können. Das haben Sie schon bei den beiden COM-Files FORMAT.COM und DISKCOPY.COM erfahren. Sie haben sie durch die entsprechenden DOS-Befehle aufgerufen und geladen, wobei Sie die Erweiterung .COM nicht einzugeben brauchten.

Wie beim DIR-Befehl beschrieben, können Sie sich auch für das Kopieren von Files Ähnlichkeiten im Namen oder in der Erweiterung zunutze machen, indem Sie z. B. das Sternchen * (Joker für bis zu 8 Zeichen) oder das Fragezeichen ? (Wildcard für je ein Zeichen) verwenden. Wollen Sie beispielsweise alle COM-Files von A nach B kopieren, genügt eine Eingabe von COPY *.COM B: Der Befehl COPY KEY???.COM B: kopiert dagegen ebenso alle Tastaturtreiber (Namensanfang KEY, Erweiterung .COM) nach B wie der Befehl COPY KEY*.COM B:.

RENAME. Diesen Befehl benutzen Sie, wenn Sie einen File umbenennen wollen, ohne es z. B. gleichzeitig zu kopieren. Eingabemodus wie beim Befehl COPY. Wenn Sie z. B. das File AUTOEXEC.BAT umbenennen wollen in AUTOEXEC.SIK, geben Sie RENAME AUTOEXEC.BAT AUTOEXEC.SIK ein.

ERASE. Durch den DOS-Befehl ERASE (oder auch DELETE, kurz DEL) löschen Sie beliebige Programme oder Dateien von der Diskette. Nehmen wir an, Sie wollen das Programm GWBASIC.EXE von einer Arbeitsdiskette löschen, weil Sie es nicht mehr brauchen. Dann geben Sie ERASE GWBASIC.EXE oder ERASE GWB*.EXE oder andere Abkürzungen ein, von denen Sie sicher sind, daß sie nicht aus Versehen auch andere Files löschen (s. Abschn. DIR und COPY).

TYPE. Dieser Befehl ermöglicht es Ihnen, sich bestimmte Dateien (Textdateien) ohne ein besonderes Programm auf dem Bildschirm anzusehen (oder auch nach Umschalten durch die beiden Tasten Strg-Druck (bei alten Tastaturen Ctrl-Prtsc) auf den Drucker auszugeben). Sie können es probieren, indem Sie z.B. das auf der Systemkette enthaltene Programm AUTOEXEC.BAT listen. Der Befehl dazu lautet TYPE AUTOEXEC.BAT.

Stapeldateien. Sie haben die Erweiterung .BAT und ermöglichen z.B. einen automatischen Programmstart durch das selbsttätige Laden mehrerer Files hintereinander. Sie können beliebige DOS-Befehle aneinanderreihen. Solche Stapeldateien werden mit dem DOS-Befehl COPY CON (z.B. COPY CON AUTOEXEC.BAT) erzeugt und mit der Tastenkombination Strg-Z (oder mit der Funktionstaste F6) abgespeichert. Beim Booten sucht der Computer automatisch nach dem Programm AUTOEXEC.BAT (das Sie sich vielleicht gerade mit dem TYPE-Befehl angesehen haben). Jede beliebige Stapeldatei mit der Erweiterung .BAT kann wie ein .COM- oder .EXE-File direkt (ohne Erweiterung) durch das DOS mit seinem Namen aufgerufen und gestartet werden. Stapeldateien lassen sich z.B. auch zum Löschen oder Kopieren verwenden.

Nehmen wir an, Sie wollen ein Stapelfile mit dem Namen TEXTCOPY erzeugen, das automatisch alle Files mit der Erweiterung .TXT von der Diskette in Laufwerk A auf eine formatierte Diskette in Laufwerk B kopiert und anschließend listet. Dann können Sie nach dem Promt z.B. eingeben:

COPY CON TEXTCOPY.BAT <ENTER>
COPY A:*.TXT B: <ENTER>
DIR B:*.TXT/W <ENTER>
<Strg-Z> oder <F6>

Der Erfolg: Nach Aufruf und Start der Stapeldatei TEXTCOPY (Namen eintippen und durch ENTER-Taste bestätigen) werden alle .TXT-Files von A nacheinander nach B kopiert und auf dem Bildschirm angezeigt. Nach Beendigung des Kopiervorgangs erscheinen alle (auch vorher vorhandenen) .TXT-Files der Diskette in Laufwerk B auf dem Bildschirm.

Die wichtigsten DOS-Befehle

DATE	– Datum abfragen und einstellen
TIME	– Uhrzeit abfragen und einstellen
DIR	– Directory (Inhaltsverzeichnis der Diskette) listen
FORMAT	– Diskette (oder Festplatte) formatieren
DISKCOPY	– Kopie einer ganzen Diskette herstellen
COPY	– einzelne Files (Programme oder Dateien) kopieren
RENAME	– Files umbenennen
ERASE	– Files löschen, gleichbedeutend mit DELETE
TYPE	– Inhalt von Textdateien zeigen

Stapeldateien (z.B. AUTOEXEC.BAT) sind selbstablaufende Programme, die beliebige DOS-Befehle hintereinander ausführen.

In der folgenden Übung können Sie Ihr neues Wissen festigen.

Beispiel 14.4
1. Laden Sie das DOS (Systemdiskette in Laufwerk A) und lassen Sie sich eine leere oder freigegebene (!) Übungsdiskette von Ihrem Lehrer geben. Legen Sie die Diskette in Laufwerk B ein.
2. Formatieren Sie die Diskette mit dem Befehl FORMAT B:/S/V. Als Namen geben Sie Ihren Nachnamen (nur bis zu 11 Zeichen) ein.
3. Kopieren Sie die beiden Files KEYBGR.COM und GRAPHICS.COM (damit auch Grafikbildschirme ausgedruckt werden können) auf die eben formatierte Diskette. Ziellaufwerksangabe nicht vergessen! Wenn Sie sich das schon allein zutrauen, überschlagen Sie die nächsten Zeilen. Sie geben also ein COPY KEYBGR.COM B: (ENTER) und COPY GRAPHICS.COM B: (ENTER).
4. Erstellen Sie ein AUTOEXEC.BAT-File. Wenn Sie die (neue) Diskette in Laufwerk B lassen wollen, schalten Sie vorher auf Laufwerk B um. Eingabe B: (ENTER). Geben Sie jetzt ein:
COPY CON AUTOEXEC.BAT <ENTER>
KEYBGR <ENTER>
GRAPHICS <ENTER>
Zum Abspeichern drücken Sie <F6> oder <Strg-Z>, gefolgt von <ENTER>.
5. Probieren Sie „Ihre" neue Systemdiskette aus. Legen Sie sie in Laufwerk A und booten Sie neu, indem Sie z. B. die Tastenkombination Alt-Strg-Entf (früher Alt-Ctrl-Del) gleichzeitig drücken (Warmstart) oder den Computer vollständig neu starten.

14.3.3 Programmieren eines Mikrocomputers

Der Computer ist ein sehr nützliches Werkzeug, allerdings nur für den Sachkundigen, der weiß, wie er mit ihm umgehen muß. Und das muß man – wie Sie schon aus dem Umgang mit den DOS-Befehlen gemerkt haben – erst lernen, genau so wie den Umgang mit anderen Maschinen, etwa mit Dreh- oder Fräsmaschinen.

Damit der Computer versteht, was man von ihm erwartet, müssen einige „Spielregeln" eingehalten werden. Für den Anwender fertiger Software ist das leichter als für den Programmierer, der noch tiefer ins „Computerwissen" eindringen muß. Natürlich sollen Sie in der Grundstufe nicht zum Programmierer ausgebildet werden. Doch ist es auch für den Anwender sinnvoll, sein „Werkzeug" besser zu kennen.

In den vorangegangenen Abschnitten haben Sie schon einiges über die Hardware erfahren. Vielleicht haben Sie sich dabei gefragt, wie der Computer seinen Bediener durch das Eingeben von Zeichen verstehen kann. Hierzu wollen wir uns einige Einblicke verschaffen.

14.3.3.1 Vom Codieren: Binär- und ASCII-Code

Natürlich kann der Computer z. B. mit der Tastatureingabe eines m oder einer 11 zunächst nichts anfangen. Um die Eingaben verarbeiten zu können, muß er sie erst in eine ihm verständliche Sprache übersetzen. Diese Sprache ist der Binärcode.

Der Binärcode (auch Dualcode genannt) hat nur zwei Zeichen: 0 (Null) und 1 (Eins). Dieses System kennen Sie schon aus Abschn. 14.2.2 und dem mathematischen Zweiersystem. Die beiden Zeichen stehen für die zwei in den Speicherelementen und Gattern (Schaltern) des Computers möglichen physikalischen Zustände „an" ($= 1$) oder „aus" ($= 0$) bzw. hohe (H für high = hoch) oder niedrige (L für low = niedrig) Spannung.

Wir rechnen gewöhnlich mit dem Dezimalsystem (Zehnersystem), das die Ziffern 0 bis 9 kennt. Der Vorteil liegt darin, daß unsere Zahlen nicht so viele Stellen brauchen. Der Computer rechnet dagegen mit dem Binärsystem, worin alle Zahlenwerte als Summe von Zweierpotenzen dargestellt werden. Jede Dezimalzahl läßt sich durch eine Binär- oder Dualzahl darstellen. Man spricht vom BCD-Code (Binary Coded Decimal Numbers). Wenn Sie sich an das Rechnen mit Potenzen erinnern, wissen Sie, daß $2^0 = 1$ ist, $2^1 = 2$, $2^2 = 4$, $2^3 = 8$ usw. Die kleinste Zweierpotenz steht in der Ziffernfolge an letzter Stelle, die größte vorn (was beim Dezimalsystem ja auch nicht anders ist).

So wird aus der Dezimalzahl 11 die Summe der Zweierpotenzen $1 \cdot 2^3$ ($= 8$), $0 \cdot 2^2$ ($= 0$), $1 \cdot 2^1$ ($= 2$), $1 \cdot 2^0$ ($= 1$). Daraus ergibt sich die Ziffernfolge 1011, gesprochen eins-null-eins-eins. Kontrolle: $8 + 0 + 2 + 1 = 11$.

Beispiel 14.5 Sie geben dem Rechner über die Tastatur den Auftrag, die Dezimalzahlen 9 und 13 zu addieren.

Der Rechner wandelt die beiden Dezimalzahlen in die Binärzahlen 1001 für 9 und 1101 für 13 um.

```
  1001
+ 1101
-------
 10110
```

Das binäre Ergebnis 10110 wird für die Ausgabe wieder rückcodiert in die Dezimalzahl 22.

Wie geht das im Rechner vor sich? Verfolgen wir es in Einzelschritten (s. Abschn. 14.3.1, Blockschaltbild eines Computers):

1. Dateneingabe (Tastatur) der Aufgabe (9 + 13)
2. Datenübergabe an den Eingabekanal
3. Übermittlung in den Arbeitsspeicher (RAM), Codierung und Speicherung der beiden Binärzahlen (Bitmuster) in 2 Arbeitsspeicherzellen
4. Übergabe ans Rechenwerk, Bitdarstellung und Addition; Ergebnis im „Akkumulator"
5. Ergebnisrückleitung in den Arbeitsspeicher, Speicherung des Bitmusters
6. Rückcodierung (binär in dezimal) und Datenübergabe an den Ausgabekanal
7. Ausgabe z. B. auf den Bildschirm

Der ASCII-Code ist ein Hexadezimalcode, also ein Sechzehner-Codesystem für Textdarstellung. (ASCII steht für American Standard Code for Information Interchange = Amerikanischer Normcode für Nachrichtenaustausch.) Der ASCII-Code benutzt die Ziffern 0 bis 9 (wie das Zehnersystem) und als Ergänzung (bis zur Dezimalzahl 16) die Buchstaben A bis F. Die Zeichen auf der Computertastatur sind (dezimal) von 0 bis 127 durchnumeriert und (hexadezimal) je einem ASCII-Zeichen zugeordnet (**14.22**).

Den erweiterten ASCII-Zeichensatz (128 bis 255, **14.22**b) können Sie mit der Alt-Taste und den Ziffern des numerischen Tastaturblocks auf dem Bildschirm darstellen. Sie halten dazu die Alt-Taste niedergedrückt und geben die in der Tabelle aufgeführte Dezimalzahl ein. Das gewünschte Zeichen erscheint nach Loslassen der Alt-Taste auf dem Bildschirm. Auf diese Weise erhalten Sie z. B. die griechischen Buchstaben β (mit Alt-255), π (mit Alt-227) oder das Wurzelzeichen $\sqrt{}$ (mit Alt-251).

Die hexadezimalen Zeichen für die Dezimalzahlen 0 bis 9 unterscheiden sich von diesen nur durch eine meist vorangestellte 0 (Null). Die Dezimalzahl 10 heißt hexadezimal 0A, die dezimale 16 ist hexadezimal 10 (gesprochen eins-null). Danach geht es hexadezimal weiter mit 11 (eins-eins) bis 19 (eins-neun, dezimal 25) und 1A, 1B usw. bis 20 (zwei-null, dezimal 32).

Bit und Byte. Bei der Eingabe in Mikroprozessorsysteme wird jedem ASCII-Zeichen ein Byte (Zeichen) zugeordnet. Für die Codierung der Ziffern, Groß- und Kleinbuchstaben sowie einer angemessenen Anzahl von Sonderzeichen reichen meist $2^7 = 128$ Zeichen aus (**14.22**a).

Tabelle 14.22 a) Dezimale, hexadezimale und binäre Darstellung des ASCII-Codes

DEC	HEX	CHARACTER
000	00	BLANK (NULL)
001	01	☺ (SOH)
002	02	☻ (STX)
003	03	♥ (ETX)
004	04	♦ (EOT)
005	05	♣ (ENQ)
006	06	♠ (ACK)
007	07	• (BEL)
008	08	▪ (BS)
009	09	○ (HT)
010	0A	◉ (LF)
011	0B	♂ (VT)
012	0C	♀ (FF)
013	0D	♪ (CR)
014	0E	♫ (SO)
015	0F	☼ (SI)

DEC	HEX	CHARACTER
016	10	► (DLE)
017	11	◄ (DC1)
018	12	↕ (DC2)
019	13	‼ (DC3)
020	14	¶ (DC4)
021	15	§ (NAC)
022	16	▬ (SYN)
023	17	↨ (ETB)
024	18	↑ (CAN)
025	19	↓ (EM)
026	1A	→ (SUB)
027	1B	← (ESC)
028	1C	∟ (FS)
029	1D	↔ (GS)
030	1E	▲ (RS)
031	1F	▼ (US)

DEC	HEX	CHARACTER
032	20	BLANK (SPACE)
033	21	!
034	22	"
035	23	#
036	24	$
037	25	%
038	26	&
039	27	'
040	28	(
041	29	)
042	2A	*
043	2B	+
044	2C	,
045	2D	−
046	2E	.
047	2F	/

DEC	HEX	CHARACTER
048	30	0
049	31	1
050	32	2
051	33	3
052	34	4
053	35	5
054	36	6
055	37	7
056	38	8
057	39	9
058	3A	:
059	3B	;
060	3C	<
061	3D	=
062	3E	>
063	3F	?

DEC	HEX	CHARACTER
064	40	@
065	41	A
066	42	B
067	43	C
068	44	D
069	45	E
070	46	F
071	47	G
072	48	H
073	49	I
074	4A	J
075	4B	K
076	4C	L
077	4D	M
078	4E	N
079	4F	O

DEC	HEX	CHARACTER
080	50	P
081	51	Q
082	52	R
083	53	S
084	54	T
085	55	U
086	56	V
087	57	W
088	58	X
089	59	Y
090	5A	Z
091	5B	[
092	5C	\
093	5D	]
094	5E	^
095	5F	_

DEC	HEX	CHARACTER
096	60	`
097	61	a
098	62	b
099	63	c
100	64	d
101	65	e
102	66	f
103	67	g
104	68	h
105	69	i
106	6A	j
107	6B	k
108	6C	l
109	6D	m
110	6E	n
111	6F	o

DEC	HEX	CHARACTER
112	70	p
113	71	q
114	72	r
115	73	s
116	74	t
117	75	u
118	76	v
119	77	w
120	78	x
121	79	y
122	7A	z
123	7B	{
124	7C	¦
125	7D	}
126	7E	~
127	7F	∆

Tabelle 14.22 b) ASCII-Code-Erweiterung

DEC	HEX	CHARACTER	DEC	HEX	CHARACTER	DEC	HEX	CHARACTER	DEC	HEX	CHARACTER
128	80	Ç	144	90	É	160	A0	á	176	B0	░
129	81	ü	145	91	æ	161	A1	í	177	B1	▒
130	82	é	146	92	Æ	162	A2	ó	178	B2	▓
131	83	â	147	93	ô	163	A3	ú	179	B3	│
132	84	ä	148	94	ö	164	A4	ñ	180	B4	┤
133	85	à	149	95	ò	165	A5	Ñ	181	B5	╡
134	86	å	150	96	û	166	A6	ª	182	B6	╢
135	87	ç	151	97	ù	167	A7	º	183	B7	╖
136	88	ê	152	98	ÿ	168	A8	¿	184	B8	╕
137	89	ë	153	99	Ö	169	A9	⌐	185	B9	╣
138	8A	è	154	9A	Ü	170	AA	¬	186	BA	║
139	8B	ï	155	9B	¢	171	AB	1/2	187	BB	╗
140	8C	î	156	9C	£	172	AC	1/4	188	BC	╝
141	8D	ì	157	9D	¥	173	AD	¡	189	BD	╜
142	8E	Ä	158	9E	Pt	174	AE	«	190	BE	╛
143	8F	Å	159	9F	ƒ	175	AF	»	191	BF	┐

DEC	HEX	CHARACTER	DEC	HEX	CHARACTER	DEC	HEX	CHARACTER	DEC	HEX	CHARACTER
192	C0	└	208	D0	╨	224	E0	α	240	F0	≡
193	C1	┴	209	D1	╤	225	E1	β	241	F1	±
194	C2	┬	210	D2	╥	226	E2	Γ	242	F2	≥
195	C3	├	211	D3	╙	227	E3	π	243	F3	≤
196	C4	─	212	D4	╘	228	E4	Σ	244	F4	⌠
197	C5	┼	213	D5	╒	229	E5	σ	245	F5	⌡
198	C6	╞	214	D6	╓	230	E6	µ	246	F6	÷
199	C7	╟	215	D7	╫	231	E7	τ	247	F7	≈
200	C8	╚	216	D8	╪	232	E8	Φ	248	F8	°
201	C9	╔	217	D9	┘	233	E9	Θ	249	F9	∙
202	CA	╩	218	DA	┌	234	EA	Ω	250	FA	·
203	CB	╦	219	DB	█	235	EB	δ	251	FB	√
204	CC	╠	220	DC	▄	236	EC	∞	252	FC	ⁿ
205	CD	═	221	DD	▌	237	ED	∅	253	FD	²
206	CE	╬	222	DE	▐	238	EE	∈	254	FE	■
207	CF	┴	223	DF	▀	239	EF	∩	255	FF	BLANK 'FF'

Diese 128 Bytes werden dezimal von 0 bis 127, hexadezimal von 00 bis 7F durchnumeriert. Für jedes Zeichen sind (maximal) 7 Bit (Stellen im Binärcode) ausreichend, da die höchste Zweierpotenz 2^6 beträgt und die niedrigste 2^0 ist. Der ASCII-Code verwendet damit also 7 Bit eines Byte. (Für Spezialisten: Zur Ausschöpfung der Höchstzahl von 8 Bit für ein Byte steht daher noch ein Sicherungsbit als „Parität" zur Verfügung.)

Binärcode – Codieren von Zeichen im mathematischen Zweiersystem (Binär- oder Dualsystem)

ASCII-Code – Codieren der alphanumerischen Zeichen und Sonderzeichen der Computertastatur (für Textdarstellung) im mathematischen Sechzehner-(Hexadezimal-)system

Byte – Bezeichnung für 8 Bit

Bit – (**B**inary D**ig**i**t**) Stellenzahl eines Byte (Stellen der Binärzahlen).

Ein Bit ist die kleinste speicherbare Einheit. 8 Bit sind ein Byte.

14.3.3.2 Programmiersprachen – Programmentwicklung

Programmiersprachen sind das „geistige Handwerkszeug" des Programmierers, der damit Computerprogramme (z. B. auch für den Anwender) erstellt. Je nach Anwendungsbereich bevorzugt man Sprachen wie PASCAL, COBOL, FORTRAN, ASSEMBLER oder BASIC. Besondere Anwendungsbereiche der Technik haben auch eigene Programmiersprachen, z. B. die Programmierung von CNC-Werkzeugmaschinen oder SPS. Da wir in diesem Grundlagenband nicht in die Spezialkenntnisse der Fachstufe abgleiten wollen, beziehen wir uns in den weiteren Erläuterungen beispielhaft auf die Ihnen sicherlich bekanntesten Sprachen BASIC und PASCAL. Der BASIC-Interpreter (s. Abschn. 14.3.5.1) ist auf der zum PC gehörenden DOS-Diskette enthalten und daher an jedem schuleigenen PC verfügbar. Auf die Programmiersprache PASCAL, die möglicherweise nicht an jeder Schule verfügbar ist (weil sie als Compiler gesondert gekauft werden muß), gehen wir in Abschn. 14.3.5 ein.

BASIC ist die Abkürzung für „**B**eginners **A**ll Purpose **S**ymbolic **I**nstruction **C**ode". Das heißt frei übersetzt: „Für Anfänger geeignete und für viele Zwecke verwendbare Programmiersprache mit symbolischen Adressen". Seit BASIC 1964 in den USA von Kurtz und Kemeny entwickelt wurde, hat man es erheblich ausgebaut und erweitert, so daß es heute keine Anfängersprache mehr ist, sondern in vielen Bereichen der Technik verwendbar. Leider gibt es immer noch kein einheitliches BASIC, da die Rechnerhersteller oft mit eigenen BASIC-Dialekten arbeiten. Wir beziehen uns auf die bei den PC am meisten verbreitete Version, auf das GW-BASIC Ihrer DOS-Diskette.

Entwicklung eines Programms, Überblick. Ein richtiges, professionelles Programm zu entwickeln, ist gar nicht so einfach. Der Fachmann (Programmierer) setzt sich nicht einfach vor den Rechner und fängt mit der Programmierung an. Am Anfang steht vielmehr immer die Problemanalyse, in der man untersucht, was man eigentlich programmieren will. Dabei ermittelt man den gegenwärtigen Zustand (Istzustand) und stellt ihm den Sollzustand gegenüber. Jedes zu entwickelnde Programm (oder Programmsystem) hat den Zweck, diesen Sollzustand zu realisieren. Dabei treten häufig Zielkonflikte auf, wenn es z. B. mehrere, sich gegenseitig ausschließende Ziele gibt. Die Lösung erfordert viel Erfahrung. Bei großen Programmen wird die Problemanalyse daher meist im Team erarbeitet.

In der folgenden Planungsphase grenzt man die in der Problemanalyse gefundenen Aufgaben voneinander ab und versucht sie in voneinander unabhängige Teilaufgaben (Module) zu zerlegen. Dazu erstellt man Programmablaufpläne oder Struktogramme, die die Strukturmerkmale des Programms mit grafischen Symbolen darstellen. Bei größeren Programmsystemen kann die Herstellung des Programms möglicherweise auf verschiedene Bearbeiter übertragen werden (Zeit ist Geld!). Durch die Modultechnik bleibt das Programm überschaubar. Das ist besonders bei Änderungen wichtig (z. B. bei der späteren Programmwartung). Der Programmtest und die abschließende Dokumentation (z. B. Schreiben der Benutzeranleitung) sind der vierte und fünfte Schritt der Programmentwicklung.

> Die wichtigsten 5 Schritte der Programmentwicklung
> - Problemanalyse (Ist- und Sollzustandsvergleich)
> - Planungsphase (Aufgabengliederung, möglicherweise Modulbildung, Zeichnen von Programmablaufplänen)
> - Herstellung (eigentliche Programmierarbeit in einer geeigneten Programmiersprache, z. B. in BASIC oder PASCAL)
> - Programmtest (Probeläufe, Fehlersuche)
> - Dokumentation (Benutzeranleitung)

Programmablaufpläne und Struktogramme sind grafische Hilfsmittel zur Programmplanung, die die Strukturmerkmale eines Programms übersichtlich (bildhaft) aufzeigen. Hierzu verwendet man vorgeschriebene Sinnbilder mit dazugehörigem Text und Verbindungslinien. Ob man lieber Programmablaufpläne oder Struktogramme entwickelt, hängt von der Problemstellung und von der Programmiersprache ab. Programmiert man in PASCAL, wählt man eher das Struktogramm, bei BASIC den Programmablaufplan.

Sinnbilder und Strukturen. Programmablaufpläne (auch Fluß- oder Blockdiagramme genannt) enthalten nach DIN 66001 genormte Sinnbilder. Der (nicht genormte) Inhalt der Sinnbilder richtet sich meist danach, ob der Programmablaufplan z. B. nur einen Überblick darstellen soll oder schon für die Programmierung in einer bestimmten Programmiersprache aufgestellt wird. Die Sinnbilder werden zu Strukturen zusammengesetzt, die den Zusammenhang zeigen (**14.23**). Bei umfangreichen Programmen erstellt man mehrere Pläne in unterschiedlichen Feinheitsgraden.

Tabelle **14.23** Sinnbilder für Programmablaufpläne nach DIN **66001**

Sinnbild	Bezeichnung	Sinnbild	Bezeichnung
▱	**Eingabe/Ausgabe** Die manuelle oder maschinelle Ein- oder Ausgabe geht aus der Beschriftung hervor.	⬭	**Grenzstelle** Die Beschriftung gibt z. B. Beginn oder Ende des Steuerungsablaufs an.
↓ →	**Ablauflinien** Zur Ablaufverdeutlichung kann auf das folgende Sinnbild ein Pfeil gerichtet sein.	⊥	**Aufspaltung** Verzweigung von Ablauflinien
▭	**Operationen** (Auswahl) allgemeine Darstellung von Operationen im Programmablauf der Steuerung	⊤	**Zusammenführung** Zusammenführung von Ablauflinien
⏢	Operation von Hand (z. B. Tastenbedienung)	○ ○	**Übergangsstelle** Zusammengehörende Übergangsstellen haben die gleiche Kennzeichnung.
◇	Verzweigung im Programmablauf (z. B. Auswahl zwischen Hand- und Automatiksteuerung)		

Beispiel 14.6 Bild **14.24** gibt eine Verfahrensvorschrift für das Telefonieren in einer Telefonzelle vor, die die genauen Abläufe möglichst irrtumsfrei mit allen bekannten Randbedingungen erfassen soll.

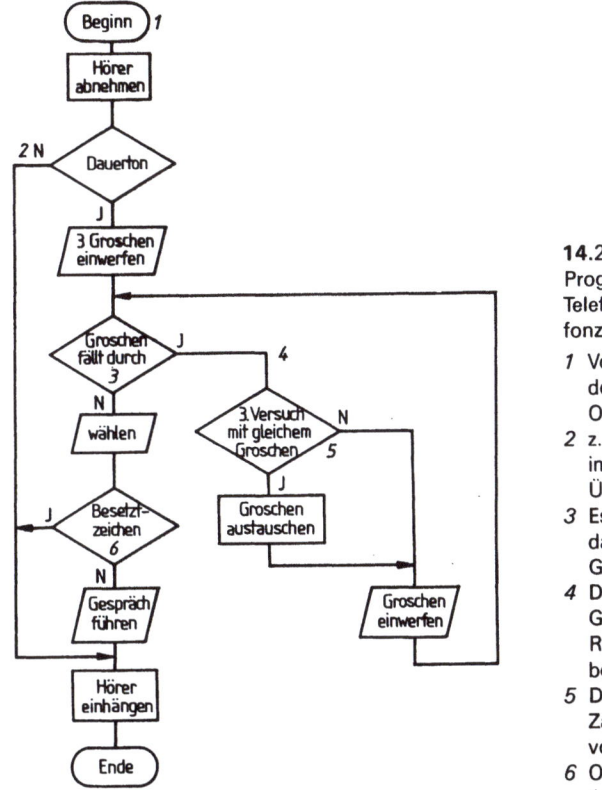

14.24
Programmablauf für das Telefonieren in einer Telefonzelle

1 Vorbedingung: Technik der Telefonzelle in Ordnung
2 z. B. durch Störung im Leitungsnetz oder Überlastung
3 Es wird angenommen, daß höchstens ein Groschen durchfällt
4 Das Entnehmen des Groschens aus dem Rückgabefach wird als bekannt vorausgesetzt
5 Die Verwendung eines Zählers wird als bekannt vorausgesetzt
6 Oder auch: falscher Anschluß

Eine solche Verfahrensvorschrift nennt man **Algorithmus**, den wir – bezogen auf beliebige Möglichkeiten der Ein- und Ausgabe – so definieren können:

> Algorithmus ist eine Verfahrensvorschrift, die bei geeigneten Eingabedaten zwangsläufig zu richtigen Ausgabedaten führt.

14.3.4 Einführung in das Programmieren mit BASIC

BASIC ist leicht zu erlernen und eignet sich gut für Steuerungsprogrammierungen. Hier wollen wir einige Grundbegriffe erläutern, die Sie zum Verständnis der Steuerungsprogrammierung kennen müssen. Darüber hinaus verweisen wir auf das zum PC gehörende umfangreiche BASIC-Handbuch.

Bevor Sie ein BASIC-Programm eingeben oder abrufen können, müssen Sie z. B. das auf Ihrer DOS-Diskette befindliche Programm GWBASIC.EXE laden. Danach erhalten Sie eine „OK"-Meldung.

Aufbau des BASIC-Programms. Jedes BASIC-Programm besteht aus einer Serie von Anweisungen, die in logischen Programmzeilen zusammengefaßt werden. Dabei ist ein bestimmtes Zeilenformat einzuhalten. GWBASIC-Zeilen können bis zu 255 Zeichen aufnehmen. Sie werden in Programm- und Direktzeilen unterschieden. Eine Programmzeile beginnt mit der Zeilennummer (mögliche Werte von 1 bis 65529) und endet mit einem Carriage Return (CR), das die Übergabe der Programmzeile in den Arbeitsspeicher (RAM) bewirkt. Anweisungen einer Direktzeile werden sofort ausgeführt und haben daher keine Zeilennummern. Sie beginnen mit einem Buchstaben.

Beispiele 14.7 10 FOR I = 1 TO 20 ist eine Programmzeile.

100 GOSUB 1000 'UNTERPROGRAMM ist eine durch Kommentar ergänzte Programmzeile.

200 'UNTERPROGRAMM oder 200 REM UNTERPROGRAMM sind kommentierende Programmzeilen.

PRINT A$ ist eine Direktzeile.

Programmlisting. Das aktuelle (im Speicher befindliche) Programm kann jederzeit durch die Anweisung LIST auf den Bildschirm oder durch LLIST auf den Drucker ausgegeben werden.

Speichern und Laden. Bearbeitete Programme befinden sich so lange im Arbeitsspeicher, wie der PC nicht ausgeschaltet oder der System-Reset durchgeführt wird. Abgespeichert wird das Programm mit dem SAVE-Befehl. Ein Programm mit dem Namen TEST wird z. B. durch Eingabe von SAVE "B:TEST" auf Laufwerk B abgespeichert.

Durch den LOAD-Befehl wird ein Programm z. B. von Diskette in den Arbeitsspeicher geladen. LOAD löscht allerdings alle Variablen und aktuellen Programmzeilen. Die Eingabe LOAD "B:PROG1" lädt das Programm mit dem Namen PROG1 in den Arbeitsspeicher und löscht das z. B. vorher noch im Speicher befindliche Programm TEST.

Programmausführung. Ein im Arbeitsspeicher abgelegtes Programm kann durch den RUN-Befehl abgearbeitet (gestartet) werden. Das z. B. gerade geladene Programm PROG1 wird durch Eingabe von RUN gestartet. Will man Laden und Programmausführung durch eine Direktzeile verbinden gibt man z. B. RUN "B:PROG1" ein oder LOAD "B:PROG1",R (R als Abkürzung für RUN).

Wenn Sie später wieder im DOS sind und sich Ihre BASIC-Programme auflisten lassen, werden Sie feststellen, daß sie alle die Erweiterung .BAS haben, z. B. PROG1.BAS. Die Erweiterung brauchen Sie jedoch bei den SAVE-, LOAD- oder RUN-Befehlen nicht einzugeben.

Ende und Programmunterbrechung. Die END-Anweisung ermöglicht ein logisches Ende der Programmausführung, wobei alle offenen Files (wie mit der CLOSE-Anweisung) geschlossen und in den Command-Code mit OK-Meldung auf dem Bildschirm verzweigt werden. Programmunterbrechungen können wir manuell, programmierbar oder automatisch auslösen.

- **Zur manuellen Unterbrechung** dient die Tastenkombination Strg-Untbr (beide Tasten gleichzeitig drücken, Ctrl-Break auf älteren Tastaturen). Dieser Befehl bewirkt kein Schließen von Datenfiles. Die Programmfortsetzung ist möglich durch den CONT-Befehl.
- **Programmierbare Unterbrechungen** bewirken die Anweisungen STOP oder END. Der STOP-Befehl schließt keine offenen Files.
- **Automatische Unterbrechung.** Erkennt der BASIC-Interpreter einen Syntaxfehler (Meldung SYNTAX ERROR IN…), bricht er die Programmbearbeitung automatisch ab und positioniert den Cursor an den Anfang der beanstandeten Programmzeile. Die Zeile kann dann korrigiert und das Programm mit RUN neu gestartet werden.

Befehle, Anweisungen und Funktionen. Einige der wichtigsten Befehle (B), Anweisungen (A), Funktionen (F) und Operatoren (O) zeigt Tab. **14**.25 in alphabetischer Reihenfolge.

Tabelle **14**.25   Befehle, Anweisungen, Funktionen und Operatoren (Auswahl)

ABS	(F)	liefert den Absolutwert (Betrag) eines numerischen Wertes
ASC	(F)	liefert den ASCII-Code eines Zeichens
ATN	(F)	liefert Arcustangens vom numerischen Wert
AUTO	(B)	automatische Erzeugung von Zeilennummern
BEEP	(A)	akustisches Zeichen
CHAIN	(A)	Aufruf eines Programms, evtl. mit Übergabe der Variablen vom gegenwärtigen an das aufgerufene Programm
CHR$	(F)	Umkehrung von ASC, liefert das dem ASCII-Code zugeordnete Zeichen
CIRCLE	(A)	Zeichen eines Kreises, einer Ellipse oder eines Teils davon
CLOSE	(A)	Schließen von Datenfiles
CLS	(A)	Löschen des Bildschirms
COLOR	(A)	definiert die Vorder- und Hintergrundfarben
CONT	(B)	Fortsetzung des Programms nach END- oder STOP-Anweisung oder nach Tastendruck Strg-Untbr
COS	(F)	liefert den Cosinus eines Winkels im Bogenmaß
DATA	(A)	erzeugt ein internes Datenfile für spätere READ-Anweisungen (mit Variablen-Zuweisung)
DELETE	(B)	Löschen von Programmzeilen im Arbeitsspeicher
DRAW	(A)	Festlegen von Zeichenvorgängen im Grafikmodus
END	(A)	Festlegen eines logischen Programmendes
EOF	(F)	Abfrage auf Ende eines Files
EXP	(F)	Berechnen einer Potenz der Eulerschen Zahl e
FOR	(A)	Startanweisung für die wiederholte Ausführung von Anweisungen innerhalb einer Schleife
FRE	(A)	Ermitteln des im Arbeitsspeicher noch verfügbaren Speicherplatzes in Byte
GOSUB	(A)	bewirkt den Sprung zu einer Anweisung, bei der ein Unterprogramm beginnt
GOTO	(A)	unbedingter Sprung zu einer bestimmten Programmzeile
HEX$	(F)	liefert den hexadezimalen Wert einer Dezimalzahl
IF..THEN.. ELSE..	(A)	bedingte Verzweigung im Programm
IF..GOTO.. ELSE..	(A)	bedingte Verzweigung im Programm
INPUT	(A)	läßt das Programm auf Eingaben über die Tastatur warten und weist die Eingaben Variablen zu
LCOPY	(A)	Ausgabe des Bildschirminhalts auf den Drucker
LEFT$	(F)	entnimmt einem String (Zeichenfolge) von links kommend einen Teilstring
LEN	(F)	Bestimmen der Länge eines Stringausdrucks
LET...=	(A)	Wertzuweisung eines Ausdrucks an eine Variable
LINE	(A)	Zeichen von Linien oder Rechtecken
LIST	(B)	Programmzeilenausgabe (Listing) auf Bildschirm
LLIST	(B)	Listingausgabe auf Drucker
LOAD	(B)	Laden eines Programms oder ASCII-Files in den Arbeitsspeicher
LOG	(F)	liefert den natürlichen Logarithmus zur Basis e eines numerischen Wertes
LPRINT	(A)	Druckerausgabe von Zahlen und/oder Strings
NEW	(B)	Löschen des vom GWBASIC verwalteten Arbeitsspeichers
NEXT	(A)	Endanweisung einer oder mehrerer FOR...NEXT-Schleifen

Fortsetzung s. nächste Seite

Tabelle **14.25** Fortsetzung

NOT	(O)	Negation eines logischen Ausdrucks
ON ERROR GOTO	(A)	Sprungzielangabe für eine Fehlerbehandlungsroutine
ON..GOSUB	(A)	Sprung in ein Unterprogramm in Abhängigkeit vom Wert eines numerischen Ausdrucks
ON..GOTO	(A)	Sprung in eine bestimmte Programmzeile in Abhängigkeit vom Wert eines numerischen Ausdrucks
OPEN	(A)	Vorbereitung für Ein- und/oder Ausgabeoperationen („Öffnen": Datenfile, COM-Schnittstelle, Device)
OR	(O)	logische Oder-Verknüpfung
PEEK	(F)	liefert den ASCII-Code eines Byte an einer bestimmten Stelle im aktuellen Arbeitsspeichersegment
POKE	(F)	überträgt ein Byte an eine bestimmte Stelle im aktuellen Arbeitsspeichersegment
PRINT	(A)	Bildschirmausgabe von Zahlen und/oder Strings
PRINT#	(A)	Schreiben von Daten auf ein externes sequentielles File
PRINT USING	(A)	Ausgabe von formatierten Daten auf den Bildschirm
READ	(A)	Wertzuweisung aus dem internen File an Variablen; vorherige Generierung in einer internen Tabelle mit Hilfe von DATA-Anweisungen
REM	(A)	Einfügen von Erläuterungen in ein Programm
RENUM	(B)	Umnumerieren eines im Arbeitsspeicher vorhandenen Programms
RESUME	(A)	Fortsetzen eines Programms nach einer Verzweigung in einer Fehlerbehandlungsroutine
RIGHT$	(F)	Entnimmt einem String von rechts kommend einen Teilstring
RUN	(B)	Start der Programmausführung
SAVE	(B)	Abspeichern eines im Arbeitsspeicher befindlichen Programms
SCREEN	(A)	setzt Anweisungen für die Bildschirmanzeige (z. B. die grafische Auflösung)
SIN	(F)	liefert den Sinus eines Winkels im Bogenmaß
SQR	(F)	liefert die positive Quadratwurzel eines numerischen Wertes
SYSTEM	(B)	Rückkehr ins DOS
TAN	(F)	liefert den Tangens eines Winkels im Bogenmaß
WAIT	(A)	setzt die Programmausführung aus
WHILE	(A)	Startanweisung für eine Schleife, die so lange ausgeführt wird, wie eine vorgegebene Bedingung erfüllt wird
WINDOW	(A)	Festlegen eines Fensters im Grafikmodus
WRITE	(A)	Datenausgabe auf dem Bildschirm
WRITE#	(A)	Datenausgabe in ein File, einen COM-Puffer oder Device
XOR	(O)	Verknüpfung zweier logischer Ausdrücke mit Hilfe der explizierten Oder-Verknüpfung

14.3.5 Einführung in das Programmieren mit PASCAL

PASCAL ist eine allgemein anwendbare höhere Programmiersprache, die 1971 erstmals veröffentlicht wurde. Nikolaus Wirth hat sie in Zürich entwickelt und nach dem französischen Mathematiker Blaise Pascal benannt.

Ähnlich wie beim BASIC gibt es auch bei PASCAL unterschiedliche Ausführungen, einerseits im (erweiterten) Befehlsvorrat, zum anderen in der Bedienerfreundlichkeit. Der in allen Versionen enthaltene Stamm der Programmiersprache ist weitgehend standardisiert. Das trägt dazu bei, daß ein einmal erstelltes PASCAL-Programm ohne große Übersetzungsschwierigkeiten auf nahezu jedem Rechner läuft, der PASCAL versteht. Eine der weitestverbreiteten Versionen ist TURBO-PASCAL, das sich wegen seiner schnellen und einfachen Programmerstellung sowie der leichten Fehlersuche und Korrektur durchgesetzt hat.

14.3.5.1 Aufbau von PASCAL-Programmen

TURBO-PASCAL ist ein Compiler mit komfortablem Texteditor (Textausgabe). Programmiert wird in einer eigenen Textverarbeitung, die Programme werden ohne Zeilennummern eingegeben.

Compiler und Interpreter sind die beiden Möglichkeiten der Programmübersetzung aus einer höheren Programmiersprache in die systemabhängige Maschinensprache. Diese Übersetzung ist notwendig, damit der Rechner die höhere Programmiersprache versteht. Beim Interpreter wird das Programm Zeile für Zeile getrennt übersetzt und kann im Prinzip sofort ausgeführt werden. Voraussetzung ist, daß die Programmiersprache darauf zugeschnitten ist, wie z. B. BASIC. Compiler übersetzen dagegen das (im Quellcode) eingegebene Programm im ganzen und erlauben eine Ausführung erst danach. Bei Compilern lassen sich besondere Programmfiles (compilierte COM-Files) erzeugen, die später auch ohne die zuvor geladene Programmiersprache laufen.

> Interpreter und Compiler übersetzen das in einer höheren Programmiersprache geschriebene Programm in die für den Rechner verständliche Maschinensprache.
>
> Interpreter übersetzen zeilenweise und können sofort abarbeiten.
>
> Compiler übersetzen das Programm im ganzen und können erst danach abarbeiten.

In den folgenden Abschnitten werden wir uns beispielhaft für alle PASCAL-Varianten auf TURBO-PASCAL beziehen.

Programmaufbau. Beginnend mit dem Programmnamen, bestehen alle PASCAL-Programme aus drei Teilen: dem Programmkopf, Deklarations- und Anweisungsteil.

- **Der Programmkopf** enthält immer das reservierte Wort PROGRAM und den Programmnamen. Reservierte Wörter haben in PASCAL eine bestimmte Bedeutung und ermöglichen dem Compiler die richtige Übersetzung und Ausführung des Programms. Sie dürfen deshalb vom Programmierer nicht umdefiniert werden (s. Abschn 14.3.5.2).
- **Im Deklarationsteil** werden alle im Programm erforderlichen Konstanten und Variablen definiert. Konstanten sind dabei Platzhalter für einen festen (Zahlen-)Wert, den Variablen lassen sich im Programm verschiedene Werte zuweisen. Die Definition einer Konstanten beginnt mit dem Wort CONST, die der Variablen mit VAR.
- **Der Anweisungsteil** (Hauptprogramm) fängt immer mit BEGIN an und hört mit END auf. Wichtige Bestandteile des Programms sind Punkt, Doppelpunkt und Semikolon (Strichpunkt).

> Ein PASCAL-Programm besteht aus diesen drei Teilen:
> - Programmkopf mit dem reservierten Wort PROGRAM und dem Programmnamen,
> - Deklarationsteil mit Konstanten CONST und Variablen VAR,
> - Anweisungsteil als eigentlichem Hauptprogramm.

Sehen wir uns dies an einem ausführlich erläuterten Programmbeispiel einmal genauer an!

Beispiel 14.8 Programm „Summe". Alles, was Sie im folgenden sehen, wird so in den TURBO-PASCAL-EDITOR eingegeben, also einschließlich aller Klammern und Sternchen

```
(* Dieses kurze Programm berechnet die Summe beliebig vieler
Zahlen. Es arbeitet mit nur drei Variablen, die vom Typ REAL sein
dürfen. Die Rechnung kann wiederholt bis zur Eingabe "0" durchge-
führt werden. *)

PROGRAM SUMME (input, output);

VAR        erste, naechste, ergebnis: REAL;

BEGIN
CLRSCR;
  WRITELN ('   ***        ADDITION und SUBTRAKTION        ***');
  WRITELN ('   ------------------------------------------------');
  WRITELN;
  WRITELN ('   Nachfolgend können Sie beliebig viele Dezimal-');
  WRITELN ('   zahlen mit bis zu 4 Stellen nach dem Dezimal-');
  WRITELN ('   punkt eingeben.');
  WRITELN ('   Die Rechnung wird beliebig oft wiederholt.');
  WRITELN ('   Sie beenden die Eingabe mit einer "0".');
  BEGIN
    REPEAT
      WRITELN; WRITELN;
      WRITE ('   Erste Zahl   = ');
      READ (erste);
      WRITELN;
      ergebnis:= erste;
        BEGIN
          REPEAT
            WRITE ('   Naechste Zahl = ');
            READ (naechste);
            WRITELN;
            ergebnis:= ergebnis + naechste;
          UNTIL naechste = 0;
        END;
      WRITELN;
      WRITE ('   ERGEBNIS     = ');
      WRITE (ergebnis:7:5);
      WRITELN;
    UNTIL erste = 0;
  END;
END.
```

Erläuterung. Bevor das eigentliche Programm beginnt, finden Sie in Klammern und Sternchen gesetzte Kommentare, die das Programm erläutern. Alles, was so gekennzeichnet ist, ignoriert der Compiler bei der Programmabarbeitung. Nach dem Wort PROGRAM finden Sie den Programmnamen „Summe". Das Semikolon schließt die Zeile ab. Der Deklarationsteil besteht hier nur aus einer Zeile. Die drei definierten Variablen „erste", „naechste" und „ergebnis" sind frei gewählt und werden sinnvollerweise so benannt, daß man ihre Funktion im Programm leicht erkennen kann. (Sie hätten aber auch beliebig anders heißen können, so z.B. „Variable1", „Variable2" und „Variable3" oder x, y und z). Die drei Variablen werden durch einen Doppelpunkt (eine Zuweisung) dem Typ REAL zugewiesen. Das bedeutet, daß sie beliebige Zahlenwerte (auch mit Komma) annehmen dürfen. Andere Typen sind z.B. INTEGER (nur ganze Zahlen) oder CHAR (Zeichen, engl. character).

Der Anweisungsteil fängt mit BEGIN an und hört mit END auf. Zu jedem BEGIN gehört ein END, entweder mit Semikolon oder mit Punkt für das letzte im Programm. Die Groß- oder Kleinschreibung ist dabei unerheblich und wurde hier nur zur Verdeutlichung gewählt. Nach BEGIN steht kein Semikolon.

Die nächste Zeile löscht mit CLRSCR den Bildschirm (engl. clear screen). Die folgenden Anweisungen WRITELN stehen für write line (= schreibe eine weitere Zeile auf den Bildschirm, line mit ln abgekürzt) und geben die in Klammern und Hochkomma stehenden Zeilen auf den Bildschirm aus. Steht hinter

WRITELN sofort ein Semikolon, entsteht auf dem Bildschirm eine Leerzeile (vergleichbar dem Zeilenvorschub auf der Schreibmaschine).

Beachten Sie die im Beispiel sichtbaren Einrückungen, die die Programmstrukturierung leichter sichtbar machen. Sie finden im Programmbeispiel weitere durch BEGIN und END gekennzeichneten Schleifen. Das können Sie mit einer Schachtelung verschiedener Klammerebenen vergleichen. Zusammengehörende BEGIN und END stehen in derselben Spalte, haben also die gleiche Einrückung. Das gilt auch für REPEAT und UNTIL.

REPEAT...UNTIL sind reservierte Wörter für Wiederholungen innerhalb des Programms (wiederhole ... bis). Die so gekennzeichneten Schleifen werden so lange abgearbeitet, bis das nach UNTIL beschriebene Abbruchkriterium erfüllt ist.

Nach dem ersten REPEAT kommen zwei Zeilenvorschübe auf dem Bildschirm. Die Anweisung WRITE (schreibe) gibt den in Klammer und Hochkomma stehenden Text aus. Die Anweisung READ (lies) die in Klammern angegebene Variable „erste" läßt den Cursor auf dem Bildschirm so lange warten, bis die erste Zahl eingegeben ist. Nach einem weiteren (Bildschirm-)Zeilenvorschub folgt eine weitere Wertzuweisung für die Variable „Ergebnis". Durch Doppelpunkt und Gleichheitszeichen (:=) erhält sie den Wert der für die Variable „erste" eingegebenen Zahl.

In der nächsten Schleife werden beliebig oft weitere Zahlen (Variable „naechste") durch READ abgefragt und zum vorherigen Ergebnis durch die Zuweisung „ergebnis:=ergebnis+naechste" addiert. Das geschieht so lange, bis für „naechste die Zahl 0 (Null) eingegeben wird. Erst dann wird die äußere Schleife weiter abgearbeitet, die das Endergebnis als Dezimalzahl ausgibt (ergebnis:7:5 bedeutet bei TURBO-PASCAL Ausgabe einer Dezimalzahl mit 5 Nachkommastellen). Das Programm beginnt nun von vorn und kann insgesamt durch Eingabe der 0 (Null) für die Variable „erste" abgebrochen werden.

14.3.5.2 Reservierte Wörter und Standardbezeichner

Auf die reservierten Wörter in PASCAL-Programmen haben wir schon hingewiesen. Standardbezeichner beschreiben z.B. vordefinierte Prozeduren (**14.26** bis **14.28**).

Tabelle **14.26** Standardbezeichner: Funktionen in TURBO-PASCAL

Bezeichner	Bedeutung der Funktion
ABS(A)	absoluter Wert von A (Real, Integer)
ARCTAN(X)	Arcustangens von X (Real)
CHR(1)	Zeichen mit dem ASCII-Wert 1
CONCAT(S,...S)	Verketten von Strings
COS(X)	Cosinus von X (Real)
EXP(X)	Exponent von X (Real)
FRAC(X)	Bruchteil von X (Real)
INT(X)	ganzzahliger Teil von X
KEYPRESSED	Tastaturstatus-Kennzeichen (Boolean)
LENGTH(S)	Länge des Strings S (Integer)
LN(X)	Logarithmus naturalis von X (Real)
ODD(1)	gerade/ungerade Test für 1 (Boolean)
ORD(Sc)	ordinaler Wert einer skalaren Variablen (Integer)
PRED(Sc)	Vorgänger einer skalaren Variablen (Integer)
RANDOM	Zufallszahl von 0.0 bis 0.999... (Real)
RANDOM(I)	Zufallszahl von 0 bis I−1 (Integer)
ROUND(X)	abgerundeter Wert von X (Integer)
SIN(X)	Sinus von X (Real)
SQR(A)	A*A (Real, Integer)
SQRT(A)	Wurzel von A (Real)
SUCC(Sc)	Nachfolger einer skalaren Variablen
TRUNC(X)	am Komma abgeschnittener Wert von X (Real)
UPCASE(C)	Umwandeln von C in Großschreibung (Char)

Tabelle 14.27 Reservierte Wörter in TURBO-PASCAL

ABSOLUTE	EXTERNAL	NIL	SHR
AND	FILE	NOT	STRING
ARRAY	FOR	OF	THEN
BEGIN	FORWARD	OR	TO
CASE	FUNCTION	PACKED	TYPE
CONST	GOTO	PROCEDURE	UNTIL
DIV	IF	PROGRAM	VAR
DO	IN	RECORD	WHILE
DOWNTO	INLINE	REPEAT	WHITH
ELSE	LABEL	SET	XOR
END	MOD	SHL	

Tabelle 14.28 Standardbezeichner: Prozeduren in TURBO-PASCAL

Bezeichner	Bedeutung der Prozedur
ASSIGN (F,N)	Zuweisung des Dateinamens N zur Datei F
BLOCKREAD(F,D,N)	Lesen von N Blocks von der Datei F auf D
BLOCKWRITE(F,D,N)	Schreiben von N Blocks von Datei D auf F
CHAIN(F)	Verketten mit Datei F
CLOSE(F)	Schließen der Datei F
CLREOL	Löschen bis zum Ende der aktuellen Zeile
CLRSCR	Löschen des gesamten Bildschirms
DELAY(M)	Verzögern von M Millisekunden
DELETE(S,P,L)	Löschen von L Zeichen des Strings L bei P
DELLINE	Löschen der aktuellen Bildschirmzeile
ERASE(F)	Löschen der Datei F
EXECUTE(F)	Ausführen der Datei F
GOTOXY(X,Y)	Cursor auf X,Y setzen (1,1 obere linke Ecke)
HALT	Programmausführung stoppen
HIGHVIDEO	Darstellungsmodus hell einschalten
INSERT(S,D,P)	Einfügen des Strings D in S an Position P
INSLINE	Einfügen einer Bildschirmzeile
LOWVIDEO	Videoausgabe abdimmen (dunkler)
NORMVIDEO	normale Videoausgabe einschalten
RANDOMIZE	Starten des Zufallszahlengenerators
READ(P1,...)	Einlesen der Eingabe(n) von der Tastatur
READ(F,P1,...)	Einlesen der Eingabe(n) von der Datei F
READLN(P1,...)	wie READ, jedoch mit Zeilenvorschub
READLN(F,P1,...)	wie READLN, jedoch von der Datei F
RENAME(F,S)	Umbenennen der Datei F in S
RESET(F)	Datei F für Eingabe öffnen
REWRITE(F)	Datei F für Ausgabe öffnen
WRITE(P1,...)	Ausgabe von Zeichen auf dem Bildschirm
WRITE(F,P1,...)	Ausgabe von Zeichen auf die Datei F
WRITELN(P1,...)	wie WRITE, jedoch mit Zeilenvorschub
WRITELN(F,P1,...)	wie WRITELN, jedoch auf F (nur bei Text)

14.4 Aufbereitung einfacher Steuerungsbeispiele für den Computereinsatz: Beispiel einer SPS

Speicherprogrammierbare Steuerungen finden wir in den unterschiedlichsten Branchen und Aufgabenbereichen, so bei der Steuerung von Transport- und Sortieranlagen, Montageautomaten, Verpackungsmaschinen, Schweißautomaten, Verkehrsanlagen und Sicherheitseinrichtungen. Das liegt vor allem daran, daß sie gegenüber den herkömmlichen Steuerungen wichtige Vorteile aufweisen, z. B.

- einfache Programmierbarkeit,
- leichte Umprogrammierung,
- geringer Platzbedarf,
- hohe Zuverlässigkeit und Lebensdauer,
- Aufteilungsmöglichkeit in Einzel-, Gruppen- und Leitsteuerung.

Folgende Darstellungsarten sind für den Entwurf (Projektierung) einer Steuerungsaufgabe mit SPS üblich:

- Beschreiben der Steuerungsaufgabe im Klartext,
- Technologieschema des Steuerungsprozesses,
- Programmablaufplan,
- Kontaktplan,
- Funktionsplan,
- Anweisungsliste.

Sehen wir uns eine SPS am Beispiel der Sicherheitssteuerung (Schutzkorb) einer Stanze näher an, das wir dem Buch „Informatik für technische Berufe" von v. Puttkamer/Rissberger entnommen haben. Beachten Sie dazu die in Abschn. 14.2 besprochenen Grundlagen.

SPS für eine Stanzensteuerung

Die Klartextbeschreibung einer Steuerungsaufgabe kann mißverständlich und unübersichtlich sein. Allerdings ist sie ein nützliches Hilfsmittel für den Projektierungsbeginn. Für die Stanzensteuerung **14.29** könnte sie so aussehen:

- Allgemeine Beschreibung: Wenn der Schutzkorb geschlossen ist UND die beiden Handtaster betätigt werden, DANN wird der Stanzvorgang ausgelöst.
- Klartextbeschreibung der elektromechanischen Steuerschaltung: Wenn der Endschalter S0 UND der Taster S1 UND der Taster S2 geschlossen sind, DANN schaltet das Schütz K1 den Stanzenmotor M ein.

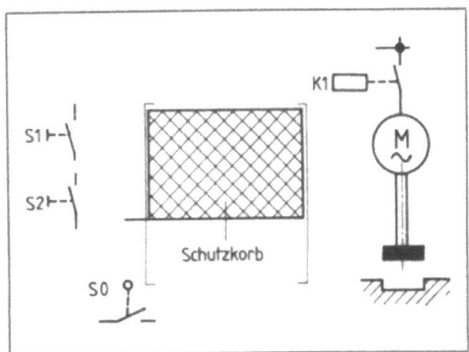

14.29 Technologieschema der Stanzensteuerung

Das Technologieschema erläutert den prinzipiellen (technologischen) Aufbau einer Steuerung. Dabei werden Anordnung und Funktion der nötigen Signalgeber (z. B. Taster, Endschalter, Lichtschranken), der erforderlichen Stellglieder (z. B. Motoren, Ventile) und Meldeeinrichtungen dargestellt. Die eigentliche Funktion der Steuerung geht aus dem Technologieschema noch nicht hervor. Jedoch ist das Schema zusammen mit einer Auflistung der verwendeten Stellglieder und Signalgeber ein weiterer sinnvoller Schritt in der Projektierung.

Der Programmablaufplan beschreibt den zeitlichen Ablauf der Steuerungsvorgänge und damit das eigentliche Steuerungsprogramm (s. Abschn. 14.3.3.2). Der Programmablaufplan für die Stanzensteuerung erleichtert das Erstellen einer Anweisungsliste für die SPS erheblich (**14.30**).

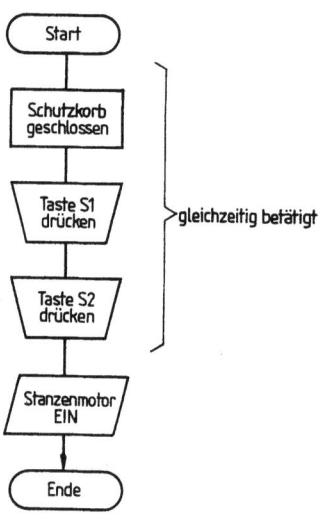

14.30 Programmablauf der Stanzensteuerung

14.31 Kontaktplan der Stanzensteuerung
   a) Grafische Darstellung der Ein- und Ausgänge,
   b) Darstellung des Kontaktplans

Der Kontaktplan eignet sich für die Darstellung kleiner bis mittlerer Steuerungsaufgaben. Man unterteilt die Steuerungsaufgabe in Strompfade, die waagerecht untereinander dargestellt werden (**14.31**). Die Eingangsvariablen sind als Kontakte dargestellt und haben die Bezeichnung E für Eingang, A für Ausgang, M für Merker und T für Zeitglied. In Verbindung mit einem PC und einer SPS-Simulationssoftware sind Kontaktpläne mit den genormten Symbolen leicht auf dem Bildschirm zu erstellen und lassen sich als Hardcopy (Bildschirmausdruck) ausdrucken.

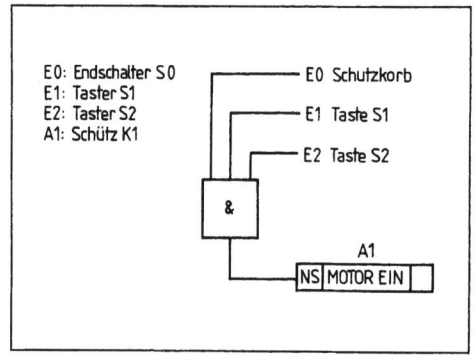

14.32 Funktionsplan der Stanzensteuerung

Der Funktionsplan eignet sich zum Darstellen einer Steuerung in allen Einzelheiten ihrer Feinstruktur. Besonders günstig ist er für die Programmerstellung und Dokumentation einer Steuerung in Verbindung mit einer SPS, da der Anwender ihn leicht in eine Anweisungsliste übersetzen kann. Mit PC und entsprechender Software kann man den Funktionsplan direkt am Bildschirm entwickeln und die Anweisungsliste erstellen lassen oder umgekehrt. Bild **14.32** zeigt den Funktionsplan für die Stanzensteuerung in ausführlicher Darstellung. Die wichtigsten DIN-Symbole finden Sie auszugsweise in Tab. **14.33**.

Tabelle 14.33 Symbole für Funktionspläne nach DIN 40 719 Teil 6 (Auswahl)

UND-Verknüpfung: Wenn alle Eingangsvariablen den Wert 1 annehmen, wird die Ausgangsvariable 1.	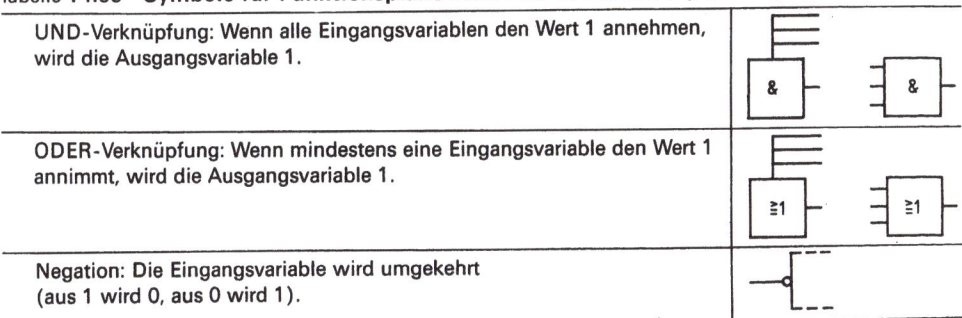
ODER-Verknüpfung: Wenn mindestens eine Eingangsvariable den Wert 1 annimmt, wird die Ausgangsvariable 1.	
Negation: Die Eingangsvariable wird umgekehrt (aus 1 wird 0, aus 0 wird 1).	

Anweisungsliste. Das Erstellen der Anweisungsliste ist der letzte Schritt zur Lösung einer Steuerungsaufgabe mit SPS. Wie im vorigen Abschnitt angesprochen, kann man sie unmittelbar aus dem Funktionsplan erstellen, entweder von Hand oder durch ein Computerprogramm. Die Anweisungsliste besteht aus einer Folge von Verknüpfungsanweisungen (s. Abschn. 14.2.1) und bildet das eigentliche Programm für die SPS. Jede Einzelanweisung (Wort) enthält einen Operationsteil und einen Operandenteil. Beim Programmieren belegt jede Einzelanweisung einen Speicherplatz im Programmspeicher und erhält eine Adresse zugeteilt (**14.34**).

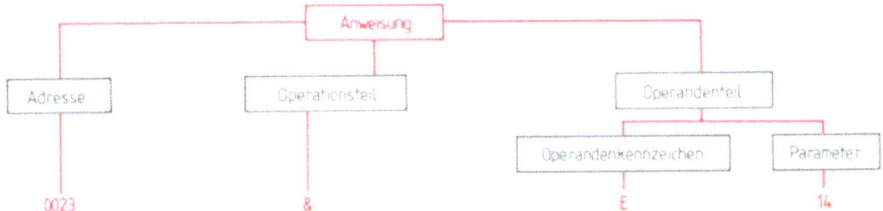

14.34 Vollständig dokumentierte Anweisung, im Programmspeicher dem Speicherplatz mit der Adresse 0003 zugeordnet. Der Eingang E 14 wird mit dem vorhergehenden Operanden UND verknüpft.

Tabelle 14.35 Kennzeichen von Operanden

Benennung	Zeichen			Bemerkungen
	d	e	m	
Konstante	K	K		
Eingang	E	I		
Ausgang	A	O		engl. auch Q
Merker	M	M		
Zeitglied	T	T		x) Zeitverhalten
Klammer	( )	( )	( )	
Sprung				
unbedingt	SP	JP		Sprungziel (Adresse)
bedingt	SPB	JC		wird angegeben.
Bausteinaufruf				Bausteinbezeichnung wird angegeben.
	BA	CM		Baustein ist funktionale Fähigkeit, die durch
bedingt	BAB	CMC		Aufruf aktiviert wird.
Bausteinende	BE	EM		
Programmende	PE	EP		

d = deutsch, e = englisch, m = mnemotechnisch

Die Programmiersprache ist leicht erlernbar, da sie eine mnemotechnische (mnemo = Gedächtnis, mnemotechnisch = leicht zu merkender Buchstabencode) problemorientierte Sprache ist. Die mnemotechnischen Kurzbezeichnungen sind in DIN 19239 (als Empfehlung) festgelegt, woran sich auch die meisten deutschen SPS-Hersteller halten (14.36).

Tabelle 14.36 **Die wichtigsten Kurzbezeichnungen der Anweisungsliste und ihre Zuordnung zu den Symbolen der Funktions- und Kontaktpläne nach DIN 19239**

Benennung	Zeichen d	e	m	Funktionsplan	Kontaktplan
UND	U	A	&	E1, E2, & , A1	E1 E2 A1
ODER	O	O	I	E1, E2, =1, A1	E1 A1 / E2
NICHT	N	N		E1 — ○	E1 —|/|—
				— ○ A1	A1 —(/)—
Exklusiv-ODER	XO	XO		E1, E2, =1, A1	E1 E2 A1 / E1 E2
Zuweisung	=	=	=	— A1	A1 —( )—
Setzen	S	S		[S]	—(S)—
Rücksetzen	R	R		[R]	—(R)—
					Bemerkung
Zählen, Vorwärts	ZV	CU		[+m]	Zählen (+1) bei Signalwechsel von „0" nach „1"
Zählen, Rückwärts	ZR	CD		[−m]	Zählen (−1) bei Signalwechsel von „0" nach „1"
Kennzeichen von Operanden					
Konstante	K	K			
Eingang	E	I			
Ausgang	A	O			Englisch: Anstatt „O" kann auch „Q" verwendet werden
Merker	M	M			
Zeitglied	T	T		[x)]	x) Kennzeichen des Zeitverhaltens

d = deutsch, e = englisch, m = mnemotechnisch

Nun können wir die Anweisungsliste für die Stanzensteuerung erstellen. Die Übersicht **14**.37 zeigt ihre Entwicklung als Übersetzung aus dem Funktionsplan und der Klartextbeschreibung

1. Gegenüberstellung von Funktionsplan und Klartextbeschreibung

2. Die Operationsbezeichnung durch Kurzzeichen ergibt die Anweisungsliste

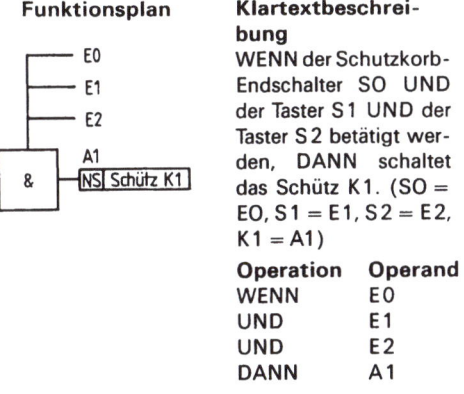

Adresse	Operation	Operand
0000	!	E0
0001	&	E1
0002	&	E2
0003	=	A1
0004	!	PE

Funktionsplan

E0
E1
E2
& — A1
NS Schütz K1

Klartextbeschreibung

WENN der Schutzkorb-Endschalter SO UND der Taster S1 UND der Taster S2 betätigt werden, DANN schaltet das Schütz K1. (SO = E0, S1 = E1, S2 = E2, K1 = A1)

Operation	Operand
WENN	E0
UND	E1
UND	E2
DANN	A1

14.37 Anweisungsliste für die Stanzensteuerung

Andere Programmiermethoden. Beim Einsatz eines PC lassen sich SPS auch in anderen Programmiersprachen programmieren (z. B. BASIC oder PASCAL, s. Abschn. 14.3.4 und 14.3.5). Erforderlich sind dazu eine geeignete Software (also Programme) und ein Interface (Anschlußbrücke) zwischen PC und dem ausführenden Steuerungsteil.

14.5 Computersteuerungen – Bedeutung für die Zukunft

Im beruflichen wie im privaten Bereich haben Sie vermutlich schon mehr Beispiele für Computersteuerungen kennengelernt, als Sie glauben. So das ABS als computergesteuertes Antiblockiersystem der Bremsen. Vielleicht besitzen Sie eine computergesteuerte Spiegelreflexkamera? Bestimmt haben Sie schon von der Ausbildung der Piloten in Simulatoren gehört. Oder von Verkehrsleitsystemen ...

Im Berufsfeld Metalltechnik sind Computersteuerungen an der Tagesordnung. Denken Sie z. B. an die Steuerung und Regelung einer modernen Heizungsanlage, an computergesteuerte Werkzeugmaschinen oder Industrieroboter. Sie helfen, die Präzision zu verbessern und wirtschaftlicher zu fertigen. Künftig werden immer mehr Computersteuerungen eingesetzt. Durch diese Entwicklung werden ständig mehr Facharbeiter gebraucht, die mit der Steuerungstechnik vertraut sind. Darum ist die Kenntnis der Computersteuerungen auch für Sie besonders wichtig.

Aufgaben zu Abschnitt 14

1. Erklären Sie die Begriffe Steuern und Regeln.
2. Welchen Sinn haben Blockschaltbilder?
3. Was ist ein Signalflußplan?
4. Nennen und erläutern Sie die Begriffe im Signalflußplan.
5. Welche wichtigsten Aufgaben hat eine Maschinen- oder Anlagenregelung?
6. Was sind Befehls-, Grenzwert- und Programmsteuerungen?
7. Nennen und erläutern Sie die drei Arten der Programmsteuerungen.

8. Was versteht man in der Steuerungstechnik unter einem Signal?
9. Erläutern Sie die beiden Signalarten.
10. Was versteht man unter logischen Schaltungen?
11. Erläutern Sie die wichtigsten logischen Funktionen der Verknüpfungsglieder (logische Bausteine).
12. Was versteht man unter VPS und SPS?
13. Was bedeuten die Begriffe RAM und ROM?
14. Erläutern Sie die Begriffe Hardware und Software.
15. Was verstehen Sie unter EVA?
16. Nennen und erläutern Sie die Elemente eines Computersystems am Beispiel eines PC (Bilder **14.**15 bis **14.**19).
17. Wozu brauchen PC ein Betriebssystem? Was bedeutet DOS?
18. Warum speichern die PC-Hersteller das DOS nicht fest im ROM?
19. Wie starten Sie einen PC?
20. Erklären Sie die Aufgabe der Befehle DATE, TIME, COPY, RENAME, ERASE und TYPE.
21. Was bewirken die Befehle DIR, DIR/P und DIR/W?
22. Erklären Sie die verschiedenen Möglichkeiten, eine Diskette (in Laufwerk B) neu zu formatieren.
23. Wie kopieren Sie eine ganze Diskette von Laufwerk A nach B? Müssen Sie die Zieldiskette erst formatieren?
24. Was sind Stapeldateien und was bewirken sie? Warum kann der DOS-PC ohne das File AUTOEXEC.BAT nicht arbeiten?
25. Was versteht man unter dem Binärcode?
26. Erklären Sie den ASCII-Code und seine Bedeutung.
27. Wodurch unterscheiden sich Bit und Byte?
28. Was versteht man unter Programmiersprache? Was heißt BASIC?
29. Nennen und erläutern Sie die wichtigsten 5 Schritte der Programmentwicklung.
30. Was sind Programmablaufpläne, wozu benutzt man sie?
31. Was versteht man unter einem Algorithmus?
32. Wie sind BASIC-Programme aufgebaut (Beispiel 14.7)?
33. Wodurch unterscheiden sich Compiler und Interpreter?
34. Wie sind PASCAL-Programme aufgebaut?
35. Welche wichtigen Vorteile weisen SPS gegenüber den herkömmlichen Steuerungen auf?
36. Welche Darstellungsarten sind für den Entwurf einer Steuerungsaufgabe mit SPS üblich?
37. Wozu dienen Klartextbeschreibung und Technologieschema?
38. Erläutern Sie den Kontaktplan und den Funktionsplan am Beispiel der in Abschn. 14.4 besprochenen Stanzensteuerung.
39. Was ist eine Anweisungsliste und wie ist sie aufgebaut?
40. Welche Bedeutung haben Computersteuerungen für die Zukunft der Fertigungstechnik und für Ihre Ausbildung?

Bildquellenverzeichnis

Alzmetall, Werkzeugmaschinenfabrik und Gießerei Friedrich GmbH u. Co., Altenmarkt/Alz: Bild **11**.75

Beratungsstelle für Stahlverwendung, Düsseldorf: Bild **4**.13, **4**.19, **4**.21, **12**.35

Daimler-Benz AG, Stuttgart: Bild **11**.58, **14**.16

Friedrich Deckel AG, München: Bild **11**.103

FASTI-Werk, Carl Aug. Fastenrath, Wermelskirchen: Bild **12**.17

Hahn u. Kolb, Stuttgart: Bild **9**.29, **11**.45, **11**.49, **11**.51, **11**.52a, **11**.66, **11**.67

Hille/Schneider, Elektrofachkunde, Stuttgart: Bild **10**.19 bis **10**.25, **10**.28 bis **10**.30, **10**.33 bis **10**.35

Hans Kaltenbach Maschinenfabrik KG, Lörrach: Bild **11**.30

KASTO, Karl Stolzer GmbH u. Co., Achern-Gamshurst: Bild **11**.29

Klein, Einführung in die DIN-Normen, Stuttgart: Bild **9**.28

Klöckner-Humboldt-Deutz AG, Köln-Deutz: Bild **12**.36

Köhler/Rögnitz, Maschinenteile, Stuttgart: Bild **13**.3a

Karl Mengele u. Söhne, Maschinenfabrik u. Eisengießerei GmbH, Günzburg/Donau: Bild **12**.16

Menny, Strömungsmaschinen, Stuttgart: Bild **11**.55

MFL Prüf- u. Meßsysteme GmbH (Mohr-Federhaff-Losenhausen), Mannheim: Bild **8**.8

Mineralogisches Institut der Universität Hannover: Bild **2**.1

Aug. Mössner GmbH u. Co. KG, Maschinenfabrik, Mutlangen: Bild **11**.31

Puttkamer/Rissberger, Informatik für technische Berufe, Suttgart: Bild **14**.11, **14**.24, **14**.29 bis **14**.32, **14**.37

Georg Reicherter GmbH u. Co. KG, Esslingen: Bild **8**.10

August Rüggeberg, Marienheide: Bild **11**.32, **11**.34, **11**.39

TESA, S. A., Renens (Schweiz): Bild **9**.9, **9**.12, **9**.15, **9**.17, **9**.18, **9**.26, **9**.31

Weiler Werkzeugmaschinen, Herzogenaurach: Bild **11**.91, **11**.92

Die übrigen Bilder stammen aus dem Verlagsarchiv B. G. Teubner, Stuttgart

Sachwortverzeichnis

Abkant|bank 216
– presse 216
Abkanten 216
Ablaufsteuerung 276
Abmaß 94
Abscherung 30, 31
Abschrecken 82
Abschreck|härten 82
– mittel 82
Abschrot(en) 224, 226
Absetzen 225
Acetylen 255
Adhäsion 29, 265
Aggregatzustand 20
Aktivkraft 194
Algorithmus 295
Aluminium 70
– legierung 70
Amboß 224, 225
Aminoplast 77
Ampere 133
Analogsignal 276
AND-Glied 277
Anhangskraft 29
Anlassen 79, 84
Anlaß|farbe 84
– temperatur 84
Anomalie des Wassers 26
Anreißen 111
Anschieben, Parallelendmaß 98
Anschlagwinkel 104, 112
Ansprengen, Parallelendmaß 98
Anstellbewegung 176
Anweisungsliste 305, 306
anzeigendes Meßgerät 98
Anziehkraft 233
Arbeit, elektrische 137
–, mechanische 122
Arbeiten mit dem Computer 280
Arbeits|bewegung 176
– glied 273
– maschine 170, 173
– plan(ung) 200
– teilung 9
ASCII-Code 290
Atmosphärendruck 127
Atom 16, 128
Aufdornprobe 187
Ausbreitprobe 187
Ausgabegerät, Computer 283
Aushärten 41, 77
Ausschuß 92

Austauschbau 10, 107
Austenit 80
Automatenstahl 59
Automatisierung 10

Bandsägemaschine 156
BASIC 293
Basis|einheit 93
– größe 94
Bau|elemente, pneumatische und hydraulische 272, 274
– fehler im Metallgitter 211
– stahl, allgemeiner 58
Beanspruchung, zulässige 37
Beanspruchungsarten 31
Befehlssteuerung 276
Befestigungsgewinde 164, 231
Beschichten 11
Betriebs|stoff 13
– system 283
Bettschlitten 198
Bewegungsgewinde 164, 231
Biegen 213
–, Bleche 215
–, Formstahl 217
–, Rohre 218
–, Warmbiegen 226
Biege|probe 86
– radius 214, 219
– umformen 209, 212, 213
– versuch 32
– widerstand 214
– winkel 214
Biegung 30, 31
Binärcode 289
binär-digitales Signal 277
Bit 290
Blaubrüchigkeit 223
Blechbiegeverfahren 216
Blei 70
Bördelprobe 87
Bohren 182
–, Schnittgeschwindigkeit 183
–, Schnittkraft 185
–, Vorschub 185
–, Wirtschaftlichkeit 185
Bohrer|schneide 183
– schneidenwinkel 184
– werkzeugtyp 182
Bohr|maschine 186
– maschinenantrieb 180
– vorgang 183

Bolzengewinde 167
Booten 284
Boyle-Mariottesches Gesetz 127
Brinellhärte 90
Bronze 69
Bruchdehnung 43, 89, 209
Bügel|meßschraube 101, 102
– sägemaschine 156
Byte 290

Chemische Eigenschaften 39
– Wirkung des Stroms 131
Chrom 48
Codieren 289
Compiler 299
Computer|bedienung 283
– system 280
COPY 287
Cursor 284

Dampfturbine 171
Date 284
Dehngrenze 89
Dehnung 35
Dezimalsystem 290
Diamant 38
Dichte 28, 75
Dieselmotor 171
Digitalsignal 276
DIR 284, 286
Directory 284
direktes Messen 97
Disjunktion 278
DISCOPY 287
Diskette 282
DOS 283
Drahtziehen 55
Dreh|automat 196
– frequenz 201
Drehen 193
–, Ausführung 200
Drehmaschine 177
–, Antrieb 179
–, Aufbau 196
–, Funktionsgruppen 177
Drehmeißel 193
–, Aufbau 195
–, Bauarten 194
–, Kräfte 194
–, Schneidenwerkstoff 195
Drehmoment 119

Drehstrom 133
Druck 30, 31, 126
−, absoluter 127
− arten 126
− luftaufbereitung 274
− minderer 256
− umformen 209, 212
− ventil 273
− wirkung 31
Drucker 283
Dualcode 289
Dünnflüssigkeit 41
Duromer, Duroplast 74, 77

Ebenheitsprüfung 104, 105
Eckenwinkel 193
Edelstahl 58
Eingabe−Verarbeitung−Ausgabe (EVA) 281
− geräte, Computer 282
Einkomponentenkleber 266
Einlegekeil 240, 241
Einsatz|härten 83
− stahl 58
Einstellwinkel 193
Eisen|begleiter 47, 223
− erz 49
− gußwerkstoff 60
− -Kohlenstoff-Gußwerkstoff 55
− und Stahl 46
− werkstoffe 46, 55
elastische Verformung 209
Elastizität 32
Elastomer, Elast 74
elektrische Leitfähigkeit 75
Elektrizität 128
Elektron 128
Elektrostahlverfahren 52
Endmaß, Parallelendmaß 98
−, Winkelendmaß 104
Energie, mechanische 123
− umwandlung 123
Epoxidharz 78
ERASE 288
Ersatzkraft 116

Faltprobe 86
Feder|arten 242
− kraftmesser 36
− stahl 59
− verbindung 59
Feilen|arten 158
−, gefräste 159
−, gehauene 159
− mit Maschinen 160

− von Hand 157
Ferrit 46
Fertigung 9, 11
Fertigungsverfahren 11
Festigkeit 36
Festplattenlaufwerk 282
Files 284
Flach|keil 240, 241
− meißel 153
− senker 188
− senkniet 248
− winkel 104
Flamm|härten 83
− löten 253
Flankenkraft 143
Fließspan 151
Flußmittel 250
FORMAT 285, 287
Form|änderungsvermögen 209
− änderungswiderstand 211
− lehre 103
− normung 65
− schlüssige Spannverbindung 181
− schluß 230
− schneiden 146, 148
Fräsen 204
Fräs|maschine 177, 207
− werkzeug 206
Francisturbine 170
freies Biegen 212, 216
Frei|formschmieden 224
− schnitt 155
− winkel 152, 154, 193
Fügen 11, 229
Fügeverfahren 229
Funktions|gruppen von Werkzeugmaschinen 177
− plan 304

Gas 125
− druck 125
− löslichkeit 41
− schmelzschweißen 254, 255
gebrochenes Härten 83
gebundenes Biegen 216
gefräste Feile 159
Gefügeaufbau des Stahls 46, 79
Gegenlauffräsen 225
gehauene Feile 159
Gelbglut 223
Generator 129
geometrisch bestimmte und unbestimmte Schneidenform 124
geschlossener Regelkreis 269

− Schnitt 149
Geschwindigkeit 121
Gesenk 224, 227
− biegemaschine 216
− biegen 212, 216
− schmieden 227
gestreckte Länge 213
Getriebe 179
Gewichtskraft 28
Gewinde|arten 165, 231
− bohrer 166
−, mehrgängiges 231
− normung 232
− profil 231
− schneiden 164
− −, Vorgang 167
− steigung 164, 233, 234
− stift 235
Gießbarkeit 40
Gleich|lauffräsen 205
− strom 133
Gleit|ebene 210
− feder 242
− reibung 118
Glühen 79, 81
Grad 94
Grafiktablett 282
Grauguß 56
Grenz|abmaß 94
− lehrdorn 103
− lehre 103
− rachenlehre 103
− wertsteuerung 276
Grundtoleranzreihe 110
Gütegruppe, Stahl 60
Gußeisen 46, 55

Haar|lineal 105
− winkel 104
Härtbarkeit 41
Härte 37
− prüfmaschine 90
− prüfung 90
− temperatur 82
− verfahren, besondere 83
Härten 79
Haftreibung 118
Halb|leiter 130
− rundniet 248
− zeuge 53
Hammerarten, Schmieden 225
Hand|bügelsäge 156
− reibahle 190
− schere 119
Hangabtriebskraft 233
Hardware 280

311

Hart|löten 250
- lot 252
Hebel 119, 124
- arten 119
- gesetz 120
Hexa|dezimalcode 290
- gonales Gitter 210
Hieb|art 159
- zahl 160
Hilfsstoff 13
Hin- und Herbiegeprobe 86
Hobeln 202
Hochofen 49
- prozeß 49
Höchstpassung 108
Höhenreißer 113
Hohl|keil 240, 241
- niet 248
Hookesches Gesetz 36

Impulsdiagramm 276
Inch 94
indirektes Messen 97
Induktions|härten 84
- löten 253
Informationsverarbeitung 280
Innenmeßschraube 102
Interpreter 299
Ion 17, 128
ISO-Toleranzklasse 110
- -Toleranzkurzzeichen 110
- -Toleranzsystem 110
Isolator 130
Ist|maß 92
- zustand 92

Kalt|arbeitsstahl 58
- brüchigkeit 223
- kleber 266
- nieten 247
- richten 220
- umformen 210
Kapillarwirkung 251
Kaplanturbine 170
Kegel|senker 188
- stift 246
Keil|arten 240
- form, Werkzeugschneide 142
- kräfte 116, 143, 240
- schneiden 146
- - mit Zangen 147
- verbindung 239
- welle 243
- winkel 142, 143, 152, 154, 193
Kelvin 18

Kerbstift 244, 246
Kettenmolekül 74
Klebe|verbindung 265
- wirkung 265
Klebstoff 266
Knetlegierung 67
Knickung 30, 31
Kobalt 48
Körner 112
Kohäsion 29, 265
Kohlenstoff 46
Kolbenlöten 253
Konjunktion 278
Kontaktplan 304
Konvektion 27
Kopfschraube 235
Korrosion 39
Korrosionsbeständigkeit 39, 75
Kräfte|addition 115
- darstellung 114
-, Drehmeißel 194
- gleichgewicht 114
- parallelogramm 115
-, Schraubenverbindung 233
- subtraktion 115
- zerlegung 115
- zusammensetzung 115
Kraft 30, 114
- angriffspunkt 114
- größe 114
- maschine 170
- moment 119
- richtung 114
- schlüssige Spannverbindung 181
- schluß 230
- übersetzung 144
- wirkung(slinie) 114
Kreissägemaschine 156
Kreuzmeißel 153
Kristall 15
- gitter 16, 210
Kristallit 15
kubisch-flächenkonzentriertes Gitter 210
- -raumkonzentriertes Gitter 210
Kunststoff 73
- eigenschaften 75
- einteilung 73
-, halbsynthetischer 76
- rohr 218
-, vollsynthetischer 76
Kupfer 68
- legierung 68

Ladung, elektrische 129
Ladungstrennung 129
Längen|änderung 24
- ausdehnungszahl 23
- einheit 93
- prüfung 96
Längskeil 239
Langdrehen 193
Laserdrucker 283
Legierung 13
Legierungszusatz 48
Lehre 92, 93, 103
Leichtmetall 28, 67
Leistung, elektrische 138
-, mechanische 124
Leiter, elektrischer 130
Leitfähigkeit, elektrische 134
Leitspindel 179, 196
Leit- und Zugspindel-Drehmaschine 179, 196
Lichtbogen 260
- schmelzschweißen 260
Lichtwirkung des elektrischen Stroms 131
Linsenniet 248
Lochen 146, 148, 226
Löten 250
Löt|badlöten 253
- verbindung 256
- verfahren 253
- vorgang 250
logische Bausteine 277
- Funktion 277
- Schaltung 277
Lotwerkstoff 252
Luftdruck 126

Magnesium 72
- legierung 72
magnetische Wirkung des elektrischen Stroms 131
Makromolekül 73
Mangan 47, 48
Mannesmann-Verfahren 54
Martensit 81
Maschinen 170
- gewindebohrer 167
- reibahle 190
- schraubstock 181
Maß|lehre 103
- toleranz 94
Masse 27
Matrixdrucker 283
Maus 282
mechanische Eigenschaften 30
Mechanisierung 10

Mehrspindelbohrkopf 187
Meißel 152
– arten 152
Meißeln, spanendes 152
–, zerteilendes 141
Messen 92
Meßfehler 95
– arten 95
–, systembedingte 96
–, zufällige 96
Meß|gerät, anzeigendes 98
– schieber 99
– schraube 101
– uhr 102
Messing 68
Metall 12
– bindung 17, 128
– gefüge 16
– kleben 265
Meter 93
metrisches ISO-Gewinde 165, 232
Mikro|computer 281
– – programmieren 289
– prozessor 281
Mindestpassung 108
Mitnehmerverbindung 243
Mohssche Härteskala 38
Molybdän 48
Momentengleichgewicht 120
Mutter 235, 236
– gewinde 166
– gewindebohrer 167

Nachlinks-|-rechtsschweißen 238
NAND-Glied 277, 278
Nasenkeil 240
Negation 278
Neigungs|prüfung 106
– winkel, Drehmeißel 193
Nennmaß 94
neutrale Faser 213
Newton 114
Nicht|eisenmetall 67
– leiter 130
– metall 13
– rostender Stahl 59
NICHT-Glied 277, 278
Nickel 48
Niet|ausführung 249
– formen 248
– nahtformen 249
– verbindung 247
– werkstoffe 248
Nitrierhärten 83

Nonius 99
– wert 99
NOR-Glied 277, 278
Normal|glühen 81
– spannung 34
Normung 10
–, Eisen und Stahl 59
–, Form 65
–, Nichteisenmetalle 67
Nuten|keil 240, 241
– meißel 153
– meßschieber 100

Oberes Grenzabmaß 94
Oberflächen|härten 83
– prüfung 105
Oberschlitten 198
ODER-Glied 277, 278
offene Steuerkette 268
offener Schnitt 149
Ohmsches Gesetz 135
Operand 305
Ottomotor 171

Parallaxe 97
Parallel|endmaß 98
– reißer 113
– schaltung 137
Pascal 126
PASCAL 298
Paß|feder 242
– maß 94
– stift 244
– system 109
– toleranz 109
– toleranzfeld 108
Passivkraft 194
Passung 107
Peltonturbine 170
Peripherie 281
Perlit 46, 80
Personalcomputer 280, 281
Phenoplast 77
Phosphor 47
Pilgerschrittverfahren 54
Plandrehen 193
Plaste 173
plastische Verformung 209
Plastizität 32
Plastomer 74
Plotter 283
Poly|addition, -addukt 76, 78
– amid 77
– ester 77
– ethylen 77
– gonprofilwelle 243

– kondensat(ion) 76, 77
– merisat(ion) 76, 77
– styrol 77
– urethan 78
– vinylchlorid 77
Präzisionswaage 106
Preßschweißen 255
Profilwellenverbindung 243
Programm|ablaufplan 294
– entwicklung 293
– steuerung 276
Programmieren eines MCP 289
– mit BASIC 295
– mit PASCAL 298
Programmiersprache 293
Prompt 284
Proton 128
Prüfen 92
–, Ebenheit 195
–, Längen 93, 96
–, Neigung 106
–, Oberfläche 105
–, Rauhtiefe 106
–, Winkel 93, 104
Prüfmittel 93

Qualitätsstahl 58
Quer|schlitten 198
– schnittlage beim Biegen 214

Radialbohrmaschine 186, 187
RAM 280
Rationalisierung 10
Rattermarke 190, 205
Rauheitsprüfung 106
Rauhtiefe 106
Regelkreis, geschlossener 269
Regelungstechnik 268
Reibahle 189
–, Schneidenwinkel 191
–, Teilung 190
Reiben 189
–, Vorgang 191
Reibungs|arten 118
– kraft 117
– zahl 117, 118
Reihen|bohrmaschine 186, 187
– schaltung 136
Reißspan 151
Reitstock 198
RENAME 287
Resultierende 116
Richten 220
Richtwaage 106
Rockwellhärte 90
Röhrenlibelle 106

313

Roh|eisengewinnung 49
- länge 213
Rohr|biegen 218
- herstellung 54
- niet 248
- ziehen 54
Rollenrichtmaschine 220
Roll|biegen 212
- reibung 118
ROM 280
Rot|brüchigkeit 223
- glut 223
Rückfederung 214
Rüsten 201
Rund|biegen 217
- gewinde 165, 232

Säge|blatt 154
-, Freischnitt 155
-, Teilung 154
-, Winkel 154
-, Zahnanordnung 154
Sägen 153
- gewinde 165
- mit Maschine 156
- von Hand 154, 156
-, Vorgang 153
Säulenbohrmaschine 177, 186
-, Antrieb 180
Satzgewindebohrer 166
Sauerstoff 39, 256
- -Aufblasverfahren 51
Schaben 161
Schab|arbeiten 163
- prüfmittel 163
- werkzeug 161
Schalt|plan 132, 275
- zeichen 132
Schaltung, logische 277
- von Widerständen 135
Scheibenfeder 242, 243
Scher|schneiden 146, 148
- span 151
- spannung 34
- stift 245
schiefe Ebene 124, 125, 233, 240
Schlichten 225
Schmelz|bereich 21
- punkt 21
- schweißen 254
- temperatur 21
Schmiede|arbeiten 225
- temperatur 223
- werkzeug 224
Schmieden 222

-, Verfahren 224
-, Wärmequellen 224
Schneid|eisen 167
- kluppe 167
Schneiden 146
- ansatz 151
- winkel 151
Schnellarbeitsstahl 58
Schnitt|bewegung 176
-, geschlossener 149
- geschwindigkeit 121, 183, 198
- kraft 194
- kraft, spezifische 43
-, offener 149
- tiefe 198
- winkel 152
Schränken 155
Schrauben|arten 235
- dreher 238
-, Festigkeitsklasse 236
- linie 233
- schlüssel 238
- sicherung 237
- werkstoffe 236
Schraubwerkzeug 238
Schub 30, 31
- spannung 34
- umformen 212
Schwefel 47
Schweißen 254
Schweiß|arten 258
- ausführung 258
- brenner 257
- draht 258
- eignung 42
- elektrode 262
- flamme 257
- gleichrichter 263
- naht 258, 262
- stromquelle 263
- transformator 264
- umformer 263
- verbindung 254
- verfahren 254
Schwenk|biegemaschine 216
- biegen 212, 216
Schwermetall 28, 67
Schwindmaß 41
Schwindung 41
Seiten|freiwinkel 184
- keilwinkel 184
- spanwinkel 182, 184
Senken 187
Senkniet 248
Senkrecht|drehmaschine 196

- fräsmaschine 207
- stoßmaschine 203
SI-Basiseinheit 94
Siemens-Martin-Verfahren 51
Signal, analoges 276
-, binär-digitales 277
-, digitales 276
- flußplan 269
- systeme 276
Silicium 47, 48
Software 280
Soll|vorgabe 92
- wert-Istwert-Vergleich 270
Sonder|schraube 235
- stahl 59
Spalten 226
Span|arten 150
- bildung 149, 150
- winkel 152, 153
Spanen 141, 145, 149
- vorwiegend von Hand 149
- vorwiegend maschinell 175
spanendes Meißeln 152
Spannen des Werkstücks 181
- des Werkzeugs 180
Spann|hülse 246
- kraft 233
- mittel 181
- stift 246
- verbindung, formschlüssige 181
- -, kraftschlüssige 181
Spannung, elektrische 128, 132
-, mechanische 34
Spannungs|armglühen 81
- -Dehnungs-Schaubild 88
Speicherprogrammierbare Steuerung (SPS) 278
- - einer Stanzensteuerung 303
Sperrventil 273
Sphäroguß 56
Spiel 107
- toleranzfeld 108
Spindelkasten 197
Spiralbohrer 182
Spitzenwinkel 182
Spitzzirkel 112
Sprengniet 248
Sprödigkeit 33
Stabelektrode 262
Ständerbohrmaschine 186
Stahl 46
- arten 57
- benennung 59
- gefüge 46, 79

Stahl|gewinnung 51
- guß 57
- rohrherstellung 54
- veredelung 52
- vergießen 52
- walzen 53
Standardbezeichner 301, 302
Stand|maß 113
- zeit 43, 185, 199
Stangenzirkel 112
Stapeldatei 288
Stauchen, Freischnitt 155
-, Schmieden 226
Stellglied 268
Steuer|einrichtung 268
- gerät 268
- glied 272
- kette, offene 268
- strecke 268
Steuerung, elektrische 275
-, fluidische 271, 275
-, hydraulische 271
-, pneumatische 271
Steuerungs|arten 276
- technik 268
Stift|arten 245
- schraube 235
- verbindung 244
Stirnfräsen 204
Stoff|eigenschaftändern 11, 79
- schluß 230
Stopfen 235
Stoßen 202
Stoßmaschine 177
Strangpressen 55
Strecken 225
Streckgrenze 89
Streichmaß 112
Strichmaßstab 96
Strom|arten 133
-, elektrischer 128, 133
- kreis 132
- leitung 129
- stärke 136
- ventil 273
- wirkung 130, 138
Struktogramm 294
systembedingter Meßfehler 96

Tangentialkeil 240, 241
Technologie 40
technologische Eigenschaften 40
- Prüfung 40
Temperatur 18
Temperguß 57

Thermo|meter 18
- plast 74
Tiefenmeß|schieber 100
- schraube 102
Time 284
Tintenstrahldrucker 283
Tischbohrmaschine 186
Toleranz 92, 94
- kurzzeichen (ISO) 110
Torsion 30, 31
Treibkeil 240, 241
Trennen 11, 141
Trenn|kraft 143
- schnitt 146
- stemmer 153
- verfahren 141
TURBO-PASCAL 299, 301, 302
TYPE 288

Überdruck 127
Übergangstoleranzfeld 109
überhitzter Stahl 223
Übermaß 107
- toleranzfeld 108
Uhrmeßschieber 100
Umfangs|fräsen 204
- geschwindigkeit 121
Umform|barkeit 43, 209
- geschwindigkeit 223
- temperatur 44
- verfahren 212
Umformen 11, 209, 229
-, Biegen 213
-, Bleche 215
-, Formstahl 217
-, Richten 220
-, Rohre 218
-, Schmieden 222
Umwandlungstemperatur 80
UND-Glied 277, 278
Unfallverhütung 11, 72
-, elektrischer Strom 138
-, Fügeverfahren 238, 259, 264, 267
-, Trennverfahren 157, 161, 169, 187, 189, 192, 201, 203, 207, 208
-, Umformverfahren 221, 228
Universal|fräsmaschine 207
- prüfmaschine 88
- winkelmesser 105
unteres Grenzabmaß 94
Urformen 11

Vakuumstahlverfahren 53
Vanadium 48

Ventil 272
Verbindungs|arten 230
- programmierte Steuerung (VPS) 278, 279
- stift 244
verbrannter Stahl 223
Verbrennungskraftmaschine 171
Verbundwerkstoff 13
Verdrehung 30, 31
Vergüten 79, 85
Vergütungsstahl 58
Verhüttung 49
Verschleißmarkenbreite 199
Vickershärte 90
Viertakt-Dieselmotor 173
- -Ottomotor 172
Volt 133
Vorschub 198
- bewegung 176
- kraft 194
- räderkasten 197
Vortriebskraft 143

Waagerecht|fräsmaschine 207
- stoßmaschine 203
Wärme 18
- behandlung 79
- beständigkeit 75
- dehnung 23
- kapazität, spezifische 19
- kraftmaschine 171
- leitfähigkeit 27, 75
- leitung 26
- leitzahl 26
- menge 19
- strahlung 27
- strömung 27
- übertragung 26
- wirkung des elektrischen Stroms 130
Walzen von Stahl 53
Walz|fräsen 204
- richtung, Biegen 215
- stirnfräsen 204
Warm|arbeitsstahl 58
- badhärten 83
- biegen 226
- kleber 266
- nieten 247
- richten 221
- umformen 211
Wasser|kraftmaschine 170
- turbine 170
Wechselstrom 133
Wegeventil 273
Wegplansteuerung 276

315

Weich|glühen 81
– löten 250
– lot 252
Weißglut 223
Welle, Freischnitt 155
Wendel|bohrer 182
– senker 188
Werkstoff|einteilung 13
– festigkeit 144, 154
– normung 59
– nummer 62
– prüfung 86
Werkstückaufnahme 180
Werkzeugaufnahme 181
Werkzeugmaschine 174, 175
–, Antrieb 178
–, Arbeitsbewegung 178
–, Arbeitsweise 176
–, Aufbau 177
–, Funktionsgruppen 177
Werkzeug|schlitten 198
– schneide 142
– schneidenwinkel 151
– stahl 58
Whitworth-Rohrgewinde 165, 232

Widerstand, elektrischer 134
–, spezifischer 134
Widerstandslöten 253
Winderhitzer 49
Winkel, Bohrerschneide 184
–, Drehmeißel 152, 193
– einheit 94
– endmaß 104
–, Feile 159
–, Fräserschneide 206
– messer 104, 122
– meßgeräte 104
– prüfung 104
–, Wendelbohrer 182
Wirkbewegung 176
Wirkungsgrad 124
Wirtschaftlichkeit 9
Wolfram 98

Zähigkeit 33
Zahnwelle 243
Zeit|diagramm 276
– plansteuerung 276
Zellulose 76
Zementit 46, 80
Zentraleinheit 281, 282

Zentrierwinkel 112
Zerreiß|kurve 88
– maschine 88
Zerspanbarkeit 42
Zerteilen 141, 145, 146
Zerteilverfahren 146
ziehender Schnitt 146
Ziehen von Rohren 54
– von Stäben, Drähten 55
Zink 69
– legierung 69
Zinn 70
zufälliger Meßfehler 96
Zug 30
– -Druck-Umformen 212
– festigkeit 37, 89
– spindel 179, 196
– umformen 209, 212
– versuch 88
Zusammenhangskraft 29
Zustandsform 20
Zustellbewegung 176
Zweikomponentenkleber 266
Zweitakt-Ottomotor 172
Zylinder 272, 273
– stift 244, 245

MIX
Papier aus verantwortungsvollen Quellen
Paper from responsible sources
FSC® C105338

If you have any concerns about our products,
you can contact us on
ProductSafety@springernature.com

In case Publisher is established outside the EU,
the EU authorized representative is:
Springer Nature Customer Service Center GmbH
Europaplatz 3, 69115 Heidelberg, Germany

Printed by Libri Plureos GmbH
in Hamburg, Germany